高等院校"十二五"规划教材

工程力学

主编　陆夏美　周新伟　刘　毅
主审　曲贵民

哈尔滨工业大学出版社

内容简介

本书是按照教育部力学基础课程教学指导分委员会最新制定的"工程力学课程基本要求"编写的，包括理论力学和材料力学两大篇，共 23 章。第 1 篇理论力学包括静力学、运动学和动力学三部分，主要研究物体的受力分析、力系的简化及平衡条件，分析物体的运动规律，研究物体产生运动的原因，建立物体的运动规律与作用在物体上的力的相互关系。第 2 篇材料力学以四种基本变形为基础，研究构件的强度、刚度和稳定性及其计算方法，主要研究物体在外力作用下的变形规律。本书概念清楚，简明易懂，是注重培养工程应用型人才、重视能力培养的新教材。

本书可作为高等学校工科金属材料、工业设计等专业中少学时的工程力学课程教材，也可供其他专业学生及相关的工程技术人员参考。

图书在版编目(CIP)数据

工程力学/陆夏美，周新伟，刘毅主编. —哈尔滨：哈尔滨工业大学出版社，2015.6(2022.8 重印)

ISBN 978－7－5603－5383－8

Ⅰ.①工… Ⅱ.①陆…②周…③刘… Ⅲ.①工程力学－高等学校－教材 Ⅳ.①TB12

中国版本图书馆 CIP 数据核字(2015)第 112387 号

策划编辑 杨秀华
责任编辑 杨秀华
封面设计 刘长友
出版发行 哈尔滨工业大学出版社
社 址 哈尔滨市南岗区复华四道街 10 号 邮编 150006
传 真 0451－86414749
网 址 http://hitpress.hit.edu.cn
印 刷 哈尔滨圣铂印刷有限公司
开 本 787×1092 1/16 印张 23 字数 539 千字
版 次 2015 年 7 月第 1 版 2022 年 8 月第 2 次印刷
书 号 ISBN 978－7－5603－5383－8
定 价 51.00 元

前　　言

　　工程力学是高等工科院校普遍开设的一门重要的学科基础课,是研究物体机械运动和构件承载能力的一门学科,在专业课与基础课之间起衔接作用,为学习后续相关专业课程奠定基础。

　　为适应"高等教育面向 21 世纪教学内容和课程体系改革"的需要,根据教育部力学基础课程教学指导分委员会最新制定的理工科非力学专业"工程力学课程教学基本要求",并结合编者多年来以培养应用型人才为主所讲授的"工程力学课程"教学内容、课程体系等方面的改革实践和体会,编写了本书。在编写过程中,编者注意坚持理论严谨、逻辑清晰、由浅入深、易教易学的原则,强调联系工程实际、注重基本概念、注重后续课程中概念的渗透。本书具有较强的教学实用性,是注重培养工程应用型人才、重视能力培养的新教材。

　　全书分理论力学和材料力学两大篇,共 23 章,理论力学篇 13 章,包括静力学、运动学和动力学三部分;材料力学篇 10 章,包括构件的强度、刚度、稳定性的分析和计算。其中理论力学研究物体的受力分析、力系的简化及平衡条件,分析物体的运动规律,研究物体产生运动的原因,建立物体的运动规律与作用在物体上的力的相互关系。材料力学以四种基本变形为基础,研究构件的强度、刚度、稳定性及其计算方法,主要研究物体在外力作用下的变形规律。

　　本书重点面向培养应用型人才的高等院校。在编写中,考虑到目前工程力学课程讲授学时的普遍减少、应用型人才的培养目标等因素,在尽量减少内容难度,尽量通俗易懂地阐述问题等方面做了一些尝试和努力。

　　参加本书编写工作的有:哈尔滨理工大学陆夏美(第 1 章、第 2 章、第 3 章、第 4 章、第 18 章)、周新伟(绪论、第 9 章、第 10 章、第 12 章、第 13 章、附录 I)、张举东(第 14 章、第 15 章、第 16 章、第 17 章)、成夙(第 19 章、第 20 章、第 23 章)、黑龙江大学孙凤云(第 6 章、第 7 章、第 8 章)、哈尔滨华德学院刘毅(第 5 章、第 11 章、第 21 章、第 22 章)。

　　全书由陆夏美、周新伟、刘毅主编,由哈尔滨理工大学曲贵民教授主审。

　　本书在编写过程中,参考了许多优秀的教材(见参考文献),吸取了这些教材的许多长处,在此向这些教材的编者们表示衷心的感谢。

　　由于编者水平有限,书中的疏漏和不足之处在所难免,敬请读者批评指正。

编　者
2015 年 3 月

目　　录

第1篇　理论力学

静力学

运动学

动力学

绪　　论

　　工程力学课程由理论力学和材料力学组合而成。理论力学部分主要分析物体的受力情况、研究物体机械运动的基本规律；材料力学部分主要分析物体在力的作用下所产生的变形及材料本身抵抗外力作用的能力，如强度、刚度、稳定性等。

　　物体在空间的位置随时间的变化称为机械运动。它是物体多种运动形式中最简单的一种，也是人们在生活和生产实践中最常见的一种运动。例如：车辆的行驶、机器的运动、水的流动、建筑物的振动以及人造地球卫星的运行，等等，都是机械运动。物体的平衡是机械运动的特殊情况。在本书中，我们也研究物体的平衡问题。

　　理论力学所研究的内容是以伽利略和牛顿所建立的基本定律为基础的，属于古典力学的范畴，研究速度远小于光速的宏观物体的机械运动。至于速度接近光速的物体和微观基本粒子的运动，则必须用相对论和量子力学的观点才能予以说明。这说明古典力学的应用范围是有局限的。但是，一般工程中所遇到的大量的力学问题，用古典力学来解决，不仅方便，而且能够保证足够的精确性。因此，我们学习本课程具有实际意义。

　　组成结构与机器的构件在承受载荷时均会变形，但这些变形一般都极小，对研究物体的平衡问题和运动规律无太大影响，为简化研究可忽略不计从而假设被研究的物体是完全刚性体。所以理论力学的研究对象是刚体力学范围，可分为静力学、运动学和动力学。

　　在研究结构对破坏的抵抗能力时，受力构件的变形就非常重要，不能忽略，这是材料力学的研究对象，属于变形体力学范围。

　　材料力学研究固体材料受不同形式载荷时所发生的力学行为，它是固体力学的一个分支。本书所讨论的是受轴向载荷的杆件、受剪切与挤压的连接件、受扭转的圆轴、受平面弯曲的梁等。分析的目的是确定和计算其内力、应力、应变以及由荷载所产生的变形。完整地了解材料的这些力学性能，以确定结构对破坏的抵抗能力，才能保证对构件的安全设计。因此材料力学是许多工程领域的基础科目。

　　总之，材料力学是大多数工程科学的基础，并且是工程科学所不可缺少的先修科目。它不像某些工程科学那样单纯依赖经验与观察，而是具有严密系统且强调逻辑推理的特性。

　　通过工程力学课程的学习，我们要掌握其中的基本概念、基本定理、基本计算方法，初步学会运用工程力学基本知识结合其他有关的课程，解决工程技术中的简单力学问题；另一方面是为学习一系列后续课程，如机械原理、机械零件、材料学等有关的后续课程提供重要的理论基础。学习工程力学，有助于学习其他的基础理论，掌握新科技，也有助于培养辩证唯物主义的世界观，树立正确的思维方法和提高分析问题与解决问题的能力。从而为今后解决生产实际问题、从事科学研究打下坚实的基础。

　　本书内容分为两篇：

　　第 1 篇理论力学，包括：

静力学　研究物体在力系作用下的平衡规律，同时也研究力系的等效和简化。

运动学　研究物体机械运动的几何性质，而不考虑物体运动的物理原因。

动力学　研究物体的机械运动变化与其所受的力之间的关系，是理论力学最主要的组成部分。

第 2 篇　材料力学

以分析轴向拉压、剪切、扭转、弯曲四种基本变形为基础，研究构件的强度、刚度和稳定性的分析与计算。

第1篇　理论力学

静　力　学

静力学是研究物体在力系作用下的平衡条件的科学。

所谓力系,是指作用在物体上的一群力。

平衡是指物体相对于惯性参考系(如地面)保持静止或匀速直线运动状态,即物体的运动状态保持不变。如果作用于物体上的力系使物体保持平衡,则该力系称为平衡力系,此时力系所满足的条件称为平衡条件。

静力学所研究的基本问题包括以下三方面的内容:

1.受力分析

分析物体(包括物体系统)受哪些力,每个力的作用位置和方向,并画出物体的受力图。

2.力系的等效替换

将作用于物体上的一个力系用与之等效的另一个力系来代替的过程,称为力系的等效替换;将一个复杂力系用一个简单力系等效替换的过程,称为力系的简化。如果一个力系可与一个力等效替换,则称该力为此力系的合力,力系中各力叫作该力的分力。相应的,将一个力系等效替换为一个力叫作力的合成,将一个力等效替换为一个力系叫作力的分解。

3.建立力系平衡条件

即研究作用在物体上的各种力系所需满足的平衡条件。

第 1 章　　静力学基本知识和物体的受力分析

1.1　静力学基本概念

1.1.1　刚体的概念

所谓刚体,是指在力的作用下,其内部任意两点间的距离始终保持不变的物体,即受力而不变形的物体。事实上,任何物体在力的作用下都会产生不同程度的变形,因此刚体并不是实际存在的实体,而是抽象简化的理想化力学模型。

静力学研究的力学模型都是刚体和刚体系统,故又称为刚体静力学。

1.1.2　力的概念

力是物体间相互的机械作用。这种作用的效果是使物体的运动状态发生变化,同时使物体的形状发生改变。

物体形状的改变,我们称之为物体的变形。

力使物体运动状态发生变化的效果,称为力的外效应,或者称为力的运动效应;力使物体发生变形的效果,称为力的内效应,或者称为力的变形效应。

力有三要素,即大小、方向和作用点。因此力是矢量,且是定位矢量。

力的大小的单位,在国际单位制中是牛顿(Newton),以 N 来表示。工程中也常用"千牛顿"作单位,记作 kN。

通过力的作用点,沿力的方向的直线称为力的作用线。

工程中常见的力系,按其作用线的分布,可分为平面力系和空间力系,按其作用线的关系,又可分为汇交力系、平行力系和任意力系。

1.2　静力学公理

公理是人们在长期社会生产实践中总结出来的正确地反映自然界事物基本规律的定律。

公理 1　二力平衡公理

作用在同一个刚体上的两个力,使刚体处于平衡状态的充分必要条件是:这两个力大小相等,方向相反,且作用在同一直线上。

公理 1 只适用于刚体,而对变形体,上面的条件只是必要的,但不是充分的。

只受两个力的作用而处于平衡状态的构件或杆件称为二力构件或二力杆。

公理 2　加减平衡力系公理

在已知力系上加上或减去任意的平衡力系,并不改变原力系对刚体的作用。

公理 2 也只适用于刚体。

根据上述公理有如下推论:

推论 1 力的可传性原理

作用于刚体上的力,可沿其作用线移动到刚体上的任一点,而不改变该力对刚体的作用效果。

证明 设有力 F 作用在刚体上的点 A,如图 1.1(a) 所示。根据加减平衡力系公理,可在力的作用线上任取一点 B,并加上两个相互平衡的力 F_1 和 F_2,使 $F = F_2 = -F_1$,如图1.1(b) 所示,由

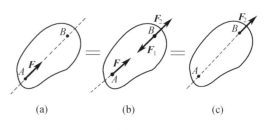

图 1.1

于力 F 和 F_1 也是一个平衡力系,故可除去,这样只剩一个力 F_2,如图 1.1(c) 所示,即原来的力 F 沿其作用线移到了点 B。

可见,对于刚体来说,力的作用点已不是决定力的作用效果的要素,而是被作用线所代替。因此,作用于刚体上的力的三要素是:力的大小、方向和作用线。

作用于刚体上的力矢可以沿着作用线移动,这种矢量称为滑动矢量。

公理 3 力的平行四边形法则

作用在物体上同一点的两个力可以合成为一个合力,合力的作用点仍然在该点,合力的大小和方向由以这两个力为邻边所构成的平行四边形的对角线来确定。

公理 3 本质上是说明力的合成符合矢量运算法则,合力矢量等于这两个力矢量的几何和,即

$$F_R = F_1 + F_2 \tag{1.1}$$

亦可用三角形法则来求合力矢,如图 1.2(b) 和 1.2(c) 所示。但要注意的是,三角形法则并未如实地反映出每个力的三要素,只是一种求解合力矢的方法。

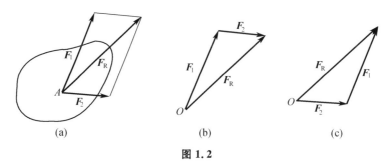

图 1.2

推论 2 三力平衡汇交定理

作用于刚体上的三个相互平衡的力,若其中两个力的作用线汇交于一点,则此三力必在同一平面内,且第三个力的作用线通过汇交点。

证明 如图 1.3 所示,在刚体的 A,B,C 三点分别作用三个相互平衡的力 F_1,F_2,F_3。先根据力的可传性原理,将 F_1,F_2 移到汇交点 O,然后根据力的平行四边形法则得到

合力 F_{12}，则力 F_3 与合力 F_{12} 应平衡。由二力平衡公理，F_3 与 F_{12} 共线，故 F_3 必与 F_1 和 F_2 共面，且通过 F_1 与 F_2 的汇交点。定理得证。

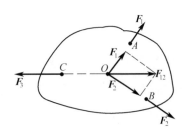

图 1.3

公理 4　作用与反作用定律

两物体间的作用力和反作用力总是同时存在、大小相等、方向相反、作用线相同，且分别作用在这两个物体上。

公理 4 概括了物体间相互作用的关系，表明作用力和反作用力总是成对出现的。由于作用力与反作用力分别作用在两个物体上，因此不能视为平衡力系。

公理 5　刚化原理

变形体在某一力系作用下处于平衡，若将此变形体刚化为刚体，其平衡状态保持不变。

这个公理提供了把变形体抽象成刚体模型的条件。如图 1.4 所示，绳索在等值、反向、共线的两个拉力作用下处于平衡，如将绳索刚化为刚体，则平衡状态保持不变。而绳索在两个等值、反向、共线的压力作用下则不能平衡，这时绳索就不能刚化为刚体。

图 1.4

公理 5 建立了刚体力学与变形体力学的联系，扩大了刚体静力学的应用范围。当在变形体力学中直接应用静力学的结论和分析方法时，其理论依据就是刚化原理。

1.3　约束和约束反力

1.3.1　自由体和非自由体

有些物体，如飞行的飞机、投掷出去的石块等，在空间的位移不受任何限制。位移不受限制的物体称为自由体。相反，位移受到限制而不能作任意运动的物体称为非自由体，如放置于讲台的粉笔盒，受到讲台的限制而不能下落，再如火车受到铁轨的限制，只能沿轨道运动而不能侧向运动脱离轨道。

1.3.2　约束、约束反力和主动力

对非自由体的某些位移起限制作用的物体称为约束，如限制粉笔盒下落的讲台和限制火车侧向运动的铁轨。

约束对于物体的作用，实际上就是力，这种力称为约束反力，简称约束力或反力。因此，约束反力的方向必然与该约束能够阻碍的运动方向相反。应用这个准则，可以确定约束反力的方向或作用线的位置，而约束反力的大小则往往是未知的。

除约束力外,非自由体上所受到的所有促使物体运动或产生运动趋势的力,统称为主动力。

在静力学中,物体所受到的全部的主动力和全部的约束反力组成平衡力系,因此可以用平衡条件来求解未知的约束反力。

1.3.3 约束的基本类型和约束反力方向的确定

下面介绍几种在工程实际中经常遇到的简单的约束类型和确定约束反力的方法。

1. 柔性体约束

柔性体约束即为由柔软的绳索、链条或皮带等构成的约束,如图 1.5 所示。由于柔软的绳索本身只能承受拉力,所以它给物体的约束反力也只能是拉力。因此,绳索对物体的约束反力,作用在接触点,方向沿着绳索背离物体。通常用 F_T 来表示这类约束力。

2. 具有光滑接触表面的约束

例如支持物体的固定平面,如图 1.6 所示,当表面非常光滑,摩擦可以忽略不计时,属于这类约束。

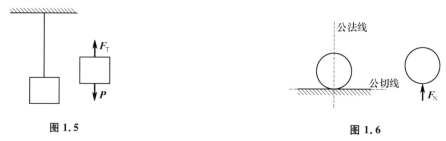

图 1.5

图 1.6

这类约束不能限制物体沿约束表面切线方向的位移,只能阻碍物体沿接触表面法线并向约束内部的位移。因此,光滑支承面对物体的约束反力,作用在接触点处,方向沿接触表面的公法线,并指向受力物体。这种约束反力称为法向反力,通常用 F_N 表示。

3. 光滑铰链约束

(1) 圆柱铰链和固定铰链支座

图 1.7(a) 所示的拱形桥,由左右两拱通过圆柱铰链 C 以及固定铰链支座 A 和 B 连接而成。

圆柱铰链简称铰链,由销钉 C 将两个钻有同样大小孔的构件连接在一起而成。如图 1.8 所示,约束反力过销中心,大小和方向不能确定,通常用正交的两个分力表示。

如果两个构件中有一个固定在地面或者机架上,则这种约束就称为固定铰链支座,简称固定铰支。如图 1.9 所示,其约束反力与圆柱铰链性质相同,反力过销中心,大小和方

图 1.7

向不能确定,通常也用正交的两个分力表示。

图 1.8　　　　　　　　　　　　图 1.9

（2）活动铰链支座

活动铰链支座又称辊轴支座,是在固定铰链支座与光滑支承面之间,装有几个辊轴而构成。如图 1.10 所示,辊轴支座的约束性质与光滑接触面约束相同,其约束力必垂直于支承面,且通过铰链中心。

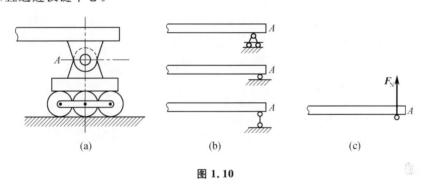

(a)　　　　　　　　(b)　　　　　　　　(c)

图 1.10

（3）向心轴承

向心轴承又称径向轴承,如图 1.11 所示,其约束反力与圆柱铰链性质相同,反力过销中心,大小和方向不能确定,通常用正交的两个分力表示。

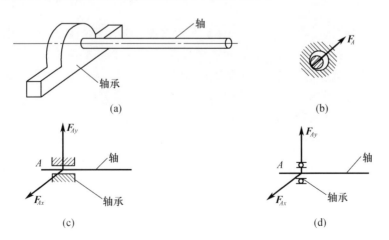

图 1.11

4. 光滑的球形铰链

通过圆球和球壳将两个构件连接在一起的约束称为球铰链,如图 1.12 所示。它限制了球心的位移,但构件可绕球心任意转动。其约束力应通过接触点与球心,但方向不能预先确定,可用正交的三个分力来表示。

5. 止推轴承

如图 1.13 所示为止推轴承。与径向轴承不同,止推轴承除了能限制轴的径向位移以外,还能限制轴沿轴向位移。因此,它比径向轴承多一个沿轴向的约束力,即其约束力有三个正交分量。

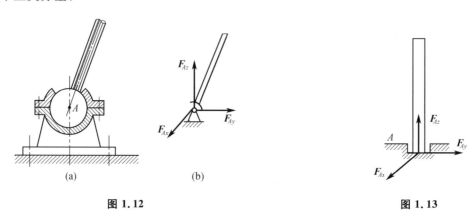

(a)	(b)

图 1.12 　　　　　　　　　　　　　　　　图 1.13

以上介绍了几种简单约束,在工程实际中,约束的类型远不止这些,有的约束比较复杂,分析时需要进行简化或抽象,在以后的章节中,将再详细地加以介绍。

1.4　物体的受力分析和受力图

在工程实际中,为了求出未知的约束反力,需要根据已知力,应用平衡条件来求解。为此,首先要确定构件受了几个力、每个力的作用位置和力的作用方向,这个过程称为物体的受力分析。

解决力学问题时,必须首先分析物体的受力情况。要根据问题选定需要进行研究的物体,将其从周围的物体中分离出来,单独画出其简图,这个步骤叫作确定研究对象,或取分离体。然后将分离体所受的主动力和约束反力,以力矢表示在分离体上,所得到的图形称为受力图。画物体的受力图是解决静力学问题的一个重要步骤。

例 1.1　用力 F 拉动碾子以压平路面,碾子受到一石块的阻碍,如图1.14(a) 所示。试画出碾子的受力图。

解　(1) 取碾子为研究对象,并单独画出其简图。

(2) 画主动力。有重力 P 和碾子中心受到的拉力 F。

(3) 画约束反力。碾子在 A 和 B 两处

(a)	(b)

图 1.14

受到石块和地面的光滑约束,因此在 A 处和 B 处受到石块与地面的法向反力 $\boldsymbol{F}_{NA}$ 和 $\boldsymbol{F}_{NB}$ 的作用,均沿碾子上接触点的公法线而指向圆心。

受力图如图 1.14(b) 所示。

例 1.2　如图 1.15(a) 所示结构,试画 AD,BC 的受力图(不计各杆的自重)。

解　(1) 先分析曲杆 BC 的受力。容易判断,由于 BC 杆只在 B,C 两点处受力,即 BC 杆仅受两个力的作用而处于平衡状态,因此 BC 杆是二力杆,由此可确定 $\boldsymbol{F}_B$ 和 $\boldsymbol{F}_C$ 大小相等、方向相反并在同一条直线上,受力图如图 1.15(b) 所示。

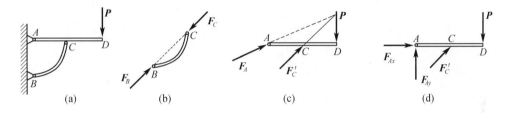

图 1.15

(2) 再分析杆 AD 的受力。先画出主动力 $\boldsymbol{P}$。在 C 点处 AD 受到 BC 给它的约束反力 $\boldsymbol{F}'_C$ 的作用,这个力与 BC 杆所受的力 $\boldsymbol{F}_C$ 符合作用与反作用定律。由于 AD 杆在 A,C,D 三处受力,符合三力平衡汇交定理的条件,可确定 A 点受力 $\boldsymbol{F}_A$ 的方向,受力图如图1.15(c) 所示。另外,也可对 A 点受力正交分解而不使用三力平衡汇交定理,如图 1.15(d) 所示,这种受力分析对后面列写投影平衡方程的步骤来说会更加方便。

例 1.3　由水平杆 AB 和斜杆 BC 构成的管道支架如图 1.16(a) 所示。在 AB 杆上放一重为 P 的管道,A,B,C 处都是铰链连接,不计各杆的自重,各接触面都是光滑的。试分别画出水平杆 AB、斜杆 BC 及整体的受力图。

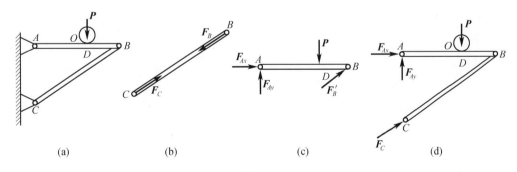

图 1.16

解　(1) 分析斜杆 BC 的受力。易见斜杆 BC 为二力杆,受力如图 1.16(b) 所示。

(2) 分析水平杆 AB 的受力。受力如图 1.16(c) 所示。

(3) 分析整体的受力。当对整体作受力分析时,铰链 B 处所受的力 $\boldsymbol{F}_B$ 和 $\boldsymbol{F}'_B$ 互为作用力与反作用力,这两个力成对地作用在整个系统内,故称为系统的内力。内力对系统的作用效果相互抵消,因此可以除去,并不影响整个系统的平衡。故内力在整体受力图上不必画出。在受力图上只需画出系统以外的物体给系统的作用力,这种力称为外力。系统的整体受力图如图1.16(d)所示。

例 1.4 如图1.17(a)所示结构,已知销钉连在 AC 杆上,试画各构件的受力图。

解 (1)分析 DE 杆的受力。易见 DE 杆为二力杆,受力如图1.17(b)所示。

(2)分析折杆 AC 的受力。由于销钉连在 AC 杆上,故认为主动力 F 作用在 AC 杆上,受力如图1.17(c)所示。

(3)分析 BC 杆的受力。如图1.17(d)所示。

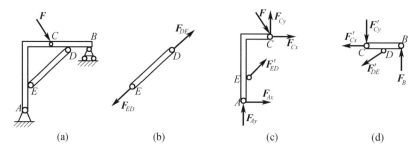

图 1.17

例 1.5 如图1.18(a)所示,梯子的两部分 AB 和 AC 在点 A 铰接,又在 D,E 两点用水平绳连接。梯子放在光滑水平面上,若其自重不计,但在 AB 中点 H 处作用一铅直载荷 F。试分别画出绳子 DE 和梯子 AB,AC 部分以及整个系统的受力图。

解 (1)绳子 DE 的受力分析,如图1.18(b)所示。

(2)梯子 AB 部分的受力分析,如图1.18(c)所示。

(3)梯子 AC 部分的受力分析,如图1.18(d)所示。

(4)整个系统的受力分析,如图1.18(e)所示。

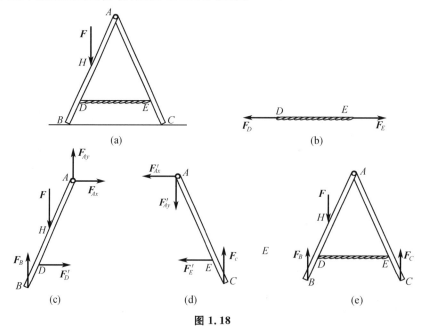

图 1.18

正确地画出物体的受力图,是分析、解决力学问题的基础。画受力图时必须注意以下几点:

(1) 必须明确研究对象。根据求解需要,可以取单个物体为研究对象,也可以取由几个物体组成的系统作为研究对象。不同研究对象的受力图是不同的;

(2) 正确确定研究对象受力的数目。由于力是物体之间相互的机械作用,因此对每一个力都应明确它是哪一个施力物体施加给研究对象的,绝不能凭空产生。同时,也不可漏掉一个力。一般可先画已知的主动力,再画约束力;凡是研究对象与外界接触的地方,都一定存在约束力;

(3) 正确画出约束力。一个物体往往同时受到几个约束的作用,这时应分别根据每个约束本身的特性来确定其约束力的方向,而不能凭主观臆测。

(4) 当分析两物体间相互的作用力时,应遵循作用、反作用关系。若作用力的方向一经假定,则反作用力的方向应与之相反。当画整个系统的受力图时,由于内力成对出现,组成平衡力系,因此不必画出,只需画出全部外力。

习　题

1. 判断下列说法是否正确

(1) 两个力的合力大小一定大于它的任意一个分力的大小。(　　)

(2) 若有 $\boldsymbol{F}_A = -\boldsymbol{F}_B$ 的两个力作用在同一刚体上,则此二力是作用力和反作用力,或者是一对平衡的力。(　　)

(3) 悬挂的小球静止不动是因为小球对绳向下的拉力和绳对小球向上的拉力互相抵消的缘故。(　　)

(4) 两端用光滑铰链连接的构件是二力构件。(　　)

2. 选择题

(1) 在下述原理、法则、定理中,只适用于刚体的有(　　)。

(A) 二力平衡原理

(B) 力的平行四边形法则

(C) 加减平衡力系原理

(D) 力的可传性原理

(E) 作用与反作用定律

(2) 三力平衡汇交定理所给的条件是(　　)。

(A) 汇交力系平衡的充要条件

(B) 平面汇交力系平衡的充要条件

(C) 不平行的三个力平衡的必要条件

3. 填空题

(1) 作用在刚体上的两个力等效的条件是＿＿＿＿＿＿＿＿＿＿＿＿＿＿＿＿＿＿。

(2) 图示结构受力 $\boldsymbol{P}, \boldsymbol{Q}$ 的作用,则受力图(b)中的 F_{AX_1}, F_{AY_1} 是＿＿＿＿＿＿给＿＿＿＿＿＿的力;受力图(c)中的 F_{AX_2}, F_{AY_2} 是＿＿＿＿＿＿给＿＿＿＿＿

的力。

  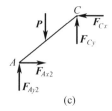

| (a) | (b) | (c) |

题 1.3(2) 图

（3）图示系统在 A,B 两处设置约束，并受力 F 作用而平衡。其中 A 为固定铰支座，今欲使其约束力的作用线与 AB 成 $\beta = 135°$，则 B 处应设置何种约束？_____如何设置？请举一种约束，并用图表示。

题 1.3(3) 图

4. 作图题

（1）画出图示结构中 A,B 两处反力的方位和指向。

（2）试画出图示结构 D 处反力作用线的方位（各杆自重不计）。

题 1.4(1) 图   **题 1.4(2) 图**

（3）画出下列图中杆 AB 的受力图。不计各构件自重，各接触面均为光滑面。

| (a) | (b) |
| (c) | (d) |

题 1.4(3) 图

（4）画出下列图中每个标注字母的构件的受力图。除给出自重的构件外，其他构件自重不计，各接触面均为光滑面。

题 1.4(4) 图

第2章　平面力系

当力系中各个力的作用线都处于同一平面时,称该力系为平面力系。平面力系又可按各力作用线的相互关系分为平面汇交力系、平面力偶系、平面平行力系和平面任意力系等。本章研究这些力系的简化、合成与平衡及物体系统的平衡问题。

2.1　平面汇交力系

所谓平面汇交力系,就是各力的作用线都在同一平面内且汇交于一点的力系。

2.1.1　平面汇交力系合成与平衡的几何法

1.平面汇交力系合成的几何法

如图 2.1(a)所示,设刚体上 A 点作用有一平面汇交力系 F_1,F_2,F_3 和 F_4。为合成此力系,可连续使用力的平行四边形法则或力的三角形法则,两两合成各力,最终可求得一个通过汇交点 A 的合力 F_R。还可以用更简便的方法求此合力 F_R 的大小与方向。任取一点 a 将各力的力矢依次首尾相连,如图 2.1(b)所示,此图中的虚线矢 $\overrightarrow{ac}$ 和 $\overrightarrow{ad}$ 可不画出。最终,连接第一个力矢的起点 a 和最后一个力矢的终点 e 即可得到该力系的合力矢量 $\overrightarrow{ae}$,即合力 F_R。

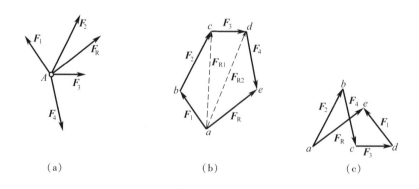

(a)　　　　　　　　　　(b)　　　　　　　　　　(c)

图 2.1

根据矢量相加的交换律,任意变换各分力矢的作图次序,可得到不同形状的力矢图,但其合力矢量 $\overrightarrow{ae}$ 总是不变的,如图 2.1(c)所示。矢量 $\overrightarrow{ae}$ 仅表示该平面汇交力系的合力 F_R 的大小与方向,而合力的作用线则仍应通过汇交点 A,如图 2.1(a)所示的 F_R。

可见,平面汇交力系合成的结果是一个合力,合力的作用线通过力系的汇交点,合力的大小和方向等于力系中各力的矢量和。设平面汇交力系包含 n 个力,以 F_R 表示该力系

的合力矢,则有

$$F_R = F_1 + F_2 + \cdots + F_n = \sum_{i=1}^{n} F_i$$

在不致引起误会的情况下,一般可省略求和符号中的 $i=1$ 和 n。这样上式可简写为

$$F_R = \sum F_i \tag{2.1}$$

各力矢与合力矢构成的多边形称为力的多边形。用力多边形求合力的作图规则称为力的多边形法则。力多边形中表示合力矢量的边称为力多边形的封闭边。

2. 平面汇交力系平衡的几何条件

平面汇交力系可用其合力来代替,显然,平面汇交力系平衡的必要和充分条件是:该力系的合力等于零,即

$$\sum F_i = 0 \tag{2.2}$$

在平衡条件下,力多边形中最后一力的终点与第一力的起点重合,此时的力多边形称为封闭的力多边形。于是平面汇交力系平衡的必要和充分条件是:该力系的力多边形自行封闭。这是平衡的几何条件。

求解平面汇交力系的平衡问题时可用图解法,即按比例先画出封闭的力多边形,然后量得所要求的未知量;也可根据图形的几何关系,用三角公式计算出所要求的未知量,这种解题方法称为几何法。

2.1.2 平面汇交力系合成与平衡的解析法

1. 力在轴上的投影

设刚体上的点 A 作用一个力 F,从力矢的两端 A 和 B 分别向 x 轴和 y 轴作垂线,垂足分别为 a,b,c 和 d,如图2.2 所示,线段 ab 和线段 cd 的长度冠以适当的正负号,就表示力 F 在 x 和 y 轴上的投影,分别记为 F_x 和 F_y。如果线段 ab 或线段 cd 的指向与 x 轴或 y 轴的正向一致,则该投影为正值,反之为负值。

图 2.2

若力 F 与 x 轴正向间夹角为 α,与 y 轴正向间夹角为 β,则有

$$\left. \begin{array}{l} F_x = F\cos\alpha \\ F_y = F\cos\beta = F\sin\alpha \end{array} \right\} \tag{2.3}$$

即力在某轴上的投影是一个代数量,等于力的模乘以力与投影轴正向间夹角的余弦。容易看出,不为零的力在某轴上投影为零的充要条件是:该力垂直于该投影轴。

反过来,如果已知一个力在直角坐标轴上的投影 F_x 和 F_y,则该力的大小 F 和方向分别为

$$\left. \begin{array}{l} F = \sqrt{F_x^2 + F_y^2} \\ \cos\alpha = \dfrac{F_x}{F} \\ \cos\beta = \dfrac{F_y}{F} \end{array} \right\} \tag{2.4}$$

式中的 α 和 β 分别表示力 $\boldsymbol{F}$ 与 x 轴和 y 轴正向间夹角。

由图 2.3 可以看出,当力 $\boldsymbol{F}$ 沿两个正交的轴 x 轴和 y 轴分解为 $\boldsymbol{F}_x$ 和 $\boldsymbol{F}_y$ 两个力时,这两个分力的大小分别等于力 $\boldsymbol{F}$ 在两轴上的投影 F_x 和 F_y 的绝对值。若记 x 轴及 y 轴方向的单位矢量分别为 $\boldsymbol{i}$ 和 $\boldsymbol{j}$,则力 $\boldsymbol{F}$ 可记为

$$\boldsymbol{F} = \boldsymbol{F}_x + \boldsymbol{F}_y = F_x \boldsymbol{i} + F_y \boldsymbol{j} \tag{2.5}$$

称为力沿直角坐标轴的解析表达式。

图 2.3

2. 合力投影定理

如图 2.4 所示为由平面汇交力系 $\boldsymbol{F}_1$,$\boldsymbol{F}_2$,$\boldsymbol{F}_3$ 和 $\boldsymbol{F}_4$ 组成的力多边形,$\boldsymbol{F}_R$ 为合力,将各力矢投影到 x 轴,由图可见

$$ae = ab + bc + cd - de$$

按投影定义,上式左端为合力 $\boldsymbol{F}_R$ 的投影,右端为四个分力的投影的代数和,即

$$F_{Rx} = F_{1x} + F_{2x} + F_{3x} + F_{4x}$$

将上式推广到任意多个力的情况,有

$$F_{Rx} = F_{1x} + F_{2x} + \cdots + F_{nx} = \sum F_{ix} \tag{2.6}$$

于是有结论:合力在任一轴上的投影等于各分力在同一轴上投影的代数和。这就是合力投影定理。

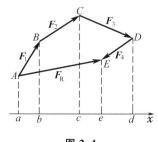

图 2.4

合力投影定理建立了合力的投影与分力的投影之间的关系。

3. 平面汇交力系合成的解析法

设刚体上 O 点作用有由 n 个力组成的平面汇交力系,建立直角坐标系如图 2.5(a) 所示。

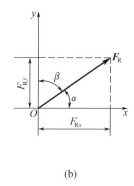

(a)　　　　　　　　　　　　　(b)

图 2.5

设 F_{1x} 和 F_{1y},F_{2x} 和 F_{2y},$\cdots$,F_{nx} 和 F_{ny} 分别表示各力在坐标轴 x 轴和 y 轴上的投影,F_{Rx} 和 F_{Ry} 分别表示力系的合力 $\boldsymbol{F}_R$ 在 x 轴和 y 轴上的投影,根据合力投影定理有

$$\left. \begin{array}{l} F_{Rx} = F_{1x} + F_{2x} + \cdots + F_{nx} = \sum F_x \\ F_{Ry} = F_{1y} + F_{2y} + \cdots + F_{ny} = \sum F_y \end{array} \right\} \tag{2.7}$$

于是合力矢量的大小和方向为

$$F_R = \sqrt{F_{Rx}^2 + F_{Ry}^2} = \sqrt{\left(\sum F_x\right)^2 + \left(\sum F_y\right)^2}$$

$$\cos\alpha = \frac{F_{Rx}}{F_R} = \frac{\sum F_x}{F_R}$$

$$\cos\beta = \frac{F_{Ry}}{F_R} = \frac{\sum F_y}{F_R}$$

(2.8)

其中 α 和 β 分别表示合力 $\boldsymbol{F}_R$ 与 x 轴和 y 轴间的夹角,如图 2.5(b) 所示。

4. 平面汇交力系的平衡方程

前面已经得出过结论,平面汇交力系平衡的必要和充分条件是:该力系的合力 $\boldsymbol{F}_R$ 等于零。于是由(2.8)式有

$$F_R = \sqrt{\left(\sum F_x\right)^2 + \left(\sum F_y\right)^2} = 0$$

欲使上式成立,必须同时满足

$$\sum F_x = 0$$
$$\sum F_y = 0$$

(2.9)

于是,平面汇交力系平衡的必要和充分条件是:力系的各分力在两个坐标轴上的投影的代数和分别等于零。式(2.9)称为平面汇交力系的平衡方程,这是两个独立的方程,可求解两个未知量。

下面举例说明平面汇交力系平衡方程的应用。

例 2.1　水平梁 AB 的 B 端吊挂一重物,重量为 P,拉杆 CD 与 AB 在 C 处铰接,已知 $P = 2$ kN,结构尺寸与角度如图2.6(a) 所示。试求 CD 杆的内力及 A 点的约束反力。

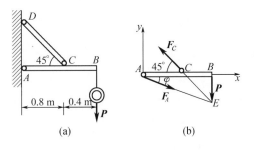

(a)　　　　　　　(b)

图 2.6

解　(1) 取 AB 杆为研究对象,作受力图,如图 2.6(b) 所示。

(2) 建立坐标系如图。

(3) 根据平衡条件列写平衡方程

$$\sum F_x = 0 \qquad F_A\cos\varphi - F_C\cos 45° = 0$$

$$\sum F_y = 0 \qquad -P - F_A\sin\varphi + F_C\sin 45° = 0$$

(4) 解方程,得

$$F_C = 4.24 \text{ kN}, F_A = 3.16 \text{ kN}$$

2.2 平面力对点之矩的概念与计算

2.2.1 平面力对点之矩的概念

力对刚体的转动效果可以用力对点的矩来度量。

如图 2.7 所示,力 $\boldsymbol{F}$ 与点 O 位于同一平面内,点 O 称为矩心,点 O 到力的作用线的垂直距离 h 称为力臂。在平面问题中,力对点的矩定义如下:

力对点之矩是一个代数量,其绝对值等于力的大小与力臂的乘积,它的正负可按下法确定:力使物体绕矩心逆时针方向转动时为正,反之为负。力对点的矩简称力矩。在国际单位制中,力矩的单位常用 N·m 或 kN·m。

图 2.7

力 $\boldsymbol{F}$ 对点 O 的矩以记号 $M_O(\boldsymbol{F})$ 来表示,即

$$M_O(\boldsymbol{F}) = \pm Fh = \pm 2S_{\triangle OAB} \qquad (2.10)$$

式中,$S_{\triangle OAB}$ 表示三角形 OAB 的面积,如图 2.7 所示。

力矩的性质如下:

(1) 与矩心有关;

(2) 力可沿作用线任意移动;

(3) 力的大小为零或力的作用线过矩心时,力矩等于零;

(4) 互为平衡的两个力对同一点的矩之和为零。

2.2.2 合力矩定理

合力矩定理:平面汇交力系的合力对于平面内任一点之矩等于所有各分力对于该点之矩的代数和,即

$$M_O(\boldsymbol{F}_R) = \sum M_O(\boldsymbol{F}_i) \qquad (2.11)$$

按力系等效概念,上式是显然成立的。合力矩定理建立了合力对点的矩与分力对同一点的矩的关系,这个定理也适用于有合力的其他各种力系。

例 2.2 已知力 $\boldsymbol{F}$,作用点 $A(x, y)$ 及其与 x 轴正向间夹角 θ,如图 2.8 所示,求力 $\boldsymbol{F}$ 对原点 O 的矩。

解 利用合力矩定理,将 $\boldsymbol{F}$ 沿坐标轴分解为 $\boldsymbol{F}_x$ 和 $\boldsymbol{F}_y$,则

$$M_O(\boldsymbol{F}) = \sum M_O(\boldsymbol{F}_i) = M_O(\boldsymbol{F}_x) + M_O(\boldsymbol{F}_y)$$
$$= xF_y - yF_x = xF\sin\theta - yF\cos\theta$$

图 2.8

2.3　平面力偶系

2.3.1　力偶的概念

由两个大小相等、方向相反且不共线的平行力组成的力系,称为力偶,如图 2.9 所示,记作(F,F')。力偶的两力之间的垂直距离 d 称为力偶臂,力偶所在的平面称为力偶的作用面。

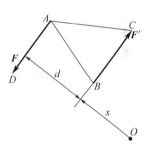

图 2.9

力偶不能合成为一个力,也就不能用一个力来平衡,因此力偶和力是静力学的两个基本要素。

2.3.2　力偶矩

力偶的作用是改变物体的转动状态,力偶对物体的转动效果可用力偶矩来度量,而力偶矩的大小为力偶中的力与力偶臂的乘积 Fd。由图 2.10 易见,力偶(F,F')对任取的一点 O 的矩为

$$F(d+x) - Fx = Fd$$

即力偶对任意点的矩都等于力偶矩,而与矩心位置无关。

图 2.10

力偶在平面内的转向不同,其作用效果也不相同,因此平面力偶对物体的作用效果,由以下两个因素决定:

(1) 力偶矩的大小;

(2) 力偶在作用平面内的转向。

故力偶矩可视为代数量,以 M 或 $M(F,F')$ 表示,即

$$M = \pm Fd = \pm 2S_{\triangle ABC} \tag{2.12}$$

式中,$S_{\triangle ABC}$ 表示三角形 ABC 的面积,如图 2.10 所示。

于是可得结论:力偶矩是一个代数量,其绝对值大小等于力的大小与力偶臂的乘积,正负号表示力偶的转向,逆时针转向为正,反之为负。

力偶矩的单位与力矩相同,也是 N·m。

2.3.3　同平面内力偶的等效定理

定理　在同平面内的两个力偶,如果力偶矩相等,则两力偶彼此等效。

该定理给出了在同一平面内力偶等效的条件。由此可得推论:

(1) 任一力偶可以在其作用面内任意移转,而不改变它对刚体的作用。因此,力偶对刚体的作用与力偶在其作用面内的位置无关。

(2) 只要保持力偶矩的大小和力偶的转向不变,可以同时改变力偶中力的大小和力臂的长短,而不改变力偶对刚体的作用。

由此可见,力偶中力的大小和力偶臂都不是力偶的特征量,只有力偶矩才是力偶作用

的唯一量度。常用图 2.11 所示的符号表示力偶，M 为力偶矩。

图 2.11

2.3.4 平面力偶系的合成与平衡

1. 平面力偶系的合成

作用面共面的力偶系称为平面力偶系。设在同一平面内有两个力偶 $(\boldsymbol{F}_1, \boldsymbol{F}_1')$ 和 $(\boldsymbol{F}_2, \boldsymbol{F}_2')$，它们的力偶臂分别为 d_1 和 d_2，如图 2.12(a) 所示。这两个力偶的矩分别为 M_1 和 M_2。在保持偶矩不变的情况下，同时改变这两个力偶的力的大小和力偶臂的长短，使它们具有相同的臂长 d，并将它们在平面内移转，使力的作用线重合，如图2.12(b) 所示。于是得到与原力偶等效的两个新力偶 $(\boldsymbol{F}_3, \boldsymbol{F}_3')$ 和 $(\boldsymbol{F}_4, \boldsymbol{F}_4')$，即

$$M_1 = F_1 d_1 = F_3 d, M_2 = -F_2 d_2 = -F_4 d$$

分别将作用在 A 和 B 的力合成（设 $F_3 > F_4$），得

$$F = F_3 - F_4, F' = F'_3 - F'_4$$

于是得到与原力偶系等效的合力偶 $(\boldsymbol{F}, \boldsymbol{F}')$，如图 2.12(c) 所示。令 M 表示合力偶的矩，得

$$M = Fd = (F_3 - F_4)d = F_3 d - F_4 d = M_1 + M_2$$

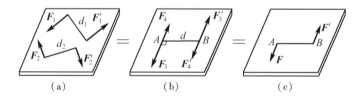

| (a) | (b) | (c) |

图 2.12

如果有两个以上的平面力偶，可以按照上述方法合成。即在同平面内的任意个力偶可合成为一个合力偶，合力偶矩等于各个力偶矩的代数和，可写为

$$M = \sum M_i \tag{2.13}$$

2. 平面力偶系的平衡条件

所谓力偶系的平衡，就是合力偶的矩等于零，因此平面力偶系平衡的必要和充分条件是所有力偶矩的代数和等于零，即

$$\sum M_i = 0 \tag{2.14}$$

例 2.3 如图 2.13(a) 所示结构，已知 $M = 800 \text{ N} \cdot \text{m}$，结构尺寸如图。求 A, C 两处的约束反力。

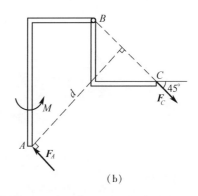

（a）　　　　　　　　　　　　　　（b）

图 2.13

解　BC 为二力杆，故 $\boldsymbol{F}_C$ 作用线如图 2.13(b) 所示。

以整体为研究对象，全部的主动力仅有一个力偶 M，而约束反力只在 A，C 两点处，由于力偶只能由力偶来平衡，故 A，C 两处的反力必然大小相等、方向相反，形成一个力偶，记其力偶矩为 M_{AC}，如图 2.13(b) 所示，则平衡方程为

$$\sum M_i = 0 \quad M - M_{AC} = 0$$

$$M - F_C d = 0$$

解得

$$F_C = 3\ 137\ \text{N} = F_A$$

2.4　平面任意力系的简化

各力的作用线在同一平面内且任意分布的力系，称为平面任意力系，又称平面一般力系。

2.4.1　力的平移定理

定理　可以把作用在刚体上的点 A 的力 $\boldsymbol{F}$ 平行移到任一点 B，但必须同时附加一个力偶，这个附加力偶的矩等于原来的力 $\boldsymbol{F}$ 对新作用点 B 的矩。

证明　如图 2.14(a) 所示，刚体上的点 A 作用有力 $\boldsymbol{F}$。在刚体上任取一点 B，并在点 B 加上一对平衡力 $\boldsymbol{F}'$ 和 $\boldsymbol{F}''$，且令 $\boldsymbol{F}' = \boldsymbol{F} = -\boldsymbol{F}''$，如图 2.14(b) 所示。显然，三个力 $\boldsymbol{F}$，$\boldsymbol{F}'$ 和 $\boldsymbol{F}''$ 组成的新力系与原来的一个力 $\boldsymbol{F}$ 等效。这三个力又可视为一个作用在点 B 的力 $\boldsymbol{F}'$ 和一个力偶 $(\boldsymbol{F}, \boldsymbol{F}'')$，该力偶称为附加力偶，其力偶矩等于

$$M = Fd = M_B(\boldsymbol{F})$$

如图 2.14(c) 所示，力系等效于一个作用在点 B 的力 $\boldsymbol{F}'$ 和一个附加力偶，于是定理得证。

根据力的平移定理可知，在平面内的一个力和一个力偶，也可以用一个力来等效替换。

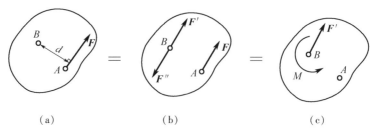

图 2.14

2.4.2　平面任意力系向作用面内一点的简化　主矢和主矩

设刚体上作用有 n 个力 $F_1,F_2,\cdots,F_n$ 组成的平面任意力系,如图 2.15(a) 所示。在平面内任取一点 O,称为简化中心,应用力的平移定理,把各力都平移到这一点。这样,得到作用于点 O 的力 $F'_1,F'_2,\cdots,F'_n$,以及相应的附加力偶,其力偶矩分别为 $M_1,M_2,\cdots,M_n$,如图 2.15(b) 所示。这些力偶的矩分别为

$$M_i = M_O(F_i) \quad (i=1,2,\cdots,n)$$

这样,平面任意力系等效为两个简单力系,平面汇交力系和平面力偶系,再分别合成这两个力系。

平面汇交力系可合成为作用线通过点 O 的一个力 F'_R,如图 2.15(c) 所示,由于各个力矢 $F'_i = F_i$,因此

$$F'_R = F'_1 + F'_2 + \cdots + F'_n = \sum F_i \tag{2.15}$$

即力矢 F'_R 等于原来各力的矢量和。

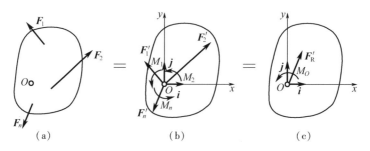

图 2.15

平面力偶系可合成为一个力偶,该力偶的矩 M_O 等于各附加力偶矩的代数和,根据力的平移定理,也就等于原来各力对于点 O 的矩的代数和,即

$$M_O = M_1 + M_2 + \cdots + M_n = \sum M_O(F_i) \tag{2.16}$$

平面任意力系中所有各力的矢量和 F'_R,称为该力系的主矢,而各力对于任选简化中心 O 的矩的代数和 M_O,称为该力系对于简化中心 O 的主矩。

由于主矢等于各力的矢量和,所以它与简化中心的选择无关。而主矩等于各力对于简化中心的矩的代数和,取不同的点为简化中心,各力的力臂将有改变,则各力对简化中

心的矩也有改变,所以在一般情况下主矩与简化中心的选择有关。因此以后当提到主矩时,必须指出是力系对于哪一点的主矩。

　　综上所述,在一般情况下,平面任意力系向作用面内任选一点 O 简化,可得一个力和一个力偶,这个力的大小和方向等于该力系的主矢,作用线通过简化中心 O,这个力偶的矩等于该力系对于点 O 的主矩。

　　为了求出力系的主矢 $\boldsymbol{F}'_{\mathrm{R}}$ 的大小和方向,可以应用解析法。通过点 O 取坐标系 Oxy,如图 2.15(c) 所示,则有

$$\left.\begin{array}{l} F'_{\mathrm{R}x} = F_{1x} + F_{2x} + \cdots + F_{nx} = \sum F_x \\ F'_{\mathrm{R}y} = F_{1y} + F_{2y} + \cdots + F_{ny} = \sum F_y \end{array}\right\}$$

　　于是主矢 $\boldsymbol{F}'_{\mathrm{R}}$ 的大小和方向余弦为

$$\left.\begin{array}{l} F'_{\mathrm{R}} = \sqrt{\left(\sum F_x\right)^2 + \left(\sum F_y\right)^2} \\ \cos \alpha = \dfrac{\sum F_x}{F_{\mathrm{R}}} \\ \cos \beta = \dfrac{\sum F_y}{F_{\mathrm{R}}} \end{array}\right\} \qquad (2.17)$$

其中 α 和 β 分别为主矢与 x 轴和 y 轴间的夹角。

　　现利用力系向一点简化的方法,分析固定端约束的反力。所谓固定端约束,是指一物体的一端完全固定在另一物体上的约束,如图2.16(a) 所示。

　　固定端约束对物体的作用,是在接触面上作用了一群约束反力。在平面问题中,这些力为一平面任意力系,如图 2.16(b) 所示。将该力系向作用平面内的点 A 简化得到一个力和一个力偶,如图 2.16(c) 所示。一般情况下这个力的大小和方向均为未知量,可用两个正交的分力来代替。因此,在平面力系情况下,固定端 A 处的约束作用可简化为两个约束反力 F_{Ax},F_{Ay} 和一个力偶矩为 M_A 的约束力偶,如图 2.16(d) 所示。

图 2.16

　　比较固定端支座与固定铰支座的约束性质,可知固定端约束除了限制物体在水平方向和铅直方向的移动外,还能限制物体在平面内的转动,因此除了约束反力 $\boldsymbol{F}_{Ax}$,$\boldsymbol{F}_{Ay}$ 外,还有力偶矩为 M_A 的约束力偶。而固定铰支座没有约束力偶,因为它不能限制物体在平面内的转动。

2.4.3　简化结果的分析

　　平面任意力系向作用面内任一点简化的结果,可能有以下四种情况。

　　(1) 主矢 $\boldsymbol{F}'_{\mathrm{R}} = 0$,主矩 $M_O \neq 0$

力系简化为一个力偶,合力偶的矩等于力系对简化中心的矩

$$M_O = \sum M_O(\boldsymbol{F}_i)$$

由于力偶对平面内任意一点的矩都相同,因此当力系合成为一个力偶时,主矩与简化中心的选择无关。

(2) 主矢 $\boldsymbol{F}_R' \neq 0$,主矩 $M_O = 0$

力系简化为一个合力。合力的大小和方向等于力系的主矢,合力的作用线通过简化中心。

(3) 主矢 $\boldsymbol{F}_R' \neq 0$,主矩 $M_O \neq 0$

如图 2.17 所示。现将矩为 M_O 的力偶用两个力形成的力偶 $(\boldsymbol{F}_R, \boldsymbol{F}_R'')$ 来表示,并令 $\boldsymbol{F}_R' = \boldsymbol{F}_R = -\boldsymbol{F}_R''$,如图 2.17(b) 所示。于是可将作用于点 O 的力 $\boldsymbol{F}_R'$ 和力偶 $(\boldsymbol{F}_R, \boldsymbol{F}_R'')$ 合成为一个作用在点 O' 的力 $\boldsymbol{F}_R$,如图 2.17(c) 所示。这个力 $\boldsymbol{F}_R$ 就是原力系的

图 2.17

合力。合力的大小和方向等于主矢,合力的作用线在点 O 的哪一侧,需要根据主矢和主矩的方向确定,合力作用线到点 O 的距离 d,可按下式计算:

$$d = \frac{M_O}{F_R'}$$

下面证明平面任意力系的合力矩定理。由图 2.17(b) 可见,合力 $\boldsymbol{F}_R$ 对点 O 的矩为

$$M_O(\boldsymbol{F}_R) = F_R d = M_O$$

由式(2.16)知

$$M_O = \sum M_O(\boldsymbol{F}_i)$$

于是就有

$$M_O(\boldsymbol{F}_R) = \sum M_O(\boldsymbol{F}_i) \tag{2.18}$$

由于简化中心 O 是任意选取的,因此上式有普遍意义,可叙述如下:平面任意力系的合力对作用面内任一点的矩等于力系中各力对同一点的矩的代数和。这就是合力矩定理。

(4) 主矢 $\boldsymbol{F}_R' = 0$,主矩 $M_O = 0$

力系是平衡力系。

2.5　平面任意力系的平衡条件

容易证明,平面任意力系平衡的必要和充分条件是:力系的主矢和对于任意一点的主矩都等于零,即 $\boldsymbol{F}_R' = 0$,且 $M_O = 0$。

该平衡条件可用解析式表示。由式(2.15)和式(2.16)可知

$$\left.\begin{array}{l} \sum F_{ix} = 0 \\ \sum F_{iy} = 0 \\ \sum M_O(\boldsymbol{F}_i) = 0 \end{array}\right\} \tag{2.19}$$

由此可得结论,平面任意力系平衡的解析条件是:所有各力在两个任选的坐标轴上的投影的代数和分别等于零,以及各力对于任意一点的矩的代数和也等于零。式(2.19)称为平面任意力系的平衡方程。为便于书写,下标 i 常可略去。式(2.19)有三个独立的方程,只能求出三个未知数。

平面任意力系的平衡方程还有其他两种形式。

三个平衡方程中有两个力矩方程和一个投影方程,即

$$\left.\begin{array}{l} \sum F_x = 0 \\ \sum M_A(\boldsymbol{F}) = 0 \\ \sum M_B(\boldsymbol{F}) = 0 \end{array}\right\} \tag{2.20}$$

其中 x 轴不能垂直于 A,B 两点的连线。

也可以写出三个力矩式的平衡方程,即

$$\left.\begin{array}{l} \sum M_A(\boldsymbol{F}) = 0 \\ \sum M_B(\boldsymbol{F}) = 0 \\ \sum M_C(\boldsymbol{F}) = 0 \end{array}\right\} \tag{2.21}$$

其中 A,B,C 三点不得共线。

上述三组方程(2.19),(2.20),(2.21)都可以用来解决平面任意力系的平衡问题。究竟选用哪一组方程,需根据具体条件确定。对于受平面任意力系作用的单个刚体的平衡问题,只可以写出三个独立的平衡方程,求解三个未知量。任何第四个方程只是前三个方程的线性组合,因而不是独立的。我们可以利用这个方程来校核计算的结果。

例 2.4　求图 2.18(a)所示刚架的约束反力。

图 2.18

解　以刚架为研究对象,受力如图2.18(b)所示。

$$\sum F_x = 0 \quad F_{Ax} - qb = 0$$

$$\sum F_y = 0 \quad F_{Ay} - P = 0$$

$$\sum M_A(\boldsymbol{F}) = 0 \quad M_A - Pa - \frac{1}{2}qb^2 = 0$$

解得

$$F_{Ax} = qb, F_{Ay} = P, M_A = Pa + \frac{1}{2}qb^2$$

例 2.5　水平梁 AB 如图 2.19 所示。A 端为固定铰支座，B 端为一滚动支座。梁长为 $4a$，梁重 P 作用在梁的中点 C。在梁的 AC 段上受均布载荷 q 的作用，在梁的 BC 段上受一力偶的作用，力偶矩 $M = Pa$。试求 A 和 B 处的支座反力。

图 2.19

解　取梁 AB 为研究对象，受力如图。

$$\sum F_x = 0 \quad F_{Ax} = 0$$

$$\sum F_y = 0 \quad F_{Ay} - q \cdot 2a - P + F_B = 0$$

$$\sum M_A(\boldsymbol{F}) = 0 \quad F_B \cdot 4a - M - P \cdot 2a - q \cdot 2a \cdot a = 0$$

解得

$$F_{Ax} = 0, F_{Ay} = \frac{1}{4}P + \frac{3}{2}qa, F_B = \frac{3}{4}P + \frac{1}{2}qa$$

当平面力系中各力的作用线互相平行时，称其为平面平行力系，它是平面任意力系的一种特殊情形。

如图 2.20 所示，设物体受到平面平行力系 $\boldsymbol{F}_1$，$\boldsymbol{F}_2, \cdots, \boldsymbol{F}_n$ 的作用。如选取 x 轴与各力垂直，则不论力系是否平衡，各力在 x 轴上的投影恒等于零，即有 $\sum F_x \equiv 0$。于是，平面平行力系的独立平衡方程的数目只有两个，即

$$\left. \begin{array}{l} \sum F_y = 0 \\ \sum M_O(\boldsymbol{F}) = 0 \end{array} \right\} \qquad (2.22)$$

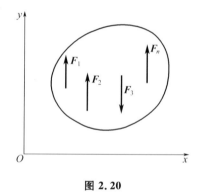

图 2.20

平面平行力系的平衡方程，也可用两个力矩方程的形式表示，即

$$\left. \begin{array}{l} \sum M_A(\boldsymbol{F}) = 0 \\ \sum M_B(\boldsymbol{F}) = 0 \end{array} \right\} \qquad (2.23)$$

其中 A, B 两点连线不与力的作用线平行。

2.6　物体系统的平衡静定和静不定问题的概念

由若干个物体通过约束所组成的系统称为物体系统，简称物系。当物体系统平衡时，组成该系统的每一个物体都处于平衡状态，因此对于每一个受平面任意力系作用的物体，均可写出三个平衡方程。如果物体系由 n 个物体组成，则共有 $3n$ 个独立的平衡方程。当系统中有的物体受平面汇交力系或平面平行力系作用时，系统的平衡方程数目相应减少。当系统中的未知量数目等于独立的平衡方程的数目时，则所有未知数都能由平衡方程求出，这样的问题称为静定问题。在工程实际中，有时为了提高结构的刚度和坚固性，

常常增加多余的约束,因而使这些结构的未知量的数目多于平衡方程的数目,未知量就不能全部由平衡方程求出,这样的问题称为静不定问题或超静定问题,总未知量数目与总独立平衡方程数目之差,称为静不定次数。对于静不定问题,必须考虑问题因受力作用而产生的变形,加列某些补充方程后才能使方程数目等于未知量的数目。静不定问题已超出刚体静力学的范围,需在材料力学、结构力学等变形体力学中研究。

例 2.6　判断下列结构是静定的还是静不定的。

解　如图 2.21(a)、图 2.21(d) 所示,重物分别用绳子悬挂,均受平面汇交力系作用,均有两个平衡方程。在图 2.21(a) 中,有两个未知约束力,故是静定的;而在图 2.21(d) 中,有三个未知约束力,因此是静不定的。

如图 2.21(b),图 2.21(e) 所示,轴分别由轴承支承,均受平面平行力系作用,均有两个平衡方程。图 2.21(b) 中有两个未知约束力,故为静定的;而在图 2.21(e) 中,有三个未知约束力,因此为静不定的。

如图 2.21(c) 和图 2.21(f) 所示的平面任意力系,均有三个平衡方程。图 2.21(c) 中有三个未知约束力,故是静定的;而图 2.21(f) 中有四个未知约束力,因此是静不定的。

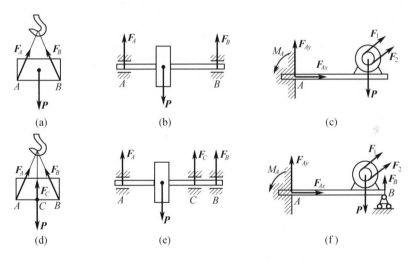

图 2.21

在求解静定的物体系统的平衡问题时,可以选取每个物体为研究对象,列出全部方程,然后求解,也可以先选取整个系统为研究对象,列出平衡方程,这样的方程中不包含内力,式中未知量较少,解出部分未知量后,再从系统中选取某些物体作为研究对象,列出另外的平衡方程,直到求出所有的未知量为止。总的原则是,使每一个平衡方程中的未知量尽可能地减少,最好是只含一个未知量,以避免求解联立方程。

例 2.7　如图 2.22(a) 所示为曲轴冲床简图,由轮 I、连杆 AB 和冲头 B 组成。$OA = R, AB = l$。忽略摩擦和自重,当 OA 在水平位置、冲压力为 F 时系统处于平衡状态。求:(1)作用在轮 I 上的力偶之矩 M 的大小;(2)轴承 O 处的约束力;(3)连杆 AB 受的力;(4)冲头给导轨的侧压力。

解　首先以冲头为研究对象。冲头受冲压阻力 F、导轨约束力 F_N 以及连杆(二力

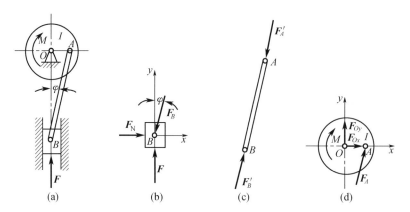

图 2.22

杆）的作用力 F_B 作用，受力如图 2.22(b) 所示，为一平面汇交力系。

设连杆与铅直线间的夹角为 φ，按图示坐标轴列平衡方程为

$$\sum F_x = 0, F_N - F_B \sin \varphi = 0$$

$$\sum F_y = 0, F - F_B \cos \varphi = 0$$

解得

$$F_B = \frac{F}{\cos \varphi}, F_N = F \tan \varphi = F \frac{R}{\sqrt{l^2 - R^2}}$$

F_B 为正值，说明假设的 F_B 的方向是对的，即连杆受压力，如图 2.22(c) 所示。而冲头对导轨的侧压力大小等于 F_N，方向相反。

再以轮 I 为研究对象。轮 I 受平面任意力系作用，包括矩为 M 的力偶、连杆的作用力 F_A 以及轴承的约束力 F_{Ox}，F_{Oy}，如图 2.22(d) 所示。按图示坐标轴列写平衡方程

$$\sum F_x = 0, F_{Ox} + F_A \sin \varphi = 0$$

$$\sum F_y = 0, F_{Oy} + F_A \cos \varphi = 0$$

$$\sum M_O(F) = 0, F_A \cos \varphi \cdot R - M = 0$$

解得

$$M = FR, F_{Ox} = -F \frac{R}{\sqrt{l^2 - R^2}}, F_{Oy} = -F$$

负号说明力 F_{Ox}，F_{Oy} 的方向与图示假设的方向相反。

例 2.8 求图 2.23(a) 所示三铰钢架的支座反力。

解 先以整体为研究对象，受力如图 2.23(a) 所示，根据平衡条件，列写平衡方程如下

$$\sum F_x = 0, F_{Ax} + F_{Bx} + F = 0$$

$$\sum F_y = 0, F_{Ay} + F_{By} - q \cdot a = 0$$

$$\sum M_A(F) = 0, F_{By} \cdot 2a - F \cdot a - q \cdot a \cdot \frac{3}{2}a = 0$$

图 2.23

解得

$$F_{Ay} = \frac{1}{4}qa - \frac{1}{2}F, \quad F_{By} = \frac{3}{4}qa + \frac{1}{2}F$$

以上三个方程包含四个未知量,故应再以 AC 为研究对象,受力如图 2.23(b)所示,即

$$\sum M_C(\boldsymbol{F}) = 0, \quad F_{Ax} \cdot a - F_{Ay} \cdot a = 0$$

解得

$$F_{Ax} = \frac{1}{4}qa - \frac{1}{2}F, \quad F_{Bx} = -\frac{1}{4}qa - \frac{1}{2}F$$

例 2.9　如图 2.24(a)所示多跨静定梁,已知 $F = 20$ kN,$q = 10$ kN/m,$a = 1$ m,求支座 A, B, D 处的支反力。

解　以整体为研究对象,受力如图 2.24(a)所示,有

$$\sum F_x = 0, \quad F_{Ax} = 0$$

$$\sum F_y = 0, \quad F_{Ay} + F_B + F_D - F - 4a \cdot q = 0$$

$$\sum M_A(\boldsymbol{F}) = 0, \quad F_B \cdot 4a + F_D \cdot 8a - F \cdot 2a - 4a \cdot q \cdot 6a = 0$$

再取 CD 为研究对象,受力如图 2.24(b)所示,有

$$\sum M_C(\boldsymbol{F}) = 0, \quad F_D \cdot 3a - 3a \cdot q \cdot \frac{3}{2}a = 0$$

解得

$$F_{Ax} = 0, \quad F_{Ay} = 5 \text{ kN}, \quad F_B = 40 \text{ kN}, \quad F_D = 15 \text{ kN}$$

图 2.24

习　　题

1. 选择题

(1) 图示系统只受 F 作用而平衡。欲使 A 支座约束力的作用线与 AB 成 $30°$ 角,则斜面的倾角应为(　　)。

(A) $0°$ 　　　　　　　(B) $30°$

(C) $45°$ 　　　　　　(D) $60°$

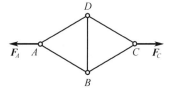

题 2.1(1) 图

(2) 设力 F 在 x 轴上的投影为 F_x,则该力在与 x 轴共面的任一轴上的投影(　　)。

(A) 一定不等于零　　　　　　　　(B) 不一定等于零

(C) 一定等于零　　　　　　　　　(D) 等于 F

(3) 五根等长的细直杆铰接成图示杆系结构,各杆重量不计。若 $F_A = F_C = F$,且垂直 BD。则杆 BD 的内力等于(　　)。

(A) $-F$(压)

(B) $-\sqrt{3}F$(压)

(C) $-\sqrt{3}F/3$(压)

(D) $-\sqrt{3}F/2$(压)

题 2.1(3) 图

(4) 汇交于 O 点的平面汇交力系,其平衡方程式可表示为二力矩形式。即 $\sum M_A(F) = 0, \sum M_B(F) = 0$,但必须(　　)。

(A) A, B 两点中有一点与 O 点重合

(B) 点 O 不在 A, B 两点的连线上

(C) 点 O 应在 A, B 两点的连线上

(5) 作用在一个刚体上的两个力 F_A 和 F_B,满足 $F_A = -F_B$ 的条件,则二力可能是(　　)。

(A) 作用力和反作用力或一对平衡力

(B) 一对平衡的力或一个力偶

(C) 一对平衡的力或一个力和一个力偶

(D) 作用力和反作用力或一个力偶

(6) 二直角折杆(重量不计)上各受力偶 M 作用。A_1, A_2 处的约束力分别为 F_1 和 F_2,如图所示,则它们的大小应满足条件(　　)。

(A)$F_1 > F_2$ 　　　　　　(B)$F_1 = F_2$ 　　　　　　(C)$F_1 < F_2$

(7) 均质杆 AB 重 P,用铅垂绳 CD 吊在天花板上,A, B 两端分别靠在光滑的铅垂墙面上,如图所示则 A, B 两端反力的大小是(　　)。

(A)A 点反力大于 B 点反力

(B)B 点反力大于 A 点反力

(C)A,B 两点反力相等

题 2.1(6) 图

题 2.1(7) 图

(8) 如图所示已知杆 AB 和 CD 的自重不计,且在 C 处光滑接触,若作用在 AB 杆上的力偶的矩为 M_1,则欲使系统保持平衡,作用在 CD 杆上的力偶的矩 M_2 的转向如图,其值为(　　)。

(A)$M_2 = M_1$

(B)$M_2 = 4M_1/3$

(C)$M_2 = 2M_1$

题 2.1(8) 图

(9) 若一平面力系向其作用面内任意两点简化,所得的主矢相等,主矩也相等,且主矩不为零。则该平面力系简化的最后结果是(　　)。

(A) 一个合力　　　　　(B) 一个力偶　　　　　(C) 平衡

(10) 图示结构中,静定结构有(　　),静不定结构有(　　)。

(a)　　　　　　(b)　　　　　　(c)　　　　　　(d)

题 2.1(10) 图

(11) 某平面任意力系向 O 点简化后,得到如图所示的一个力 F'_R 和一个力偶矩为 M_O 的力偶,则该力系的最后合成结果是(　　)。

(A) 作用在 O 点的一个合力

(B) 合力偶

(C) 作用在 O 点左边某点的一个合力

(D) 作用在 O 点右边某点的一个合力

题 2.1(11) 图

(12) 已知杆 AB 长 2 m，C 是其中点。分别受图示四个力系作用，其中 $F=2$ kN，$M=4$ kN·m，$M_1=2$ kN·m，则（　　）和（　　）是等效力系。

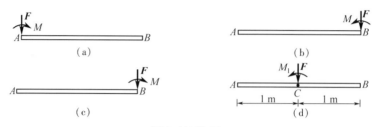

题 2.1(12) 图

2. 填空题

(1) 杆 AB 长 l，在其中点 C 处由曲杆 CD 支承如图所示。若 $AD=AC$，不计各杆自重及各处摩擦，且受矩为 M 的平面力偶作用，则图中 A 处反力的大小为_____。（力的方向请在图中画出）

(2) 如图所示，系统在力偶矩分别为 M_1，M_2 的力偶作用下平衡，不计滑轮和杆件的质量。若 $r=0.5$ m，$M_1=50$ kN·m，则支座 A 约束力的大小为_____，方向_____。

题 2.2(1) 图

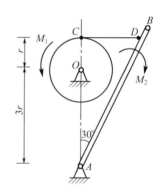

题 2.2(2) 图

(3) 如图示结构受矩为 $M=10$ kN·m 的力偶作用。若 $a=1$ m，各杆自重不计，则固定铰支座 D 的反力的大小为_____，方向_____。

(4) 如图示直角杆 CDA 和 T 字形杆 BDE 在 D 处铰接，并支承如图。若系统受力偶矩为 M 的力偶作用，不计各杆自重，则 A 支座反力的大小为_____，方向_____。

题 2.2(3) 图

题 2.2(4) 图

（5）如图示结构中，静定结构有_____，静不定结构有_____。

题 2.2(5) 图

（6）如图示系统受力 W,P 作用，在图示平面内处于平衡状态。则系统有_____个独立的平衡方程，有_____个未知数，是静定还是静不定问题_____。

（7）如图示正方形 $ABCD$，边长为 a，在刚体的 A,B,C 三点上分别作用了三个力 F_1，F_2,F_3，且 $F_1=F_2=F_3=F$。则该力系简化的最后结果为_____，请在图中表示。

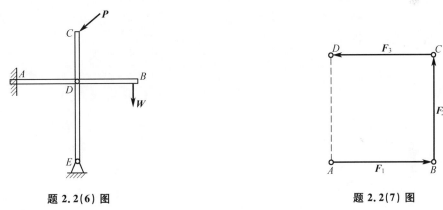

题 2.2(6) 图   题 2.2(7) 图

3. 计算题

（1）不计质量的直杆 AB 与折杆 CD 在 B 处用光滑铰链铰接如图。若系统受力 F 作用，试画出 D 端约束反力作用线的方向。

（2）图示系统中，已知 $Q=40$ kN，$W=50$ kN，$P=20$ kN。不计摩擦，试求系统平衡时 A 轮对地面的压力和 θ 角。

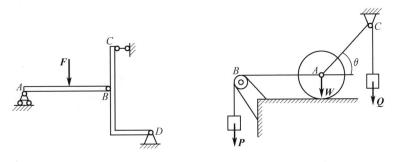

题 2.3(1) 图   题 2.3(2) 图

（3）图示系统中，已知 $P_1=20$ N，$P_2=10$ N 的 A,B 两轮和长 $L=40$ cm 的无重钢杆相

铰接,且可在 $\beta=45°$ 的光滑斜面上滚动。试求平衡时的距离 x 值。

(4) 图示机构中 $M=100\ \text{N}\cdot\text{cm}$, $OA=10\ \text{cm}$,不计摩擦及自重,欲使机构在图示位置处于平衡状态,求水平力 F 的大小。

题 2.3(3) 图　　　　　　题 2.3(4) 图

(5) 图示平面力系已知 $F_1=8\ \text{kN}$, $F_2=3\ \text{kN}$, $M=10\ \text{kN}\cdot\text{m}$, $R=2\ \text{m}$, $\theta=120°$。试求:
(1) 力系向 O 点简化结果;(2) 力系的最后简化结果,并示于图上。

(6) 简支梁 AB 的支撑和受力如图,已知 $q_0=2\ \text{kN/m}$,力偶矩 $M=2\ \text{kN}\cdot\text{m}$,梁的跨度 $L=6\ \text{m}$, $\theta=30°$。若不计梁的自重,试求 A, B 支座的反力。

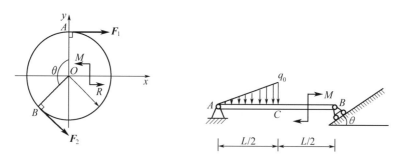

题 2.3(5) 图　　　　　　题 2.3(6) 图

(7) 构架如图所示,重物 $P=800\ \text{N}$,挂于定滑轮 A 上,滑轮直径为 $20\ \text{cm}$,不计构架杆重和滑轮重量,不计摩擦。求 C, E, B 处的约束反力。

(8) 图示多跨梁,自重不计。已知 M, F, q, L。试求支座 A, B 的反力及销钉 C 给 AC 梁的反作用力。

题 2.3(7) 图

题 2.3(8) 图

(9) 在图示系统中,已知 $F=20$ kN,$q=5$ kN/m,$M=20$ kN·m,E,C,D 为铰链,各杆自重不计。试求支座 A,B 的约束反力及杆 1、杆 2 的内力。

(10) 三铰拱尺寸如图。已知分布载荷 $q=2$ kN/m,力偶矩 $M=4$ kN·m,$L=2$ m,不计拱自重,求 C 处的反力。

题 2.3(9) 图　　　　题 2.3(10) 图

(11) 结构由梁 AB,BC 和杆 1、杆 2、杆 3 组成,A 为固定端约束,B,D,E,F,G 均为光滑铰链。已知 $F=2$ kN,$q=1$ kN/m,梁、杆自重均不计。试求杆 1、杆 2、杆 3 所受的力。

题 2.3(11) 图

第 3 章　　摩　　擦

3.1　摩擦的概念

3.1.1　摩擦现象

前两章在对物体或物体系统进行受力分析时,将物体的接触表面看作是绝对光滑的,忽略了物体之间的摩擦。本章将介绍有摩擦时物体的受力与平衡问题。由于摩擦是一种极其复杂的力学现象,这里仅介绍工程中常用的近似理论,还将重点研究有摩擦存在时物体的平衡问题。

按照接触物体之间的运动情况,摩擦可分为滑动摩擦和滚动摩阻。当两物体接触处有相对滑动或相对滑动趋势时,在接触处的公切面内将受到一定的阻力阻碍其滑动,这种现象称为滑动摩擦。当两物体接触处有相对滚动或相对滚动趋势时,物体间产生相对滚动的阻碍称为滚动摩阻,简称滚阻。

由于物理本质的不同,滑动摩擦又分为干摩擦和湿摩擦。如果两物体的接触面相对来说是干燥的,它们之间的摩擦称为干摩擦。如果两物体之间充满足够多的液体,它们之间的摩擦称为湿摩擦。

摩擦对人类的生活和生产,既有有利的一面,也有不利的一面。研究摩擦的任务在于掌握摩擦的规律,尽量利用其有利的一面,减少或避免其不利的一面。

3.1.2　静滑动摩擦

两个相互接触的物体,当其接触表面之间有相对滑动的趋势,但尚保持相对静止时,彼此作用着阻碍相对滑动的阻力,这种阻力称为静滑动摩擦力,简称静摩擦力。

如图 3.1(a) 所示,在粗糙的水平面上放置一重为 P 的物体,该物体在重力 P 和法向反力 F_N 的作用下处于静止状态。今在该物体上作用一大小可变化的水平拉力 F,当拉力 F 由零逐渐增加但不是很大时,物体和水平面间仅有相对滑动的趋势,但仍保持静止。可见支承面对物体除了存在有法向约束力 F_N 外,还有一个阻碍物体沿水平面向右滑动的切向约束力,此力即为静摩擦力。一般以 F_S 表示,方向向左,如图 3.1(b) 所示。其大小由平衡条件确定

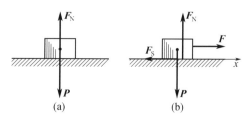

图 3.1

$$\sum F_x = 0, F_S = F$$

由上式可知,静摩擦力的大小随主动力 F 的增大而增大,这是静摩擦力和一般约束力共同的性质。

但是,静摩擦力又与一般的约束力不同,它并不随主动力 F 的增大而无限度地增大。当主动力 F 的大小达到一定数值时,物块处于平衡的临界状态。这时,静摩擦力达到最大值,即为最大静滑动摩擦力,简称最大静摩擦力,以 F_{max} 表示。此后,如果主动力 F 再继续增大,但静摩擦力不能再随之增大,物体将失去平衡而滑动。这就是静摩擦力的特点。

综上所述,静摩擦力的大小随主动力的情况而改变,但介于零与最大值之间,即

$$0 \leqslant F_S \leqslant F_{max} \tag{3.1}$$

大量实验证明,最大静摩擦力的方向与相对滑动趋势的方向相反,其大小与两物体间的正压力(即法向反力)成正比,即

$$F_{max} = f_S F_N \tag{3.2}$$

式中 f_S 是比例常数,称为静摩擦系数,是无量纲量。

式(3.2)称为静摩擦定律,又称库仑摩擦定律,是工程中常用的近似理论。

静摩擦系数的大小由实验测定。它与接触物体的材料和表面情况(如粗糙度、温度和湿度等)有关,而与接触面积的大小无关。

静摩擦系数的数值可在工程手册中查到,表 3.1 中列出了部分常用材料的摩擦系数。但影响摩擦系数的因素很复杂,如果需用比较准确的数值时,必须在具体条件下进行实验测定。

表 3.1　常用材料的滑动摩擦系数

材料名称	静摩擦系数		动摩擦系数	
	无润滑	有润滑	无润滑	有润滑
钢—钢	0.15	0.1～0.12	0.15	0.05～0.1
钢—软钢			0.2	0.1～0.2
钢—铸铁	0.3		0.18	0.05～0.15
钢—青铜	0.15	0.1～0.15	0.15	0.1～0.15
软钢—铸铁	0.2		0.18	0.05～0.15
软钢—青铜	0.2		0.18	0.07～0.15
铸铁—铸铁		0.18	0.15	0.07～0.12
铸铁—青铜			0.15～0.2	0.07～0.15
青铜—青铜		0.1	0.2	0.07～0.1
皮革—铸铁	0.3～0.5	0.15	0.6	0.15
橡皮—铸铁			0.8	0.5
木材—木材	0.4～0.6	0.1	0.2～0.5	0.07～0.15

3.1.3 摩擦角和自锁现象

1.摩擦角

当有摩擦时,支承面对平衡物体的约束反力包含法向反力 F_N 和切向反力 F_S(即静摩擦力)。这两个分力的几何和为 $F_{RA}=F_N+F_S$,称为支承面的全约束反力。设全约束反力与接触面公法线间的夹角为 φ,如图 3.2(a)所示,当物块处于平衡的临界状态时,静摩擦力达到其最大值 F_{max},角 φ 也达到最大值 φ_f,如图 3.2(b)所示。全约束反力与法线间夹角的最大值 φ_f 称为摩擦角。由图可得

$$\tan \varphi_f = \frac{F_{max}}{F_N} = \frac{f_S F_N}{F_N} = f_S \tag{3.3}$$

即摩擦角的正切等于静摩擦系数。可见,摩擦角与摩擦系数一样,都是表示材料表面性质的量。

图 3.2

当物块的滑动趋势方向改变时,全约束反力作用线的方位也随之改变。在临界状态下,F_{RA} 的作用线将画出一个以接触点 A 为顶点的锥面,如图 3.2(c)所示,称为摩擦锥。设物块与支承面间沿任何方向的摩擦系数都相同,即摩擦角都相等,则摩擦锥将是一个顶角为 $2\varphi_f$ 的圆锥。

2.自锁现象

物块平衡时,静摩擦力不一定达到最大值,可在零与最大值 F_{max} 之间变化,所以全约束反力与法线间的夹角 φ 也在零与摩擦角 φ_f 之间变化,即

$$0 \leqslant \varphi \leqslant \varphi_f \tag{3.4}$$

由于静摩擦力不可能超过最大值,因此全约束反力的作用线也不可能超出摩擦角以外,即全约束力必在摩擦角之内。由此可知:

(1)如果作用于物体的全部主动力的合力 F_R 的作用线在摩擦角 φ_f 之内,则无论这个力多大,物体必保持静止,这种现象称为自锁现象。因为在这种情况下,主动力的合力 F_R 和全约束反力 F_{RA} 必能满足二力平衡条件,如图 3.3(a)所示。工程实际中常应用自锁条件设计一些机构或夹具,如千斤顶、圆锥销等,使它们始终保持在平衡状态下工作。

(2)如果作用于物体的全部主动力的合力 F_R 的作用线在摩擦角 φ_f 之外,则无论这个力多小,物体一定会滑动。因为在这种情况下,主动力的合力 F_R 和全约束反力 F_{RA} 不能满足二力平衡条件,如图3.3(b)所示。

利用摩擦角的概念,可用简单的实验方法测定静摩擦系数。如图 3.4 所示,把要测定

的两种材料分别制成斜面和物块,把物块放在斜面上,并逐渐从零起增大斜面的倾角 θ,直到物块刚开始下滑时为止。这时的 θ 角就是要测定的摩擦角 φ_f,于是可得静摩擦系数为

$$f_s = \tan \varphi_f = \tan \theta$$

根据上式也可以同时得到斜面的自锁条件,即斜面的自锁条件是斜面的倾角小于或等于摩擦角,即 $\theta \leqslant \varphi_f$。

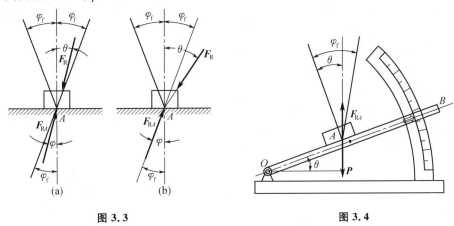

图 3.3　　　　　　　　　　　图 3.4

3.1.4　动滑动摩擦

当两个相互接触的物体,其接触表面之间有相对滑动时,彼此间作用着阻碍相对滑动的阻力,这种阻力称为动滑动摩擦力,简称动摩擦力,一般以 F_k 表示。实验表明,动摩擦力的大小与接触物体间的正压力成正比,即

$$F_k = f_k F_N \tag{3.5}$$

式中,f_k 是动摩擦系数,与接触物体的材料和表面情况有关。

一般情况下,动摩擦系数小于静摩擦系数,即 $f_k < f_s$。此外,动摩擦系数还与接触物体间相对滑动的速度大小有关,大多数情况下,动摩擦系数随相对滑动速度的增大而稍微减小。但当相对滑动速度不大时,动摩擦系数可以近似地认为是个常数。

3.2　考虑摩擦的平衡问题

求解有摩擦时物体的平衡问题,其方法步骤与前两章所述的相同。新的问题是,在分析物体受力情况时,必须考虑摩擦力。摩擦力有以下特点:

(1)静摩擦力的方向与相对滑动趋势的方向相反,两个物体相互作用的摩擦力互为作用力和反作用力。

(2)摩擦力的大小在零与最大值之间,是个未知量。要确定这些新增的未知量,除列出平衡方程外,还需要列出补充方程 $F_s \leqslant f_s F_N$,补充方程的数目应与摩擦力的数目相同。

(3)由于物体平衡时,静摩擦力的大小可在零与最大值之间取值,即 $0 \leqslant F_s \leqslant F_{max}$,因此在考虑摩擦时,物体有一个平衡范围,解题时必须注意分析。

工程实际中有不少问题只需要分析平衡的临界状态,这时静摩擦力等于最大值,补充方程中只取等号。有时为了解题方便,可以先就临界状态计算,求得结果后再进行分析讨论。

例 3.1 如图 3.5(a) 所示,梯子 AB 长为 $2a$,重为 P,其一端置于水平面上,另一端靠在铅垂墙上。设梯子与地和墙的静摩擦系数均为 f_S,问梯子与水平线的夹角 α 多大时,梯子能处于平衡?

图 3.5

解 以梯子为研究对象,当梯子处于向下滑动的临界平衡状态时,受力如图 3.5(b) 所示,此时 α 角取最小值 α_{min},根据平衡条件,列写平衡方程

$$\sum F_x = 0, F_{NB} - F_{SA} = 0$$

$$\sum F_y = 0, F_{NA} + F_{SB} - P = 0$$

$$\sum M_A(\boldsymbol{F}) = 0, P \cdot a \cdot \cos \alpha_{min} - F_{SB} \cdot 2a \cdot \cos \alpha_{min} - F_{NB} \cdot 2a \cdot \sin \alpha_{min} = 0$$

补充方程

$$F_{SA} = f_S F_{NA}, F_{SB} = f_S F_{NB}$$

注意到 $f_S = \tan \varphi_f$,其中 φ_f 为摩擦角,可解得

$$\tan \alpha_{min} = \frac{1 - \tan^2 \varphi_f}{2\tan \varphi_f} = \cot 2\varphi_f = \tan \left(\frac{\pi}{2} - 2\varphi_f\right)$$

故

$$\frac{\pi}{2} - 2\varphi_f \leqslant \alpha \leqslant \frac{\pi}{2}$$

此即为梯子的自锁条件。

例 3.2 物体重为 P,放在倾角为 θ 的斜面上,它与斜面间的摩擦系数为 f_S,如图 3.6(a) 所示。当物体处于平衡时,试求水平推力 $\boldsymbol{F}_1$ 的大小。

解 (1) 当物块有向上滑动的趋势时,设其处于平衡的临界状态,此时摩擦力沿斜面向下,并达到最大值 F_{max},如图 3.6(a) 所示。建立坐标系如图,列写平衡方程

$$\sum F_x = 0, F_1 \cos \theta - P\sin \theta - F_{max} = 0$$

$$\sum F_y = 0, F_N - F_1 \sin \theta - P\cos \theta = 0$$

补充方程

$$F_{max} = f_S F_N$$

解得水平推力 $\boldsymbol{F}_1$ 的最大值为

$$F_{1max} = P \frac{\sin \theta + f_S\cos \theta}{\cos \theta - f_S\sin \theta}$$

(2) 当物块有向下滑动的趋势时,设其处于平衡的临界状态,此时摩擦力沿斜面向上,并达到最大值,记为 F'_{max},如图 3.6(b) 所示。建立坐标系如图,列写平衡方程

$$\sum F_x = 0, F_1 \cos \theta - P\sin \theta + F'_{max} = 0$$

(a)   (b)

图 3.6

$$\sum F_y = 0, F_N' - F_1\sin\theta - P\cos\theta = 0$$

补充方程

$$F_{\max}' = f_S F_N'$$

解得水平推力 F_1 的最小值为

$$F_{1\min} = P\frac{\sin\theta - f_S\cos\theta}{\cos\theta + f_S\sin\theta}$$

综上,为使物块静止,力 F_1 的大小必须满足

$$P\frac{\sin\theta - f_S\cos\theta}{\cos\theta + f_S\sin\theta} \leqslant F_1 \leqslant P\frac{\sin\theta + f_S\cos\theta}{\cos\theta - f_S\sin\theta}$$

例 3.3 如图 3.7 所示的均质木箱重 $P = 5\ \text{kN}$,木箱与地面之间的静摩擦系数 $f_S = 0.4$。图 3.7 中,$h = 2a = 2\ \text{m}$,$\theta = 30°$。求:(1) 当 D 处的拉力 $F = 1\ \text{kN}$ 时,木箱是否平衡?(2) 能保持木箱平衡的最大拉力。

解 欲保持木箱平衡,必须满足两个条件,一是不发生滑动,即要求静摩擦力 $F_S \leqslant F_{\max} = f_S F_N$,二是不绕 A 点翻倒,这时法向约束力 F_N 的作用线应在木箱内,即 $d > 0$。

(1) 取木箱为研究对象,受力如图 3.7 所示,列写平衡方程

$$\sum F_x = 0, F_S - F\cos\theta = 0$$

$$\sum F_y = 0, F_N - P + F\sin\theta = 0$$

$$\sum M_A(\boldsymbol{F}) = 0, hF\cos\theta - P\frac{a}{2} + F_N d = 0$$

图 3.7

解得

$$F_S = 0.866\ \text{kN}, F_N = 4.5\ \text{kN}, d = 0.171\ \text{m}$$

此时,木箱与地面间最大摩擦力为

$$F_{\max} = f_S F_N = 1.8\ \text{kN}$$

由于 $F_S \leqslant F_{\max}$,木箱不会滑动,又 $d > 0$,木箱不会翻倒。因此,木箱保持平衡。

(2) 为求保持平衡的最大拉力 F,可分别求出木箱将滑动时的临界拉力 $F_{\text{滑}}$ 和木箱将绕 A 点翻倒的临界拉力 $F_{\text{翻}}$。二者中取较小者,即为所求。

列写平衡方程

$$\sum F_x = 0, F_S - F\cos\theta = 0$$

$$\sum F_y = 0, F_N - P + F\sin\theta = 0$$

木箱滑动的条件为

$$F_S = F_{\max} = f_S F_N$$

解得

$$F_滑 = 1.878 \text{ kN}$$

木箱将绕 A 点翻倒的条件为 $d = 0$,于是有平衡方程

$$\sum M_A(\boldsymbol{F}) = 0, hF\cos\theta - P\frac{a}{2} = 0$$

解得

$$F_翻 = 1.443 \text{ kN}$$

综上,保持木箱平衡的最大拉力为

$$F = F_翻 = 1.443 \text{ kN}$$

这说明,当拉力 $\boldsymbol{F}$ 逐渐增大时,木箱将先翻倒而失去平衡。

习　　题

1. 选择题

(1) 图示系统仅在直杆 OA 与小车接触的 A 点处存在摩擦,在保持系统平衡的前提下,逐步增加拉力 $\boldsymbol{F}$,则在此过程中,A 处的法向反力将(　　)。

(A) 越来越大　　　(B) 越来越小　　　(C) 保持不变　　　(D) 不能确定

(2) 已知图示系统 $W = 100 \text{ kN}, F = 80 \text{ kN}$,摩擦系数 $f_S = 0.2$,物块将(　　)。

(A) 向上运动　　　(B) 向下运动　　　(C) 静止不动

题 3.1(1) 图　　　　　题 3.1(2) 图

(3) 物块重 Q,放在粗糙的水平面上,其摩擦角 $\varphi_f = 20°$,若力 $\boldsymbol{P}$ 作用于摩擦角之外,并已知 $\alpha = 30°, P = Q$,物体是否能保持静止?(　　)

(A) 能

(B) 不能

(C) 处于临界状态

(D)P 与 Q 的值比较小时能保持静止,否则不能

(4) 如图所示,四本相同的书,每本重 G,设书与书间摩擦系数为 0.1,书与手间的摩擦系数为0.25,欲将四本书一起提起,则两侧应加之 F 应至少大于(　　　)。

(A)10G　　　　　(B)8G　　　　　(C)4G　　　　　(D)12.5G

题 3.1(3) 图　　　　　　　　　　　题 3.1(4) 图

2.填空题

(1) 如图所示,已知 A 重 100 kN,B 重 25 kN,A 物与地面间摩擦系数为 0.2,滑轮处摩擦不计。则物体 A 与地面间的摩擦力的大小为_____。

(2) 如图所示,重 W、半径为 R 的圆轮放在水平面上,轮与地面间的滑动摩擦系数为 f_s,圆轮在水平力 F 的作用下平衡,则接触处摩擦力 F_s 的大小为_____。

(3) 图示一均质矩形物块重 P,与固定支撑面之间的静滑动摩擦系数为 f_s,其上作用有水平力 F,若矩形物块处于平衡状态,试问图示受力图是否正确?_____。请说明理由_____。

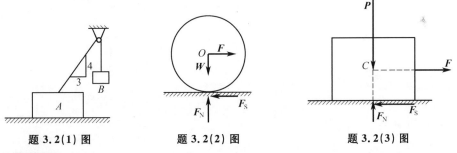

题 3.2(1) 图　　　　　　　题 3.2(2) 图　　　　　　　题 3.2(3) 图

3.计算题

(1) 半圆柱体重 P,重心 C 到圆心 O 点的距离为 $a = 4R/(3\pi)$,其中 R 为半圆柱半径。如半圆柱体与水平面间的静摩擦系数为 f_s,试求半圆柱体刚被拉动时所偏过的角度 θ。

(2) 均质杆 AB 和 BC 完全相同,A,B 为铰接,C 端靠在粗糙的墙面上。 若在 $0 < \theta \leqslant 10°$ 时系统平衡,试求杆与墙之间的摩擦系数 f_s。

题 3.3(1) 图　　　　　　　　　　　题 3.3(2) 图

（3）在图示凸轮顶推机构中，已知 F,M,e，顶杆与导轨之间的静摩擦系数为 f_s，不计凸轮与顶杆的摩擦。欲使顶杆不被导轨卡住，试求滑道的宽度 L。

（4）均质长板 AD 重 P，长为 4 m，用短板 BC 支撑，如图所示。若 $AC=BC=AB=$ 3 m，BC 板的自重不计。求 A,B,C 处摩擦角各为多大才能使之保持平衡？

题 3.3(3) 图　　　　　　　　　题 3.3(4) 图

（5）均质圆柱重 P、半径 r，搁在不计自重的水平杆和固定斜面之间，杆端 A 为光滑铰链，D 端受一铅垂向上的力 F，圆柱上作用一力偶，如图所示。已知 $F=P$，圆柱与杆和斜面间的静摩擦系数皆为 $f_s=0.3$，不计滚动摩阻，当 $\alpha=45°$ 时，$AB=BD$。求此时能保持系统静止的力偶矩 M 的最小值。

（6）图示物块 A 重 $P=2$ kN，楔块 B 质量可不计，各接触面间的静摩擦系数均为 $f_s=0.3$。试求使物块 A 开始上升所需的最小水平力 F。

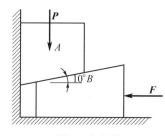

题 3.3(5) 图　　　　　　　　　题 3.3(6) 图

第4章 空间力系

本章将研究空间力系的简化和平衡条件。

与平面力系一样,可以把空间力系分为空间汇交力系、空间力偶系和空间任意力系来研究。

4.1 空间汇交力系

当空间力系中各力的作用线汇交于一点时,称其为空间汇交力系。

4.1.1 空间力在直角坐标轴的投影

已知力 $\boldsymbol{F}$ 与空间直角坐标系 $Oxyz$ 三轴间的夹角为 α,β 和 γ,则可用直接投影法。即

$$F_x = F\cos\alpha,\ F_y = F\cos\beta,\ F_z = F\cos\gamma$$

当力 $\boldsymbol{F}$ 与坐标轴 Ox,Oy 间的夹角不易确定时,可把力 $\boldsymbol{F}$ 先投影到坐标平面 Oxy 上,得到力 $\boldsymbol{F}_{xy}$,然后再把这个力投影到 x,y 轴上,此为间接投影法。如图4.1所示,已知角 θ 和 φ,则力 $\boldsymbol{F}$ 在三个坐标轴上的投影分别为

$$\left.\begin{aligned} F_x &= F\sin\theta\cos\varphi \\ F_y &= F\sin\theta\sin\varphi \\ F_z &= F\cos\theta \end{aligned}\right\}$$

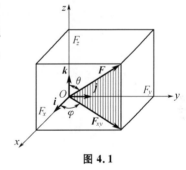

图 4.1

4.1.2 空间汇交力系的合成

将平面汇交力系的合成法则扩展到空间力系,可得空间汇交力系的合力等于各分力的矢量和,合力的作用线通过汇交点。合力矢为

$$\boldsymbol{F}_R = \boldsymbol{F}_1 + \boldsymbol{F}_2 + \cdots + \boldsymbol{F}_n = \sum \boldsymbol{F}_i$$

根据矢量和的投影定理,合力 $\boldsymbol{F}_R$ 在任一轴上的投影等于各分力在同一轴上投影的代数和。由此可得合力的大小 F_R 和方向余弦为

$$\left.\begin{aligned} F_R &= \sqrt{\left(\sum F_x\right)^2 + \left(\sum F_y\right)^2 + \left(\sum F_z\right)^2} \\ \cos\alpha &= \frac{F_{Rx}}{F_R} = \frac{\sum F_x}{F_R} \\ \cos\beta &= \frac{F_{Ry}}{F_R} = \frac{\sum F_y}{F_R} \\ \cos\gamma &= \frac{F_{Rz}}{F_R} = \frac{\sum F_z}{F_R} \end{aligned}\right\} \qquad (4.1)$$

4.1.3　空间汇交力系的平衡

由于空间汇交力系可以合成为一个合力,因此空间汇交力系平衡的必要和充分条件为:该力系的合力等于零,即

$$F_R = \sum F_i = 0 \tag{4.2}$$

由(4.1)易知,欲使合力 F_R 为零,必须同时满足

$$\left.\begin{array}{l} \sum F_x = 0 \\ \sum F_y = 0 \\ \sum F_z = 0 \end{array}\right\} \tag{4.3}$$

空间汇交力系平衡的必要和充分条件为:该力系中所有各力在三个坐标轴上的投影的代数和分别等于零。式(4.3)也就是空间汇交力系的平衡方程。

应用解析法求解空间汇交力系的平衡问题的步骤,与平面汇交力系问题相同,只是要列出三个平衡方程,可求解三个未知量。

例 4.1　如图 4.2(a)所示,用起重杆吊起重物。起重杆的 A 端用球铰链固定在地面上,而 B 端则用绳 CB 和 DB 拉住,两绳分别系在墙上的点 C 和 D,连线 CD 平行于 x 轴。已知,$CE = EB = DE$,$\theta = 30°$,CDB 平面与水平面间的夹角 $\angle EBF = 30°$,如图 4.2(b)所示。重物 $P = 10$ kN。如起重杆的质量不计,试求起重杆所受的压力和绳子的拉力。

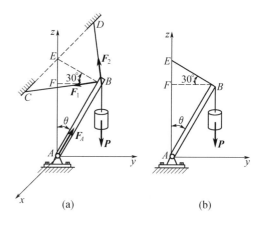

图 4.2

解　取起重杆 AB 与重物为研究对象,受力如图 4.2(a)所示。列写平衡方程

$$\sum F_x = 0, F_1 \sin 45° - F_2 \sin 45° = 0$$

$$\sum F_y = 0, F_A \sin 30° - F_1 \cos 45° \cos 30° - F_2 \cos 45° \cos 30° = 0$$

$$\sum F_z = 0, F_1 \cos 45° \sin 30° + F_2 \cos 45° \sin 30° + F_A \cos 30° - P = 0$$

解得

$$F_1 = F_2 = 3.536 \text{ kN}, F_A = 8.66 \text{ kN}$$

4.2　空间力对点之矩与力对轴之矩

4.2.1　空间力对点之矩的矢量表示

对于平面力系,用代数量表示力对点的矩足以概括它的全部要素。但是在空间情况下,不仅要考虑力矩的大小和转向,还要考虑力与矩心所组成的平面,也就是力矩作用面的方位。方位不同,即使力矩大小一样,作用效果也将完全不同。这三个因素可以用力矩矢 $\boldsymbol{M}_O(\boldsymbol{F})$ 来描述。其中矢量的模即 $|\boldsymbol{M}_O(\boldsymbol{F})| = Fh = 2S_{\triangle OAB}$,矢量的方位和力矩作用面的法线方向相同,矢量的指向按右手螺旋法则来确定,如图 4.3 所示。

图 4.3

由图易见,以 $\boldsymbol{r}$ 表示力作用点 A 的矢径,则矢积 $\boldsymbol{r} \times \boldsymbol{F}$ 的模等于三角形 OAB 面积的两倍,其方向与力矩矢一致。因此可得

$$\boldsymbol{M}_O(\boldsymbol{F}) = \boldsymbol{r} \times \boldsymbol{F} \tag{4.4}$$

式(4.4)为力对点的矩的矢积表达式,即力对点的矩矢等于矩心到该力作用点的矢径与该力的矢量积。

以矩心 O 为原点建立坐标系 $Oxyz$,如图 4.3 所示,设力的作用点 $A(x,y,z)$,力在三个坐标轴上的投影分别为 F_x,F_y 和 F_z,则矢径 $\boldsymbol{r}$ 和力 $\boldsymbol{F}$ 分别为

$$\boldsymbol{r} = x\boldsymbol{i} + y\boldsymbol{j} + z\boldsymbol{k}, \boldsymbol{F} = F_x\boldsymbol{i} + F_y\boldsymbol{j} + F_z\boldsymbol{k}$$

代入(4.4)式,可得

$$\boldsymbol{M}_O(\boldsymbol{F}) = \boldsymbol{r} \times \boldsymbol{F} = \begin{vmatrix} \boldsymbol{i} & \boldsymbol{j} & \boldsymbol{k} \\ x & y & z \\ F_x & F_y & F_z \end{vmatrix} = (yF_z - zF_y)\boldsymbol{i} + (zF_x - xF_z)\boldsymbol{j} + (xF_y - yF_x)\boldsymbol{k}$$

$$\tag{4.5}$$

由上式可知,单位矢量 $\boldsymbol{i}, \boldsymbol{j}, \boldsymbol{k}$ 前面的三个系数,应分别表示力矩矢 $\boldsymbol{M}_O(\boldsymbol{F})$ 在三个坐标轴上的投影,即

$$\left. \begin{aligned} \left[\boldsymbol{M}_O(\boldsymbol{F})\right]_x &= yF_z - zF_y \\ \left[\boldsymbol{M}_O(\boldsymbol{F})\right]_y &= zF_x - xF_z \\ \left[\boldsymbol{M}_O(\boldsymbol{F})\right]_z &= xF_y - yF_x \end{aligned} \right\} \tag{4.6}$$

由于力矩矢的大小和方向都与矩心的位置有关,因此力矩矢的始端必须在矩心,不可任意移动,这种矢量称为定位矢量。

4.2.2　力对轴之矩

为了度量力对绕定轴转动刚体的作用效果,我们引入力对轴的矩的概念。

现计算作用在斜齿轮上的力 $\boldsymbol{F}$ 对 z 轴的矩。根据合力矩定理,将力分解为 $\boldsymbol{F}_z$ 与 $\boldsymbol{F}_{xy}$,

其中分力 F_z 平行于 z 轴,故它对 z 轴之矩为零,只有垂直于 z 轴的分力 F_{xy} 对 z 轴有矩,等于力 F_{xy} 对轮心 C 的矩,如图 4.4(a) 所示。一般情况下,可先将空间一力 F,投影到垂直于 z 轴的 Oxy 平面内,得力 F_{xy},再将力 F_{xy} 对平面与轴的交点 O 取矩,如图 4.4(b) 所示。以符号 $M_z(F)$ 表示力对 z 轴的矩,即

$$M_z(F) = M_O(F_{xy}) = \pm F_{xy}h = \pm 2S_{\triangle Oab} \tag{4.7}$$

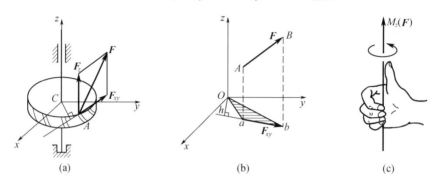

图 4.4

力对轴的矩定义如下,力对轴的矩是力使物体绕该轴转动效果的度量,是一个代数量,其绝对值等于该力在垂直于该轴的平面上的投影对于这个平面与该轴交点的矩,其正负号如下规定:从 z 轴正向来看,若力的这个投影使物体绕该轴逆时针转动,则取正号,反之取负号。也可按右手螺旋法则确定其正负号,如图 4.4(c) 所示。

力对轴的矩等于零的情形:

(1) 力与轴相交;

(2) 力与轴平行。

这两种情形可以合起来表述为,当力与轴在同一平面时,力对该轴的矩等于零。

力对轴的矩也可用解析表达式表示。设力 F 在三个坐标轴上的投影分别为 F_x,F_y 和 F_z,力的作用点 $A(x,y,z)$,则

$$\left. \begin{array}{l} M_x(F) = yF_z - zF_y \\ M_y(F) = zF_x - xF_z \\ M_z(F) = xF_y - yF_x \end{array} \right\} \tag{4.8}$$

4.2.3　力对点的矩与力对通过该点的轴的矩的关系

比较式(4.6)和式(4.8),可得

$$\left. \begin{array}{l} [M_O(F)]_x = M_x(F) \\ [M_O(F)]_y = M_y(F) \\ [M_O(F)]_z = M_z(F) \end{array} \right\} \tag{4.9}$$

这个式子可以表述为:力对点的矩矢在通过该点的某轴上的投影,等于力对该轴的矩。

若力对通过点 O 的直角坐标轴三个轴的矩是已知的,则可求得该力对点 O 的矩矢的大小和方向

$$\left.\begin{aligned}
|M_O(F)| &= \sqrt{[M_x(F)]^2 + [M_y(F)]^2 + [M_z(F)]^2} \\
\cos\alpha &= \frac{M_x(F)}{|M_O(F)|} \\
\cos\beta &= \frac{M_y(F)}{|M_O(F)|} \\
\cos\gamma &= \frac{M_z(F)}{|M_O(F)|}
\end{aligned}\right\} \tag{4.10}$$

4.3　空间力偶理论

4.3.1　力偶矩的矢量表示,力偶矩矢的概念,空间力偶的等效定理

空间力偶对刚体的作用效应,可用力偶矩矢来度量,即用力偶中的两个力对空间某点之矩的矢量和来度量。设有空间力偶 (F, F'),其力偶臂为 d,如图 4.5(a) 所示。力偶对空间任意一点 O 的矩矢记作 $M_O(F, F')$,则有

$$M_O(F, F') = M_O(F) + M_O(F') = r_A \times F + r_B \times F'$$

注意到 $F = -F'$,故上式可改写为

$$M_O(F, F') = (r_A - r_B) \times F = r_{AB} \times F$$

计算表明,力偶对空间任一点的矩矢与矩心无关,以记号 $M(F, F')$ 或 M 表示力偶矩矢,则

$$M = r_{AB} \times F \tag{4.11}$$

由于矢量 M 无须确定矢的始末位置,这样的矢量称为自由矢量,如图 4.5(b) 所示。

总之,空间力偶对刚体的作用效果决定于下列三个因素:

(1) 矢量的模,即力偶矩的大小;

(2) 矢量的方位与力偶作用面相垂直;

(3) 矢量的指向与力偶转向的关系服从右手螺旋法则,如图 4.5(c) 所示。

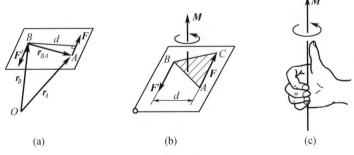

图 4.5

由于空间力偶对刚体的作用效果完全由力偶矩矢来确定,因此有下面的定理:作用在同一刚体上的两个空间力偶,如果其力偶矩矢相等,则它们彼此等效。

这一定理表明,空间力偶可以平移到与其作用面平行的任意平面上而不改变力偶对刚体的作用效果,也可以同时改变力与力偶臂的大小或将力偶在其作用面内任意移转,只

要保持力偶矩矢的大小、方向不变,其作用效果就不变。可见,力偶矩矢是空间力偶作用效果的唯一度量。

4.3.2　空间力偶系的合成

任意个空间分布的力偶可合成为一个合力偶,合力偶矩矢等于各分力偶矩矢的矢量和,即

$$M = M_1 + M_2 + \cdots + M_n = \sum M_i \tag{4.12}$$

空间力偶系的合成也可以用解析法

$$\left. \begin{array}{l} M_x = M_{1x} + M_{2x} + \cdots + M_{nx} = \sum M_{ix} \\ M_y = M_{1y} + M_{2y} + \cdots + M_{ny} = \sum M_{iy} \\ M_z = M_{1z} + M_{2z} + \cdots + M_{nz} = \sum M_{iz} \end{array} \right\} \tag{4.13}$$

算出合力偶矩矢的投影,合力偶矩矢的大小和方向余弦可用下列公式求出,即

$$\left. \begin{array}{l} M = \sqrt{\left(\sum M_x\right)^2 + \left(\sum M_y\right)^2 + \left(\sum M_z\right)^2} \\ \cos \alpha = \dfrac{M_x}{M} \\ \cos \beta = \dfrac{M_y}{M} \\ \cos \gamma = \dfrac{M_z}{M} \end{array} \right\} \tag{4.14}$$

4.3.3　空间力偶系的平衡条件

由于空间力偶系可以用一个合力偶来代替,因此空间力偶系平衡的必要和充分条件是:该力偶系的合力偶矩等于零,即所有力偶矩矢的矢量和等于零

$$\sum M_i = 0 \tag{4.15}$$

欲使上式成立,必须同时满足

$$\left. \begin{array}{l} \sum M_x = 0 \\ \sum M_y = 0 \\ \sum M_z = 0 \end{array} \right\} \tag{4.16}$$

上式为空间力偶系的平衡方程,即空间力偶系平衡的必要和充分条件是:该力偶系中所有各力偶矩矢在三个坐标轴上投影的代数和分别等于零。

4.4　空间任意力系向一点的简化主矢和主矩

4.4.1　空间任意力系向一点的简化

设刚体上作用有 n 个力 $F_1, F_2, \cdots, F_n$ 组成的平面任意力系,如图4.6(a)所示。应用

力的平移定理,依次将各力向简化中心 O 平移,同时附加一个相应的力偶。这样,原来的空间任意力系被空间汇交力系和空间力偶系两个简单力系等效替换,如图 4.6(b) 所示。其中

$$\left.\begin{array}{l} \boldsymbol{F}'_i = \boldsymbol{F}_i \\ \boldsymbol{M}_i = \boldsymbol{M}_O(\boldsymbol{F}_i) \end{array}\right\} \quad (i = 1, 2, \cdots, n)$$

图 4.6

作用于点 O 的空间汇交力系可合成一个力 $\boldsymbol{F}'_R$,如图 4.6(c) 所示。此力的作用线通过点 O,其大小和方向等于力系的主矢,即

$$\boldsymbol{F}'_R = \sum \boldsymbol{F}_i \tag{4.17}$$

空间分布的力偶系可合成为一力偶,如图 4.6(c) 所示。其力偶矩矢等于原力系对点 O 的主矩,即

$$\boldsymbol{M}_O = \sum \boldsymbol{M}_i \tag{4.18}$$

总之,空间任意力系向任一点 O 简化,可得一力和一力偶。这个力的大小和方向等于该力系的主矢,作用线通过简化中心 O,这个力偶的矩矢等于该力系对简化中心的主矩。与平面任意力系一样,主矢与简化中心的位置无关,主矩一般与简化中心的位置有关。

4.4.2　简化结果分析

空间任意力系向作用面内任一点简化的结果,可能有以下几种情况。

(1) 主矢 $\boldsymbol{F}'_R = \boldsymbol{0}$,主矩 $\boldsymbol{M}_O \neq \boldsymbol{0}$

简化结果为一个合力偶,其力偶矩矢等于原力系对简化中心的主矩。此时,主矩与简化中心的位置无关。

(2) 主矢 $\boldsymbol{F}'_R \neq \boldsymbol{0}$,主矩 $\boldsymbol{M}_O = \boldsymbol{0}$

简化结果为一个合力,合力的大小和方向等于原力系的主矢,合力的作用线通过简化中心。

(3) 主矢 $\boldsymbol{F}'_R \neq \boldsymbol{0}$,主矩 $\boldsymbol{M}_O \neq \boldsymbol{0}$,且 $\boldsymbol{F}'_R \perp \boldsymbol{M}_O$

如图 4.7(a) 所示,此时力 $\boldsymbol{F}'_R$ 和力偶矩矢为 $\boldsymbol{M}_O$ 的力偶($\boldsymbol{F}_R, \boldsymbol{F}''_R$)在同一平面内,如图 4.7(b) 所示,可将力 $\boldsymbol{F}'_R$ 与力偶($\boldsymbol{F}_R, \boldsymbol{F}''_R$)进一步合成,得作用于点 O' 的一个力 $\boldsymbol{F}_R$,如图 4.7(c)。此力即为原力系的合力,其大小和方向等于原力系的主矢,其作用线离简化中心 O 的距离为

图 4.7

$$d = \frac{|\boldsymbol{M}_O|}{F'_R} \tag{4.19}$$

（4）主矢 $\boldsymbol{F}'_R \neq \boldsymbol{0}$，主矩 $\boldsymbol{M}_O \neq \boldsymbol{0}$，且 $\boldsymbol{F}'_R \, /\!/ \, \boldsymbol{M}_O$

如图 4.8 所示，这种结果称为力螺旋。所谓力螺旋就是由一个力和一个力偶组成的力系，其中的力垂直于力偶的作用面。

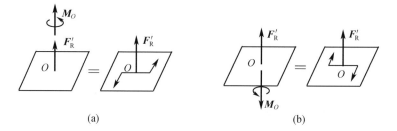

图 4.8

力螺旋是由静力学的两个基本要素力和力偶组成的最简单的力系，不能再进一步合成。力偶的转向和力的指向符合右手螺旋法则的称为右螺旋，否则称为左螺旋。力螺旋的力作用线称为该力螺旋的中心轴。在上述情况下，中心轴通过简化中心。

（5）主矢 $\boldsymbol{F}'_R \neq \boldsymbol{0}$，主矩 $\boldsymbol{M}_O \neq \boldsymbol{0}$，且二者既不平行也不垂直

如图 4.9（a）所示，可将 $\boldsymbol{M}_O$ 分解为两个力偶 $\boldsymbol{M}''_O$ 和 $\boldsymbol{M}'_O$，如图 4.9（b）所示。显然这种情况最终的合成结果也是力螺旋，但是此时力螺旋的中心轴不再通过简化中心 O，而是通过另外的一点 O'，两点间的距离为

$$d = \frac{|\boldsymbol{M}''_O|}{F'_R} = \frac{M_O \sin \theta}{F'_R} \tag{4.20}$$

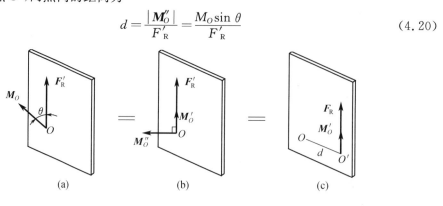

图 4.9

（6）主矢 $F_R' = 0$，主矩 $M_O = 0$

力系是平衡力系。

4.5 空间任意力系的平衡条件

空间任意力系处于平衡状态的必要和充分条件是：该力系的主矢和对于任一点的主矩都等于零，即

$$F_R' = 0, M_O = 0$$

可将上述条件写成空间任意力系的平衡方程

$$\left.\begin{array}{lll} \sum F_x = 0, & \sum F_y = 0, & \sum F_z = 0 \\ \sum M_x(\boldsymbol{F}) = 0, & \sum M_y(\boldsymbol{F}) = 0, & \sum M_z(\boldsymbol{F}) = 0 \end{array}\right\} \tag{4.21}$$

空间任意力系平衡的必要和充分条件是：所有各力在三个坐标轴中每一个轴上的投影的代数和等于零，以及这些力对于每一个坐标轴的矩的代数和也等于零。

对于空间平行力系，可令 z 轴与各力平行，如图 4.10 所示。容易看出，此时式（4.21）中第一、第二和第六个方程成了恒等式。因此空间平行力系的平衡方程只有三个，即

$$\left.\begin{array}{l} \sum F_z = 0 \\ \sum M_x(\boldsymbol{F}) = 0 \\ \sum M_y(\boldsymbol{F}) = 0 \end{array}\right\} \tag{4.22}$$

例 4.2 如图 4.11 所示的三轮小车，自重 $P = 8$ kN，作用于点 E，载荷 $P_1 = 10$ kN，作用于点 C。求小车静止时地面对车轮的约束力。

图 4.10 图 4.11

解 以小车为研究对象，受力如图 4.11 所示。小车受到空间平行力系作用，列写平衡方程

$$\sum F_z = 0, \quad -P_1 - P + F_A + F_B + F_D = 0$$

$$\sum M_x(\boldsymbol{F}) = 0, \quad -0.2P_1 - 1.2P + 2F_D = 0$$

$$\sum M_y(\boldsymbol{F}) = 0, \quad 0.8P_1 + 0.6P - 0.6F_D - 1.2F_B = 0$$

解得
$$F_D = 5.8 \text{ kN}, F_B = 7.777 \text{ kN}, F_A = 4.423 \text{ kN}$$

例 4.3 如图 4.12(a) 所示，胶带拉力 $F_2 = 2F_1$，曲柄上作用有铅垂力 $F = 2 \text{ kN}$。已知胶带轮直径 $D = 400 \text{ mm}$，曲柄长 $R = 300 \text{ mm}$，胶带 1 和胶带 2 与铅垂线间夹角分别为 θ 和 β，$\theta = 30°$，$\beta = 60°$，如图 4.12(b)，其他尺寸如图所示。求胶带拉力和轴承约束反力。

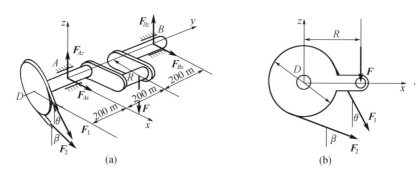

图 4.12

解 以整个轴为研究对象，受力分析如图 4.12 所示。列写平衡方程

$$\sum F_x = 0, F_1 \sin\theta + F_2 \sin\beta + F_{Ax} + F_{Bx} = 0$$

$$\sum F_y = 0, 0 = 0$$

$$\sum F_z = 0, -F_1 \cos\theta - F_2 \cos\beta - F + F_{Az} + F_{Bz} = 0$$

$$\sum M_x(\boldsymbol{F}) = 0, F_1 \cos\theta \cdot 0.2 + F_2 \cos\beta \cdot 0.2 - F \cdot 0.2 + F_{Bz} \cdot 0.4 = 0$$

$$\sum M_y(\boldsymbol{F}) = 0, FR - \frac{D}{2}(F_2 - F_1) = 0$$

$$\sum M_z(\boldsymbol{F}) = 0, F_1 \sin\theta \cdot 0.2 + F_2 \sin\beta \cdot 0.2 - F_{Bx} \cdot 0.4 = 0$$

注意到 $F_2 = 2F_1$，解得
$$F_1 = 3\,000 \text{ N}, F_2 = 6\,000 \text{ N}, F_{Ax} = -10\,044 \text{ N},$$
$$F_{Az} = 9\,397 \text{ N}, F_{Bx} = 3\,348 \text{ N}, F_{Bz} = -1\,799 \text{ N}$$

4.6 平行力系的中心与物体的重心

4.6.1 平行力系的中心

平行力系的中心是平行力系合力通过的一个点。设在刚体上 A, B 两点作用两个平行力 $\boldsymbol{F}_1, \boldsymbol{F}_2$，如图 4.13 所示。将其合成，得合力矢为
$$\boldsymbol{F}_R = \boldsymbol{F}_1 + \boldsymbol{F}_2$$
由合力矩定理可确定合力作用点 C
$$\frac{F_1}{BC} = \frac{F_2}{AC} = \frac{F_R}{AB}$$

若将原有各力绕其作用点转过同一角度,使它们保持相互平行,则合力 F_R 仍随各力也绕 C 转过相同的角度,且合力作用点不变,如图 4.13 所示。上面的分析对反向平行力也适用。对于多个力组成的平行力系,以上的分析方法和结论仍然适用。

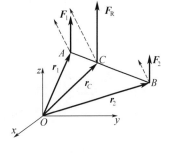

图 4.13

由此可知,平行力系合力作用点的位置仅与各平行力的大小和作用点的位置有关,而与各平行力的方向无关。称该点为此平行力系的中心。

取各力作用点矢径如图 4.13 所示,由合力矩定理得

$$r_C \times F_R = r_1 \times F_1 + r_2 \times F_2$$

设力作用线方向的单位矢量为 F^0,则上式变为

$$r_C \times F_R F^0 = r_1 \times F_1 F^0 + r_2 \times F_2 F^0$$

于是得

$$r_C = \frac{F_1 r_1 + F_2 r_2}{F_R} = \frac{F_1 r_1 + F_2 r_2}{F_1 + F_2}$$

若有若干个力组成的平行力系,用上述方法可以求得合力大小 $F_R = \sum F_i$,合力方向与各力方向平行,合力的作用点为

$$r_C = \frac{\sum F_i r_i}{\sum F_i} \tag{4.23}$$

显然,r_C 只与各力的大小及作用点有关,而与平行力系的方向无关,点 C 即为此平行力系的中心。

将式(4.23)投影到直角坐标轴上,可得

$$x_C = \frac{\sum F_i x_i}{\sum F_i}, \quad y_C = \frac{\sum F_i y_i}{\sum F_i}, \quad z_C = \frac{\sum F_i z_i}{\sum F_i} \tag{4.24}$$

4.6.2 物体重心的坐标公式

相对于工程中的结构和构件来说,地球的半径非常大,因此其地表弧度可以忽略不计,处于地表的物体所受的重力可看作是平行力系。此平行力系的中心即为物体的重心。物体的重心相对于物体有确定的位置,与该物体在空间的位置无关。

设物体由若干部分组成,其第 i 部分重为 P_i,重心坐标 (x_i, y_i, z_i),则由式(4.24)可得物体的重心坐标为

$$x_C = \frac{\sum P_i x_i}{\sum P_i}, \quad y_C = \frac{\sum P_i y_i}{\sum P_i}, \quad z_C = \frac{\sum P_i z_i}{\sum P_i} \tag{4.25}$$

如果物体是连续均质的,则有

$$x_C = \frac{\int_V x \, dV}{V}, \quad y_C = \frac{\int_V y \, dV}{V}, \quad z_C = \frac{\int_V z \, dV}{V} \tag{4.26}$$

式中,V 是物体的体积。显然,均质物体的重心就是几何中心,也称形心。

4.6.3　求解物体重心的方法

1. 公式法

对于简单形状的物体,可以直接用前面所给的公式计算。在工程实际中,也可以查阅工程手册。另外,工程上常用的型钢的截面的形心,也可以从型钢表中查到。

2. 组合法

组合法主要有分割法和负面积法。若一个物体由几个简单形状的物体组合而成,而这些物体的重心是已知的,那么整个物体的重心就可以用公式(4.25)求解,这种方法就是分割法。若在物体或薄板内切去一部分,则这类物体的重心仍可用与分割法相同的公式来求得,只是切去部分的体积或面积应取负值,故称负面积法。下面举例来说明如何用组合法求解重心。

例 4.4　求图 4.14(a) 所示均质板重心的位置。

图 4.14

解　解法一(分割法)

如图 4.14(a) 所示,沿虚线将板分割为两部分,以 C_1,C_2 分别表示矩形和正方形的重心,按公式易得

$$x_C = \frac{A_1 x_1 + A_2 x_2}{A_1 + A_2} = \frac{a^2 \cdot \frac{a}{2} + 2a^2 \cdot a}{3a^2} = \frac{5}{6}a$$

$$y_C = \frac{A_1 y_1 + A_2 y_2}{A_1 + A_2} = \frac{a^2 \cdot \frac{3a}{2} + 2a^2 \cdot \frac{a}{2}}{3a^2} = \frac{5}{6}a$$

解法二(负面积法)

如图 4.14(b) 所示,将板看成由一块大正方形板沿虚线切下一块小正方形板,以 C_1,C_2 分别表示大、小正方形的重心,按公式易得

$$x_C = \frac{A_1 x_1 - A_2 x_2}{A_1 - A_2} = \frac{4a^2 \cdot a - a^2 \cdot \frac{3}{2}a}{3a^2} = \frac{5}{6}a$$

$$y_C = \frac{A_1 y_1 - A_2 y_2}{A_1 - A_2} = \frac{4a^2 \cdot a - a^2 \cdot \frac{3}{2}a}{3a^2} = \frac{5}{6}a$$

两种方法得到的结果完全相同。

3. 实验法

工程中一些外形复杂或质量分布不均的物体很难用计算方法求其重心,此时可用实验方法测定重心位置。

下面以汽车为例用称重法测定重心。如图 4.15 所示,首先称量出汽车的重量 P,测量出前后轮距 l 和车轮半径 r。

设汽车是左右对称的,则重心必在对称面内,因此只须测定重心 C 距地面的高度 z_C

(a)　　　　　　　　　　　　　　　　　　(b)

图 4.15

和距后轮的距离 x_C。

首先将汽车后轮放在地面上,前轮放在磅秤上,车身保持水平,如图 4.15(a) 所示。此时记下磅秤的读数 F_1。因车身处于平衡,由 $\sum M_A(\boldsymbol{F}) = 0$,有

$$Px_C = F_1 l$$

解得

$$x_C = \frac{F_1}{P} l$$

然后将车的后轮抬到任意高度 H,如图 4.15(b) 所示。此时磅秤读数为 F_2。同理,由平衡条件可得

$$x'_C = \frac{F_2}{P} l'$$

由图中几何关系知

$$l' = l\cos\theta, x'_C = x_C\cos\theta + h\sin\theta, \sin\theta = \frac{H}{l}, \cos\theta = \frac{\sqrt{l^2 - H^2}}{l}, h = z_C - r$$

整理后即可得计算高度 z_C 的公式

$$z_C = r + \frac{F_2 - F_1}{P} \cdot \frac{1}{H} \cdot \sqrt{l^2 - H^2}$$

习　　题

1. 选择题

(1) 任意平面力系,若其主矢不等于零,则其简化的最后结果为(　　　),任一空间力系,若其主矢不等于零,则其简化的最后结果为(　　　)。

(A) 力　　　　　　(B) 力偶　　　　　　(C) 力螺旋　　　　　　(D) 力或力螺旋

(E) 力偶或力螺旋

(2) 在刚体的两个点上各作用一个空间共点力系,刚体处于平衡。这时利用刚体平衡条件,最多可以求出(　　　)个未知量。

(A) 3　　　　　　(B) 4　　　　　　(C) 5　　　　　　(D) 6

(3) 空间力偶矩是(　　　)。

(A) 代数量　　　　(B) 滑动矢量　　　　(C) 定位矢量　　　　(D) 自由矢量

(4) 图示一正方体,边长为 a,力 P 沿 EC 作用。则该力对 x,y,z 三轴的矩分别为 $M_x = ($　　$)$,$M_y = ($　　$)$,$M_z = ($　　$)$。

(A) Pa　　　　(B) $-Pa$　　　　(C) $\sqrt{2}Pa/2$　　　　(D) $-\sqrt{2}Pa/2$

(5) 一重为 W、边长为 a 的均质正方形薄板,与一重为 $3W/4$、边长分别为 a 和 $2a$ 的直角均质三角形薄板组成的梯形板,其重心坐标 $x_C = ($　　$)$,$y_C = ($　　$)$。

(A) 0　　　(B) a　　　(C) $a/2$　　　(D) $a/7$　　　(E) $3a/7$

题 4.1(4) 图

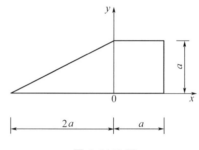

题 4.1(5) 图

2. 填空题

(1) 空间平行力系的各力平行于 z 轴,若已知 $\sum F_z = 0$,$\sum M_x(F) = 0$,则该力系合成的结果为_____,或为_____。

(2) 设有一空间力系,已知 $\sum F_y = 0$,$\sum F_z = 0$,$\sum M_x(F) = 0$ 和 $\sum M_y(F) = 0$。该力系简化的最后结果有以下几种可能:_____。

(3) 图示矩形板,质量不计,用六根直杆固定在地面上,各杆重量均不计,杆端均为光滑球铰链。在 A 点作用铅直力 P,则其中内力为零的杆有_____。

(4) 正六面体三边长分别为 $4,4,3\sqrt{2}$;沿 AB 连线方向作了一个力 F,则力 F 对 x 轴的力矩为_____,对 y 轴的力矩为_____,对 z 轴的力矩为_____。

题 4.2(3) 图

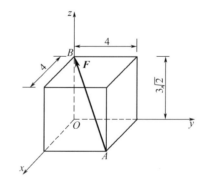

题 4.2(4) 图

3. 计算题

(1) 图示结构自重不计,已知:$F = 7$ kN,$\theta = 45°$,$\beta = 60°$,A,B,C 为铰链连接。试求绳索 AD 的拉力及杆 AB,AC 的内力。

(2) 曲柄 *DEAB* 在铅垂平面内,鼓轮 *C* 和轴 *AB* 垂直,已知:a,b,c,R,P 及作用在水平面内且垂直 *DE* 的力 *F*。试求平衡时 *M*(在鼓轮面内)的大小及径向轴承 *A*, *B* 的反力。

题 4.3(1) 图　　　　　　　　　题 4.3(2) 图

(3) 图示立柱的自重不计,已知:力 *F* 平行于 *y* 轴,且 $F=10$ kN,$L_1=2$ m,$L_2=3$ m,*A* 为球铰链。试求绳索 *CG* 及 *BE* 的拉力。

(4) 图示,在扭转试验机里扭矩的大小根据测力计 *B* 的读数来确定,假定测力计所指示的力为 *F*,杆 *BC* 与轴 *DE* 平行。已知 *K* 处为光滑接触,$BK=KC$,角 $\alpha=90°$,$KL=a$,$LD=b$,$DE=c$,各杆的重量不计。试求扭矩 *M* 的大小以及对轴承 *D* 和 *E* 的压力。

题 4.3(3) 图　　　　　　　　　题 4.3(4) 图

(5) 图示圆柱直齿轮的节圆直径 $d=173$ mm,压力角 $\alpha=20°$,法兰盘上作用一力偶矩 $M=1.03$ kN·m 的力偶,已知 $l_1=200$ mm,$l_2=112$ mm,求传动轴匀速转动时 *A*、*B* 两轴承的反力。

(6) 一传动轴装有两齿轮,支撑在轴承 *A*、*B* 上。齿轮 *C* 的节圆直径 $d_1=210$ mm,齿轮 *D* 的节圆直径 $d_2=108$ mm,点 *E* 受啮合齿轮(图中未画出)压力 F_1 的作用,点 *H* 受另一啮合齿轮(图中也未画出)压力 F_2 的作用,$F_2=22$ kN,压力角 α 均为 $20°$。试求当传动轮匀速转动时力 F_1 和两轴承反力的大小。

(7) 两均质杆 *AB* 和 *BC* 分别重 P_1 和 P_2,其端点 *A* 和 *C* 用球铰固定在水平面上,另一端 *B* 由球铰连接,靠在光滑的铅垂直墙上,墙面与 *AC* 平行,如图所示。如杆 *AB* 与水平线交角为 $45°$,$\angle BAC=90°$,求 *A* 和 *C* 的支座反力及墙上 *B* 点所受的压力。

题 4.3(5) 图

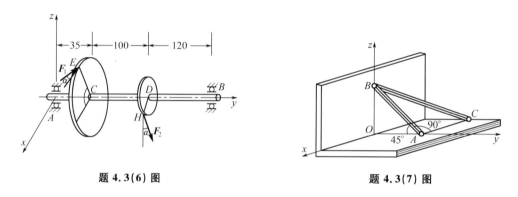

题 4.3(6) 图   题 4.3(7) 图

(8) 水平地面上放置一个三角圆桌,其半径 $r=0.5$ m,重为 $P=600$ N。圆桌的三脚 A,B,C 构成一等边三角形,如图所示。若在中线 CD 上距圆心 O 为 l 的点 D 处作用一铅垂力 $F=1.5$ kN 时,求使圆桌不至于翻倒的最大距离 l。

(9) 已知力偶 M_2 与 M_3,曲杆自重不计;求使曲杆保持平衡的力偶矩 M_1 和支座 A,D 的反力。

题 4.3(8) 图   题 4.3(9) 图

(10) 如图所示圆柱重 $W=10$ kN,用电机链条传动而匀速提升。链条两边都和水平方向成 30° 角。已知鼓轮半径 $r=10$ cm,链轮半径 $r_1=20$ cm,链条主动力(紧边)的拉力 T_1 大小是从动边(松边)拉力 T_2 大小的两倍。若不计其余物体重量,求向心轴承 A 和 B 的约束力和链的拉力大小(图中长度单位:cm)。

题 4.3(10) 图

运 动 学

前面几章我们研究了物体的平衡规律,如果作用在物体上的力系不平衡,物体的运动状态将发生变化。物体的运动变化规律不仅与受力情况有关,而且与本身的属性和原来的运动状态有关。所以,这是一个比平衡规律复杂得多的问题,通常分为运动学和动力学两部分来研究。运动学是从几何的角度来研究物体的运动,即研究物体运动的几何性质而不涉及改变运动的原因,即不涉及力的作用。因此在运动学里不考虑"力"和"质量"这样的物理因素。

学习运动学除了为学习动力学打基础外,另一方面也具有独立的意义,为分析机构的运动打好基础。因此,运动学作为理论力学中的独立部分是很必要的。

在运动学中将研究点和刚体的运动。所谓点,就是在动力学中所要讨论的质点。因为在运动学中不涉及质量所以称为点或动点。当物体的几何尺寸和形状在运动过程中不起主要作用时,物体的运动可简化为点的运动。

1. 参考体和参考系

在运动学中,我们首先应确定物体在某一时刻在空间所处的位置。要想确定物体在空间的位置,必须选取另一个物体作为参考的物体才能确定,这个参考的物体称为参考体。若所选的参考体不同,则物体相对于不同参考体的运动也不同。例如汽车在行驶,对于站在地面的观察者来说是向前运动的,但对于坐在车上的人来说是静止的。因此,在力学中,描述物体的任何运动都需要指明参考体。参考体不同,物体的运动也不相同。与参考体固连在一起的坐标系,我们称为参考系。一般工程问题中,都取与地面固连的坐标系为参考系。以后,如果不作特别说明,就应如此理解。对于特殊的问题,将根据需要另选参考系,并加以说明。

2. 瞬时 t 和时间间隔 Δt

所谓瞬时,是对应每一事件发生或终止的时刻。

时间间隔是两个瞬时之间相隔的秒数。

3. 轨迹

点在空间运动所经过的路线称为轨迹。点的运动如其轨迹为直线,称为直线运动;如其轨迹为曲线,则称为曲线运动。

第 5 章　　点的运动学

点的运动学是研究一般物体运动的基础,具有独立的应用意义。本章将研究点的简单运动,研究点相对于某一个参考系的几何位置随时间变化的规律,这个规律的数学表达式称为点的运动方程,进而分析点的速度和加速度。

5.1　　点的运动方程

5.1.1　以矢量(径) 形式表示的运动方程

设动点 M 沿任一空间曲线运动,选空间任一点 O 作为原点,则动点 M 的位置可由如下的矢量(径)来表示:$r = \overrightarrow{OM}$。当动点运动时,矢径 r 的大小及方向均随时间而变化,因而可表示为时间 t 的单值连续函数

$$r = r(t) \tag{5.1}$$

这就是动点 M 的矢径运动方程。当动点运动时,矢径端点所描绘的曲线就是动点的轨迹曲线。以 O 为原点,建立直角坐标系 $Oxyz$,令 r 在直角坐标轴上的三个投影分别为 x,y,z,则有

$$r = x\boldsymbol{i} + y\boldsymbol{j} + z\boldsymbol{k} \tag{5.2}$$

图 5.1

其中,$\boldsymbol{i},\boldsymbol{j},\boldsymbol{k}$ 分别为沿三个坐标轴的单位矢量;x,y,z 是动点 M 的三个坐标,如图 5.1 所示。

5.1.2　以直角坐标形式表示的运动方程

当动点 M 在空间运动时,它在任一瞬时的位置也可用直角坐标系的三个坐标来确定。当动点 M 运动时,它的三个坐标 x,y,z 随时间 t 单值连续变化(图 5.2),即

$$x = f_1(t),y = f_2(t),z = f_3(t) \tag{5.3}$$

这就是动点 M 的直角坐标运动方程。若知道了点的运动方程,则动点 M 在任一瞬时的位置即可完全确定。由这些方程中消去时间 t 即得到 x,y,z 之间的关系式,这就是动点 M 的轨迹方程,即 $f(x,y,z) = 0$。当动点 M 始终在同一平面内运动时,如取此平面为坐标平面 Oxy,则运动方程可简化为 $\begin{cases} x = f_1(t) \\ y = f_2(t) \end{cases}$,消去时间 t,即得轨迹方程 $f(x,y) = 0$。

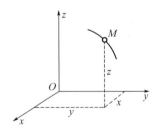

图 5.2

5.1.3　以自然坐标(弧坐标)表示的运动方程

设点运动的轨迹曲线是已知的,要想确定动点的位置,除了给定轨迹曲线以外,还应知道动点 M 任一瞬时在轨迹曲线上的位置。在轨迹曲线上任选一点 O 为原点,由原点 O 至动点 M 的弧长 $\overset{\frown}{OM}=s$,并规定点 O 的某一边的弧长为正,在另一边的弧长为负(图 5.3)。这样,即可确定动点在曲线上的位置。s 为代数量,称为动点 M 的弧坐标或自然坐标。当动点 M 运动时,s 随时间变化,可表示为时间 t 的单值连续函数,即

图 5.3

$$s=f(t) \tag{5.4}$$

上式称为动点沿已知轨迹的运动方程。显然,当函数 $f(t)$ 已知时,则动点任一瞬时在轨迹曲线上的位置即可完全确定。

例 5.1　如图 5.4 所示的曲柄滑块机构,曲柄 OA 绕固定轴 O 以匀角速度 ω 从水平位置开始运动,已知 $OA=AB=l$,$AC=a=l/2$,$\varphi=\omega t$,求 A,B,C 三点的运动方程。

解　确定 A 点。用弧坐标表示。

以 O' 点为弧坐标原点,上面为弧坐标正向,下面为负,则

图 5.4

$$s=l\varphi=l\omega t$$

用直角坐标表示 $\begin{cases} x=l\cos \omega t \\ y=l\sin \omega t \end{cases}$

B 点:用直角坐标表示 $x_B=2l\cos \omega t$

C 点:用直角坐标表示 $\begin{cases} x_C=\dfrac{3}{2}l\cos \omega t \\ y_C=\dfrac{1}{2}l\sin\omega t \end{cases}$

5.2　点的速度和加速度的矢量表示法

5.2.1　点的速度

当点做曲线运动时,每一瞬时点的速度都可用矢量表示,矢量的大小表示点沿轨迹曲线运动的快慢,矢量的指向表示运动的方向。

设在瞬时 t,动点 M 的位置由矢径 r 所确定,经过时间间隔 Δt 后,动点的位置 M' 由矢径 r' 所确定。则矢径的变化即动点在 Δt 时间内的位移为 $\Delta r=r'-r=\overrightarrow{MM'}$,位移 Δr 对于相应的时间间隔 Δt 的比值,称为动点在时间 Δt 内的平均速度矢量,以 v^* 表示,即 $v^*=\dfrac{\Delta r}{\Delta t}=$

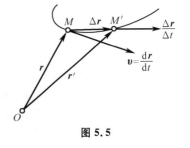

图 5.5

$\dfrac{\overrightarrow{MM'}}{\Delta t}$。因为时间是标量,故知 v^* 方向应与 Δr 方向相同。当 Δt 越小时,则弧 $\widehat{MM'}$ 与弦 $\overrightarrow{MM'}$ 的差别越小,当 $\Delta t \to 0$ 时,这时点 M' 趋近于点 M,而平均速度 v^* 趋近于一个极限值,此极限值为动点 M 在瞬时 t 的速度(图 5.5),以 v 表示,即

$$v = \lim_{\Delta t \to 0} \frac{\Delta r}{\Delta t} = \frac{\mathrm{d}r}{\mathrm{d}t} \qquad (5.5)$$

所以,动点的速度等于动点的矢径 r 对于时间的一阶导数。点的速度是矢量,它的方向就是 Δr 或 $\overrightarrow{MM'}$ 在极限情况下的方向,也就是轨迹曲线的切线方向。通常点的运动方向指的是速度的方向。

速度的单位是:m/s,也可以使用公里/小时(km/h)、厘米/秒(cm/s)等。

5.2.2 点的加速度

在一般情况下,动点的速度的大小和方向都可能随着时间变化。为了表明点的速度变化情况,我们用点的加速度表示每一瞬时点的速度对时间的变化率。加速度应该既包括速度大小的变化,又包括速度方向的变化。

设动点 M 在瞬时 t 的速度是 v,经过时间间隔 Δt 后,动点在瞬时 t' 的速度是 v',则在 Δt 时间内,速度的变化为 $\Delta v = v' - v$,故动点的平均加速度为 $a^* = \dfrac{\Delta v}{\Delta t}$(图 5.6)。当 Δt 趋近于零时,平均

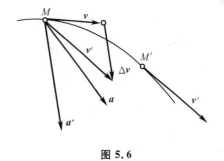

图 5.6

加速度的极限值称为动点在瞬时 t 的加速度,以 a 表示,则

$$a = \lim_{\Delta t \to 0} \frac{\Delta v}{\Delta t} = \frac{\mathrm{d}v}{\mathrm{d}t} = \frac{\mathrm{d}}{\mathrm{d}t}\left(\frac{\mathrm{d}r}{\mathrm{d}t}\right) = \frac{\mathrm{d}^2 r}{\mathrm{d}t^2} \qquad (5.6)$$

所以,动点的加速度矢量等于动点的速度矢量对时间的一阶导数或等于动点的矢径对时间的二阶导数。

如由任一点 O 作相当于各瞬时 $t_1, t_2, \cdots$ 的速度矢量 $v_1, v_2, \cdots$,连接速度矢量端点的曲线称为速度端图。由瞬时加速度的概念,可知瞬时加速度的方向是沿着动点的速度端图的切线方向,如图 5.7 所示。

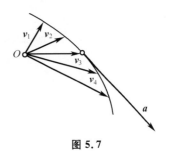

图 5.7

加速度的单位是米/秒²(m/s²),有时也用 cm/s²。

5.3　点的速度和加速度的直角坐标表示法

动点 M 的直角坐标的运动方程为 $x=f_1(t),y=f_2(t),z=f_3(t)$。由图 5.8 可知,矢径 $\boldsymbol{r}=x\boldsymbol{i}+y\boldsymbol{j}+z\boldsymbol{k}$,其中,$\boldsymbol{i},\boldsymbol{j},\boldsymbol{k}$ 分别为沿三个坐标轴的单位矢量。由上节可知

$$\boldsymbol{v}=\frac{\mathrm{d}\boldsymbol{r}}{\mathrm{d}t}=\frac{\mathrm{d}}{\mathrm{d}t}(x\boldsymbol{i}+y\boldsymbol{j}+z\boldsymbol{k})$$

$$=\frac{\mathrm{d}x}{\mathrm{d}t}\boldsymbol{i}+\frac{\mathrm{d}y}{\mathrm{d}t}\boldsymbol{j}+\frac{\mathrm{d}z}{\mathrm{d}t}\boldsymbol{k} \tag{5.7}$$

图 5.8

其中,$\boldsymbol{i},\boldsymbol{j},\boldsymbol{k}$ 前面的系数应为速度矢量 $\boldsymbol{v}$ 在三个直角坐标轴上的投影。由此我们得到,用直角坐标表示的速度为

$$v_x=\frac{\mathrm{d}x}{\mathrm{d}t},v_y=\frac{\mathrm{d}y}{\mathrm{d}t},v_z=\frac{\mathrm{d}z}{\mathrm{d}t} \tag{5.8}$$

这表明:动点速度在各坐标轴上的投影,分别等于动点的各位置坐标对于时间的一阶导数。

速度的大小及方向余弦为

$$v=\sqrt{v_x^2+v_y^2+v_z^2}=\sqrt{(\frac{\mathrm{d}x}{\mathrm{d}t})^2+(\frac{\mathrm{d}y}{\mathrm{d}t})^2+(\frac{\mathrm{d}z}{\mathrm{d}t})^2} \tag{5.9}$$

$$\cos(\boldsymbol{v},\boldsymbol{i})=\frac{v_x}{v},\cos(\boldsymbol{v},\boldsymbol{j})=\frac{v_y}{v},\cos(\boldsymbol{v},\boldsymbol{k})=\frac{v_z}{v}$$

动点 M 的加速度 $\boldsymbol{a}=\frac{\mathrm{d}\boldsymbol{v}}{\mathrm{d}t}=\frac{\mathrm{d}^2\boldsymbol{r}}{\mathrm{d}t^2}=\frac{\mathrm{d}^2x}{\mathrm{d}t^2}\boldsymbol{i}+\frac{\mathrm{d}^2y}{\mathrm{d}t^2}\boldsymbol{j}+\frac{\mathrm{d}^2z}{\mathrm{d}t^2}\boldsymbol{k}$,其中单位矢量 $\boldsymbol{i},\boldsymbol{j},\boldsymbol{k}$ 前面的系数应为加速度矢量 $\boldsymbol{a}$ 在三个直角坐标上的投影,由此我们得到,用直角坐标表示的加速度为

$$a_x=\frac{\mathrm{d}v_x}{\mathrm{d}t}=\frac{\mathrm{d}^2x}{\mathrm{d}t^2},a_y=\frac{\mathrm{d}v_y}{\mathrm{d}t}=\frac{\mathrm{d}^2y}{\mathrm{d}t^2},a_z=\frac{\mathrm{d}v_z}{\mathrm{d}t}=\frac{\mathrm{d}^2z}{\mathrm{d}t^2} \tag{5.10}$$

这表明:动点的加速度矢量在各坐标轴上的投影,分别等于动点的各位置坐标对于时间的二阶导数。

加速度的大小及方向余弦为

$$a=\sqrt{a_x^2+a_y^2+a_z^2}=\sqrt{(\frac{\mathrm{d}^2x}{\mathrm{d}t^2})^2+(\frac{\mathrm{d}^2y}{\mathrm{d}t^2})^2+(\frac{\mathrm{d}^2z}{\mathrm{d}t^2})^2} \tag{5.11}$$

$$\cos(\boldsymbol{a},\boldsymbol{i})=\frac{a_x}{a},\cos(\boldsymbol{a},\boldsymbol{j})=\frac{a_y}{a},\cos(\boldsymbol{a},\boldsymbol{k})=\frac{a_z}{a}$$

5.4　点的速度和加速度的自然坐标表示法

5.4.1　自然轴系

在点的运动轨迹曲线上取极为接近的两点 M 和 M_1,其间弧长为 Δs,这两点切线的单

位矢量分别为 τ 和 τ_1,其指向与弧坐标正向一致,如图 5.9 所示。将 τ_1 平移至点 M,则 τ 和 τ_1 决定一平面。令 M_1 无限趋近点 M,则此平面趋近于某一极限位置,此极限平面称为曲线在点 M 的密切面。过点 M 并与切线垂直的平面称为法平面,法平面与密切面的交线称为主法线。令主法线的单位矢量为 n,指向曲线内凹的一侧。过点 M 且垂直于切线与主法线的直线称副法线,其单位矢量为 b,指向与 τ,n 构成右手系,即 $b=\tau\times n$。则以点 M 为原点,以切线、主法线和副法线为坐标轴,组成的正交坐标系称为曲线在点 M 的自然坐标系,这三个轴称为自然轴。注意:随着点 M 在

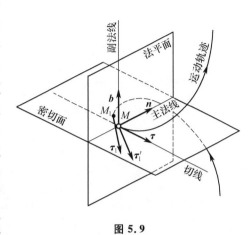

图 5.9

轨迹曲线上运动,τ,n,b 的方向也在不断变化,自然坐标系是沿曲线变动的游动坐标系。

在曲线运动中,轨迹的曲率或曲率半径是一个重要的参数,它表示曲线的弯曲程度。如点 M 沿轨迹经过弧长 Δs 到达点 M',如图 5.10 所示。

设点 M 处曲线切向单位矢量为 τ,点 M' 处单位矢量为 τ',而切线经过 Δs 时转过的角度为 $\Delta\varphi$。曲率定义为曲线切线的转角对弧长一阶导数的绝对值。曲率的倒数称为曲率半径。如曲率半径以 ρ 表示,则有

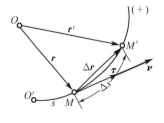

图 5.10

$$\frac{1}{\rho}=\lim_{\Delta s\to 0}\left|\frac{\Delta\varphi}{\Delta s}\right|=\left|\frac{\mathrm{d}\varphi}{\mathrm{d}s}\right| \tag{5.12}$$

由图可见 $|\Delta\tau|=2|\tau|\sin\dfrac{\Delta\varphi}{2}$,当 $\Delta s\to 0$ 时,$\Delta\varphi\to 0$,$\Delta\tau$ 与 τ 垂直,且有 $|\tau|=1$,由此可得 $|\Delta\tau|=\Delta\varphi$,注意到 Δs 为正时,点沿切向 τ 的正方向运动,$\Delta\tau$ 指向轨迹内凹一侧;Δs 为负时,$\Delta\tau$ 指向轨迹外凸一侧。因此有

$$\frac{\mathrm{d}\tau}{\mathrm{d}s}=\lim_{\Delta s\to 0}\frac{\Delta\tau}{\Delta s}=\lim_{\Delta s\to 0}\frac{\Delta\varphi}{\Delta s}n=\frac{1}{\rho}n \tag{5.13}$$

该式将用于法向加速度的推导。

5.4.2 点的速度

设已知动点 M 的轨迹曲线及沿此曲线的运动方程为 $s=f(t)$,现求动点沿此轨迹的速度表达式。我们已知动点的速度等于动点矢径的一阶导数,即 $v=\dfrac{\mathrm{d}r}{\mathrm{d}t}$,将此式分子、分母各乘以 $\mathrm{d}s$,则得 $v=\dfrac{\mathrm{d}r}{\mathrm{d}s}\dfrac{\mathrm{d}s}{\mathrm{d}t}$,这里 $\dfrac{\mathrm{d}r}{\mathrm{d}t}=\lim\limits_{\Delta s\to 0}\dfrac{\Delta r}{\Delta s}$,其中 Δs 是在

图 5.11

Δt 时间内动点弧坐标的变化,由图可知 Δr 和 Δs 都在弧坐标正向一边变化,故不论 Δs 的

正负如何,当 Δs 趋近于零时,则 $\frac{\Delta \boldsymbol{r}}{\Delta s}$ 的大小趋近于 1,其方向趋近于轨迹的切线方向,即切线单位矢量 $\boldsymbol{\tau}$ 的方向,因此 $\frac{\mathrm{d}\boldsymbol{r}}{\mathrm{d}s} = \boldsymbol{\tau}$。此外,$\frac{\mathrm{d}s}{\mathrm{d}t} = \lim\limits_{\Delta t \to 0} \frac{\Delta s}{\Delta t} = v$,显然这是速度的代数值,当 $\frac{\mathrm{d}s}{\mathrm{d}t} > 0$ 时,s 随时间增加而增加,因此 $\boldsymbol{v}$ 的指向与 $\boldsymbol{\tau}$ 相同,反之 $\frac{\mathrm{d}s}{\mathrm{d}t} < 0$ 时,$\boldsymbol{v}$ 的指向与 $\boldsymbol{\tau}$ 相反。于是我们得到动点沿曲线运动时瞬时速度的表达式为

$$\boldsymbol{v} = v\boldsymbol{\tau} = \frac{\mathrm{d}s}{\mathrm{d}t}\boldsymbol{\tau} \tag{5.14}$$

即动点沿已知轨迹的速度的代数值等于弧坐标 s 对于时间的一阶导数,速度的方向是沿着轨迹的切线方向,当 $\frac{\mathrm{d}s}{\mathrm{d}t} > 0$ 时指向与 $\boldsymbol{\tau}$ 相同,反之,指向与 $\boldsymbol{\tau}$ 相反。

5.4.3　点的加速度

动点 M 的加速度 $\boldsymbol{a}$ 等于动点的速度 $\boldsymbol{v}$ 对于时间 t 的一阶导数,即

$$\boldsymbol{a} = \frac{\mathrm{d}\boldsymbol{v}}{\mathrm{d}t} = \frac{\mathrm{d}v}{\mathrm{d}t}\boldsymbol{\tau} + v\frac{\mathrm{d}\boldsymbol{\tau}}{\mathrm{d}t} \tag{5.15}$$

上式右端两项都是矢量,第一项是反应速度大小变化的加速度,记为 $\boldsymbol{a}_t$;第二项是反应速度方向变化的加速度,记为 $\boldsymbol{a}_n$。下面我们分别求它们的大小和方向。

（1）反应速度大小变化的加速度 $\boldsymbol{a}_t$

因为

$$\boldsymbol{a}_t = \frac{\mathrm{d}v}{\mathrm{d}t}\boldsymbol{\tau} \tag{5.16}$$

显然 $\boldsymbol{a}_t$ 是一个沿轨迹切线的矢量,因此称为切向加速度。如 $\frac{\mathrm{d}v}{\mathrm{d}t} > 0$,$\boldsymbol{a}_t$ 指向轨迹的正向（即切向单位矢量 $\boldsymbol{\tau}$ 的方向）;如 $\frac{\mathrm{d}v}{\mathrm{d}t} < 0$,$\boldsymbol{a}_t$ 指向轨迹的负向。令 $a_t = \frac{\mathrm{d}v}{\mathrm{d}t} = \frac{\mathrm{d}^2 s}{\mathrm{d}t^2}$,$a_t$ 是一个代数量,是加速度 a 沿轨迹切向的投影。

由此可得结论:切向加速度反映点的速度值对时间的变化率,它的代数值等于速度的代数值对时间的一阶导数,或弧坐标对时间的二阶导数,它的方向沿轨迹切线。

（2）反映速度方向变化的加速度 $\boldsymbol{a}_n$

因为 $\boldsymbol{a}_n = v\frac{\mathrm{d}\boldsymbol{\tau}}{\mathrm{d}t}$,它反映速度方向 $\boldsymbol{\tau}$ 的变化。上式可改写为 $\boldsymbol{a}_n = v\frac{\mathrm{d}\boldsymbol{\tau}}{\mathrm{d}s}\frac{\mathrm{d}s}{\mathrm{d}t}$ 综合前式得

$$\boldsymbol{a}_n = \frac{v^2}{\rho}\boldsymbol{n} \tag{5.17}$$

由此可见,$\boldsymbol{a}_n$ 的方向与主法线的正向一致,称为法向加速度。于是可得结论:法向加速度反映点的速度方向改变的快慢程度,它的大小等于点的速度平方除以曲率半径,它的方向沿着主法线,指向曲率中心。

正如前面分析的那样,切向加速度表明速度大小的变化率,而法向加速度只反应速度方向的变化,所以当速度 $\boldsymbol{v}$ 与切向加速度 $\boldsymbol{a}_t$ 指向相同时,即 v 与 a_t 的符号相同时,速度的绝对值不断增加,点做加速运动;当速度 $\boldsymbol{v}$ 与切向加速度 $\boldsymbol{a}_t$ 的指向相反时,即 v 与 a_t 的符

号相反时,速度的绝对值不断减小,点做减速运动。

　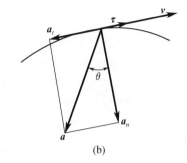

$$(a) \qquad\qquad (b)$$

图 5.12

由前面可知

$$\boldsymbol{a} = \boldsymbol{a}_t + \boldsymbol{a}_n = a_t \boldsymbol{\tau} + a_n \boldsymbol{n} \tag{5.18}$$

式中

$$a_t = \frac{\mathrm{d}v}{\mathrm{d}t}, a_n = \frac{v^2}{\rho} \tag{5.19}$$

由于 a_t,a_n 均在密切面内,因此全加速度 $\boldsymbol{a}$ 也必在密切面内。这表明加速度沿副法线上的分量为零,即 $a_b = 0$。全加速度的大小可由下式求出

$$a = \sqrt{a_t^2 + a_n^2} \tag{5.20}$$

它与法线间的夹角的正切为 $\tan\theta = \dfrac{a_t}{a_n}$,当 $\boldsymbol{a}$ 与切向单位矢量 $\boldsymbol{\tau}$ 的夹角为锐角时,θ 为正,否则为负。

最后说明一下几种特殊情况:

(1) 直线运动:在此情况下,由于直线轨迹的曲率半径 $\rho = \infty$,因此 $a_n = 0$,而 $\boldsymbol{a} = a_t \boldsymbol{\tau} = \dfrac{\mathrm{d}v}{\mathrm{d}t} \boldsymbol{\tau}$,即仅有表明速度大小改变的加速度。

(2) 匀速曲线运动:在此情况下,速度 $v = \dfrac{\mathrm{d}s}{\mathrm{d}t}$ 是常数,因此 $a_t = 0$,而 $\boldsymbol{a} = \boldsymbol{a}_n = \dfrac{v^2}{\rho} \boldsymbol{n}$,即仅有表明速度方向改变的加速度。运动方程可求之如下:$\mathrm{d}s = v\mathrm{d}t$,积分后得:$\displaystyle\int_{s_0}^{s} \mathrm{d}s = v \int_{0}^{t} \mathrm{d}t$,即 $s = s_0 + vt$

(3) 匀变速曲线运动:在此情况下,$a_t = \dfrac{\mathrm{d}v}{\mathrm{d}t}$ 是常数。由 $\mathrm{d}v = a_t \mathrm{d}t$,积分后得

$$\int_{v_0}^{v} \mathrm{d}v = a_t \int_{0}^{t} \mathrm{d}t$$

即

$$v = v_0 + a_t t \tag{5.21}$$

又由 $\dfrac{\mathrm{d}s}{\mathrm{d}t} = v$,得

$$\int_{s_0}^{s} \mathrm{d}s = \int_{0}^{t} v\mathrm{d}t = \int_{0}^{t} (v_0 + a_t t)\mathrm{d}t$$

即

$$s = s_0 + v_0 t + \frac{1}{2} a_t t^2 \qquad (5.22)$$

由(5.21)式及(5.22)式消去时间 t，则得

$$v^2 - v_0^2 = 2a_t(s - s_0)$$

例 5.2　如图 5.13 所示摇杆滑道机构中的滑块 M
同时在固定的圆弧槽 BC 和摇杆 OA 的滑道中滑动。如
弧 BC 的半径为 R，摇杆 OA 的轴 O 在弧 BC 的圆周上。
摇杆绕轴 O 以等角速度 ω 转动，当运动开始时，摇杆在水
平位置。求点 M 的速度及加速度。

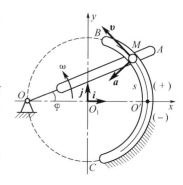

解　自然坐标法

弧坐标原点选为 O'，向上为弧坐标正向，向下为负。

图 5.13

$$s = \widehat{O'M} = 2R\varphi = 2R\omega t, v = \frac{\mathrm{d}s}{\mathrm{d}t} = 2R\omega, a_t = \frac{\mathrm{d}^2 s}{\mathrm{d}t^2} = \frac{\mathrm{d}v}{\mathrm{d}t} = 0, a_n = \frac{v^2}{\rho} = 4R\omega^2$$

所以

$$a = a_n = 4R\omega^2$$

直角坐标法：选图示坐标系 xO_1y，运动方程为 $\begin{cases} x = R\cos(2\omega t) \\ y = R\sin(2\omega t) \end{cases}$

$$v_x = \frac{\mathrm{d}x}{\mathrm{d}t} = -2R\omega\sin(2\omega t), v_y = \frac{\mathrm{d}y}{\mathrm{d}t} = 2R\omega\cos(2\omega t)$$

$$v = \sqrt{v_x^2 + v_y^2} = 2R\omega, \cos(\boldsymbol{v}, \boldsymbol{i}) = \frac{v_x}{v} = -\sin(2\omega t), \cos(\boldsymbol{v}, \boldsymbol{j}) = \frac{v_y}{v} = \cos(2\omega t)$$

$$a_x = \frac{\mathrm{d}^2 x}{\mathrm{d}t^2} = -4R\omega^2\cos(2\omega t), a_y = \frac{\mathrm{d}^2 y}{\mathrm{d}t^2} = -4R\omega^2\sin(2\omega t)$$

$$a = \sqrt{a_x^2 + a_y^2} = 4R\omega^2, \cos(\boldsymbol{a}, \boldsymbol{i}) = \frac{a_x}{a} = -\cos(2\omega t), \cos(\boldsymbol{a}, \boldsymbol{j}) = \frac{a_y}{a} = -\sin(2\omega t)$$

习　　题

1. 选择题

（1）绳子的一端绕在滑轮上，另一端与置于水平
面上的物块 B 相连，若物块 B 的运动方程为 $x = kt^2$，
其中 k 为常数，轮子半径为 R，则轮缘上 A 点加速度
的大小为_____。

（A）$2k$　　　　　　（B）$\sqrt{\dfrac{4k^2 t^2}{R}}$

（C）$\sqrt{4k^2 + \dfrac{16k^4 t^4}{R^2}}$　　（D）$2k + \dfrac{4k^2 t^2}{R}$

题 5.1(1) 图

（2）已知某点的运动方程为 $s = a + bt^2$（s 以米计，t 以秒计，a、b 为常数），则点的轨

迹_____。

　　(A) 是直线　　　　　　(B) 是曲线　　　　　　(C) 不能确定

　　(3) 一点做曲线运动,开始时速度 $v_0 = 10$ m/s,某瞬时切向加速度 $a_t = 4$ m/s²,则 2 s 末该点的速度的大小为_____。

　　(A)2 m/s　　　　(B)18 m/s　　　　(C)12 m/s　　　　(D) 无法确定

　　(4) 点做曲线运动,若其法向加速度越来越大,则该点的速度_____。

　　(A) 越来越大　　　　(B) 越来越小　　　　(C) 大小变化不能确定

　　(5) 已知点沿半径为 40 cm 的圆周运动,其运动规律为①$s = 20\,t$;②$s = 20\,t^2$(s 以厘米计,t 以秒计)。若 $t = 1$ s,则上述两种情况下,点的速度的大小为 ①$v_a = $ _____ cm/s,②$v_b = $ _____ cm/s; 点的加速度的大小为 ①$a_a = $ _____ cm/s²,②$a_b = $ _____ cm/s²。

　　(A)20　　　　　(B)10　　　　　(C)$40\sqrt{2}$　　　　(D) 40

　　(6) 一点沿某曲线以初速度 $v_0 = 5$ m/s 和 $a_t = 0.6t$ m/s² 运动,式中 t 为时间,则其从原点起算的运动方程式为_____。

　　(A)$s = 5t + 0.3t^3$

　　(B)$s = 5t + 0.1t^3$

　　(C)$s = 5t + 0.6t^3$

题 5.1(6) 图

2.填空题

　　(1) 在图示曲柄滑块机构中,曲柄 OC 绕 O 轴转动,$\varphi = \omega t$(ω 为常数)。滑块 A,B 可分别沿通过 O 点且相互垂直的两直槽滑动。若 $AC = CB = OC = l$,$MB = d$,则 M 点沿 x 方向的速度的大小为_____,沿 x 方向的加速度的大小为_____。

　　(2) 杆 AB 绕 A 轴以 $\varphi = 5t$(φ 以 rad 计,t 以 s 计)的规律转动,其上一小环 M 将杆 AB 和半径为 R(以 m 计)的固定大圆环连在一起,若以直角坐标 Oxy 为参考系,则小环 M 的运动方程为_____。

题 5.2(1) 图

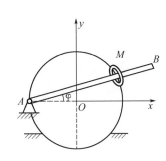

题 5.2(2) 图

　　(3) 若不计滑轮 C 尺寸,且 $H = 8$ m,$h = 1$ m,A 沿水平匀速向右做直线运动,$v_0 = 1$ m/s。初始 $t = 0$ 时,B 在 B_0 处,AC 在 A_0C 处。若选 y 轴如图示,则重物 B 上升的运

动方程为 $y =$ _____。

题 5.2(3) 图

3. 计算题

（1）图示机构中，AB 杆绕 A 轴转动，并带动套在固定水平杆 OC 上的小环 M 运动。已知：当运动开始时，AB 杆位于铅直位置，$OA = l$。当图示的 AB 杆与铅垂线夹角为 θ 时，角速度为 ω。试求此瞬时小环 M 相对于 OC 杆的速度和相对于 AB 杆的速度。

（2）如图所示，偏心凸轮半径为 R，绕 O 轴转动，转角 $\varphi = \omega t$（ω 为常量），偏心距 $OC = e$，凸轮带动顶杆 AB 沿铅垂直线往复运动。求顶杆的运动方程和速度。

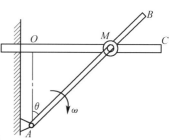

题 5.3(1) 图

（3）已知动点的直角坐标形式的运动方程为：$x = 2t$，$y = t^2$；式中 x，y 以 m 为单位，t 以 s 为单位。求 $t = 0$ 和 $t = 2$ s 时动点所在处轨迹的曲率半径。

（4）图示直杆 AB 在铅垂面内沿相互垂直的墙壁和地面滑下。已知 $\varphi = \omega t$（ω 为常量）。试求杆上一点 M 的运动方程、轨迹、速度和加速度。设 $MA = b$，$MB = c$。

题 5.3(2) 图

图 5.3(4) 图

（5）图示中，已知尺寸 h 和杆 OA 与铅直线的夹角 $\varphi = \omega t$（ω 为常量），绕 O 轴转动的杆 OA，推动物块 M 沿水平面运动，试求物块 M 上一点的速度和加速度。

（6）图示曲线规尺的各杆，长为 $OA = AB = 200$ mm，$CD = DE = AC = AE = 50$ mm。如杆 OA 以等角速度 $\omega = \dfrac{\pi}{5}$ rad/s 绕 O 转动，当运动开始时，杆 OA 水平向右。求尺上点 D 的运动方程和轨迹。

题 5.3(5) 图

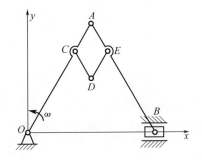

题 5.3(6) 图

第6章 刚体的基本运动

前一章研究了点的简单运动,现在我们来研究由多个点组成的刚体的运动,研究刚体整体的运动及其与刚体上各点运动之间的关系。

本章将研究刚体的两种基本运动 $\begin{cases} \text{平行移动:平动} \\ \text{定轴转动:转动} \end{cases}$

研究刚体的基本运动,一方面是因为刚体的基本运动在工程实际中应用广泛,另一方面可为我们研究刚体的复杂运动打下基础。

6.1　刚体的平行移动

我们先看一个例子。如图 6.1 所示,在水平轨道上行驶的小车,在运动过程中,小车上任一条直线始终与它最初的位置平行,我们说小车的运动即是刚体的平动。

刚体平动的特征:在刚体运动过程中,刚体内任意一条直线的方向永不改变,即其方向始终与原来的方向平行。

图 6.1

定理　当刚体平动时刚体内各点的轨迹形状都相同,且在同一瞬时,各点都具有相同的速度和加速度。

证明:设有做平动的刚体,在刚体内任取两点 A,B,并连成一直线如图 6.2 所示。运动开始时, AB 线在 AB 的位置;经过极短时间 Δt 之后,则移至 A_1B_1,依次再继续移至 $A_2B_2,A_3B_3,\cdots,A_nB_n$。首先证明这两个任意点的轨迹形状是相同的。根据刚体的定义得知 A,B 两点间的距离保持不变,因此 $AB = A_1B_1 = A_2B_2 = \cdots = A_nB_n$;又根据平动的定义知 $AB \parallel A_1B_1 \parallel A_2B_2 \parallel \cdots \parallel A_nB_n$,由此可见,

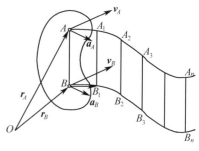

图 6.2

$ABA_1B_1,A_1B_1A_2B_2,A_2B_2A_3B_3\cdots$ 都是平行四边形。这就说明,折线 $AA_1A_2\cdots A_n$,与折线 $BB_1B_2\cdots B_n$ 完全相同。当所分割的时间间隔的数目趋近于无限多,而 Δt 趋近于零时,则折线就趋近于轨迹曲线。显然这两条曲线是完全相同的,可以互相叠合。

现在证明两个任意点在同一瞬时的速度和加速度都相同。设从空间的任意原点 O 作至 A 点及 B 点的矢径 $\boldsymbol{r}_A$ 及 $\boldsymbol{r}_B$,由图可知, $\boldsymbol{r}_A = \boldsymbol{r}_B + \overrightarrow{BA}$,求此式各项对于时间的导数 $\dfrac{\mathrm{d}\boldsymbol{r}_A}{\mathrm{d}t} = \dfrac{\mathrm{d}\boldsymbol{r}_B}{\mathrm{d}t} + \dfrac{\mathrm{d}\overrightarrow{BA}}{\mathrm{d}t}$,已知 $\dfrac{\mathrm{d}\boldsymbol{r}_A}{\mathrm{d}t} = v_A$, $\dfrac{\mathrm{d}\boldsymbol{r}_B}{\mathrm{d}t} = v_B$,而且由于 $\overrightarrow{BA}$ 的大小及方向都不改变,是恒矢量,所以

$\dfrac{\mathrm{d}\,\overrightarrow{BA}}{\mathrm{d}t}=0$,于是我们得到 $v_A=v_B$,将上式再对时间求一次导数,则得 $a_A=a_B$。

因为 A,B 为刚体上任意的两点,故上式的结论对于刚体上所有各点都成立。

由此可见,刚体做平动时,刚体内所有各点的运动轨迹、速度和加速度完全相同,因此只需确定出刚体内任一点的运动,就确定了整个刚体的运动。由此可知,刚体平动的问题可归结为点的运动问题。若刚体上任一点的轨迹为直线,则刚体的运动称为直线平动。若刚体上任一点的轨迹为平面曲线或空间曲线,则刚体的运动称为平面平动或空间平动。

6.2 刚体的定轴转动

当我们观察门、定滑轮、齿轮等的运动时,发现这些刚体的运动具有一个共同的特征,即当刚体运动时,刚体内或其扩展部分有两点保持不动,则这种运动称为刚体绕定轴的转动,简称刚体的转动。通过这两个固定点的一条不动的直线,称为刚体的转轴或轴线,简称轴。

当刚体绕定轴转动时,刚体内不在转轴上的所有各点各以此轴上的一点为圆心且在垂直于此轴的平面内做圆周运动。转轴可以在刚体内,也可以在刚体外,刚体绕定轴转动的转动规律,可由刚体绕定轴旋转的角度来表示。

为确定转动刚体的位置,取其转轴为 z 轴,正向如图 6.3 所示。通过轴线作一固定平面 A,此外通过轴线再作一动平面 B,这个平面与刚体固结,一起转动。两个平面间的夹角用 φ 表示,称为刚体的转角。转角 φ 是一个代数量,它确定了刚体的位置,它的符号规定如下:自 z 轴的正端往负端看,从固定面起按逆时针转向计算角 φ,取正值;按顺时针转向计算角 φ,取负值。并用弧度表示。当刚体转动时,转角 φ 是时间 t 的单值连续函数,即

$$\varphi=f(t) \tag{6.1}$$

这个方程称为刚体绕定轴转动的运动方程。绕定轴转动的刚体,只要用一个参变量(转角 φ)就可以决定它的位置,这样的刚体,称它具有一个自由度。

图 6.3

位置角 φ 的变化称为角位移,而位置角 φ 对时间的变化率就是角速度。所以,转角 φ 对时间 t 的一阶导数,称为刚体的瞬时角速度,并用字母 ω 表示,即

$$\omega=\frac{\mathrm{d}\varphi}{\mathrm{d}t} \tag{6.2}$$

角速度表征刚体转动的快慢和方向,其单位一般用 rad/s(弧度／秒)表示。

角速度是代数量。从轴的正端向负端看,刚体逆时针转动时,角速度取正值,反之取

负值。

角速度对于时间的变化率称为角加速度。所以角速度对时间的一阶导数称为刚体的瞬时角加速度,用字母 α 表示,即

$$\alpha = \frac{\mathrm{d}\omega}{\mathrm{d}t} = \frac{\mathrm{d}^2\varphi}{\mathrm{d}t^2} \tag{6.3}$$

角加速度表征角速度变化的快慢,其单位一般用 $\mathrm{rad/s}^2$(弧度每秒平方)

角加速度也是代数量。如果 ω 与 α 同号,则角速度的绝对值随时间而增加,这时称为加速转动;反之,如果 ω 与 α 异号,则角速度的绝对值随时间而减小,这时称为减速转动。

现在讨论两种特殊情形:

(1)匀速转动　　如果刚体的角速度不变,即 ω 等于常量,这种转动称为匀速转动,仿照点的匀速运动公式,可得

$$\varphi = \varphi_0 + \omega t \tag{6.4}$$

其中 φ_0 是 $t = 0$ 时转角 φ 的值。

机器中的转动部件或零件,一般都在匀速转动下工作,转动的快慢常用每分钟转数 n 来表示,其单位为 $\mathrm{r/min}$(转 / 分),称为转速。 例如车床主轴的转速为 $12.5 \sim 1\,200\ \mathrm{r/min}$ 等。

角速度 ω 与转速 n 的关系为: $\omega = \dfrac{2\pi n}{60} = \dfrac{\pi n}{30}$,式中转速 n 的单位为 $\mathrm{r/min}$, ω 的单位为 $\mathrm{rad/s}$ 。在近似计算中,可取 $\pi \approx 3$,于是 $\omega \approx 0.1\ n$ 。

(2)匀变速转动　　如果刚体的角加速度不变,即 $\alpha =$ 常量,这种转动称为匀变速转动。仿照点的匀变速运动公式,可得

$$\omega = \omega_0 + \alpha t \tag{6.5}$$

$$\varphi = \varphi_0 + \omega_0 t + \frac{1}{2}\alpha t^2 \tag{6.6}$$

式中 ω_0 和 φ_0 分别是 $t = 0$ 时的角速度和转角。

由上面一些公式可知:匀变速转动时,刚体的角速度、转角和时间之间的关系与点在匀变速曲线运动中的速度、坐标和时间之间的关系相似。

6.3　定轴转动刚体内各点的速度和加速度

现在我们研究刚体绕定轴转动时的角速度和角加速度与刚体上任一点的速度和加速度之间的关系。

刚体做定轴转动时,其上各点都在垂直于转轴的平面内做圆周运动,如图 6.4 所示。在刚体上任取一点 M ,设它到转轴的垂直距离为 r (称为转动半径),刚体的转角为 φ ,则 M 点沿圆周轨迹的运动方程是

$$s = \widehat{M_0 M} = r\varphi \tag{6.7}$$

将上式对时间 t 取一阶导数,可求得 M 点的速度值

$$v = \frac{\mathrm{d}s}{\mathrm{d}t} = \frac{\mathrm{d}}{\mathrm{d}t}(r\varphi) = r\dot{\varphi}$$

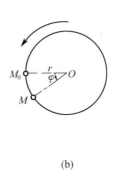

(a)　　　　　　　　　　　(b)

图 6.4

即

$$v = r\omega \tag{6.8}$$

M 点速度的方向垂直于转动半径,指向与角速度的转向一致,如图 6.5(a) 所示。再由(5.19)式,求出 M 点的切向、法向加速度的值:

$$a_t = \frac{\mathrm{d}v}{\mathrm{d}t} = \frac{\mathrm{d}}{\mathrm{d}t}(r\omega) = r\dot{\omega}$$

$$a_n = \frac{v^2}{\rho} = \frac{(r\omega)^2}{r}$$

即

$$a_t = r\alpha \tag{6.9}$$

$$a_n = r\omega^2 \tag{6.10}$$

M 点的切向加速度垂直于转动半径,指向与角加速度的转向一致;而法向加速度总是沿转动半径指向转轴,因此又称为向心加速度,如图 6.6(a) 所示。

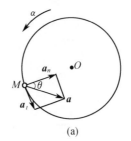

(a)　　　　　(b)　　　　　　　(a)　　　　　(b)

图 6.5　　　　　　　　　　图 6.6

因此,M 点加速度的大小和方向可以按下式确定:

$$a = \sqrt{a_t^2 + a_n^2} = r\sqrt{\alpha^2 + \omega^4} \tag{6.11}$$

$$\theta = \arctan \frac{a_t}{a_n} = \arctan\left(\frac{\alpha}{\omega^2}\right) \tag{6.12}$$

在给定瞬时,刚体的 ω 和 α 有确定的值,这些值与各点在刚体上的位置无关。因而,在同一瞬时,刚体上各点的速度大小与其转动半径成正比,其方向与转动半径垂直,如图 6.5(b) 所示;各点的加速度大小也与其转动半径成正比,且与转动半径成相同的偏角 $\theta = \arctan\left(\dfrac{\alpha}{\omega^2}\right)$,如图 6.6(b) 所示。

例 6.1　物块 B 以匀速 v_0 沿水平直线移动。杆 OA 可绕 O 轴转动,杆保持紧靠在物块的侧棱 b 上,如图 6.7 所示。已知物块高度为 h,试求杆 OA 的转动方程、角速度和角加速度。

图 6.7

解　取坐标如图所示:x 轴以水平向右为正,φ 角则自 y 轴起顺时针方向为正。取 $x = 0$ 的瞬时作为时间的计算起点。在任意瞬时 t,物块侧面 ab 的坐标为 x,按题意有 $x = v_0 t$。

由三角形 Oab 得:$\tan\varphi = \dfrac{x}{h} = \dfrac{v_0 t}{h}$

故杆 OA 的转动方程为:$\varphi = \arctan\left(\dfrac{v_0 t}{h}\right)$

根据(6.2)式,杆的角速度是 $\dfrac{\mathrm{d}\varphi}{\mathrm{d}t} = \dfrac{\dfrac{v_0}{h}}{1 + \left(\dfrac{v_0 t}{h}\right)^2}$

即 $\omega = \dfrac{h v_0}{h^2 + v_0^2 t^2}$

再由(6.3)式,杆的角加速度是

$$\alpha = \dfrac{\mathrm{d}\omega}{\mathrm{d}t} = -\dfrac{2 h v_0^3 t}{(h + v_0^2 t^2)^2}$$

ω,α 随时间 t 的变化过程如图 6.8 所示,其中坐标都已化成量纲为一的形式。

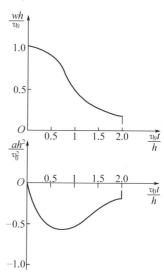

图 6.8

例 6.2　汽车挡风玻璃上刮雨器的雨刷固定在连杆 AB 上,由曲柄 O_1A 驱动,如图 6.9 所示。已知 $O_1A = O_2B = r = 300$ mm,$AB = O_1O_2$。曲柄 O_1A 往复摆动的规律是 $\varphi = \dfrac{\pi}{4}\sin(2\pi t)$ rad,其中 t 以 s 为单位。试求 $t = 0$、$t = \dfrac{1}{8}$ s、$t = \dfrac{1}{4}$ s 各瞬时,雨刷端点 C 的速度和加速度。

图 6.9

解　由题设条件可知 O_1ABO_2 是一平行四边形。AB 始终平行于 O_1O_2,故连杆 AB(连同雨刷)做平移;在同一瞬时其上各点的速度、加速度彼此相等:

$$v_C = v_A, \quad a_C = a_A$$

为求 v_C, a_C,只需计算 v_A, a_A 即可。

曲柄 O_1A 的角速度和角加速度分别是:

$$\omega = \frac{\mathrm{d}\varphi}{\mathrm{d}t} = \frac{\pi^2}{2}\cos(2\pi t)\,\mathrm{rad/s}$$

$$\alpha = \frac{\mathrm{d}\omega}{\mathrm{d}t} = -\pi^3\sin(2\pi t)\,\mathrm{rad/s}^2$$

按式(6.8)～式(6.10)，A 点(因而 C 点)的速度和加速度是：

$$v_C = v_A = r\omega = 0.15\pi^2\cos(2\pi t)\,\mathrm{m/s}$$

$$a_{Ct} = a_{At} = r\alpha = -0.3\pi^3\sin(2\pi t)\,\mathrm{m/s}^2$$

$$a_{Cn} = a_{An} = r\omega^2 = 0.075\pi^4\cos^2(2\pi t)\,\mathrm{m/s}^2$$

将时间 t 的具体数值代入，可得如下结果：

(1) $t = 0$ 时，$v_C = 1.480\ \mathrm{m/s}$，$a_{Ct} = 0$，$a_{Cn} = 7.306\ \mathrm{m/s}^2$

(2) $t = \dfrac{1}{8}$ s 时，$v_C = 1.047\ \mathrm{m/s}$，$a_{Ct} = -6.577\ \mathrm{m/s}^2$，$a_{Cn} = 3.653\ \mathrm{m/s}^2$

(3) $t = \dfrac{1}{4}$ s 时，$v_C = 0$，$a_{Ct} = -9.302\ \mathrm{m/s}^2$，$a_{Cn} = 0$

图 6.9 中所示为：当 t 在 $0 \sim \dfrac{1}{4}$ s 范围内某一瞬时，C 点的速度和加速度的大致情形。

6.4　定轴轮系的传动比

工程中，常利用轮系传动提高或降低机械的转速，最常见的有齿轮系和带轮系。

6.4.1　齿轮传动

机械中常用齿轮作为传动部件，例如，为了要将电动机的传动传到机床的主轴，通常用变速箱降低转速，多数变速箱是由齿轮系组成的。

现以一对啮合的圆柱齿轮为例。圆柱齿轮传动分为外啮合(图 6.10)和内啮合(图6.11)两种。

设两个齿轮各绕固定轴 O_1 和 O_2 转动。已知啮合圆半径各为 R_1 和 R_2；齿数各为 z_1 和 z_2；角速度各为 ω_1 和 ω_2。令 A 和 B 分别是两个齿轮啮合圆的接触点，因两圆之间没有相对滑动，故 $v_B = v_A$，并且速度方向也相同，且 $v_B = R_2\omega_2$，$v_A = R_1\omega_1$，因此

$$R_2\omega_2 = R_1\omega_1,\ \text{或}\ \frac{\omega_1}{\omega_2} = \frac{R_2}{R_1}$$

图 6.10

图 6.11

由于齿轮在啮合圆上的齿距相等,它们的齿数与半径成正比,故

$$\frac{\omega_1}{\omega_2} = \frac{R_2}{R_1} = \frac{z_2}{z_1} \tag{6.13}$$

由此可知:处于啮合中的两个定轴齿轮的角速度与两齿轮的齿数成反比(或与两轮的啮合圆半径成反比)。

设轮 I 是主动轮,轮 II 是从动轮。在机械工程中,常常把主动轮和从动轮的两个角速度的比值称为传动比,用附有角标的符号表示,则有

$$i_{12} = \frac{\omega_1}{\omega_2}$$

进而得计算传动比的基本公式

$$i_{12} = \frac{\omega_1}{\omega_2} = \frac{R_2}{R_1} = \frac{z_2}{z_1} \tag{6.14}$$

上式定义的传动比是两个角速度大小的比值,与转动方向无关,因此不仅适用于圆柱齿轮传动,也适用于传动轴成任意角度的圆锥齿轮传动、摩擦轮传动等。

有些场合为了区分轮系中各轮的转向,对各轮都规定统一的转动正向,这时各轮的角速度可取代数值,从而传动比也取代数值,即

$$i_{12} = \pm \frac{\omega_1}{\omega_2} = \pm \frac{R_2}{R_1} = \pm \frac{z_2}{z_1} \tag{6.15}$$

式中正号表示主动轮与从动轮转向相同(内啮合),负号表示转向相反(外啮合)。

6.4.2 带轮传动

在机床中,常用电动机通过胶带使变速箱的轴转动,在如图 6.12 所示的带轮装置中,主动轮和从动轮的半径分别为 r_1 和 r_2,角速度分别为 ω_1 和 ω_2。如不考虑胶带的厚度,并假定胶带与带轮间无相对滑动,则应用绕定轴转动的刚体上各速度的公式,可得到下列关系式

$$r_1\omega_1 = r_2\omega_2$$

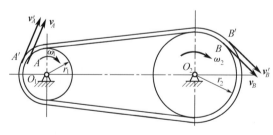

图 6.12

于是带轮的传动比公式为

$$i_{12} = \frac{\omega_1}{\omega_2} = \frac{r_2}{r_1} \tag{6.16}$$

即:两轮的角速度与其半径成反比。

习 题

1. 选择题

(1) 圆盘做定轴转动,轮缘上一点 M 的加速度 a 分别有图示三种情况。则在该三种情况下,原盘的角速度 ω、角加速度 α 哪个等于零,那个不等于零?

图(a)$\omega =$ _____ ,$\alpha =$ _____ ;图(b)$\omega =$ _____ ,$\alpha =$ _____ ;

图(c)$\omega =$ _____ ,$\alpha =$ _____ ;

(A) 等于零　　　　　(B) 不等于零。

(2) 圆盘做定轴转动,若某瞬时其边缘上 A,B,C 三点的速度、加速度如图所示,则 _____ 的运动是不可能的。

(A) 点 A,B　　(B) 点 A,C　　(C) 点 B,C　　(D) 点 A,B,C

题 6.1(1) 图

题 6.1(2) 图

(3) 在图示机构中,杆 $O_1A = O_2B = 20$ cm,杆 $O_2C = O_3D = 40$ cm,$CM = MD = 30$ cm,若杆 O_1A 以角速度 $\omega = 3$ rad/s 匀速转动,则 D 点的速度的大小为 _____ cm/s,M 点的加速度的大小为 _____ cm/s^2。

(A) 60　　　　(B) 120　　　　(C) 150　　　　(D) 360

(4) 直角刚杆 OAB 可绕固定轴 O 在图示平面内转动,已知 $OA = 40$ cm,$AB = 30$ cm,$\omega = 2$ rad/s,$\alpha = 1$ rad/s^2。则图示瞬时,B 点的加速度在 x 方向的投影为 _____ cm/s^2,在 y 方向的投影为 _____ 。

(5) 圆盘某瞬时以角速度 ω、角加速度 α 绕轴 O 转动,其上 A,B 两点的加速度分别为 a_A 和 a_B,与半径的夹角分别为 θ 和 φ,若 $OA = R$,$OB = \dfrac{R}{2}$,则 _____ 。

(A) $a_A = a_B$,$\theta = \varphi$　　(B) $a_A = a_B$,$\theta = 2\varphi$

题 6.1(3) 图

题 6.1(4) 图

(C)$a_A = 2a_B, \theta = \varphi$　　(D)$a_A = 2a_B, \theta = 2\varphi$

2.填空题

（1）曲杆 OAB 在图示平面内可绕 O 轴转动，已知某瞬时 A 点的加速度 a（单位 m/s²），则该瞬时曲杆的角速度 $\omega = $ _____，角加速度 $\alpha = $ _____。

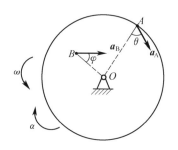

题 6.1(5) 图

（2）平面机构如图所示。已知 $AB /\!/ O_1O_2$，且 $AB = O_1O_2 = l, O_1A = O_2B = r, ABCD$ 是矩形板，$AD = BC = b, O_1A$ 杆以匀角速度 ω 绕 O_1 轴转动，则矩形板重心 C_1 点的速度和加速度的大小分别为 $v = $ _____，$a = $ _____，请在图上标出它们的方向。

题 6.2(1) 图

题 6.2(2) 图

3.计算题

（1）如图所示，平行连杆机构中，曲柄 O_1A 以匀转速 $n = 320$ r/min 转动。曲柄长 $O_1A = O_2B = 150$ mm。求连杆 AB 的中点 C 的速度和加速度。

（2）机构如图所示，假定杆 AB 以匀速 v 运动，开始时 $\varphi = 0$。求当 $\varphi = \dfrac{\pi}{4}$ 时，摇杆 OC 的角速度和角加速度。

题 6.3(1) 图　　　　　　题 6.3(2) 图

（3）车床的传动装置如图所示。已知各齿轮的齿数分别为：$z_1 = 40, z_2 = 84, z_3 = 28, z_4 = 80$，带动刀具的丝杠的螺距为 $h_4 = 12$ mm。求车刀切削工件的螺距 h_1。

（4）图示机构中齿轮 1 紧固在杆 AC 上，$AB = O_1O_2$，齿轮 1 和半径为 r_2 的齿轮 2 啮合，齿轮 2 可绕 O_2 轴转动且和曲柄 O_2B 没有联系。设 $O_1A = O_2B = l$，$\varphi = b\sin\omega t$，试确定 $t = \dfrac{\pi}{2\omega}$ s 时，齿轮 2 的角速度和角加速度。

题 6.3(3) 图　　　　　　　　　题 6.3(4) 图

（5）图示小环 A 沿半径为 R 的固定圆环以匀速 v_0 运动，带动穿过小环的摆杆 OB 绕 O 轴转动。试求杆 OB 的角速度和角加速度。若 $OB = l$，求 B 点的速度和加速度。

题 6.3(5) 图

（6）电动机的转速原为 1 200 r/min，由于载荷增加，在 2 min 内均匀的减速到 800 r/min。求在这段时间内，电机共转了几转？

第7章　点的合成运动

7.1　点的合成运动的基本概念

在第 5 章点的运动学中,我们研究了点的简单运动,即动点对于一个坐标系的运动,并规定固连于地球上的坐标系为静坐标系。但是在工程上或生活中,常遇到同时在两个坐标系中描述同一个点的运动,如果其中一个坐标系对于另一个坐标系做一定的运动,显然在这两个坐标系中所考察到的这个点的运动是不相同的。

例如沿直线轨道滚动的车轮,如图 7.1,其轮缘上点 M 的运动,对于地面上的观察者来说,点的轨迹是旋轮线,但是对于车上的观察者来说,点的轨迹则是一个圆。这个 M 点我们称为研究的动点。把其中一个坐标系称为静坐标系(一般固连于地球上)并以 Oxy 表示,而把另一个对于静坐标系有运动的坐标系称为动坐标系,并以 $O'x'y'$ 表示。为了区分动点对于不同坐标系的运动,我们把动点对于静坐标系的运动称为绝对运动,动点对于动坐标系的运动称为相对运动,而把动坐标系相对于静坐标系的运动称为牵连运动。

图 7.1

例如在行驶的轮船甲板上有一乘客 M 在走动,若研究乘客的运动,则可将乘客作为动点 M,河岸作为静坐标系,而轮船作为动坐标系。动点 M 对于河岸的运动(即站在河岸上不动的人所看到的乘客的运动)就是绝对运动,动点对于轮船的运动(即站在轮船上不动的人所看到的乘客的运动)就是相对运动,轮船本身对于河岸的运动就是牵连运动。

注意:动点的绝对运动和相对运动都是指点的运动,它可能做直线运动或曲线运动;而牵连运动则是参考体的运动,实际上是刚体的运动,它可能做平动、转动或其他较复杂的运动。

假设车厢不动,即动系 $O'x'y'$ 不动,那么我们在地面上观察 M 点的运动是圆周运动,在车厢上观察 M 点的运动仍是圆周运动。即如果没有牵连运动,则动点的相对运动就是它的绝对运动。若假设轮上 M 点不动,只随着车厢运动,在地面上观察 M 点的运动为直线运动,即如果没有相对运动,则动点随同动坐标系所做的运动即牵连运动就是它的绝对运动。由此可见,动点的绝对运动既决定于动点的相对运动,也决定于动坐标系的运动,即牵连运动,它是这两种运动的合成,因此,这种类型的运动就称为点的合成运动或复合运动。

研究点的合成运动的主要问题,就是如何由已知动点的相对运动与牵连运动求出绝对运动;或者,如何将已知的绝对运动分解为相对运动与牵连运动。总之,在这里要研究这三种关系。

在研究比较复杂的运动时,如适当地选取动坐标系往往能把比较复杂的运动分解为两个比较简单的运动。这种研究方法,无论在理论上或工程实际上都具有重要的意义。

我们知道,对于不同的坐标系,动点的运动是不相同的,即动点的运动方程、轨迹、速度及加速度都是不相同的。我们把动点在静坐标系中所描述的轨迹称为绝对轨迹。动点对于静坐标系的速度和加速度称为绝对速度和绝对加速度,以符号 v_a,a_a 表示。我们在第五章点的运动学中所说的速度及加速度就是这种绝对速度和绝度加速度。把动点对于动坐标系运动的速度和加速度称为相对速度和相对加速度,以符号 v_r,a_r 表示。

如图 7.2,建立两个坐标系,定系 $Oxyz$,动系为 $O'x'y'z'$,动系相对于定系做一定的运动,如以 x',y',z' 表示动点 M 在动系中的位置坐标,则动点 M 运动时,其位置坐标 x',y',z' 一定是时间 t 的单值连续函数,表示为

$$\begin{cases} x' = f_1(t) \\ y' = f_2(t) \\ z' = f_3(t) \end{cases} \qquad (7.1)$$

这就是动点 M 的相对运动方程,由这些方程中消去时间 t,即得相对轨迹的轨迹方程。这个轨迹固连在动坐标系上,并与动坐标系一起运动。

图 7.2

动点 M 的相对速度 v_r 在三个动坐标轴 x',y',z' 上的投影为

$$v_{rx'} = \frac{\mathrm{d}x'}{\mathrm{d}t}, v_{ry'} = \frac{\mathrm{d}y'}{\mathrm{d}t}, v_{rz'} = \frac{\mathrm{d}z'}{\mathrm{d}t} \qquad (7.2)$$

令 i',j',k' 表示动坐标轴正向的单位矢量,则动点 M 的相对速度可表示为

$$v_r = v_{rx'}i' + v_{ry'}j' + v_{rz'}k' \qquad (7.3)$$

同理,动点的相对加速度 a_r 在动坐标轴上的投影为

$$a_{rx'} = \frac{\mathrm{d}^2 x'}{\mathrm{d}t^2}, a_{ry'} = \frac{\mathrm{d}^2 y'}{\mathrm{d}t^2}, a_{rz'} = \frac{\mathrm{d}^2 z'}{\mathrm{d}t^2} \qquad (7.4)$$

因此动点 M 的相对加速度也可以表示为

$$a_r = a_{rx'}i' + a_{ry'}j' + a_{rz'}k' \qquad (7.5)$$

下面我们来讨论牵连运动的速度与加速度的概念。在某一瞬时,在动系上与动点 M 相重合的那一点(此点称"牵连点")对于静系的轨迹称为牵连运动的轨迹。这就是说如在某瞬时动点 M 没有相对运动,则此动点将沿着这瞬时的牵连轨迹而运动。在某一瞬时,动系上与动点 M 相重合的那一点对于静系的速度和加速度,称为动点 M 在这一瞬时的牵连速度和牵连加速度,以 v_e,a_e 表示。

下面我们来看两个例子。

沿直线轨道滚动的车轮,以轮缘上点 M 为动点,静坐标系与地面固连,动坐标系与车厢固连,则 M 点的绝对速度、相对速度和牵连速度分别如图 7.3 所示。

沿着直管 OA 以匀速 u 运动的小球 M,开始时小球在点 O,又设直管 OA 以匀角速度 ω 在静平面 Oxy 内绕 O 轴转动。在某瞬时 t,此小球在直管中的 M 点。而 $OM = ut$,这时牵

连速度的大小为 $v_e = OM\omega = ut\omega$，其方向与直管垂直，相对速度大小为 $v_r = u$，其方向沿直管方向；牵连加速度大小为 $a_e = OM\omega^2 = ut\omega^2$，其方向指向 O 点，相对加速度为零，如图 7.4 所示。

图 7.3

图 7.4

7.2　点的速度合成定理

知道了绝对速度、相对速度、牵连速度的概念，我们即可研究这三种速度之间的关系，即点的速度合成定理。

设动点 M 沿固连于动系 $O'x'y'z'$ 上的曲线 AB 运动（即曲线 AB 是 M 点的相对轨迹），而动系本身又相对于定系 $Oxyz$ 做某种运动，如图 7.5 所示。

在瞬时 t，动系 $O'x'y'z'$ 连同相对轨迹 AB 相对于静系在图示位置，动点则在曲线 AB 上的 M 点。经过时间间隔 Δt，相对轨迹随着动系运动到 A_1B_1，动点则到达曲线 A_1B_1 上的 M_1 点。动系上在瞬时 t 与 M 点重合的一点（牵连点）记为 m。假设没有相对运动，动点将随动系做与牵连点 m 相同的运动，因此在瞬时 $t + \Delta t$，动点将沿轨迹 $\overset{\frown}{mm_1}$ 运动到 m_1 点。$\overrightarrow{mm_1}$ 是 M 点的牵连位移。假如没有牵连运动，则动点在瞬时 $t + \Delta t$ 将只是沿曲线 AB 运动到 M' 点，$\overrightarrow{MM'}$ 是 M 点的相对位移。实际上相对运动和牵连运动是同时进行的，

图 7.5

并且 M 点是沿轨迹 $\overset{\frown}{MM_1}$ 运动到 M_1 点的。$\overrightarrow{MM_1}$ 是 M 点的绝对位移。

由三角形 Mm_1M_1 得

$$\overrightarrow{MM_1} = \overrightarrow{mm_1} + \overrightarrow{m_1M_1} \tag{7.6}$$

上式各项除以 Δt，并取 $\Delta t \to 0$ 的极限则有

$$\lim_{\Delta t \to 0} \frac{\overrightarrow{MM_1}}{\Delta t} = \lim_{\Delta t \to 0} \frac{\overrightarrow{mm_1}}{\Delta t} + \lim_{\Delta t \to 0} \frac{\overrightarrow{m_1M_1}}{\Delta t} \tag{7.7}$$

其中$\lim\limits_{\Delta t \to 0} \dfrac{\overrightarrow{MM_1}}{\Delta t} = v_a$ 是 M 点在瞬时 t 的绝对速度,其方向沿曲线 $\overset{\frown}{MM_1}$ 在 M 点的切线。

$\lim\limits_{\Delta t \to 0} \dfrac{\overrightarrow{mm_1}}{\Delta t} = v_e$ 是牵连点 m 的(绝对)速度,即 M 点在瞬时 t 的牵连速度,其方向沿曲线 $\overset{\frown}{mm_1}$

在 M 点的切线。$\lim\limits_{\Delta t \to 0} \dfrac{\overrightarrow{m_1 M_1}}{\Delta t} = \lim\limits_{\Delta t \to 0} \dfrac{\overrightarrow{MM'}}{\Delta t} = v_r$(因为 $\overrightarrow{m_1 M_1}$ 和 $\overrightarrow{MM'}$ 两矢量的模相等,且随 $\Delta t \to 0$

而趋近于同一方向)是 M 点在瞬时 t 的相对速度,其方向沿相对轨迹 AB 在 M 点的切线。

从而上式可以写成

$$v_a = v_e + v_r \tag{7.8}$$

上式给出了点的速度合成定理:动点的绝对速度等于它的牵连速度与相对速度的矢量和。即动点的绝对速度可以由牵连速度与相对速度所构成的平行四边形的对角线来确定,这个平行四边形称为速度平行四边形。定理表达了同一动点相对于两个不同的参考系表现的不同的速度(v_a , v_r)之间的关系。按照这一定理,可由牵连速度和相对速度求绝对速度,也可由绝对速度和牵连速度(或相对速度)求相对速度(或牵连速度),等等。

应当指出,在推导速度合成定理时,并未限制动参考系的运动形式。因此速度合成定理适用于牵连运动是任何运动的情况,即动参考系可做平移、转动或其他任何复杂的运动。

在应用速度合成定理来解决具体问题时,应注意以下三点:

(1)恰当地选择动点和动系,一般都取静系固连于地面;

(2)对于三种运动及三种速度的分析;

(3)根据速度合成定理并结合各速度的已知条件先做出速度矢量图,然后利用三角关系或矢量投影定理求解未知量。

例 7.1　车厢以匀速 $v_1 = 5$ m/s 水平行驶,雨滴铅垂下落。而在车厢中观察到的雨滴的速度方向却偏斜向后,与铅垂线成夹角 $30°$,如图 7.6(a)所示。试求雨滴的绝对速度。

解　按题意,以雨滴为动点,将静系 Oxy 固连于地面,将动系 $O'x'y'z'$ 固连于车厢。

雨滴的绝对运动是它对于地面的铅垂向下的直线运动。绝对速度的方向铅垂向下,大小 v_a 待求。

雨滴的相对运动是对于车厢的斜直线运动运动。已知相对速度的方向与铅垂线成 $30°$ 角,大小 v_r 未知。

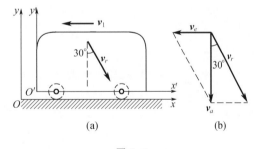

图 7.6

牵连运动是车厢对地面的运动,它是平移。雨滴的牵连速度也即平移动系的速度,其方向水平向左,大小 $v_e = v_1 = 5$ m/s。

根据速度合成定理 $v_a = v_e + v_r$,画出速度平行四边形,如图 7.6(b)所示。由三角关系可知

$$v_a = v_e \cot 30° = 5 \text{ m/s} \times \sqrt{3} = 8.660 \text{ m/s}$$

例 7.2　刨床的急回机构如图 7.7 所示。曲柄 OA 的一端 A 与滑块用铰链连接。当

曲柄 OA 以匀角速度 ω 绕固定轴 O 转动时,滑块在摇杆 O_1B 上滑动,并带动摇杆 O_1B 绕固定轴 O_1 摆动。设曲柄长 $OA = r$,两轴间距离 $OO_1 = l$。求当曲柄在水平位置时摇杆的角速度 ω_1。

图 7.7

解 以曲柄 OA 的端点 A 为动点,动坐标系与摇杆 O_1B 固连。

A 点的绝对运动是绕 O 点的圆周运动。绝对速度的方向垂直于 OA 向上,大小 $v_a = r\omega$。

A 点的相对运动为沿摇杆 O_1B 的直线运动。相对速度的方向沿着 O_1B,大小 v_r 未知。

牵连运动为摇杆 O_1B 的定轴转动。A 点的牵连速度是动系(或者动系所固连的摇杆)上与 A 点重合的一点(牵连点)的速度,它的方向垂直摇杆 O_1B,大小 v_e 未知。

按速度合成定理 $v_a = v_e + v_r$,做出速度平行四边形,如图 7.7 所示(逆时针)。因而

$$v_e = v_a \sin\varphi = r\omega \sin\varphi = \frac{r^2\omega}{\sqrt{l^2 + r^2}}$$

$$\omega_1 = \frac{v_e}{O_1A} = \frac{r^2\omega}{l^2 + r^2}$$

例 7.3 如图 7.8 所示,半径为 R、偏心距为 e 的凸轮,以匀角速度 ω 绕 O 轴转动,杆 AB 能在滑槽中上下平移,杆的端点 A 始终与凸轮接触,且 OAB 成一直线。求在图示位置时,杆 AB 的速度。

解 杆 AB 与凸轮之间有相对运动,当凸轮转动时,杆 AB 沿垂直槽上、下滑动。因 AB 杆是平动,得知 AB 杆的运动与 A 点的运动相同。故以杆 AB 上的 A 点为动点,动系固连于凸轮。

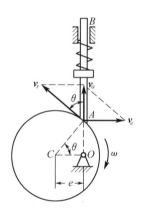

图 7.8

A 点的绝对运动为铅垂方向直线运动。绝对速度的方向铅垂,大小 v_a 未知,它就是待求的杆 AB 速度。

A 点的相对运动为以凸轮中心 C 为圆心的圆周运动。相对速度的方向沿圆周曲线在 A 点的切线方向,大小 v_r 也未知。

A 点的牵连运动为凸轮绕 O 轴转动。A 点牵连速度是凸轮上与 A 点相重合的一点(牵连点)的速度,其方向水平向右,大小 $v_e = OA\omega$。

按速度合成定理 $v_a = v_e + v_r$,做出速度平行四边形,如图 7.8 所示。由此求得 $v_{AB} = v_A = v_a = v_e \cot\theta = \omega e$,方向如图。

7.3 牵连运动为平动时点的加速度合成定理

在点的合成运动中,加速度之间的关系比较复杂,因此,先分析动参考系做平移的简

单情况。

以 $Oxyz$ 表示静坐标系，$O'x'y'z'$ 表示动坐标系，由于动坐标系 $O'x'y'z'$ 为平移，动坐标轴 x',y',z' 方向不变，可使 x',y',z' 轴和 x,y,z 轴分别平行，如图 7.9 所示。动点在动坐标系下的运动方程（坐标）为 x',y',z'，沿着动坐标轴的单位矢量分别为 i',j',k'，在动坐标系下对运动方程 x',y',z' 对时间求一阶和二阶导数，得动点 M 的相对速度和相对加速度分别为

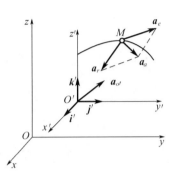

图 7.9

$$v_r = \frac{\mathrm{d}x'}{\mathrm{d}t}i' + \frac{\mathrm{d}y'}{\mathrm{d}t}j' + \frac{\mathrm{d}z'}{\mathrm{d}t}k' \qquad (7.9)$$

$$a_r = \frac{\mathrm{d}^2 x'}{\mathrm{d}t^2}i' + \frac{\mathrm{d}^2 y'}{\mathrm{d}t^2}j' + \frac{\mathrm{d}^2 z'}{\mathrm{d}t^2}k' \qquad (7.10)$$

由点的速度合成定理有

$$v_a = v_e + v_r$$

上式两端在静系下对时间取一次导数，得

$$\frac{\mathrm{d}v_a}{\mathrm{d}t} = \frac{\mathrm{d}v_e}{\mathrm{d}t} + \frac{\mathrm{d}v_r}{\mathrm{d}t} \qquad (7.11)$$

上式左端项为动点 M 的绝对速度在静系下对时间的一阶导数，为绝对加速度，即

$$\frac{\mathrm{d}v_a}{\mathrm{d}t} = a_a \qquad (7.12)$$

由于动系为平移，动系上各点的速度和加速度在任一瞬时都是相同的，因而动系坐标原点 O' 的速度 $v_{O'}$ 和加速度 $a_{O'}$ 就等于牵连速度 v_e 和牵连加速度 a_e，即

$$v_{O'} = v_e, a_{O'} = a_e$$

而 $v_{O'}$ 是动系坐标原点相对静系的速度，其相对静系对时间求一阶导数就是动系坐标原点的加速度 $a_{O'}$，在动系为平移的情况下，动系坐标原点的加速度就是动点的牵连加速度，因而有

$$\frac{\mathrm{d}v_e}{\mathrm{d}t} = \frac{\mathrm{d}v_{O'}}{\mathrm{d}t} = a_{O'} = a_e$$

即

$$\frac{\mathrm{d}v_e}{\mathrm{d}t} = a_e \qquad (7.13)$$

由于动系相对静系为平移，单位矢量 i',j',k' 的大小和方向都不改变，是恒矢量，而运动方程 x',y',z' 为代数量，把式(7.9) 对时间求一阶导数，有

$$\frac{\mathrm{d}v_r}{\mathrm{d}t} = \frac{\mathrm{d}^2 x'}{\mathrm{d}t^2}i' + \frac{\mathrm{d}^2 y'}{\mathrm{d}t^2}j' + \frac{\mathrm{d}^2 z'}{\mathrm{d}t^2}k'$$

和式(7.10) 比较，有

$$\frac{\mathrm{d}v_r}{\mathrm{d}t} = a_r \qquad (7.14)$$

把式(7.12)、式(7.13)、式(7.14) 代入式(7.11)，有

$$a_a = a_e + a_r \qquad (7.15)$$

　　此即牵连运动为平移时点的加速度合成定理,用语言叙述为:牵连运动为平移时,动点在某瞬时的绝对加速度等于该瞬时它的牵连加速度与相对加速度的矢量和。此定理建立了在动系做平移的情况下,同一动点对于两个不同参考系表现的不同加速度之间的关系。

　　应用加速度合成定理解题的步骤与应用速度合成定理时基本相同:首先恰当地选择动点和动系,然后分析三种运动和三种加速度的各个要素,最后做出加速度矢量图,解出待求各量。

　　必须着重指出,牵连运动为转动时,加速度合成定理不再是式(7.15),而是还需在等式右边加上一项所谓的科氏加速度。关于这个问题的详细讨论,请参阅有关的理论力学教材。

　　现在举例说明牵连运动为平移时点的加速度合成定理的应用。

　　例 7.4　曲柄 OA 绕固定轴 O 转动,T 字型滑杆 BC 沿水平方向往复平移,如图7.10所示。铰接在曲柄端 A 的滑块,在 T 字形滑杆的铅直槽 DE 内滑动。曲柄以匀角速度 ω 转动,$OA = R$,求滑杆 BC 的加速度。

　　解　T 字形滑杆 BC 做平移运动,把动系建于此滑杆上,动点选为滑块 A。运动分析:绝对运动为以 O 为圆心、R 为半径的圆周运动;相对运动为沿滑槽 DE 的直线运动;牵连运动为滑杆 BC 的平移。因动系为平移,所以可用动系平移时点的加速度合成定理求解。因 OA 杆为匀速转动,所以绝对加速度只有法向分量,大小、方向为已知,相对加速度沿着铅直线,牵连加速度沿着水平方向,画出加速度图即可求解。

图 7.10

　　由动系平移时的加速度合成定理 $a_a = a_e + a_r$,得

$a_a = a_a^n = R\omega^2$。画出加速度矢量图如图 7.10 所示,由图中三角关系可求得

$$a_{BC} = a_e = a_a \cos\varphi = R\omega^2 \cos\varphi$$

此即滑杆 BC 的加速度,方向水平向左。

　　例 7.5　图 7.11(a) 所示凸轮在水平面上向右做减速运动,凸轮半径为 R,图示瞬时的速度和加速度分别为 v 和 a。求杆 AB 在图示位置时的速度和加速度。

图 7.11

　　解　以杆 AB 上的点 A 为动点,动系建于凸轮上。

运动分析：点 A 的绝对运动为铅垂方向直线运动，相对运动为沿着凸轮的轮廓线（圆周运动），牵连运动为平移。凸轮的速度、加速度为牵连速度、牵连加速度。画出速度图与加速度图求解。

由速度合成定理（$\boldsymbol{v}_a = \boldsymbol{v}_e + \boldsymbol{v}_r$）

速度图如图 7.11(b) 所示。式中 $v_e = v$，由图中几何关系可求得杆 AB 的速度为

$$v_{AB} = v_a = v \cot \varphi$$

因为动系为平移，由加速度合成定理有

$$\boldsymbol{a}_a = \boldsymbol{a}_e + \boldsymbol{a}_r^t + \boldsymbol{a}_r^n \tag{7.16}$$

式中，$a_e = a$，$a_r^n = \dfrac{v_r^2}{R}$，由图 7.11(b) 中可求得 $v_r = \dfrac{v}{\sin \varphi}$，则 $a_r^n = \dfrac{v_r^2}{R} = \dfrac{v^2}{R \sin^2 \varphi}$。加速度图如图 7.11(c) 所示。

为避开求 a_r^t，用一个方程求出 a_a，把式(7.16)沿图示轴 η 投影，有

$$a_a \sin \varphi = a_e \cos \varphi + a_r^n$$

求得杆 AB 在图示位置时的加速度为

$$a_a = a \cot \varphi + \frac{v^3}{R \sin^3 \varphi}$$

注意，牵连运动为平移时点的加速度合成定理 $\boldsymbol{a}_a = \boldsymbol{a}_e + \boldsymbol{a}_r$ 和速度合成定理 $\boldsymbol{v}_a = \boldsymbol{v}_e + \boldsymbol{v}_r$ 形式相同，但求解方式一般不同。速度合成定理里有 3 项速度，加速度合成定理里最多可有 6 项加速度，分别为绝对切向、法向加速度，牵连切向、法向加速度，相对切向、法向加速度。所以求解速度时一般解一个平行四边形（或三角形）即可，而求解加速度时则一般需用矢量投影的方法。

习　题

1. 选择题

（1）图示半径为 R 的圆轮以匀角速度 ω 做纯滚动，带 AB 杆绕 B 做定轴转动，D 是轮与杆的接触点。若取轮心 C 为动点，杆 AB 为动坐标，则动点的牵连速度为＿＿＿＿＿。

（A）$v_e = BD \omega_{AB}$，方向垂直 AB

（B）$v_e = R\omega$，方向平行 EB

（C）$v_e = BC \omega_{AB}$，方向垂直 BC

（D）$v_e = R\omega$，方向平行 AB

题 7.1(1) 图

（2）图示杆 AB 的两端可分别沿水平、铅直滑道滑动，已知 B 端的速度为 v_B，则图示瞬时 B 点相对于 A 点的速度为＿＿＿＿。

（A）$v_B \sin \theta$　　　（B）$v_B \cos \theta$　　　（C）$\dfrac{v_B}{\sin \theta}$　　　（D）$\dfrac{v_B}{\cos \theta}$

（3）图示平行四边形机构，在图示瞬时杆 $O_1 A$ 以角速度 ω 转动。滑块 M 相对 AB 杆

运动,若取 M 为动点,AB 为动坐标,则该瞬时动点的牵连速度与杆 AB 间的夹角
为_____。

(A)$0°$ (B)$30°$ (C)$60°$ (D)$90°$

题 7.1(2) 图　　　　　　　题 7.1(3) 图

(4) 机构如图示,取套筒上 A 点为动点,动坐标系设在摇杆 CD 上,则图示瞬时 A 点的
科氏加速度 a_C 的大小与方向是_____。

(A)$a_C=2\omega_0 v_r$,方向水平向左　　　(B)$a_C=2\omega_0 v_r$,方向水平向右　　　(C)$a_C=0$

(5) 图示复摆由长为 L 的细杆 OA 和半径为 r 的圆盘固连而成,动点 M 沿盘的边缘以
匀速率 u 相对于盘做匀速圆周运动。在图示位置,摆的角速度为 ω,则该瞬时动点 M 的绝
对速度的大小等于_____。

(A)$L\omega+u$ (B)$(L+r)\omega+u$ (C)$(L+2r)\omega+u$ (D)$(L+2r)\omega-u$

题 7.1(4) 图

题 7.1(5) 图

(6) 图示长 L 的直杆 OA,以角速度 ω 绕 O 轴转动,杆的 A 端铰接一个半径为 r 的圆
盘,圆盘相对于直杆以角速度 ω_r 绕 A 轴转动。今以圆盘边缘上的一点 M 为动点,OA 杆为
动坐标,当 AM 垂直 OA 时,M 点的牵连速度为_____。

(A)$v_e=L\omega$,方向沿 AM

(B)$v_e=r\omega$,方向垂直 AM,指向左下方

(C)$v_e = \sqrt{L^2 + r^2}\,\omega$,方向垂直 OM,指向右下方

(D)$v_e = L(\omega - \omega_r)$,方向沿 AM

(7)图示正方形板以等角速度 ω 绕 O 轴转动,小球 M 以匀速 u 沿板内半径为 R 的圆槽运动。则 M 的绝对加速度为_____。

(A)$R\omega^2 - 2\omega u$ 　　　(B)$R\omega^2 + \dfrac{u^2}{R}$ 　　　(C)$R\omega^2 - 2\omega u + \dfrac{u^2}{R}$ 　(D)$R(\omega + \dfrac{u}{R})^2$

题 7.1(6) 图

题 7.1(7) 图

2. 填空题

(1)图示平面机构中,$OA = 10$ cm,$\omega = 2$ rad/s。若以 CB 为动系,则在图示位置滑块 A 的相对速度 $v_r = $_____;牵连速度 $v_e = $_____。

题 7.2(1) 图

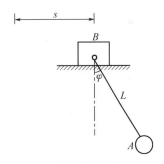

题 7.2(2) 图

(2)图示系统按 $s = a + b\sin\omega t$ 且 $\varphi = \omega t$(其中 a,b,ω 均为常量)的规律运动,杆长 L,若取小球 A 为动点,物体 B 为动坐标,则牵连速度 $v_e = $_____;相对速度 $v_r = $_____(方向均须由图表示)。

(3)图示点的合成运动中,科氏加速度产生的原因是_____;一圆柱以 ω 转动,动点 M 沿柱体母线以 v_r 向上运动,则科氏加速度的大小为_____,方向用图表示。

题 7.2(3) 图

3.计算题

（1）平面机构如图所示。曲柄 OA 绕 O 轴转动，带动直角杆 CB 沿铅垂方向运动。已知：$OA=R$，在图示位置 $\varphi=60°$ 时角速度为 ω。试求该瞬时 CB 杆上 B 点的速度。

（2）图示直角杆 OAB 可绕 O 轴转动，圆弧形杆 CD 固定，小环 M 套在两杆上。已知 $OA=R=20$ cm，$AM=20(1-\cos\frac{\pi}{2}t)$，$AM$ 以 cm 计，t 以 s 计。试求 $t=1$ s 时：（1）小环 M 的绝对速度；（2）OAB 杆的角速度。

题 7.3(1) 图

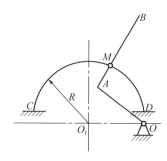

题 7.3(2) 图

（3）在图示平面机构中，已知：$OO_1=AB$，$OA=O_1B=r=3$ cm，摇杆 O_2D 在 D 点与套在 AE 杆上的套筒铰接。OA 以匀角速度 $\omega_O=2$ rad/s 转动，$O_2D=L=3\sqrt{3}$ cm。试求：当 $\theta=60°$，$\varphi=30°$ 时，O_2D 的角速度和角加速度。

（4）图示曲柄 OA 长为 R，通过滑块 A 使导杆 BC 和 DE 在固定平行滑道内上下滑动，当 $\varphi=30°$ 时，OA 杆的角速度为 ω、角加速度为 α。试求该瞬时点 B 的速度与加速度。

题 7.3(3) 图

题 7.3(4) 图

（5）半圆形凸轮沿倾角为 $\beta=30°$ 的斜面运动，带动 OA 杆绕 O 轴摆动。已知：$R=10$ cm，$OA=20$ cm，在图示位置时，OA 与水平夹角 $\theta=30°$，$\varphi=60°$，凸轮速度 $v_A=60$ cm/s，加速度为零。试求该瞬时杆 OA 的角速度和角加速度。

（6）平面机构如图所示，$O_1A=O_2B=R$，$O_1O_2=AB$。已知：$R=25$ cm，$\varphi=\frac{\pi t^2}{24}$，动点 M 沿正方形板边按规律 $OM=2t^3+3t$ 运动，式中 φ 以 rad 计，OM 以 cm 计，t 以 s 计。试求

$t=2$ s 时,动点 M 的速度和加速度。

题 7.3(5) 图

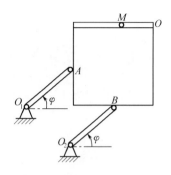

题 7.3(6) 图

(7) 图示铰接四边形机构中,$O_1A=O_2B=100$ mm,又 $O_1O_2=AB$,杆 O_1A 以等角速度 $\omega=2$ rad/s 绕轴 O_1 转动。杆 AB 上有一套筒 C,此套筒与杆 CD 铰接。机构的各部件都在同一铅直面内。求当 $\varphi=60°$ 时,杆 CD 的速度和加速度。

(8) 小车沿水平方向向右做加速运动,其加速度 $a=0.493$ m/s^2。在小车上有一轮绕 O 轴转动,转动的规律为 $\varphi=t^2$(t 以 s 计,φ 以 rad 计)。当 $t=1$ s 时,轮缘上点 A 的位置如图所示。如轮的半径 $r=0.2$ m,求此时点 A 的绝对加速度。

题 7.3(7) 图

题 7.3(8) 图

第8章 刚体的平面运动

前面我们研究了刚体的两种简单运动,即平行移动和定轴转动。今天我们要在此基础上研究刚体的一种较复杂的运动 —— 刚体的平面运动。

8.1 刚体平面运动的概念与运动分解

8.1.1 平面运动的概念

图 8.1 为一曲柄滑块机构,分析一下各构件的运动。曲柄 OA 绕 O 轴做定轴转动,滑块 B 沿铅垂滑道做平动。现在我们分析一下连杆 AB 的运动。我们发现它的运动既不是我们以前讲过的刚体的平动,也不是定轴转动,而是一种比较复杂的运动。我们看连杆 AB 的运动有什么特点,在连杆 AB 的运动过程中,其上任意一点到某一固定平面的距离始终保持不变。

图 8.1

图 8.2 为一沿直线轨道滚动的车轮,它的运动不同于我们以前讲过的刚体的平行移动和定轴转动,而是一种比较复杂的运动。在运动过程中,它也有这样的特点,其上任意一点到某一固定平面的距离始终保持不变。

定义:当刚体运动时,刚体内任意一点到某一固定平面的距离始终保持不变,刚体的这种运动称为平面运动。

做平面运动刚体上的各点都在平行于某一固定平面的平面内运动。可以看出,当刚体做平面运动时,刚体上任一点都在某一个平面内运动。由此特点,可以把问题的研究加以简化。

图 8.2

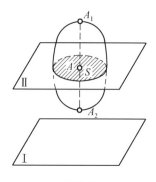

图 8.3

图 8.3 所示设平面 Ⅰ 为某一固定平面,作定平面 Ⅱ 与平面 Ⅰ 平行并与刚体相交成

一平面图形 S。当刚体做平面运动时,平面图形 S 始终保持在定平面 Ⅱ 内运动。在平面图形 S 内任取一点 A,过 A 点作一直线与平面图形 S 垂直,即与平面 Ⅰ 垂直。此直线与刚体上、下边界分别交于 A_1,A_2 两点。当刚体做平面运动时,直线 A_1A_2 做平动。因此直线上各点都具有相同的运动。因此我们可以用平面图形上 A 点的运动代表全部直线 A_1A_2 的运动。同理,我们还可以取平面图形上其他的点,过这些点作直线与 S 垂直,这样平面图形 S 内各点的运动即可代表全部刚体的运动。于是,我们得到这样的结论:刚体的平面运动可以简化为平面图形在其自身平面内的运动来研究。

8.1.2　平面图形的运动方程

图 8.4 所示由于平面图形在其平面上的位置完全可由图形内任一线段 $O'M$ 的位置来确定。而要确定此线段在平面内的位置,只需确定线段上任一点 O' 的位置和线段 $O'M$ 与固定坐标轴 Ox 间的夹角 φ 即可。

图 8.4

当平面图形在其自身平面内运动时,则线段 $O'M$ 的位置也随之改变,点 O' 的坐标和 φ 角都是时间的函数,即

$$\begin{cases} x_{O'} = f_1(t) \\ y_{O'} = f_2(t) \\ \varphi = f_3(t) \end{cases} \tag{8.1}$$

此式即为平面图形的运动方程。

如果图形中点 O' 固定不动,则平面图形的运动为刚体绕定轴转动。如果线段 $O'M$ 的方位不变(即 φ 角不变)则平面图形做平动。由此容易想到,平面图形的运动应可以分解为平动和转动。

8.1.3　平面图形运动的合成与分解

如图 8.5 所示,在平面图形上任取两点 A、B,并作这两点连线。此直线 AB 的位置可以代表平面图形的位置。设图形初始位置为 Ⅰ,做平面运动后的位置为 Ⅱ。现在我们证明平面图形总可以使之经过一次平动和一次定轴转动,由位置 Ⅰ 达到位置 Ⅱ。以直线 AB 及 $A'B'$ 分别表示图形在位置 Ⅰ 及位置 Ⅱ 的情形。显然当直线从位置 AB 变到位置

图 8.5

$A'B'$ 时可视为由两步完成,第一步是先使直线 AB 平行移动到位置 $A'B''$,然后再绕 A' 转一个角 $\Delta\varphi$,最后达到位置 $A'B'$。这就说明,平面运动可分解为平动和转动,也就是说,平面运动可视为平动与转动的合成运动。

为了描述图形的运动,在定平面内选取静系 xOy,并在图形上任选一点 A 作为基点,再以基点 A 为原点取动系 $x'Ay'$,并使动坐标轴的方向永远与静坐标轴的方向保持平行。于是我们即可将平面运动视为随同以基点 A 为原点的动坐标系 $x'Ay'$ 的平动(牵连运动)与绕基点 A 的转动(相对运动)的合成运动。根据平动的特点,得知基点 A 的运动即可代表刚体的平动部分,而绕基点 A 的转动代表刚体的转动部分。所以,平面运动可视为随同基点的平动和绕基点的转动的合成运动。

前面我们说过,图形内基点 A 的选取是任意的,平面图形内的任一点都可取为基点。由于所选取的基点不同,图形平动的速度及加速度都不相同,但图形对于不同基点转动的角速度及角加速度都是一样的。

现证明如下:当选取不同的基点 A 和 B 时,则平动的位移 $\overrightarrow{AA'}$ 和 $\overrightarrow{BB'}$ 显然是不同的,自然平动的速度及加速度也不相同;但对于绕不同基点转过的角位移 $\Delta\varphi$ 与 $\Delta\varphi'$ 的大小及转向总是相同的,即 $\Delta\varphi = \Delta\varphi'$。

根据 $\omega = \dfrac{\mathrm{d}\varphi}{\mathrm{d}t}$, $\omega' = \dfrac{\mathrm{d}\varphi'}{\mathrm{d}t}$ 及 $\alpha = \dfrac{\mathrm{d}\omega}{\mathrm{d}t}$,$\alpha' = \dfrac{\mathrm{d}\omega'}{\mathrm{d}t}$,故知 $\omega = \omega'$,$\alpha = \alpha'$。

这就是说,在任一瞬时,图形绕其平面内任何点转动的角速度及角加速度都相同。以后将角速度及角加速度直接称为平面图形的角速度和角加速度,而不必指明对哪一点的角速度及角加速度。

8.2　用基点法和投影法求平面图形内各点速度

上节里已经说明,平面图形在其平面内的运动可视为随同基点的平动与绕基点的转动的合成运动。现在我们利用这个关系来研究图形内各点的速度。

8.2.1　基点法

如图 8.6,设在图形内任取一点 A 作为基点,已知该点的速度为 v_A,图形的角速度为 ω。因为牵连运动为平动,所以图形上任一点 B 的牵连速度为 $v_e = v_A$。而 B 点对于 A 点的相对速度就是以 A 为中心的圆周运动的速度,其大小为 $v_r = v_{BA} = AB \cdot \omega$,其方向与半径 AB 垂直,与 ω 方向一致。由速度合成定理,则 B 点的绝对速度的矢量表达式为

$$v_B = v_A + v_{BA} \qquad (8.2)$$

这就是说,平面图形内任一点的速度等于基点的速度与该点随图形绕基点转动的速度的矢量和。

这就是平面运动的速度合成法,又称基点法。这一方法是求平面运动图形内任一点速度的基本方法。

图 8.6

8.2.2　速度投影法

由以上所述可以看出图形内任意两点的速度具有简单的关系。设平面图形内任意两点 A、B 的速度分别为 v_A，v_B。选取点 A 为基点，以 v_{BA} 表示 B 点相对于 A 点的相对速度，则有

$$v_B = v_A + v_{BA}$$

其中相对速度大小为 $v_{BA} = AB\omega$，方向垂直于 AB，指向与 ω 方向一致。现将 A,B 两点的速度 v_A 及 v_B 投影于 AB 连线上，因为 v_{BA} 总是垂直于 AB，显然其在此连线 AB 上的投影等于零。所以知 A,B 两点的速度在其连线上的投影相同，即

$$[v_A]_{AB} = [v_B]_{AB} \tag{8.3}$$

此即为速度投影定理。可表述为在任一瞬时，平面图形上任意两点的速度在这两个点连线轴上的投影相等。

应该指出，这个定理不但适用于刚体的平面运动而且能适用于刚体的任何运动。因为 A 和 B 是刚体上的两点，它们之间的距离应保持不变，所以两点的速度在 AB 方向的分量必须相同，否则，线段 AB 不是伸长就是缩短。应用这个定理求解平面图形内任一点的速度有时非常方便。

例 8.1　椭圆规尺的 A 端以速度 v_A 沿 x 轴的负向运动。如图 8.7 所示，$AB = l$，试求 B 端的速度以及尺 AB 的角速度。

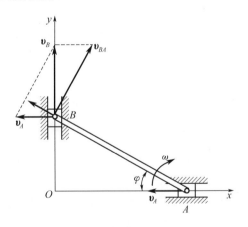

图 8.7

解　(1) 尺 AB 做平面运动，由速度合成法得 $v_B = v_A + v_{BA}$。

可以做出速度平行四边形，作图时应注意使 v_B 在平行四边形的对角线上。由图中几何关系 $v_B = v_A \cot\varphi$，$v_{BA} = \dfrac{v_A}{\sin\varphi}$，但另一方面，$v_{BA} = AB \cdot \omega$。

此处 ω 是尺 AB 的角速度，由此得 $\omega = \dfrac{v_{BA}}{AB} = \dfrac{v_A}{l\sin\varphi}$。

(2) 投影法：因为已知 v_A 大小、方向，v_B 方向，所以可以应用速度投影定理。

$[v_A]_{AB} = [v_B]_{AB}$　　因为 $v_A\cos\varphi = v_B\sin\varphi$　　所以 $v_B = v_A\cot\varphi$

但应用速度投影定理,求不出尺 AB 的角速度。

例 8.2　图 8.8 所示机构中,摆杆 OC 在铅直面内绕 O 轴转动,摆杆上套一可沿之滑动的套筒 AB。在套筒 AB 上用铰链连接滑块 A,这个滑块可沿铅直的槽 DE 滑动。已知 $\omega=2$ rad/s,$h=10$ cm,$AB=20$ cm,求当 $\varphi=30°$ 时点 B 的速度。

图 8.8

解　套筒 AB 做平面运动,其角速度与杆 OC 的角速度相同即为 ω。为求点 B 的速度,须先求出点 A 的速度。取坐标轴如图所示。

点 A 的坐标为 $\begin{cases} x_A=h \\ y_A=h\tan\varphi \end{cases}$

点 A 的速度为 $v_A=\dfrac{\mathrm{d}y_A}{\mathrm{d}t}=\dfrac{h}{\cos^2\varphi}\dfrac{\mathrm{d}\varphi}{\mathrm{d}t}$,因为 $\dfrac{\mathrm{d}\varphi}{\mathrm{d}t}=-\omega$,所以 $v_A=\dfrac{-h\omega}{\cos^2\varphi}$

当 $\varphi=30°$ 时,$v_A=-26.7$ cm/s(负号表示速度方向与 y 轴相反)

当然,我们也可用研究点的合成运动的方法求出点 A 的速度。

现在求套筒 AB 上点 B 的速度。因为套筒做平面运动,于是有 $v_B=v_A+v_{BA}$,而 $v_{BA}=AB\cdot\omega=40$ cm/s,做出速度平行四边形,注意 v_B 应为平行四边形对角线,解得

$$v_B=\sqrt{v_A^2+v_{BA}^2+2v_Av_{BA}\cos\varphi}=64.5 \text{ cm/s},方向如图。$$

8.3　用瞬心法求平面图形内各点速度

求平面图形上点的速度的方法,除了上节课介绍的基点法、投影法以外,还有瞬心法。

8.3.1　定理

一般情况下,在每一瞬时,平面图形内,都唯一存在一个速度为零的点。

证明:设有一个平面图形 S,取图形上的点 A 为基点,它的速度为 v_A,图形的角速度为 ω,转向如图 8.9 所示。则图形上任一点 M 的速度可按下式计算:

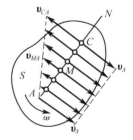

图 8.9

$$v_M=v_A+v_{MA}$$

如果点 M 在 v_A 的垂线 AN 上(由 v_A 到 AN 的转向与图形的转向一致)由图中看出 v_A 和 v_{MA} 在同一直线上而方向相反,故 v_M 的大小为

$$v_M=v_A-AM\omega$$

由上式可知,随着点 M 在垂线 AN 上的位置不同,v_M 的大小也不同,那么总可以找到一点 C,这点的瞬时速度等于零。如令 $AC=\dfrac{v_A}{\omega}$,则

$$v_C = v_A - AC\omega = 0$$

于是定理得到证明。

在图示瞬时,平面图形内速度等于零的点称为瞬时速度中心或简称为瞬心。

8.3.2　平面图形内各点的速度及其分布

根据上述定理,每一瞬时在图形内找到速度等于零的一点 C,即 $v_C = 0$。选取点 C 作为基点,则图 8.10(a) 图形内各点速度为

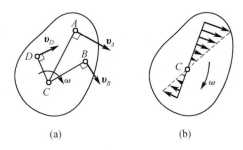

图 8.10

$$v_A = v_C + v_{AC} = v_{AC}, v_B = v_C + v_{BC} = v_{BC}, v_D = v_C + v_{DC} = v_{DC}$$

由此得结论:平面图形内任一点的速度等于该点随图形绕瞬心转动的速度。

由于平面图形绕任意点转动的角速度都相等,因此图形绕速度瞬心 C 转动的角速度等于图形绕基点 A 转动的角速度,即 $\omega_C = \omega_A = \omega$,于是有

$$v_A = v_{AC} = AC \cdot \omega, v_B = v_{BC} = BC \cdot \omega, v_D = v_{DC} = DC \cdot \omega$$

由此可见,图形内各点速度的大小与该点到速度瞬心的距离成正比,速度的方向垂直于该点到速度瞬心的连线,指向图形转动的一方,如图 8.10(b) 所示。

平面图形上各点速度在某瞬时的分布情况,与图形绕定轴转动时各点速度的分布情况类似。于是,平面图形的运动可看成绕速度瞬心的瞬时转动。

应该强调指出,刚体做平面运动时,在每一瞬时,图形内必有一点成为速度瞬心。但是,在不同的瞬时,在图形内是以不同的点作为瞬心的。

综上所述,如果已知平面图形在某一瞬时的速度瞬心位置和角速度,则在该瞬时图形内任一点的速度可以完全确定。在解题时,根据机构的几何条件,确定速度瞬心位置的方法有下列几种:

(1) 在某瞬时,已知图 8.11 上任意两点 A 和 B 的速度的方向。

由于瞬心 C 至 A,B 两点的连线 CA 及 CB 应分别垂直于这两点的速度矢量,因此瞬心 C 的位置应在与 v_A 及 v_B 两线分别垂直的两直线 AC 及 BC 的交点上。

$$\omega = \frac{v_A}{AC} = \frac{v_B}{BC}$$

在特殊情况下,若 A,B 两点的速度 v_A 与 v_B 互相平行但 AB 连线不与 v_A 或 v_B 的方向垂直,如图示。此时 $\omega = \frac{v_A}{\infty} = \frac{v_B}{\infty} = 0$。

图 8.11

　　图 8.12,图形的速度瞬心在无限远处。在该瞬时,图形上各点
的速度分布如同图形做平动时的情形一样,故称瞬时平动,此时
$v_A = v_B$,即瞬时速度相等,但瞬时加速度不同,即 $a_A \neq a_B$。

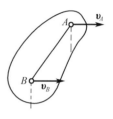

图 8.12

　　(2)在某瞬时,已知图形上两点 A 和 B 的速度相互平行且其方
向均与 AB 连线垂直。

　　如图 8.13(a)在 v_A 与 v_B 指向相同的情形下,速度瞬心 C 必定
在连线 AB 与速度矢 v_A 及 v_B 端点连线的交点上。

(a)　　　　　　(b)　　　　　　(c)

图 8.13

　　如图 8.13(b)当 v_A 与 v_B 的指向相反时,作 AB 连线,再作通过两速度端点的连线,则
这两条连线的交点 C 即为速度瞬心。

　　在特殊情形下,如图 8.13(c)若 v_A 与 v_B 的大小相等且指向相同,则速度瞬心的位置
将在无穷远处。在此情形下,平面图形做瞬时平动。

　　(3)已知平面图形在另一固定平面(或曲面上)做无滑
动滚动时(纯滚动),如图 8.14,图形与固定面的接触点 C 就
是图形的速度瞬心。因为在这一瞬时,点 C 相对于地面的速
度为零,显然它的绝对速度也等于零。

　　车轮沿直线滚动的过程中,轮缘上各点相继与地面接触
而成为车轮在不同瞬时的速度瞬心。

图 8.14

　　例 8.3　车厢的轮子沿直线轨道滚动而无滑动,如图 8.
15 所示。已知轮心 O 的速度为 v_O,内外圆半径分别为 r,R,求轮上 A_1,A_2,A_3,A_4 各点的
速度。

　　解　研究轮的平面运动。

　　应用瞬心法,由于轮做纯滚动,所以与地面接触点 C
为瞬心。令 ω 为轮子的角速度,则 $\omega = \dfrac{v_O}{r}$,方向如图。各
点速度分别计算如下:

$$v_1 = A_1 C \omega = (R - r)\,\frac{v_O}{r}, \quad v_2 = A_2 C \omega = \frac{\sqrt{R^2 + r^2}}{r}\,v_O,$$

$$v_3 = A_3 C \omega = (R + r)\,\frac{v_O}{r}, \quad v_4 = A_4 C \omega = \frac{\sqrt{R^2 + r^2}\; v_O}{r},$$各点速

度方向如图示。

图 8.15

例 8.4 已知如图 8.16，滚压机构的滚子沿水平面滚动而不滑动。已知曲柄 $OA = R$，以匀角速度 ω 绕 O 轴转动。连杆 $AB = l$，滚子半径 $r = \dfrac{R}{2}$，求当 OA 处于铅垂位置时滚子 B 的角速度。

图 8.16

解 研究 AB 杆平面运动。因为 v_A, v_B 方向平行，所以杆 AB 做瞬时平动，因此 $v_B = v_A$。又因为 $v_A = R\omega$，所以 $v_B = R\omega$，方向如图。

研究轮 B 平面运动，轮 B 与地面接触点 C 为瞬心 $\omega_B = \dfrac{v_B}{r} = \dfrac{R\omega}{R/2} = 2\omega$，转向如图所示。

例 8.5 已知图 8.17 所示的杆系机构中，曲柄 $OA = r$，$AB = BD = BE = l$，图示瞬时 $\alpha = \beta = 30°$，$AB \perp BD$，ω_O 为常数，求该瞬时杆 BE 的角速度 ω_{BE} 和滑块 E 速度 v_E。

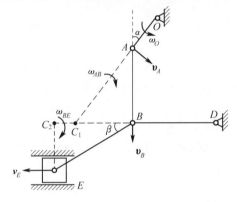

图 8.17

解 研究杆 AB 平面运动，因为 A,B 两点速度方向已知，所以杆 AB 瞬心在 C_1 处。有

$$v_A = r\omega_0, \omega_{AB} = \frac{v_A}{AC_1} = \frac{r\omega_0}{l/\cos\alpha} = \frac{r\omega_0\cos 30°}{l}, v_B = BC_1\omega_{AB} = \frac{1}{2}r\omega_0$$

研究 BE 杆平面运动。因为 v_B, v_E 方向已知，所以 BE 杆瞬心应在 C_2 处。则有 $\omega_{BE} = \dfrac{v_B}{BC_2} = \dfrac{r\omega_0}{\sqrt{3}\,l}, v_E = C_2 E\omega_{BE} = \dfrac{1}{2}r\omega_0\tan 30° = \dfrac{r\omega_0}{2\sqrt{3}}$，方向如图。

8.4　用基点法求平面图形内各点的加速度

讨论了平面图形中各点速度的求法以后，现在讨论平面图形中各点的加速度求法。

根据前面所述，如图 8.18 所示，平面图形 S 的运动可分解为两部分：(1) 随同基点 A 的平动（牵连运动）；(2) 绕基点 A 的转动（相对运动）。于是，平面图形内任一点 B 的运动也由两个运动合成，它的加速度可以用加速度合成定理求出。因为牵连运动为平动，所以点 B 的绝对加速度等于牵连加速度与相对加速

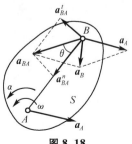

图 8.18

度的矢量和。

由于牵连运动为平动,点 B 的牵连加速度等于基点 A 的加速度 $\boldsymbol{a}_A$,而点 B 的相对加速度 $\boldsymbol{a}_{BA}$ 则是该点随图形绕基点 A 转动的加速度。相对加速度由切向加速度与法向加速度两部分组成,切向加速度大小为:$a_{BA}^t = AB\alpha$,方向与线段 AB 垂直,并与角加速度 α 方向一致。式中 α 看作角加速度的绝对值。

法向加速度大小为:$a_{BA}^n = AB\omega^2$,方向指向基点 A。于是相对加速度大小为:$a_{BA} = AB\sqrt{\omega^4 + \alpha^2}$,当图形做加速转动时,$\boldsymbol{a}_{BA}^t$ 与 $\boldsymbol{v}_{BA}$ 同向,当图形做减速转动时,$\boldsymbol{a}_{BA}^t$ 与 $\boldsymbol{v}_{BA}$ 反向。相对加速度 $\boldsymbol{a}_{BA}$ 与 AB 的夹角 θ,可由下式求出:$\tan\theta = \dfrac{a_{BA}^t}{a_{BA}^n}$,在同一瞬时,对于图形内所有各点来说,这个角度是一样的。由加速度合成定理可得如下公式:

$$\boldsymbol{a}_B = \boldsymbol{a}_A + \boldsymbol{a}_{BA}^t + \boldsymbol{a}_{BA}^n \tag{8.4}$$

即平面图形内任一点的加速度等于基点的加速度与该点随图形绕基点转动的切向加速度和法向加速度的矢量和。

上式为一个矢量方程,四个加速度矢共有八个要素,需知其中六个,才能求出其余两个未知的要素。但是,由于 $\boldsymbol{a}_{BA}^t$ 与 $\boldsymbol{a}_{BA}^n$ 的方向总是已知的,所以只要知道其余四个要素即可。

例 8.6 如图 8.19,车轮沿直线滚动。已知车轮半径为 R,轮心 O 的速度、加速度分别为 v_O, a_O。设车轮与地面接触无相对滑动。求车轮上 C 点的加速度。

解 研究轮 O。因为车轮做纯滚动,所以速度瞬心在 C 点。

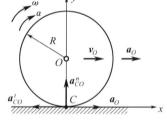

图 8.19

$v_O = R\omega$,所以车轮的角速度 $\omega = \dfrac{v_O}{R}$

车轮的角加速度 α 等于角速度对时间的一阶导数。

$\alpha = \dfrac{\mathrm{d}\omega}{\mathrm{d}t} = \dfrac{1}{R}\dfrac{\mathrm{d}v_O}{\mathrm{d}t} = \dfrac{a_O}{R}$(因为轮心 O 做直线运动,所以它的速度 v_O 对时间的一阶导数 $\dfrac{\mathrm{d}v_O}{\mathrm{d}t}$ 等于这一点的加速度,即 $a_O = \dfrac{\mathrm{d}v_O}{\mathrm{d}t}$)

车轮做平面运动。取轮心 O 为基点,则 C 点加速度为

$$\boldsymbol{a}_C = \boldsymbol{a}_O + \boldsymbol{a}_{CO}^n + \boldsymbol{a}_{CO}^t, a_{CO}^t = R\alpha = a_O, a_{CO}^n = R\omega^2 = \dfrac{v_O^2}{R}$$

矢量式两边向 x, y 轴投影。

$$a_{Cx} = a_O - a_O = 0, a_{Cy} = a_{CO}^n = \dfrac{v_O^2}{r}$$

所以,$a_C = a_{CO}^n = \dfrac{v_O^2}{r}$,方向沿 y 轴正向指向轮心。

例 8.7 如图 8.20 所示,曲柄 OA 以匀角速度 ω_O 绕 O 轴转动,通过连杆 AB 带动圆柱沿水平地面做无滑动的滚动。已知 $OA = r, AB = l$,圆轮半径为 R,O 点和 B 点在同一水平线上。在图示瞬时,曲柄 OA 处于铅垂位置,试求该瞬时轮心 B 点的速度、加速度以及轮

边缘 D 点的速度。

解 研究 AB 杆平面运动。因为 A,B 两点速度方向平行,所以杆 AB 做瞬时平动。所以 $v_B = v_A$,即 $v_B = v_A = r\omega_O$

研究轮 B 平面运动,速度瞬心在 C 点。

因为 $v_B = R\omega_B$,所以 $\omega_B = \dfrac{v_B}{R} = \dfrac{r}{R}\omega_O$,$v_D =$

图 8.20

$\sqrt{2}R\omega_B = \sqrt{2}r\omega_O$,方向如图。

研究杆 AB 平面运动。因为 A 点加速度已知,所以以 A 点为基点研究 B 点加速度。有

$$a_B = a_A + a_{BA}^t + a_{Ba}^n$$

已知 ω_O 为常数,所以 $a_A = a_A^n = r\omega_O^2$,方向如图。杆 AB 做瞬时平动,$\omega_{AB} = 0$ 但 $\alpha_{AB} \neq 0$,所以 $a_{BA}^n = AB\omega_{AB}^2 = 0$,$a_B = a_A\tan\theta = r\omega_O^2\dfrac{r}{\sqrt{l^2-r^2}} = \dfrac{r^2\omega_O^2}{\sqrt{l^2-r^2}}$,方向水平向右。

例 8.8 如图 8.21 所示,曲柄连杆机构中,曲柄长 $OA = 20$ cm,以角速度 $\omega = 10$ rad/s 绕 O 轴转动。连杆长 $AB = 100$ cm,求图示瞬时连杆的角速度、角加速度以及滑块 B 的加速度。

解 研究杆 AB 平面运动。因为 A,B 两点速度方向已知,所以速度瞬心在 C 点。$v_A = AC\omega_{AB}$,$v_A = OA \cdot \omega$,$\omega_{AB} = \dfrac{v_A}{AC} = \dfrac{OA\omega}{AC} = 2$ rad/s,转向如图。

以 A 为基点,则 B 点加速度为:

$a_B = a_A + a_{BA}^t + a_{BA}^n$,$a_A = a_A^n = OA\omega^2$,$a_{BA}^n = AB\omega_{AB}^2$

图 8.21

矢量式两边向 ξ 轴投影:$0 = -a_A\cos45° + a_{BA}^t\cos45° + a_{BA}^n\cos45°$,

$a_{BA}^t = 1\,600$ cm/s² $= 16$ m/s²,$\alpha_{AB} = \dfrac{a_{BA}^t}{AB} = 16$ rad/s²,转向如图。

矢量式两边向 x 轴投影:$a_B\cos45° = -a_{BA}^n$,$a_B = -4\sqrt{2}$ m/s²,方向与图示方向相反(铅垂向下)。

8.5 运动学综合应用

工程中的机构都是由数个物体组成的,各物体间通过连接点而传递运动。为分析机构的运动,首先要分清各物体都做什么运动,要计算有关联结点的速度和加速度。

为分析某点的运动,如能找出其位置与时间的函数关系,则可直接建立运动方程,用解析方法求其运动全过程的速度和加速度。当难以建立点的运动方程或只对机构某些瞬时位置的运动参数感兴趣时,可根据刚体各种不同运动的形式,确定此刚体的运动与其上

一点运动的关系,并常用合成运动或平面运动的理论来分析相关的两个点在某瞬时的速度和加速度的联系。

平面运动理论用来分析同一平面运动刚体上两个不同点间的速度和加速度联系。当两个刚体相接触而有相对滑动时,则需用合成运动的理论分析这两个不同刚体上相重合一点的速度和加速度联系。两物体间有相互运动,虽不接触,其重合点的运动也符合合成运动的关系。

复杂的机构中,可能同时有平面运动和点的合成运动问题,应注意分别分析,综合应用有关理论。有时同一问题可用不同的方法分析,应经过分析、比较后选用较简便的方法求解。

下面通过例题说明这些方法的综合应用。

例 8.9 如图 8.22 所示,平面机构的曲柄 OA 长为 $2a$,以角速度 ω_O 绕 O 轴转动,在图示位置时,$AB=BO$ 并且 $\angle OAD=90°$,求此时套筒 D 相对于杆 BC 的速度。

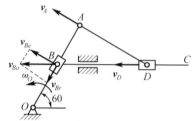

图 8.22

解 以滑块上 B 点为动点,动系与杆 OA 固连。

$$v_{Ba}=v_{Be}+v_{Br},\quad v_{Be}=OB\omega_O=a\omega_O,\quad v_{Ba}=\frac{v_{Be}}{\sin 60°}=\frac{2a\omega_O}{\sqrt{3}},\quad v_{BC}=v_{Ba}=\frac{2a\omega_O}{\sqrt{3}}$$

研究 AD 杆平面运动。$v_A=OA\omega_O=2a\omega_O$,应用投影法,$[v_A]_{AD}=[v_D]_{AD}$,$v_A=v_D\cos 30°$,

$$v_D=\frac{v_A}{\cos 30°}=\frac{4a\omega_O}{\sqrt{3}},\quad v_{Dr}=v_D-v_{BC}=\frac{2a\omega_O}{\sqrt{3}}$$,方向水平向左。

习 题

1. 选择题

(1) 已知平面图形上任意两点 A,B 的速度 v_A,v_B,则 A,B 两点连线中点的速度 $v_C=$ _____。

(A)$v_C=v_A+v_B$ (B)$v_C=2(v_A+v_B)$ (C)$v_C=\dfrac{v_A+v_B}{2}$ (D)$v_C=v_A-v_B$

(2) 刚体做平面运动时,其平面图形上各点的瞬时速度的大小和方向若相同,则该瞬时刚体的角速度_____,角加速度_____。

(A) 必须等于零   (B) 可以等于零,也可以不等于零   (C) 必须不等于零

(3) 刚体做平面运动时,若改变基点,则_____。

(A) 刚体内任一点的牵连速度、相对速度、绝对速度都会改变

(B) 刚体内任一点的牵连速度、相对速度都会改变,而绝对速度不会改变

(C) 刚体内任一点的牵连速度会改变,而相对速度、绝对速度不会改变

(D) 刚体内任一点的牵连速度、相对速度、绝对速度都不会改变

(4) 两个几何尺寸相同、绕线方向不同的绕线轮,在绳的拉力下沿平直固定轨道做纯滚动,设绳端的速度都是 v,在图(a)、图(b)两种情况下,轮的角速度及轮心的速度分别用 ω_1,v_{C1} 与 ω_2,v_{C2} 表示,则_____。

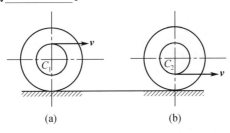

题 8.1(4) 图

(A)$\omega_1 = \omega_2$ 转向相同,$v_{C1} = v_{C2}$ 　　　(B)$\omega_1 < \omega_2$ 转向相同,$v_{C1} < v_{C2}$

(C)$\omega_1 > \omega_2$ 转向相反,$v_{C1} > v_{C2}$ 　　　(D)$\omega_1 < \omega_2$ 转向相反,$v_{C1} < v_{C2}$

(5) 图示机构中,已知 $O_1A = O_2B$,当 $O_1A /\!/ O_2B$ 时,O_1A 杆与 O_2B 杆的角速度、角加速度分别为 ω_1,α_1 与 ω_2,α_2,则该瞬时_____。

题 8.1(5) 图

(A)$\omega_1 = \omega_2$,$\alpha_1 = \alpha_2$ 　　　(B)$\omega_1 \neq \omega_2$,$\alpha_1 = \alpha_2$

(C)$\omega_1 = \omega_2$,$\alpha_1 \neq \alpha_2$ 　　　(D)$\omega_1 \neq \omega_2$,$\alpha_1 \neq \alpha_2$

2. 填空题

(1) 图示 AB 为机车上的连杆,已知 $AB = O_1O_2$,机车沿直线轨道运动,轮做纯滚动,轮心速度 v 不变,试画出 AB 杆上 M 点速度与加速度的方向。

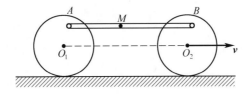

题 8.2(1) 图

(2) 图示已知在曲柄连杆机构中 $OA = r$、$AB = L$,当 OA 与 AB 成一水平直线时,杆 OA 有角速度 ω,则连杆 AB 的角速度的大小为_____;AB 中点 C 的速度的大小为_____。

（3）图示刚体做平面运动，其平面图形内两点 A，B 相距 $L=0.2$ mm，两点的加速度垂直 AB 连线、转向相反、大小均为 2 m/s^2。则该瞬时图形的角速度 $\omega=$ _____，转向 _____。

题 8.2(2) 图

（4）图示刚体做平面运动，某瞬时平面图形的角速度为 ω，A，B 是平面图形上任意两点，设 $AB=L$，今取 mn 垂直 AB，则 A，B 两点的绝对速度在 mn 轴上的投影的差值为 _____。

题 8.2(3) 图

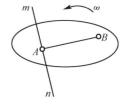

题 8.2(4) 图

（5）试画出曲柄连杆机构在图示不同瞬时，连杆 AB 上各点的速度分布图。

（6）试画出图示两种情况下，杆 BC 中点 M 的速度方向。

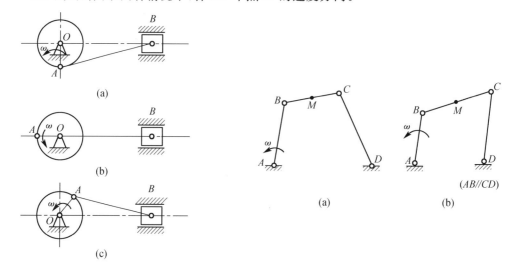

(a)

(b)

(c)

题 8.2(5) 图

题 8.2(6) 图

（7）在图示蒸汽机车驱动系统中，轮 O_1，O_2 沿直线轨道做无滑动的滚动，则 AB 杆做 _____ 运动；BC 杆做 _____ 运动；轮 O_1，O_2 做 _____ 运动；活塞 E 做 _____ 运动。

题 8.2(7) 图

3. 计算题

(1) 在图示平面机构中,已知:匀角速度 ω,$AA_1 = BB_1 = r$,且曲柄 $AA_1 \parallel BB_1$,$DE = l$。试求图示 $\varphi = 60°$ 的瞬时,滑块 E 的速度和加速度。

(2) 在图示机构中,已知:$OA = R$,匀角速度 ω_O,$AB = l$,纯滚动轮半径为 r。试求当 OA 处于水平,且 $\varphi = 30°$ 时:①AB 杆的角速度 ω_{AB};②圆轮的角速度 ω_B 及角加速度 α_B。

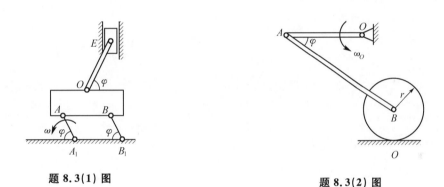

题 8.3(1) 图   题 8.3(2) 图

(3) 平面机构如图所示。已知:$OA = r$,$AB = 4r$,$BC = 2r$。在图示位置时,$\varphi = 60°$,OA 的角速度为 ω、角加速度为零,AB 水平且垂直于 BC。试求:该瞬时 ① 滑块 C 的速度和加速度;②BC 杆的角速度和角加速度。

(4) 平面机构如图所示,滑块 C 沿水平滑道运动。已知:行星轮 A 做纯滚动,$OA = 36$ cm,$r = 16$ cm,$AB = 12$ cm,$BC = 30$ cm。在图示位置时,OA 杆铅垂,角速度 $\omega = 2$ rad/s、角加速度为零,AB 处于水平。试求该瞬时滑块 C 的速度和加速度。

题 8.3(3) 图   题 8.3(4) 图

（5）平面机构如图所示。已知：$OA=r$，$BD=2r$，O_1 为 BD 杆的中点。在图示位置时，$\varphi=\theta=60°$，OA 杆的角速度为 ω、角加速度为零，$OA \perp AB$，$BD \perp DE$，OB 恰好处于水平。试求该瞬时滑块 E 的速度和加速度。

（6）在图示平面机构中，已知：$BC=5$ cm，$AB=10$ cm，A 点以匀速度 $v_A=10$ cm/s 沿水平面运动，方向向右；在图示瞬时，$\theta=30°$，BC 杆处于铅垂位置。试求该瞬时：①B 点的加速度；②AB 杆的角加速度；③AB 杆中点 D 的加速度。

题 8.3(5) 图   题 8.3(6) 图

（7）在曲柄齿轮椭圆规中，齿轮 A 和曲柄 O_1A 固结为一体，齿轮 C 和齿轮 A 半径均为 r 并互相啮合，如图所示。图中 $AB=O_1O_2$，$O_1A=O_2B=0.4$ m。O_1A 以恒定的角速度 ω 绕轴 O_1 转动，$\omega=0.2$ rad/s。M 为轮 C 上一点，$CM=0.1$ m。在图示瞬时，CM 为铅垂，求此时 M 点的速度和加速度。

（8）在图示机构中，曲柄 OA 长为 r，绕 O 轴以等角速度 ω_O 转动，$AB=6r$，$BC=3\sqrt{3}\,r$。求图示位置时，滑块 C 的速度和加速度。

题 8.3(7) 图   题 8.3(8) 图

（9）图示一曲柄摇杆机构。已知：曲柄 $OA=5$ cm，$AB=BD=10$ cm，匀角速度 $\omega=10$ rad/s。在图示位置时，OA 与水平线垂直，$\theta=60°$。试求该瞬时：① 摇杆 O_1C 的角速度 ω_1；② 滑块 D 相对于摇杆 O_1C 的速度 v_r。

（10）如图所示，轮 O 在水平面上滚动而不滑动，轮心以匀速 $v_O=0.2$ m/s 运动。轮缘

上固连销钉 B，此销钉在摇杆 O_1A 的槽内滑动，并带动摇杆绕 O_1 轴转动。已知：轮的半径 $R=0.5$ m，在图示位置时，AO_1 是轮的切线，摇杆于水平面间的交角为 $60°$。求摇杆在该瞬时的角速度和角加速度。

题 8.3(9) 图

题 8.3(10) 图

动　力　学

动力学是研究物体的机械运动与作用力之间关系的科学。

在静力学中，我们分析了作用于物体上的力，并研究了物体在力系作用下的平衡问题，但没有研究物体的运动。在运动学中仅从几何的观点来研究物体的运动，但未涉及产生运动的原因，也就是不讨论作用于物体上的力。可以看出，这两部分没有直接的联系。在动力学中不仅研究物体的运动，而且进一步要研究物体产生运动的原因，也就是研究物体的运动与作用于物体上的力两者之间的关系，把静力学与运动学所研究的问题统一在动力学中，建立物体机械运动的普遍规律。

在动力学中，把所考察的物体分为质点和质点系来研究。质点是具有一定质量而几何形状及尺寸大小可以忽略不计的物体。质点系是由几个或无限个相互有联系的质点所组成的系统。我们常见的固体、流体、气体，由几个物体组成的机构等都是质点系，刚体是质点系的一种特殊情形，其中任意两个质点间的距离保持不变，也称为不变的质点系。

在动力学中，我们一般先研究一个单独质点的运动规律，然后将所得到的结果加以推演，即可得到质点系的运动规律。质点系动力学是概括了机械运动中最一般的规律。

在动力学中所研究的问题比较广泛，但是所要研究的基本问题可归纳为两类：(1) 已知物体的运动情况，求作用于物体上的力；(2) 已知作用于物体上的力，求物体的运动情况。工程实际中所遇到的动力学问题往往比较复杂，涉及的知识面也比较广泛。这里研究的动力学只是了解和处理这些问题的基础。

第9章　动力学基本定律

9.1　动力学基本定律

质点动力学的基础是三个基本定律,这些定律是牛顿在总结前人,特别是伽利略研究成果的基础上提出来的,称为牛顿三定律。这三条定律描述了动力学最基本的规律,是古典力学体系的核心,它适用于宏观、低速的物体。

第一定律(惯性定律)

任何质点如不受力作用,则将保持其原来静止的或匀速直线运动的状态。

这个定律说明了任何物体都具有保持静止或匀速直线运动状态的特性,物体的这种保持运动状态不变的固有的属性称为惯性。第一定律阐述了物体做惯性运动的条件,故又称为惯性定律。

实际上不受力的物体是不存在的。由静力学可知,如作用于质点的力系为平衡力系,则该力系与零等效。因此,受平衡力系作用的质点将永远保持静止或做匀速直线运动,即质点处于平衡状态。

综上所述,质点不受力作用或受平衡力系作用时将保持运动状态不变。由此可知,质点如受到不平衡力系的作用,则其运动状态一定改变。作用于物体的力与物体运动状态改变的定量关系将由第二定律给出。

第二定律

质点的质量与加速度的乘积,等于作用于质点的力的大小,加速度的方向与力的方向相同。即

$$ma = F \tag{9.1}$$

本式为第二定律的数学表达式,它是质点动力学的基本方程,建立了质点的加速度、质量与作用力之间的定量关系。若质点同时受几个力作用,则力 F 应理解为这些力的合力。这个定律给出了质点运动的加速度与其所受力之间的瞬时关系,说明作用力并不直接决定质点的速度,力对于质点运动的影响是通过加速度表现出来的,速度的方向可完全不同于作用力的方向。

同时,本定律说明质点的加速度不仅取决于作用力而且与质点的质量有关。若使不同的质点获得同样的加速度,质量较大的质点则需要较大的力。这就表明质点的质量越大,运动状态越不容易改变,也就是质点的惯性越大。因此,质量是质点惯性大小的度量。

由上可知,物体机械运动状态的改变,不仅决定于作用于物体的力,同时也与物体的惯性有关。

在地球表面,任何物体都受重力 P 的作用,在重力作用下得到的加速度称为重力加速

度,用 g 表示,则由第二定律有:

$$P = mg \qquad 或 \qquad m = \frac{P}{g}$$

注意:质量和重量是两个不同的概念,质量是物体惯性大小的度量,在古典力学中是一个不变的常量。而重量是地球对于物体的引力的大小,在地面各处的重力加速度值略有不同,一般取为 9.80 米／秒^2 因此,物体的重量是随地域不同而变的量,并且只是在地面附近的空间内才有意义。

在国际单位制(SI)中,长度、质量和时间的单位是基本单位,分别取为 m(米)、kg(千克)和 s(秒);力的单位是导出单位。质量为 1 kg 的质点,获得 1 m/s^2 的加速度时,作用于该质点的力为 1N(单位名称:牛顿),即

$$1\ N = 1\ kg \times 1\ m/s^2$$

在精密仪器工业中,也用厘米克秒制(CGS)。在厘米克秒制中,长度、质量和时间是基本单位,分别取为 cm(厘米)、g(克) 和 s(秒),力是导出单位。1 g 质量的质点,获得的加速度为 1 cm/s^2 时,作用于质点的力为 1 dyn(达因),即

$$1\ dyn = 1\ g \times 1\ cm/s^2$$

牛顿和达因的换算关系为

$$1\ N = 10^5\ dyn$$

第三定律(作用与反作用定律)

两个物体间的作用力与反作用力总是大小相等,方向相反,沿着同一直线,且同时分别作用在这两个物体上。

这一定律就是静力学的公理 4,但应注意,它不仅适用于平衡的物体,而且也适用于任何运动的物体。

必须指出,质点动力学的三个基本定律是在观察天体运动和生产实践中的一般机械运动的基础上总结出来的,因此只在一定范围内适用。三个定律适用的参考系称为惯性参考系。在一般的工程问题中,把固定于地面的坐标系或相对于地面做匀速直线平移的坐标系作为惯性参考系,可以得到相当精确的结果。在研究人造卫星的轨迹、洲际导弹的弹道等问题时,地球自转的影响不可忽略,应选取以地心为原点,三轴指向三个恒星的坐标系作为惯性参考系。在研究天体的运动时,地心运动的影响也不可忽略,需取太阳为中心,三轴指向三个恒星的坐标系作为惯性参考系。在本书中,如无特别说明,我们均取固定在地球表面的坐标系为惯性参考系。

以牛顿三定律为基础的力学,称为古典力学(又称经典力学)。在古典力学中,认为质量是不变的量,空间和时间是"绝对的",与物体的运动无关。近代物理已经证明,质量、时间和空间都与物体运动的速度有关,但当物体的运动速度远小于光速时,物体的运动对于质量、时间和空间的影响是微不足道的,对于一般工程中的机械运动问题,应用古典力学都可得到足够精确的结果。

9.2 质点运动的微分方程

现在研究由动力学基本方程建立质点的运动微分方程,应用运动微分方程解决质点

动力学的两类基本问题。

9.2.1 用矢径形式表示的质点的运动微分方程

图 9.1

如图 9.1,设质量为 m 的自由质点 M 在变力的合力 $\sum\limits_{i=1}^{n} \boldsymbol{F}_i$ 作用下运动,根据动力学基本方程

$$m\boldsymbol{a} = \sum_{i=1}^{n} \boldsymbol{F}_i$$

由运动学知

$$\boldsymbol{a} = \frac{\mathrm{d}\boldsymbol{v}}{\mathrm{d}t} = \frac{\mathrm{d}^2 \boldsymbol{r}}{\mathrm{d}t^2}$$

代入上式,则有

$$m \frac{\mathrm{d}^2 \boldsymbol{r}}{\mathrm{d}t^2} = \sum_{i=1}^{n} \boldsymbol{F}_i \tag{9.2}$$

此即为矢量形式的质点运动微分方程。

9.2.2 用直角坐标形式表示的质点的运动微分方程

设矢径 $\boldsymbol{r}$ 在直角坐标轴上的投影分别为 x,y,z,力 $\boldsymbol{F}_i$ 在轴上的投影分别为 F_{xi},F_{yi},F_{zi},则上式投影到直角坐标轴上,则得

$$m \frac{\mathrm{d}^2 x}{\mathrm{d}t^2} = \sum_{i=1}^{n} F_{ix}, m \frac{\mathrm{d}^2 y}{\mathrm{d}t^2} = \sum_{i=1}^{n} F_{iy}, m \frac{\mathrm{d}^2 z}{\mathrm{d}t^2} = \sum_{i=1}^{n} F_{iz} \tag{9.3}$$

即得直角坐标形式的质点运动微分方程。

9.2.3 用自然坐标形式表示的质点的运动微分方程

由点的运动学知,点的全加速度 $\boldsymbol{a}$ 在 $\boldsymbol{\tau}$ 与 $\boldsymbol{n}$ 形成的密切面内,点的加速度在副法线上的投影等于零,即

$$\boldsymbol{a} = a_t \boldsymbol{\tau} + a_n \boldsymbol{n} \qquad a_b = 0$$

所以

$$ma_t = m \frac{\mathrm{d}v}{\mathrm{d}t} = \sum_{i=1}^{n} F_{i\tau}, ma_n = m \frac{v^2}{\rho} = \sum_{i=1}^{n} F_{in}, ma_b = \sum_{i=1}^{n} F_{ib} = 0 \tag{9.4}$$

此即为自然坐标形式的质点运动微分方程。

用投影形式的质点运动微分方程解决质点动力学问题是个基本方法。在解决实际问题时,要注意根据问题的条件作受力分析和运动分析。至于运算,对第一类基本问题——已知运动求力,是比较简单的,问题的求解归结为确定质点的加速度,代入质点运动微分方程中,即可求得所求力。对第二类问题——已知力求运动是解微分方程或求积分的问题,每积分一次,需要确定一个积分常数。积分常数根据已知条件确定(如运动的初始条件,即 $t=0$ 时质点的坐标值和速度值确定)。

第一类问题(已知运动,求力)

例 9.1 如图 9.2(a),已知小球重 G,用绳索 AB,AC 拉住,绳与铅垂线之间夹角为 α,

求(1)AC绳拉力$\boldsymbol{F}_1$;(2)当AB绳突然剪断瞬时,AC绳拉力$\boldsymbol{F}_1$。

解 (1)研究小球。受力分析:$\boldsymbol{G},\boldsymbol{F}_1,\boldsymbol{F}_2$。

列平衡方程:

$$\sum F_x = 0, \ -F_2\sin\alpha + F_1\sin\alpha = 0$$

$$\sum F_y = 0, \ F_1\cos\alpha + F_2\cos\alpha - G = 0$$

解得 $F_1 = F_2 = \dfrac{G}{2\cos\alpha}$

图 9.2

(2)研究小球。受力分析:$\boldsymbol{G},\boldsymbol{F}_1$。运动分析:单摆运动。本题为平面问题,应用质点运动微分方程自然坐标形式,自然坐标如图 9.2 所示。

$$ma_t = m\frac{\mathrm{d}v}{\mathrm{d}t} = \sum F_{\tau i}, ma_n = m\frac{v^2}{\rho} = \sum F_{ni}$$

$$v_0 = 0, \frac{G}{g}\frac{v_0^2}{l} = F_1 - G\cos\alpha = 0, \text{得} \ F_1 = G\cos\alpha$$

$$\frac{G}{g}a_t = G\sin\alpha, a_t = g\sin\alpha, a_n = 0$$

例 9.2 有一圆锥摆,如图 9.3 所示。质量 $m = 0.1$ kg 的小球系于长 $l = 30$ cm 的绳上,绳的另一端系在固定点 O,并与铅直线成 $\theta = 60°$ 角,如小球在水平面内做匀速圆周运动。求小球的速度 v 及绳的张力 $\boldsymbol{F}$ 的大小。

解 研究小球。受力分析:重力 $m\boldsymbol{g}$,绳拉力 $\boldsymbol{F}$。

运动分析:小球在水平面内做匀速圆周运动。

建立图示自然轴系,应用自然坐标形式的质点运动微分方程。

$$m\frac{\mathrm{d}v}{\mathrm{d}t} = \sum F_\tau, m\frac{\mathrm{d}v}{\mathrm{d}t} = 0, m\frac{v^2}{\rho} = \sum F_n, m\frac{v^2}{l\sin\alpha} = F\sin\theta$$

$$0 = \sum F_b, F\cos\theta - mg = 0$$

图 9.3

解得:$F = \dfrac{mg}{\cos\theta} = 1.96$ N,$v = \sqrt{\dfrac{Fl\sin^2\theta}{m}} = 2.1$ m/s

第二类问题(已知力,求运动)

例 9.3 物体自高 h 处以速度 v_0 水平抛出,空气阻力可视为与速度的一次方成正比,即 $\boldsymbol{R} = -km\boldsymbol{v}$,其中 m 为物体的质量,$\boldsymbol{v}$ 为物体的速度,k 为常系数。求物体的运动方程和轨迹方程。

解 研究小球。

受力分析:重力 $m\boldsymbol{g}$,空气阻力 $\boldsymbol{R}$。

运动分析:小球做平抛运动,建立坐标系 Oxy。

应用质点动力学微分方程

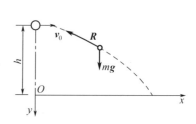

图 9.4

$$m\ddot{x} = \sum F_x, m\ddot{y} = \sum F_y$$

即 $m\ddot{x} = -km\dot{x}, m\ddot{y} = mg - km\dot{y}$；也就是 $\ddot{x} = -k\dot{x}, \ddot{y} = g - k\dot{y}$

由 $\ddot{x} = -k\dot{x}$，得 $\dfrac{\mathrm{d}\dot{x}}{\mathrm{d}t} = -k\dot{x}$，即

$$\int_{v_0}^{\dot{x}} \frac{\mathrm{d}\dot{x}}{\dot{x}} = \int_0^t -k\,\mathrm{d}t$$

$$\ln\dot{x} \,\Big|_{v_0}^{\dot{x}} = -kt \,\big|_0^t, \ln\frac{\dot{x}}{v_0} = -kt, \dot{x} = v_0\,\mathrm{e}^{-kt}$$

分离变量得：
$$\int_0^x \mathrm{d}x = \int_0^t v_0\,\mathrm{e}^{-kt}\,\mathrm{d}t,$$

$$x = -\frac{v_0}{k}\mathrm{e}^{-kt} \,\bigg|_0^t = \frac{v_0}{k}(1 - \mathrm{e}^{-kt}) \tag{9.5}$$

由 $\ddot{y} = g - k\dot{y}$ 分离变量得

$$\int_0^{\dot{y}} \frac{\mathrm{d}\dot{y}}{g - k\dot{y}} = \int_0^t \mathrm{d}t, \frac{1}{k}\ln(g - k\dot{y}) \,\bigg|_0^{\dot{y}} = -t, \frac{g - k\dot{y}}{g} = \mathrm{e}^{-kt}, \dot{y} = \frac{g}{k}(1 - \mathrm{e}^{-kt})$$

再积分得：$h - y = \dfrac{g}{k}t + \dfrac{g}{k^2}\mathrm{e}^{-kt} - \dfrac{g}{k^2}$，

$$y = h - \frac{g}{k}t + \frac{g}{k^2}(1 - \mathrm{e}^{-kt}) \tag{9.6}$$

由 (9.5) 及 (9.6) 式消去 t 得：$y = h - \dfrac{g}{k^2}\ln\dfrac{v_0}{v_0 - kx} - \dfrac{gx}{kv_0}$

例 9.4　垂直于地面向上发射一物体，求该物体在地球引力作用下的运动速度，并求第二宇宙速度。不计空气阻力及地球自转的影响。

解　选地心 O 为坐标原点，x 轴铅垂向上。如图 9.5 将物体视为质点，根据牛顿万有引力定律，它在任意位置 x 处受到地球的引力 $\boldsymbol{F}$，方向指向地心 O，大小为 $F = G_0\dfrac{mM}{x^2}$，式中 G_0 为万有引力常数，m 为物体的质量，M 为地球的质量，x 为物体至地心的距离。由于物体在地球表面时所受到的引力即为重力，故有

$$mg = G_0\frac{mM}{R^2}$$

图 9.5

所以
$$G_0 = \frac{gR^2}{M}$$

因此物体的运动微分方程为

$$m\frac{\mathrm{d}^2 x}{\mathrm{d}t^2} = -F = -\frac{mgR^2}{x^2}$$

将上式改写为

$$mv_x\frac{\mathrm{d}v_x}{\mathrm{d}x} = -\frac{mgR^2}{x^2}$$

分离变量得

$$mv_x \mathrm{d}v_x = -mgR^2 \frac{\mathrm{d}x}{x^2}$$

如设物体在地面开始发射的速度为 v_0，在空中任意位置 x 处的速度为 v，对上式进行积分得

$$\int_{v_0}^{v} mv_x dv_x = \int_{R}^{x} -mgR^2 \frac{\mathrm{d}x}{x^2}$$

得

$$\frac{1}{2}mv^2 - \frac{1}{2}mv_0^2 = mgR^2\left(\frac{1}{x} - \frac{1}{R}\right)$$

所以物体在任意位置时的速度为

$$v = \sqrt{(v_0^2 - 2gR) + \frac{2gR^2}{x}}$$

可见物体的速度将随 x 的增加而减少。

若 $v_0^2 < 2gR$，则物体在某一位置 $x = R + H$ 处速度将减小为零，此后物体将往回落下，H 为以初速 v_0 向上发射所能达到的最大高度。将 $x = R + H$ 及 $v = 0$ 代入上式，可得

$$H = \frac{Rv_0^2}{2gR - v_0^2}$$

若 $v_0^2 > 2gR$，则不论 x 为多大，甚至为无限大时，速度 v 都不会减小为零。因此欲使物体向上发射而一去不复返时必须具有的最小初速度为

$v_0 = \sqrt{2gR}$，如以 $g = 9.80$ m/s^2，$R = 6\ 370$ km 代入，则得 $v_0 = 11.2$ km/s

这就是物体脱离地球引力范围所需的最小初速度，称为第二宇宙速度。

习　　题

1. 选择题

（1）图示质量为 m 的物体自高 H 处水平抛出，运动中受到与速度一次方成正比的空气阻力 $\boldsymbol{R}$ 作用，$\boldsymbol{R} = -km\boldsymbol{v}$，$k$ 为常数。则其运动微分方程为_____。

（A）$m\ddot{x} = -km\dot{x}$，$m\ddot{y} = -km\dot{y} - mg$

（B）$m\ddot{x} = km\dot{x}$，$m\ddot{y} = km\dot{y} - mg$

（C）$m\ddot{x} = -km\dot{x}$，$m\ddot{y} = km\dot{y} - mg$

（D）$m\ddot{x} = km\dot{x}$，$m\ddot{y} = -km\dot{y} + mg$

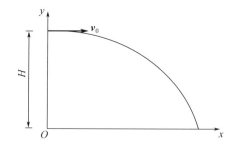

题 9.1(1) 图

（2）图示已知物体的质量为 m，弹簧的刚度为 k，原长为 L_0，静伸长为 δ_{st}，则对于以弹簧静伸长末端为坐标原点、铅直向下的坐标 Ox，重物的运动微分方程为_____。

（A）$m\ddot{x} = mg - kx$

（B）$m\ddot{x} = kx$

(C) $m\ddot{x} = -kx$

(D) $m\ddot{x} = mg + kx$

(3) 图示在某地以相同大小的初速度($v_1 = v_2$)而发射角不同斜抛两个质量相同的小球,若空气阻力不计,对选定的坐标系 Oxy,两小球的运动微分方程_____,运动的初条件_____,落地时速度的大小_____,落地时速度的方向_____。

(A) 相同　　　　　　　　　　(B) 不同

题 9.1(2) 图

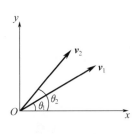

题 9.1(3) 图

(4) 图示距地面 H 的质点 M,具有水平初速度 v_0,则该质点落地时的水平距离 L 与_____成正比。

(A) H

(B) $\sqrt{H}$

(C) H^2

(D) H^3

题 9.1(4) 图

2. 填空题

(1) 在图示的角坐标下,当 $\varphi = \varphi_0$ 时将摆锤 M 由静止释放,则在该释放瞬时摆锤的加速度为_____。

(2) 图示质量为 m 的质点受到两个已知力 F_1 及 F_2 的作用($F_2 > F_1$),产生一定的加速度,在给定的图示的坐标系下,其运动微分方程为_____。

3. 计算题

(1) 图示质量为 m 的物块置于倾角为 α 的三棱柱体上,柱体以匀加速度 a 向左运动,设物块与柱体斜面间的动摩擦系数为 f,求物块对斜面的压力。

(2) 图示质量为 2 kg 的滑块在力 F 作用下沿杆 AB 运动,杆 AB 在水平面内绕 A 点转

题 9.2(1) 图

题 9.2(2) 图

动。已知 $\varphi=0.5t, L=t(\varphi, L, t$ 的单位分别为 rad,m,s) 滑块与杆 AB 之间的动摩擦系数为0.1,求 $t=2$ s 时力 F 的大小。

题 9.3(1) 图   题 9.3(2) 图

（3）在重为 P 牛的物体上,加上一沿铅直方向的力,使物体从静止开始向上运动,开始时已知该力为 Q 牛,以后按离开始位置每升高1米减少 k 牛的规律递减,求物体能达到的最大速度和最大高度。

（4）图示两物体 A, B,质量相等,叠置在倾角 $\theta=15°$ 的斜面上,已知 A、B 间的动摩擦系数 $f_1=0.1$,B 物体与斜面的动摩擦系数 $f_2=0.2$,系统由静止释放。试求 A、B 两物体的加速度。

题 9.3(4) 图

（5）图示 A, B 两物体的质量分别为 m_1 与 m_2,两者间用一绳子连接,此绳跨过一滑轮,滑轮半径为 r。如在开始时,两物体的高度差为 h,而且 $m_1 > m_2$,不计滑轮质量。求由静止释放后,两物体达到相同高度时所需的时间。

（6）偏心轮的半径为 R,以匀角速度 ω 绕 O 轴转动;圆心在 C 点,偏心距 $OC=e$,如图所示。顶杆 A 的上面放置质量为 m 的重物 B,由于偏心轮转动而使物块 B 做上下运动。为使物块 B 不致脱离顶杆,试求偏心轮角速度应满足的条件。

题 9.3(5) 图   题 9.3(6) 图

第 10 章 动 量 定 理

应用质点运动微分方程,是解决动力学问题的基本方法,但是在许多实际问题中,由微分方程求积分有时会遇到困难,而质点系的动力学问题需要列出质点系中每一个质点的运动微分方程,并根据约束情况确定各质点间相互作用力和运动方面的关系,列出补充方程,然后求解这些方程,其困难则更为显著。为了进一步解决动力学问题,现在我们开始研究动力学普遍定理,包括动量定理、动量矩定理和动能定理。

动力学普遍定理建立了各个重要物理量间的联系,这有利于进一步认识机械运动的普遍规律。在应用普遍定理解决实际问题时,不但运算方法简便,而且还给出明确的物理概念,便于更深入地了解机械运动的性质。

本章研究动量定理,这个定理建立了质点(或质点系)的动量与作用于质点(或质点系)上的力和力的冲量之间的关系。

10.1 质点的动量定理

10.1.1 质点的动量

质点的动量是表征质点机械运动强度的一种度量。这个量不但与质点的速度有关,而且也与质点的惯性有关,即与质点的质量有关。因此,质点的动量可由质点的质量与其速度的乘积来表示。若质点的质量为 m,某瞬时的速度为 v,则在该瞬时质点的动量为 mv。动量是矢量,它与速度 v 的方向相同。在国际单位制中,动量的单位为 $kg \cdot m/s$

10.1.2 力的冲量

经验告诉我们,一个物体在力的作用下引起的物体的机械运动变化,不仅与力的大小和方向有关,而且还与力作用时间的长短有关。例如,人们推车厢沿铁轨运动,当推力大于摩擦阻力时,经过一段时间,可使车厢得到一定的速度;如果用机车牵引车厢,那么只需很短的时间便能达到人推车厢的速度。因此,我们用力与作用时间的乘积来衡量力在这段时间内积累的作用。作用力与作用时间的乘积称为力的冲量,冲量为矢量,它的方向与力的方向相同。

如果作用力 F 是恒量,作用时间为 t,则力的冲量为

$$I = F \cdot t \tag{10.1}$$

如果作用力 F 是变量,应将力的作用时间分成无数微小的时间间隔 dt,在每段微小的时间间隔 dt 内,作用力可看作不变量。在微小时间间隔 dt 内,力 F 的冲量称为元冲量,即

$$dI = F \cdot dt$$

如果力是时间的函数,则力 F 在作用时间 t 内的冲量为

$$I = \int_0^t \boldsymbol{F} \cdot \mathrm{d}t \tag{10.2}$$

在国际单位制中,冲量的单位为:牛顿·秒(N·s)。

因为$[\boldsymbol{I}] = [\boldsymbol{F}][t] = [m][\boldsymbol{a}][t] = [m][\boldsymbol{v}]$,可见冲量与动量的量纲是相同的。

10.1.3　质点的动量定理

质点的动量定理建立了质点的动量变化与作用于质点上的力的冲量的关系。

设质点的质量为m,作用力为$\boldsymbol{F}$,根据牛顿第二定律有:

$m\boldsymbol{a} = \boldsymbol{F}$,又因为$\boldsymbol{a} = \dfrac{\mathrm{d}\boldsymbol{v}}{\mathrm{d}t}$,于是$m\dfrac{\mathrm{d}\boldsymbol{v}}{\mathrm{d}t} = \boldsymbol{F}$,因为$m$是常数,上式可写成

$$\mathrm{d}(m\boldsymbol{v}) = \boldsymbol{F}\mathrm{d}t = \mathrm{d}\boldsymbol{I} \tag{10.3}$$

此即为质点动量定理的微分形式,即质点动量的增量等于作用于质点上的力的元冲量。

若以$\boldsymbol{v}_1,\boldsymbol{v}_2$分别表示质点在瞬时$t_1$和$t_2$的速度,将上式在时间间隔$(t_2 \sim t_1)$内积分,则有

$$m\boldsymbol{v}_2 - m\boldsymbol{v}_1 = \int_{t_1}^{t_2} \boldsymbol{F}\mathrm{d}t = \boldsymbol{I} \tag{10.4}$$

上式为质点动量定理的有限形式,即在某一时间间隔内,质点动量的变化等于作用于质点的力在同一时间内的冲量。

如图10.1,如质点沿曲线运动,由于在运动过程中力的不断作用,使质点的运动状态不断地变化。设在运动开始和终了的瞬时,质点的动量分别为$m\boldsymbol{v}_1,m\boldsymbol{v}_2$,应用动量定理,可以直接求解在这段时间内作用力的冲量$\boldsymbol{I}$,而不必考虑质点在这个过程中运动状态是如何变化的。

图10.1

注意:动量定理是矢量形式,在应用时,常常取在直角坐标轴上的投影形式,即

$$mv_{2x} - mv_{1x} = \int_{t_1}^{t_2} F_x \mathrm{d}x = I_x$$

$$mv_{2y} - mv_{1y} = \int_{t_1}^{t_2} F_y \mathrm{d}y = I_y$$

$$mv_{2z} - mv_{1z} = \int_{t_1}^{t_2} F_z \mathrm{d}z = I_z \tag{10.5}$$

如果在质点上作用有n个力,则以上式子中的力$\boldsymbol{F}$应理解为这些力的合力。

10.1.4　质点的动量守恒定律

如果在质点的运动过程中,作用力 $\boldsymbol{F}$ 恒等于零,则由动量定理可知

$$mv_2 = mv_1 = 常矢量 \tag{10.6}$$

即若作用于质点上的力恒等于零,则该质点的动量保持不变。显然,此时质点将做匀速直线运动或处于静止状态。

若作用于质点上的力在 x 轴上的投影恒等于零,即 $F_x = 0$

则由上式知

$$mv_{2x} = mv_{1x} = 常量 \tag{10.7}$$

即质点在 x 轴方向运动的速度保持不变。

例 10.1　如图 10.2,锤的质量 $m = 3\,000\ \text{kg}$,从高度 $h = 1.5\ \text{m}$ 处自由下落到受锻压的工件上,工件发生变形,历时 $t = 0.01\ \text{s}$,求锤对于工件的平均压力。

解法 1　研究重锤。受力分析:重力 $\boldsymbol{G}$,平均反力 $\boldsymbol{N}^*$

图 10.2

作用在锤上的力有重力 $\boldsymbol{G}$ 和锤与锻件接触后锻件的反力。但锻件的反力是变力,在极短的时间间隔 t 内迅速变化,我们用平均反力 $\boldsymbol{N}^*$ 来代替。

运动分析:开始时自由落体,与锻件接触后做减速运动。应用动量定理

$$mv_2 - mv_1 = \int_{t_1}^{t_2} \boldsymbol{F}\mathrm{d}t = \boldsymbol{I}$$

取铅直轴 y 向上为正,则知

$$v_{0y} = 0, mv_{0y} = 0, v_y = 0, mv_y = 0$$

$$0 - 0 = I_y, I_y = -Gt_1 + N^* t, t_1 = \sqrt{\frac{2H}{g}} + t$$

所以　　$I_y = -G\left(\sqrt{\frac{2h}{g}} + t\right) + N^* t = 0$

所以　　$N^* = G\left(\sqrt{\frac{2h}{g}} + t\right) / t = 1\,656\ \text{kN}$

锤对工件的平均压力等于平均反力的大小 N^*,也为 $1\,656\ \text{kN}$

解法 2　初瞬时取 t 刚与锻件接触瞬时,则

$$v_{0y} = -\sqrt{2gh}, v_y = 0$$

所以　　$mv_{0y} = -m\sqrt{2gh}, mv_y = 0$

$$0 + m\sqrt{2gh} = (-G + N^*)t$$

$$N^* = \frac{m\sqrt{2gh}}{t} + G = 1\,656\ \text{kN}$$

同样可得上述结果。

10.2 质点系的动量定理

10.2.1 质点系的动量

质点系内各质点动量的矢量和称为质点系的动量。如图 10.3,假设一质点系由 n 个质点组成,则此质点系的动量为

$$\boldsymbol{p} = m_1\boldsymbol{v}_1 + m_2\boldsymbol{v}_2 + \cdots + m_n\boldsymbol{v}_n = \sum_{i=1}^{n} m_i\boldsymbol{v}_i \tag{10.8}$$

质点系的动量也为矢量。

图 10.3

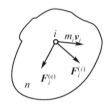

图 10.4

10.2.2 质点系的动量定理

如图 10.4,设质点系由 n 个质点组成,第 i 个质点的质量为 m_i,速度为 $\boldsymbol{v}_i$,外界物体对该质点作用的力为 $\boldsymbol{F}_i^{(e)}$,称为外力;质点系内其他质点对该质点作用的力为 $\boldsymbol{F}_i^{(i)}$ 称为内力。则由质点的动量定理可得

$$\mathrm{d}(m_i\boldsymbol{v}_i) = (\boldsymbol{F}_i^{(e)}\mathrm{d}t + \boldsymbol{F}_i^{(i)})\mathrm{d}t = \boldsymbol{F}_i^{(e)}\mathrm{d}t + \boldsymbol{F}_i^{(i)}\mathrm{d}t \tag{10.9}$$

因为质点系内有几个质点,所以这样的方程共有 n 个,将 n 个方程两边分别相加得

$$\sum_{i=1}^{n}\mathrm{d}(m_i\boldsymbol{v}_i) = \sum_{i=1}^{n}\boldsymbol{F}_i^{(e)}\mathrm{d}t + \sum_{i=1}^{n}\boldsymbol{F}_i^{(i)}\mathrm{d}t \tag{10.10}$$

因为质点系内质点间相互作用的内力总是大小相等、方向相反的成对出现,相互抵消,因此内力冲量的矢量和等于零,即 $\sum_{i=1}^{n}\boldsymbol{F}_i^{(i)}\mathrm{d}t = 0$。

又因为 $\sum_{i=1}^{n}\mathrm{d}(m_i\boldsymbol{v}_i) = \mathrm{d}\left[\sum_{i=1}^{n}(m_i\boldsymbol{v}_i)\right] = \mathrm{d}\boldsymbol{p}$ 是质点系动量的增量,而外力元冲量的矢量和为 $\sum_{i=1}^{n}\boldsymbol{F}_i^{(e)}\mathrm{d}t = \sum_{i=1}^{n}\mathrm{d}\boldsymbol{I}_i^{(e)}$,于是得质点系动量定理的微分形式为

$$\mathrm{d}\boldsymbol{p} = \sum_{i=1}^{n}\boldsymbol{F}_i^{(e)}\mathrm{d}t = \sum_{i=1}^{n}\mathrm{d}\boldsymbol{I}_i^{(e)} \tag{10.11}$$

即质点系动量的增量等于作用于质点系的外力元冲量的矢量和。

上式也可写成

$$\frac{\mathrm{d}\boldsymbol{p}}{\mathrm{d}t} = \sum_{i=1}^{n}\boldsymbol{F}_i^{(e)} \tag{10.12}$$

即质点系的动量对时间的导数,等于作用于质点系的外力的矢量和。

设 $t=0$ 时质点系的动量为 $\boldsymbol{p}_0$,在时刻 t 质点系的动量为 $\boldsymbol{p}$,则积分上式,得

$$\int_{\boldsymbol{p}_0}^{\boldsymbol{p}} \mathrm{d}\boldsymbol{p} = \int_0^t \sum_{i=1}^n \boldsymbol{F}_i^{(e)} \mathrm{d}t = \sum_{i=1}^n \int_0^t \boldsymbol{F}_i^{(e)} \mathrm{d}t = \sum_{i=1}^n \boldsymbol{I}_i^{(e)}, \text{即 } \boldsymbol{p} - \boldsymbol{p}_0 = \sum_{i=1}^n \boldsymbol{I}_i^{(e)} \qquad (10.13)$$

上式为质点系动量定理的有限形式。即在某一时间间隔内,质点系动量的改变量等于在这段时间内作用于质点系外力冲量的矢量和。

注意:质点系的动量定理指出,质点系的内力不能改变质点系的动量。

质点系的动量定理为矢量形式,在应用时应取投影形式:

$$\frac{\mathrm{d}p_x}{\mathrm{d}t} = \sum_{i=1}^n F_{x_i}^{(e)}, \frac{\mathrm{d}p_y}{\mathrm{d}t} = \sum_{i=1}^n F_{y_i}^{(e)}, \frac{\mathrm{d}p_z}{\mathrm{d}t} = \sum_{i=1}^n F_{z_i}^{(e)} \qquad (10.14)$$

$$p_x - p_{0x} = \sum_{i=1}^n I_{x_i}^{(e)}, p_y - p_{0y} = \sum_{i=1}^n I_{y_i}^{(e)}, p_z - p_{0z} = \sum_{i=1}^n I_{z_i}^{(e)} \qquad (10.15)$$

10.2.3　质点系动量守恒定律

如果作用于质点系的外力的矢量和恒等于零,即 $\sum_{i=1}^n \boldsymbol{F}_i^{(e)} = 0$ 时,则由动量定理微分形式有:$\dfrac{\mathrm{d}\boldsymbol{p}}{\mathrm{d}t} = \sum_{i=1}^n \boldsymbol{F}_i^{(e)} = 0$,即 $\boldsymbol{p} = \sum_{i=1}^n m_i \boldsymbol{v}_i = \boldsymbol{p}_0 =$ 常矢量,这就表明,若作用于质点系的外力的矢量和恒等于零时,则该质点系的动量保持不变,此即为质点系的动量守恒定律。

如果所有作用于质点系的外力在 x 轴上投影的代数和等于零,即

$$\sum_{i=1}^n F_{x_i}^{(e)} = 0$$

则由上式有

$$\frac{\mathrm{d}p_x}{\mathrm{d}t} = 0, p_x = p_{0x} = \sum_{i=1}^n m_i v_{ix} = 常量$$

即如果作用于质点系的外力在某一轴上的投影的代数和恒等于零,则质点系的动量在这坐标轴上的投影保持不变。

还需指出:对于极为短促的力学过程,即时间间隔 $t=(t_2-t_1)$ 趋近于零的情况,如质点系所受的外力为普通力(如重力,摩擦力等),其大小为有限值,则外力冲量的矢量和为

$$\sum_{i=1}^n \boldsymbol{I}_i^{(e)} = \sum_{i=1}^n \int_{t_1}^{t_2} \boldsymbol{F}_i^{(e)} \mathrm{d}t = \sum_{i=1}^n \boldsymbol{F}_{im}^{(e)} t \to 0$$

式中,$\boldsymbol{F}_{im}^{(e)}$ 为 $\boldsymbol{F}_i^{(e)}$ 在时间间隔 t 内的平均值。因此,过程在始末时质点系的动量不变,即 $\boldsymbol{p}_2 = \boldsymbol{p}_1$,对这类过程仍可应用动量守恒定律,如碰撞问题。

质点系动量守恒现象很多,例如在静水上有一只不动的小船,人与船一起组成一个质点系,如不计水的阻力,则当人从船头向船尾走去的同时,船身一定向前移动。

子弹与枪体组成质点系,在射击前动量等于零,当火药在枪膛内爆炸时,作用于子弹的压力为内力,它使子弹获得向前的动量,同时气体压力使枪体获得向后的动量(反座现象),由于在水平方向没有外力,因此在这个方向总动量恒保持为零。

由以上两例可见,内力虽不能改变质点系的动量,但是可以改变质点系中各质点的动量。

例 10.2 图 10.5 所示水流流经变截面弯管的
示意图。设流体是不可压缩的，流动是稳定的。求
管壁的附加动约束力。

解 从管中取出所研究的两个截面 aa 与 bb 之
间的流体作为质点系。经过时间 dt 这一部分流体流
到两个截面 a_1a_1 与 b_1b_1 之间。令 q_v 为流体在单位
时间内流过截面的体积流量，ρ 为密度，则质点系在
时间 dt 内流过截面的质量为 $dm = q_v\rho dt$。

图 10.5

在时间间隔 dt 内质点系动量的变化为
$$\boldsymbol{p} - \boldsymbol{p}_0 = \boldsymbol{p}_{a_1b_1} - \boldsymbol{p}_{ab} = (\boldsymbol{p}_{bb_1} + \boldsymbol{p}_{a_1b}) - (\boldsymbol{p}_{a_1b} + \boldsymbol{p}_{aa_1})$$
因为管内流动是稳定的，有 $\boldsymbol{p}_{a_1b} = \boldsymbol{p}_{a_1b}$，于是 $\boldsymbol{p} - \boldsymbol{p}_0 = \boldsymbol{p}_{bb_1} - \boldsymbol{p}_{aa_1}$。

dt 为极小，可认为在截面 aa 与 a_1a_1 之间各质点的速度相同，设为 $\boldsymbol{v}_a$，截面 b_1b_1 与 bb
之间各质点的速度相同，设为 $\boldsymbol{v}_b$，于是得
$$\boldsymbol{p} - \boldsymbol{p}_0 = q_v\rho dt(\boldsymbol{v}_b - \boldsymbol{v}_a)$$

作用于质点系上的外力有：均匀分布于体积 $aabb$ 内的重力 $\boldsymbol{P}$，管壁对于此质点系的
作用力 $\boldsymbol{F}$，以及两截面 aa 和 bb 上受到的相邻流体的压力 $\boldsymbol{F}_a$ 和 $\boldsymbol{F}_b$。

将动量定理应用于所研究的质点系，则有
$$q_v\rho dt(\boldsymbol{v}_b - \boldsymbol{v}_a) = (\boldsymbol{P} + \boldsymbol{F}_a + \boldsymbol{F}_b + \boldsymbol{F})dt$$
消去时间 dt 得
$$q_v\rho(\boldsymbol{v}_b - \boldsymbol{v}_a) = \boldsymbol{P} + \boldsymbol{F}_a + \boldsymbol{F}_b + \boldsymbol{F}$$

若将管壁对于流体约束力 $\boldsymbol{F}$ 分为 $\boldsymbol{F}'$ 和 $\boldsymbol{F}''$ 两部分：$\boldsymbol{F}'$ 为与外力 $\boldsymbol{P}$、$\boldsymbol{F}_a$ 和 $\boldsymbol{F}_b$ 相平衡的管
壁静约束力，$\boldsymbol{F}''$ 为由于流体的动量发生变化而产生的附加动约束力。则 $\boldsymbol{F}'$ 满足平衡方
程：$\boldsymbol{P} + \boldsymbol{F}_a + \boldsymbol{F}_b + \boldsymbol{F}' = 0$，而附加动约束力由下式确定：$\boldsymbol{F}'' = q_v\rho(\boldsymbol{v}_b - \boldsymbol{v}_a)$。

设截面 aa 和 bb 的面积分别为 A_a 和 A_b，由不可压缩流
体的连续性定律知：$q_v = A_a v_a = A_b v_b$，因此，只要知道流速
和曲管的尺寸，即可求得附加动约束力。流体对管壁的附
加动作用力大小等于此附加动约束力，但方向相反。

如图 10.6 为一水平的等截面直角弯管。当流体被迫
改变流动方向时，对管壁施加有附加的作用力，它的大小等
于管壁对流体作用的附加动约束力，即
$$F''_x = q_v\rho(v_2 - 0) = \rho A_2 v_2^2; F''_y = q_v\rho(0 + v_1) = \rho A_1 v_1^2$$

图 10.6

由此可见，当流速很高或管子截面积很大时，附加动压
力很大，在管子的弯头处应该安装支座。

例 10.3 已知质量为 m 的人在静止放置在光滑水平
面上的板上相对于板以速度 $\boldsymbol{u}$ 行走，板的质量为 M。求人
经过 t 秒后，人的绝对速度 $\boldsymbol{v}_a$ 及板的速度 $\boldsymbol{v}_1$。

解 研究人与板组成的质点系。受力如图 10.7。

图 10.7

$\sum F_x^{(e)} = 0$，所以 $p_{0x} = p_x$，开始时静止，$p_{0x} = 0$

$p_x = m(u - v_1) - Mv_1$，由动量守恒定理，$m(u - v_1) - Mv_1 = 0$

得板的速度 $v_1 = \dfrac{mu}{m + M}$

所以人的绝对速度 $v_a = u - v_1 = \dfrac{Mu}{m + M}$，板的速度 $v_1 = \dfrac{mu}{m + M}$

10.3　质心运动定理

10.3.1　质量中心

设有 n 个质点所组成的质点系，质点系中任一质点 i 的质量为 m_i，其矢径为 r_i。如图 10.8，定义各质点的质量之和为整个质点系的质量，即 $m = \sum m_i$，则由矢径 $r_C = \dfrac{\sum m_i r_i}{m}$ 所确定的几何点 C 称为质点系的质量中心（简称质心）。

将上述矢量式两边向三个直角坐标轴上投影，便可得到质心的位置坐标为：

图 10.8

$$x_C = \frac{\sum m_i x_i}{m}, \quad y_C = \frac{\sum m_i y_i}{m}, \quad z_C = \frac{\sum m_i z_i}{m} \tag{10.16}$$

若将上述三式等号右边的分子与分母同乘以重力加速度 g，则上式变成重心的坐标公式。可见，在均匀重力场中，质点系的质心与重心相重合，因此，可通过静力学中所介绍的求重心的方法，找出质心的位置。

但应注意：质心与重心是两个不同的概念，质心完全取决于质点系中各质点质量大小及其位置的分布情况，而与所受的力无关，它是表征质点系质量分布的概念之一。重心是在质点系受重力作用时才存在，它是质点系中各质点所受的重力组成的平行力系的中心。所以质心比重心具有更广泛的意义。

当质点系运动时，它的质心一般也在空间运动。将上式对时间 t 取一阶导数，则得

$$m \frac{\mathrm{d} r_C}{\mathrm{d} t} = \sum_{i=1}^{n} m_i \frac{\mathrm{d} r_i}{\mathrm{d} t}$$

即

$$m v_C = \sum_{i=1}^{n} m_i v_i = p$$

即

$$p = \sum_{i=1}^{n} m_i v_i = m v_C \tag{10.17}$$

这表明：若质点系的全部质量均集中于质心 C，则质心的动量即等于质点系的动量。

如已知质点系的质量 m 及质心的速度 v_C，由上式即可求出质点系的动量。上式为计算质点系特别是刚体的动量提供了简便的方法。

下面看两个求质点系动量的小例子。

(1) 沿直线轨迹滚动的均质圆盘，如图10.9(a)所示。质量为 m，轮心速度为 v_C，则圆盘的动量 $p = mv_C$，方向水平向右。

(2) 均质杆 OA 质量为 m，杆长为 l，绕 O 轴以角速度 ω 匀速转动，如图10.9(b)所示。则 $v_C = \dfrac{l}{2}\omega$，杆件动量的大小 $p = mv_C = \dfrac{1}{2}lm\omega$，方向如图 10.9(b) 所示。

图 10.9

10.3.2 质心运动定理

因为任何质点系的动量都等于质点系的质量与质心速度的乘积，因此动量定理的微分形式可写成 $\dfrac{\mathrm{d}p}{\mathrm{d}t} = \sum\limits_{i=1}^{n} F_i^{(e)}$，$p = mv_C$，所以 $\dfrac{\mathrm{d}}{\mathrm{d}t}(mv_C) = \sum\limits_{i=1}^{n} F_i^{(e)}$，对于质量不变的质点系，上式可改写为 $m\dfrac{\mathrm{d}v_C}{\mathrm{d}t} = \sum\limits_{i=1}^{n} F_i^{(e)}$

或

$$ma_C = \sum_{i=1}^{n} F_i^{(e)} \tag{10.18}$$

上式中 a_C 为质心的加速度。上式表明，质点系的质量与质心加速度的乘积等于作用于质点系的外力的矢量和，此即为质心运动定理。

在形式上，质心运动定理与质点的动力学基本方程 $ma = \sum F$ 完全相似。因此，质心运动定理也可叙述如下：质点系质心的运动可以看成为一个质点的运动，可假设把整个质点系的质量集中于这一点，作用于质点系的外力也都集中于这一点。

例如在爆破山石时，如图 10.10，土石碎块向各处飞落。在尚无碎石落地之时，所有土石碎块组成一质点系，它们的质心运动与一个抛射体（质点）的运动一样，这个质点的质量等于质点系的全部质量，作用在这个质点上

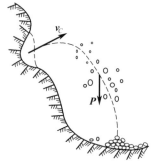

图 10.10

的力是质点系中各质点重力的总和。由质心运动轨迹，可以在采取定向爆破时，预先估计大部分土石碎块堆积的地方。

由质心运动定理可知，质点系的内力不影响质心的运动，只有外力才能改变质心的运动。例如在汽车的发动机中，气体的压力是内力，虽然这个力是汽车行驶的原动力，但是它不能使汽车的质心运动，那么汽车依靠什么外力启动呢？原来汽车发动机中的气体压力推动汽缸内的活塞，经过一套机构，将力矩传给主动轮（后轮），见图 10.11，若车轮与地

面的接触面足够粗糙,那么地面对车轮作用的
静滑动摩擦力($F_A - F_B$)就是使汽车的质心改
变运动状态的外力。如果地面光滑或 F_A 克服
不了汽车前进的阻力 F_B,那么车轮将在原处转
动,汽车不能前进。

图 **10.11**

质心运动定理为矢量形式,在应用时应取
其投影形式。在直角坐标轴上投影为

$$ma_{Cx} = m\ddot{x}_C = \sum F_x^{(e)} , \quad ma_{Cy} = m\ddot{y}_C = \sum F_y^{(e)} , \quad ma_{Cz} = m\ddot{z}_C = \sum F_z^{(e)} \quad (10.19)$$

在自然轴上的投影为

$$ma_{C\tau} = m\frac{\mathrm{d}v_C}{\mathrm{d}t} = \sum F_\tau^{(e)} , \quad ma_{Cn} = m\frac{v_C^2}{\rho} = \sum F_n^{(e)} , \quad ma_{Cb} = 0 = \sum F_b^{(e)} \quad (10.20)$$

10.3.3 质心运动守恒

由质心运动定理可知,如果作用于质点系的外力的矢量和恒等于零,即 $\sum_{i=1}^{n} \boldsymbol{F}_i^{(e)} = 0$,则

$\dfrac{\mathrm{d}\boldsymbol{v}_C}{\mathrm{d}t} = 0$,即 $\boldsymbol{v}_C$ 为常矢量。若开始静止,则质心位置始终保持不变;如果作用于质点系的所

有外力在某轴上投影的代数和恒等于零,即 $\sum_{i=1}^{n} F_x^{(e)} = 0$,则知 $v_{Cx} =$ 常量。若开始速度投影

等于零,则质心沿该轴的坐标保持不变。

以上结论,称为质心运动守恒定律。

例 10.4 电动机的外壳固定在水平基础上,定
子重 P,转子重 p,如图 10.12 所示。转子的轴通过
定子的质心 O_1,但由于制造误差,转子的质心 O_2 到
O_1 的距离为 e。已知转子匀速转动,角速度为 ω,开
始时 O_1O_2 水平。求基础的支座反力。

图 **10.12**

解 研究整个系统。受力分析:定子重力 P,
转子重力 p,基础反力 R_x,R_y 和反力偶 M。求质点
系整个系统的质心。

$$x_C = \frac{\sum m_i x_i}{m} , \quad y_C = \frac{\sum m_i y_i}{m} , \quad x_C = \frac{Px_1 + px_2}{P + p} , \quad y_C = \frac{Py_1 + py_2}{P + p}$$

因为 $x_1 = y_1 = 0$,$\varphi = \omega t$,$x_2 = e\cos\omega t$,$y_2 = e\sin\omega t$。

所以 $x_C = \dfrac{pe\cos\omega t}{P + p}$,$y_C = \dfrac{pe\sin\omega t}{P + p}$,$\ddot{x}_C = \dfrac{-\omega^2 pe}{P + p}\cos\omega t$,$\ddot{y}_C = \dfrac{-\omega^2 pe}{P + p}\sin\omega t$。

应用质心运动定理 $m\boldsymbol{a}_C = \sum_{i=1}^{n} \boldsymbol{F}_i^{(e)}$

$$ma_{Cx} = m\ddot{x}_C = \sum F_x^{(e)} , \quad ma_{Cy} = m\ddot{y}_C = \sum F_y^{(e)}$$

所以 $\dfrac{P+p}{g}\Big(-\dfrac{pe\omega^2}{P+p}\cos\omega t\Big)=R_x$，$\dfrac{P+p}{g}\Big(-\dfrac{pe\omega^2}{P+p}\sin\omega t\Big)=R_y-P-p$

得：$R_x=-\dfrac{p}{g}e\omega^2\cos\omega t$，$R_y=P+p-\dfrac{p}{g}e\omega^2\sin\omega t$

其中 $\dfrac{p}{g}e\omega^2\sin\omega t$ 称为附加动反力，其中约束反力偶 M 我们还不能求出，应用到后面讲的知识才能解出。

例 10.5 如图 10.13，均质曲柄长 $AB=r$，质量为 m_1，以匀角速度 ω 绕轴 A 转动。整个构件 BCD 的质量为 m_2，质心在点 C。在活塞上作用一水平恒力 $\boldsymbol{F}$，不计各处摩擦和滑块 B 的质量。求作用在曲柄轴 A 处的最大水平分力 $\boldsymbol{F}_{x\max}$。

图 10.13

解 研究整个系统。水平方向受力分析如图，求系统质心坐标。

$$x_C=\Big[m_1\dfrac{r}{2}\cos\omega t+m_2(b+r\cos\omega t)\Big]/(m_1+m_2)$$

$$y_C=\Big[m_1\dfrac{r}{2}\sin\omega t+m_2\times0\Big]/(m_1+m_2)$$

$$a_{Cx}=\ddot{x}_C=\dfrac{-r\omega^2}{m_1+m_2}\Big(\dfrac{m_1}{2}+m_2\Big)\cos\omega t$$

$$ma_{Cx}=m\ddot{x}_C=\sum F_x^{(e)}，(m_1+m_2)\Big[\dfrac{-r\omega^2}{m_1+m_2}\Big(\dfrac{m_1}{2}+m_2\Big)\cos\omega t\Big]=F_x-F$$

得 $F_x=F-\dfrac{r\omega^2}{g}\Big(\dfrac{m_1}{2}+m_2\Big)\cos\omega t$，显然，$F_{x\max}=F+r\omega^2\Big(\dfrac{m_1}{2}+m_2\Big)$

例 10.6 如图 10.14 所示，在静止的小船上，一人自船头走向船尾，设人重 P，船重 Q，船长 l，不计水的阻力，求船的位移。

解 研究船与人组成的整体，因不计水的阻力，所以有 $\sum F_x^{(e)}=0$，又因为系统开始时静止，所以系统质心在水平轴上的坐标 $x_C=$ 常量，取图示坐标轴，则

图 10.14

$$x_{C1}=\dfrac{Pa+Qb}{P+Q}，x_{C2}=\dfrac{P(a+s-l)+Q(b+s)}{P+Q}$$

因为 $x_{C1}=x_{C2}$，解得 $s=\dfrac{Pl}{P+Q}$，所以船的位移为 $\dfrac{Pl}{P+Q}$。

习　　题

1. 选择题

(1) 边长为 L 的均质正方形平板,位于铅垂平面内并置于光滑水平面上,如图示,若给平板一微小扰动,使其从图示位置开始倾倒,平板在倾倒过程中,其质心 C 点的运动轨迹是_____。

(A) 半径为 $L/2$ 的圆弧　　　　　(B) 抛物线

(C) 椭圆曲线　　　　　　　　　(D) 铅垂直线

题 10.1(1) 图

(2) 人重 P,车重 Q,置于光滑水平地面上,人可在车上运动,系统开始时静止。则不论人采用何种方式(走、跑)从车头运动到车尾,车的_____。

(A) 位移是不变的　　　　　　　(B) 速度是相同的

(C) 质心位置是不变的　　　　　(D) 末加速度是相同的

(3) 图示船 A 重 P,以速度 v 航行。重 Q 的物体 B 以相对于船的速度 u 空投到船上,设 u 与水平面成 $60°$ 角,且与 v 在同一铅直平面内。若不计水的阻力,则二者共同的水平速度大小为_____。

(A) $(Pv + 0.5Qu)/(P+Q)$

(B) $(Pv + Qu)/(P+Q)$

(C) $((P+Q)v + 0.5Qu)/(P+Q)$

题 10.1(3) 图

(4) 系统在某一运动过程中,作用于系统的所有外力的冲量和的方向与系统在此运动过程中_____的方向相同。

(A) 力　　　　(B) 动量　　　　(C) 力的改变量　　　　(D) 动量的改变量

2. 填空题

(1) 已知 $OA /\!/ BO_1$,$OA = BO_1$,$O_3M = r$,O_3G 杆绕 O_3 轴转动的角速度为 ω,则 MD 杆的动量的大小为 $p = $_____。请将动量方向标在图上。

(2) 已知均质杆 AB 长为 l,质量为 m,$v_A = v$,则杆的动量的大小为 $p = $_____。请将动量方向标在图上。

(3) 已知质点 m 的质量 $M = 2$ kg,$v_r = 40$ m/s,$\omega = 2$ rad/s,$r = 20$ m,则质点 m 动量的大小为 $p = $_____。

题 10.2(1) 图　　　　　　　　题 10.2(2) 图　　　　　　　　题 10.2(3) 图

3. 计算题

（1）一人站在车上，车以速度 v_1 前进，如图示。设人的质量为 m_1，车子的质量为 m_2，如人以相对于车的速度 v_r 向后跳下，求此时车的速度 v_2，假定路面水平且光滑。

题 10.3(1) 图

（2）质量为 $m_1=6$ kg，半径为 $R=0.5$ m 的均质轮 O 沿水平面滚动而不滑动，销钉 B 固定在轮缘上，此销钉可在摇杆 O_1A 的槽内滑动，并带动摇杆绕 O_1 轴摆动。已知摇杆 O_1A 的质量 $m_1=4$ kg，质心在 C 点，且 $O_1C=\sqrt{3}/4$ m。在图示位置时，O_1A 是轮的切线。轮心的速度 $v_O=0.2$ m/s。摇杆与水平面成 60° 夹角，求此时系统的动量。（不计销钉 B 的质量）

（3）图示已知滑块 B 的质量为 m_1，按规律 $s=a+b\sin\dfrac{1}{2}\pi t$ 沿水平直线做简谐振动（a、b 为常数）。均质细杆长 L，质量为 m_2，绕滑块 B 上 O 点转动，其转动方向 $\varphi=\dfrac{1}{2}\pi t$。求 $t=1$ 秒时该系统动量的大小。

题 10.3(2) 图

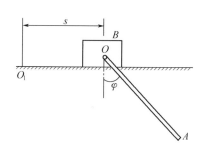

题 10.3(3) 图

（4）图示水平面上放一均质三棱柱 A。在 A 上又放一均质小三棱柱 B，两三棱柱的横截面皆为直角三角形。已知三棱柱 A 的质量为 B 的 5 倍，即 $m_A=5m_B$，设三棱柱和水平面都是光滑的。试求当 B 沿 A 滑下接触到水平面时 A 所移动的距离。

（5）图示均质曲柄 OD 长 L，质量 m；均质连杆 AB 长 $2L$，质量 $2m$；滑块 A、B 质量各为 m。设某瞬时曲柄绕 O 轴转动的角速度为 ω，试求当曲柄与水平线成角 φ 时系统的动量。

题 10.3(4) 图

题 10.3(5) 图

（6）图示小车 A 重 Q，下悬一摆，摆按规律 $\varphi=\varphi_0 \cos kt$ 摆动。设摆锤 B 重 P，摆长 L，摆杆的质量及各处摩擦均忽略不计。试求小车的运动方程。

（7）图示质量 $m_1=0.2$ kg 的子弹以速度 $v_0=500$ m/s 射入平板车上质量为 $m_2=20$ kg 的物块 A 内，平板车质量为 $m_3=16$ kg，可在固定水平面上自由运动。设开始时车和物块是静止的。若子弹射入后，物块 A 在平板车上滑动 0.4 s 后，才与车面相对静止。（1）求物块和小车最后的速度；（2）车面与物块 A 相互作用的摩擦力的平均值。车与地面间摩擦力忽略不计。

题 10.3(6) 图　　　　　　　　　　　题 10.3(7) 图

（8）图示重为 W_1 的物块 A，沿三棱体 D 的光滑斜面下降，同时借一绕过滑轮 C 的绳子使重为 W_2 的物块 B 运动。三棱体 D 重为 W_3，斜面与水平面成 α 角，如略去绳子和滑轮的质量，求三棱体 D 给凸出部分 E 的压力及给地面的压力（设三棱体与地面间没有摩擦）。

（9）均质曲柄 OA，长 $L=1$ m，质量 $m_1=3$ kg；滑块 A 的质量 $m_2=0.5$ kg；滑道与连杆 BD 的质量 $m_3=4$ kg。当 $\varphi=30°$ 时，杆 OA 绕 O 轴转动的角速度 $\omega=5$ rad/s，角加速度 $\alpha=1$ rad/s^2，转向如图示。试求此瞬时 O 轴处的铅直反力。

（10）图示互相垂直的墙和地面都是光滑的，重为 W、长为 L 的均质杆由铅直位置开始下滑到图示位置时，杆的角速度为 $\omega=\sqrt{3g(1-\sin\theta)/L}$，且杆始终在与墙面垂直的铅直平面内运动。试求此时杆端 A、B 的反力。

题 10.3(8) 图　　　　　　　题 10.3(9) 图　　　　　　　题 10.3(10) 图

第 11 章　　动量矩定理

前一章阐述的动量定理建立了作用力与动量变化之间的关系。但是,质点系的动量只是描述质点系运动状态的运动量之一,它不能完全描述质点系的运动状态。例如,一对称的圆轮绕不动的质心转动时,无论圆轮转动的快慢如何,它的动量恒等于零。由此可见,质点系的动量不能描述质点系相对于质心的运动状态,动量定理也不能阐明这种运动的规律,而必须用其他理论来解决这个问题。动量矩定理正是描述质点系相对于某一定点(或定轴)或质心的运动状态的理论。

11.1　质点的动量矩定理

11.1.1　质点的动量矩

在静力学中我们讲述了力对点之矩的概念。例如一质点 M 沿任一空间曲线运动,如图 11.1 作用于该质点上的力为 F,质点 M 的矢径为 r,质量为 m,则

$$M_O(F) = r \times F$$

令某瞬时该质点的动量为 mv,仿照力对点之矩的定义,定义质点 M 的动量 mv 对于点 O 的矩为

$$M_O(mv) = r \times mv \qquad (11.1)$$

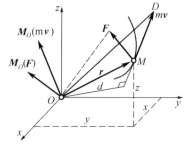

图 11.1

称为质点对于点 O 的动量矩。动量矩为矢量,其大小也可以用由动量 mv 与矢径 r 所构成的 $\triangle OMD$ 面积的二倍来表示,其方向符合右手规则。

质点动量 mv 在 Oxy 平面内的投影 $(mv)_{xy}$ 对于点 O 的矩,定义为质点动量对于 z 轴之矩,简称对于 z 轴的动量矩,对轴的动量矩是代数量。仿照静力学中力对点的矩与力对通过该点的轴之矩的关系,则有质点对点 O 的动量矩在通过 O 点的某一轴上的投影等于质点的动量对该轴之矩,即

$$[M_O(mv)]_z = M_z(mv) \qquad (11.2)$$

在国际单位制中,动量矩的单位为 $kg \cdot m^2/s$。

11.1.2　质点的动量矩定理

设质点对定点 O 的动量矩为 $M_O(mv)$,作用力 F 对同一点的矩为 $M_O(F)$,将动量矩对时间 t 取一阶导数,得

$$\frac{\mathrm{d}}{\mathrm{d}t}\big[\boldsymbol{M}_O(m\boldsymbol{v})\big] = \frac{\mathrm{d}}{\mathrm{d}t}(\boldsymbol{r} \times m\boldsymbol{v}) = \frac{\mathrm{d}\boldsymbol{r}}{\mathrm{d}t} \times m\boldsymbol{v} + \boldsymbol{r} \times \frac{\mathrm{d}(m\boldsymbol{v})}{\mathrm{d}t} \qquad (11.3)$$

由质点动量定理可知 $\dfrac{\mathrm{d}}{\mathrm{d}t}(m\boldsymbol{v}) = \boldsymbol{F}$，又因为 $\dfrac{\mathrm{d}\boldsymbol{r}}{\mathrm{d}t} = \boldsymbol{v}$，所以上式可写为

$$\frac{\mathrm{d}}{\mathrm{d}t}\boldsymbol{M}_O(m\boldsymbol{v}) = \boldsymbol{v} \times m\boldsymbol{v} + \boldsymbol{r} \times \boldsymbol{F} = \boldsymbol{M}_O(\boldsymbol{F})$$

即

$$\frac{\mathrm{d}}{\mathrm{d}t}\boldsymbol{M}_O(m\boldsymbol{v}) = \boldsymbol{M}_O(\boldsymbol{F}) \qquad (11.4)$$

此即为质点的动量矩定理。即质点对某定点的动量矩对时间的一阶导数等于作用力对同一点的力矩。

上式为矢量形式，将该式投影到直角坐标轴上，并将对点的动量矩与对轴的动量矩的关系式代入，得

$$\frac{\mathrm{d}}{\mathrm{d}t}M_x(m\boldsymbol{v}) = M_x(\boldsymbol{F}),\ \frac{\mathrm{d}}{\mathrm{d}t}M_y(m\boldsymbol{v}) = M_y(\boldsymbol{F}),\ \frac{\mathrm{d}}{\mathrm{d}t}M_z(m\boldsymbol{v}) = M_z(\boldsymbol{F}) \qquad (11.5)$$

即质点对某定轴的动量矩对时间的一阶导数等于作用力对于同一轴的力矩。

11.1.3　质点动量矩守恒定律

如果作用于质点的力对于某定点 O 的矩恒等于零，即 $\boldsymbol{M}_O(\boldsymbol{F}) = 0$，则由上式可知，质点的动量对于固定点 O 之矩保持不变，即 $\boldsymbol{M}_O(m\boldsymbol{v}) = \boldsymbol{r} \times m\boldsymbol{v} =$ 常矢量。

如果作用于质点的力对于某定轴的矩恒等于零，即 $M_x(\boldsymbol{F}) = 0$，则知质点对该轴的动量矩保持不变，即 $M_x(m\boldsymbol{v}) =$ 常量

如果作用于质点的力的作用线恒通过某固定点 O，这种力称为有心力，该固定点 O 称为力心。例如太阳对于行星的引力和地球对于人造卫星的引力等。若质点 M 在力心为 O 的有心力 $\boldsymbol{F}$ 作用下运动，根据质点的动量矩守恒定律得

$$\boldsymbol{M}_O(m\boldsymbol{v}) = \boldsymbol{r} \times m\boldsymbol{v} = 常矢量$$

这就表明：

(1) 质点的矢径 $\boldsymbol{r}$ 与速度 $\boldsymbol{v}$ 所组成的平面在空间的方位不变，即质点在经过 O 点的平面内运动。

(2) 质点对 O 点的动量矩大小保持不变，即 $|\boldsymbol{M}_O(m\boldsymbol{v})| = mvd =$ 常量，其中 d 为 O 点至矢量 $m\boldsymbol{v}$ 的垂直距离。

质点的动量矩定理建立了质点的动量矩与力矩之间的关系，实际上是质点的运动微分方程。因此这个定理可以处理质点动力学的两类基本问题，即已知作用于质点的力矩或力求质点的运动；或已知质点的运动求作用于质点的力矩或力。至于质点的动量矩守恒定律，只能用到对于某一点或某一轴的力矩恒为零的情形，所处理的问题一般是已知质点在某一状态下的运动要素求在另一状态下的运动要素（速度、位置坐标）。

例 11.1　如图 11.2 示为一单摆（数学摆），摆锤重为 P，悬线长为 l。如给摆锤以初位移或初速度（统称初扰动），它就在经过 O 点的铅垂平面内摆动。求此单摆在微小摆动时的运动规律。

解 取直角坐标系如图所示,在任意瞬时 t,摆锤 M 的速度为 v,摆的偏角为 φ,则其对于 z 轴的动量矩为

$$M_z(mv) = \frac{P}{g}vl = \frac{P}{g}l^2\omega = \frac{P}{g}l^2\frac{d\varphi}{dt}$$

作用于摆锤的力有重力 P 和绳的约束反力 F_T,F_T 始终通过悬挂点 O 而与 z 轴相交,它对于 z 轴之矩恒等于零,因此对于 z 轴的力矩为

$$M_z(F) = -Pl\sin\varphi$$

式中负号表示力矩的正负恒与偏角 φ 的正负相反,由质点的动量矩定理得

图 11.2

$$\frac{d}{dt}\left(\frac{P}{g}l^2\frac{d\varphi}{dt}\right) = -Pl\sin\varphi,\ 或\ \frac{d^2\varphi}{dt^2} + \frac{g}{l}\sin\varphi = 0$$

此即为单摆的运动微分方程。当摆动不大即偏角很小时,可取 $\sin\varphi \approx \varphi$,于是上式变为 $\frac{d^2\varphi}{dt^2} + \frac{g}{l}\varphi = 0$,此微分方程的解为 $\varphi = A\sin\left(\sqrt{\frac{g}{l}}t + \alpha\right)$,其中 A 和 α 为积分常数,取决于初始条件。可见单摆的微幅摆动为简谐运动,振动的周期为 $T = 2\pi\sqrt{\frac{l}{g}}$,而与初始条件无关。

例 11.2 如图 11.3,行星 M 沿椭圆轨道绕太阳运行,太阳位于椭圆的焦点 S 处。已知椭圆的长半轴为 a,偏心率为 e,即 $OS = ae$,行星在 A 点的速度为 v_1,求行星行至 B 点时的速度 v_2。

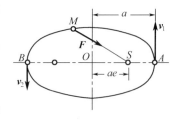

解 行星 M 在任一瞬时所受的力就是太阳的引力 F,该力为有心力,力心即为焦点 S。根据质点的动量矩守恒定律,则知行星对于 S 点的动量矩保持不变。设行星的质量为 m,在 A,B 两点的速度与椭圆长轴垂直,并且

图 11.3

$$SA = a - ae = a(1-e),\ SB = a + ae = a(1+e)$$

于是得到 $\quad mv_1a(1-e) = mv_2a(1+e)$

由此求出行星至 B 点时的速度为 $v_2 = \dfrac{1-e}{1+e}v_1$

11.2 质点系的动量矩定理

11.2.1 质点系的动量矩

质点系对某固定点 O 的动量矩等于该质点系内各质点对同一点 O 的动量矩的矢量和,即 $\boldsymbol{L}_O = \boldsymbol{M}_O(m_1\boldsymbol{v}_1) + \boldsymbol{M}_O(m_2\boldsymbol{v}_2) + \cdots + \boldsymbol{M}_O(m_n\boldsymbol{v}_n)$ 得

$$\boldsymbol{L}_O = \sum_{i=1}^{n}\boldsymbol{M}_O(m_i\boldsymbol{v}_i) \tag{11.6}$$

质点系对某轴 z 的动量矩等于该质点系内各质点对同一 z 轴动量矩的代数和,即

$$L_z = \sum_{i=1}^{n} M_z(m_i \boldsymbol{v}_i) \tag{11.7}$$

$$[\boldsymbol{L}_O]_z = \Big[\sum_{i=1}^{n} \boldsymbol{M}_O(m_i \boldsymbol{v}_i) \Big]_z = \sum_{i=1}^{n} [\boldsymbol{M}_O(m_i \boldsymbol{v}_i)]_z = \sum_{i=1}^{n} M_z(m_i \boldsymbol{v}_i) = L_z$$

即

$$[\boldsymbol{L}_O]_z = L_z \tag{11.8}$$

也就是质点系对某点 O 的动量矩在通过该点的 z 轴上的投影等于质点系对该轴的动量矩。

刚体平移时,可将全部质量集中于质心,作为一个质点计算其动量矩。

刚体绕定轴转动是工程中最常见的一种运动情况,下面我们计算其对于转轴 z 的动量矩。

如图 11.4,刚体内任一点 M_i 对 z 轴的动量矩为 $M_z(m_i \boldsymbol{v}_i) = m_i v_i r_i = m_i r_i^2 \omega$,整个刚体对于 z 轴的动量矩为 $L_z = \sum M_z(m_i \boldsymbol{v}_i) = \sum m_i r_i^2 \omega = \omega \sum m_i r_i^2$,令 $J_z = \sum m_i r_i^2$ 称为刚体对 z 轴的转动惯量,于是得

$$L_z = J_z \omega \tag{11.9}$$

图 11.4

即绕定轴转动刚体对其转轴的动量矩等于刚体对转轴的转动惯量与转动角速度的乘积。

11.2.2　质点系的动量矩定理

设质点系内有 n 个质点,如图 11.5 作用于每个质点的力分为内力 $\boldsymbol{F}_i^{(i)}$ 和外力 $\boldsymbol{F}_i^{(e)}$,根据质点的动量矩定理有

$$\frac{\mathrm{d}}{\mathrm{d}t} \boldsymbol{M}_O(m_i \boldsymbol{v}_i) = \boldsymbol{M}_O(\boldsymbol{F}_i^{(i)}) + \boldsymbol{M}_O(\boldsymbol{F}_i^{(e)})$$

这样的方程共有 n 个,n 个方程两边相加得:

$$\sum \frac{\mathrm{d}}{\mathrm{d}t} \boldsymbol{M}_O(m_i \boldsymbol{v}_i) = \sum \boldsymbol{M}_O(\boldsymbol{F}_i^{(i)}) + \sum \boldsymbol{M}_O(\boldsymbol{F}_i^{(e)})$$

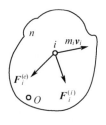

图 11.5

上式右端第一项为作用于质点系的内力对于点 O 的矩的矢量和,第二项为质点系的外力对于点 O 的矩的矢量和。由于内力总是大小相等,方向相反地成对出现,因此有:$\sum \boldsymbol{M}_O(\boldsymbol{F}_i^{(i)}) = 0$,上式左端为 $\sum \dfrac{\mathrm{d}}{\mathrm{d}t} \boldsymbol{M}_O(m_i \boldsymbol{v}_i) = \dfrac{\mathrm{d}}{\mathrm{d}t} \sum \boldsymbol{M}_O(m_i \boldsymbol{v}_i) = \dfrac{\mathrm{d}}{\mathrm{d}t} \boldsymbol{L}_O$,于是得

$$\frac{\mathrm{d}}{\mathrm{d}t} \boldsymbol{L}_O = \sum \boldsymbol{M}_O(\boldsymbol{F}_i^{(e)}) \tag{11.10}$$

即质点系对于某定点 O 的动量矩对于时间的一阶导数等于作用于质点系的外力对于同一点的矩的矢量和。

上式为矢量式,在应用时,取其投影式:

$$\frac{\mathrm{d}}{\mathrm{d}t}L_x = \sum M_x(\boldsymbol{F}_i^{(e)}), \frac{\mathrm{d}}{\mathrm{d}t}L_y = \sum M_y(\boldsymbol{F}_i^{(e)}), \frac{\mathrm{d}}{\mathrm{d}t}L_z = \sum M_z(\boldsymbol{F}_i^{(e)}) \qquad (11.11)$$

即质点系对于某定轴的动量矩对时间的一阶导数,等于作用于质点系的外力对同一轴的矩的代数和。

由动量矩定理可知,质点系的内力不能改变质点系的动量矩,只有作用于质点系的外力才能使质点系的动量矩发生变化。

11.2.3　质点系的动量矩守恒定律

当质点系不受外力作用,或作用于质点系的所有外力对于某定点之矩的矢量和恒等于零时,即 $\sum \boldsymbol{M}_O(\boldsymbol{F}_i^{(e)}) = 0$,则质点系对于该点的动量矩保持不变,即 $\boldsymbol{L}_O = \sum \boldsymbol{M}_O(m_i\boldsymbol{v}_i) =$ 常矢量。

当作用于质点系的所有外力对于某定轴 z 之矩的代数和恒等于零时,即 $\sum M_z(\boldsymbol{F}_i^{(e)}) = 0$,则质点系对于该轴的动量矩保持不变,即

$$L_z = \sum M_z(m_i\boldsymbol{v}_i) = 常量$$

例 11.3　如图 11.6 所示,半径为 r,重为 G 的滑轮可绕定轴 O 转动,在滑轮上绕一柔软的绳子,其两端各系一重各为 P 和 Q 的重物 A 和 B,且 $P > Q$,设滑轮的质量均匀分布在圆周上(即将滑轮视为圆环),求此两重物的加速度和滑轮的角加速度。

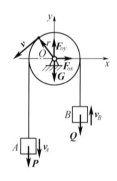

图 11.6

解　取滑轮及两重物为质点系,设重物速度的大小为 v,即 $v_A = v_B = v$,则质点系对于转轴 z 的动量矩为:$L_z = \dfrac{P}{g}vr + \dfrac{Q}{g}vr + \sum \Delta m_i vr$,式中 $\sum \Delta m_i vr$ 是滑轮的动量矩。因为在圆周上各点的 r 和 v 都相同,因此 $\sum \Delta m_i vr = \sum \Delta m_i(vr) = rv\dfrac{G}{g}$,将这个关系式代入上式后则得,$L_z = \dfrac{vr}{g}(P+Q+G)$,作用于质点系的外力有重力 $\boldsymbol{P}, \boldsymbol{Q}, \boldsymbol{G}$ 和轴承反力 $\boldsymbol{F}_{Ox}, \boldsymbol{F}_{Oy}$,则所有外力对于转轴 z 之矩的代数和为 $\sum M_z(\boldsymbol{F}_i^{(e)}) = Pr - Qr$,由质点系的动量矩定理有 $\dfrac{r}{g}(P+Q+G)\dfrac{\mathrm{d}v}{\mathrm{d}t} = r(P-Q)$,于是两重物 A 和 B 的加速度为 $a = \dfrac{\mathrm{d}v}{\mathrm{d}t} = \dfrac{P-Q}{P+Q+G}g$,而滑轮的角加速度为 $\alpha = \dfrac{a}{r} = \dfrac{P-Q}{P+Q+G} \cdot \dfrac{g}{r}$。

例 11.4　高炉运送矿石用的卷扬机如图 11.7 所示。已知鼓轮的半径为 R,转动惯量为 J,质量为 P_1,在铅直平面内绕水平的定轴 O 转动。物块的质量为 P_2,作用在鼓轮上的力矩为 M,轨道的倾角为 θ。设绳的质量和各处的摩擦均忽略不计。求物块的加速度 $\boldsymbol{a}$。

解　取物块与鼓轮组成质点系,视物块为质点,质点系通过 O 轴的动量矩为 $L_O = J\omega + \dfrac{P_2}{g}vR$,式中 J 为鼓轮对中心轴 O 的转动惯量,作用于质点系的外力除力偶 M,重力

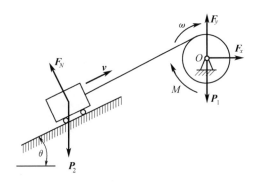

图 11.7

P_1 和 P_2 外,尚有轴承 O 的反力 F_x,F_y,轨道对物块的约束反力 F_N,这些外力对 O 轴之矩的代数和为

$$\sum M_O(F_i^{(e)}) = -M + P_2\sin\theta R$$

这里要用到力 F_N 对 O 轴的矩等于力 P_2 沿斜面法线的分力对 O 轴的矩,但方向相反,因为 $F_N = P_2\cos\theta$,二力对点 O 的距离相同。由动量矩定理得

$$\frac{\mathrm{d}}{\mathrm{d}t}\left(J\omega + \frac{P_2}{g}vR\right) = -M + P_2\sin\theta R$$

因为 $\omega = \dfrac{v}{R}$,$\dfrac{\mathrm{d}v}{\mathrm{d}t} = a$,解得 $a = -\dfrac{M - P_2\sin\theta R}{Jg + P_2 R^2}Rg$。

若 $M > P_2\sin\theta R$,则 $a < 0$,物块加速度沿斜面向上,这是因为在计算本题时,力矩以逆时针转向为正,因此加速度必须取沿斜面向下为正。

例 11.5　如图 11.8 所示,水平杆 AB 长为 $2a$,可绕铅直轴 z 转动,其两端各用铰链与长为 l 的杆 AC 及 BD 相连,杆端各联结重为 P 的小球 C 和 D。起初两小球用细线联结,使杆 AC 及 BD 均为铅垂时系统绕 z 轴的角速度为 ω_0。如某时此细线拉断后,杆 AC 和 BD 各与铅垂线成 α 角。不计各杆及轴的质量,求此时系统的角速度 ω。

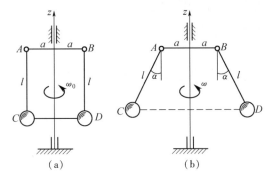

图 11.8

解　系统所受的外力有小球的重力及轴承处的反力,这些力对于转轴 z 之矩都等于零。根据质点系的动量矩守恒定律知,系统对于 z 轴的动量矩保持不变,即 $L_{z_1} = L_{z_2}$。

开始时系统的动量矩为 $L_{z_1} = 2\left(\dfrac{P}{g}a\omega_0\right)a = 2\dfrac{P}{g}a^2\omega_0$

细线拉断后的动量矩为 $L_{z_2} = 2\dfrac{P}{g}(a + l\sin\alpha)^2\omega$

由于动量矩保持不变,则得 $2\dfrac{P}{g}a^2\omega_0 = 2\dfrac{P}{g}(a + l\sin\alpha)^2\omega$

由此求出断线后的角速度为 $\omega = \dfrac{a^2}{(a + l\sin\alpha)^2}\omega_0$,显然,此时的角速度 $\omega < \omega_0$。

11.3 刚体绕定轴的转动微分方程

现把质点系的动量矩定理应用于刚体绕定轴转动的情形。

设刚体上作用了主动力 $\boldsymbol{F}_1, \boldsymbol{F}_2, \cdots, \boldsymbol{F}_n$ 和轴承约束反力 $\boldsymbol{F}_{N_1}$,$\boldsymbol{F}_{N_2}$,这些力均为外力。如图 11.9 所示,已知刚体对于 z 轴的转动惯量为 J_z,角速度为 ω,于是刚体对于 z 轴的动量矩为 $L_z = J_z\omega$。根据质点系对于 z 轴的动量矩定理有

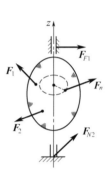

$$\frac{\mathrm{d}}{\mathrm{d}t}L_z = \frac{\mathrm{d}}{\mathrm{d}t}(J_z\omega) = \sum_{i=1}^{n}M_z(\boldsymbol{F}_i) + \sum_{i=1}^{2}M_z(\boldsymbol{F}_{N_i})$$

由于轴承约束反力对于 z 轴的力矩等于零,于是有

$$\frac{\mathrm{d}}{\mathrm{d}t}(J_z\omega) = \sum M_z(\boldsymbol{F}_i),\text{ 或 } J_z\frac{\mathrm{d}\omega}{\mathrm{d}t} = \sum M_z(\boldsymbol{F}_i) \quad (11.12)$$

图 11.9

改写上式为

$$J_z\alpha = \sum M_z(\boldsymbol{F}_i) \tag{11.13}$$

或

$$J_z\frac{\mathrm{d}^2\varphi}{\mathrm{d}t^2} = \sum M_z(\boldsymbol{F}_i) \tag{11.14}$$

以上各式均称为刚体绕定轴转动微分方程。即刚体对定轴的转动惯量与角加速度的乘积,等于作用于刚体的主动力对该轴的矩的代数和。

由以上可知:

(1) 如果作用于刚体的主动力对转轴的矩的代数和不等于零,则刚体的转动状态一定发生变化。

(2) 如果作用于刚体的主动力对转轴的矩的代数和等于零,则刚体做匀速转动。如果主动力对转轴的矩的代数和为恒量,则刚体做匀变速转动。

(3) 在一定的时间间隔内,当主动力对转轴的矩一定时,刚体的转动惯量越大,转动状态变化越小,转动惯量越小,转动状态变化越大。这就是说,刚体的转动惯量的大小表现了刚体转动状态改变的难易程度。因此说,转动惯量是刚体转动时惯性的度量。

若把刚体的定轴转动微分方程与质点的运动微分方程即 $J_z\alpha = \sum M_z(\boldsymbol{F})$ 与 $m\boldsymbol{a} = \sum\boldsymbol{F}$ 加以对照,可见,它们的形式完全相似。因此,刚体的转动微分方程可以解决刚体绕

定轴转动的两类动力学问题,即

(1) 已知刚体的转动规律,求作用于刚体的主动力;

(2) 已知作用于刚体的主动力,求刚体的转动规律。

例 11.6　如图 11.10 所示,已知滑轮半径为 R,转动惯量为 J,带动滑轮的胶带拉力为 F_1 和 F_2。求滑轮的角加速度。

解　根据刚体绕定轴的转动微分方程有 $J\alpha = (F_1 - F_2)R$,于是得 $\alpha = \dfrac{(F_1 - F_2)R}{J}$。由上式可见,只有当定滑轮为匀速转动(包括静止)或虽非匀速转动,但可忽略滑轮的转动惯量时,跨过定滑轮的胶带拉力才是相等的。

图 11.10

例 11.7　图 11.11 中物理摆(或称为复摆)的质量为 m,C 为其质心,摆对悬挂点的转动惯量为 J_O。求该物理摆做幅摆动时的运动规律。

解　根据刚体绕定轴的转动微分方程有:

$$J_O \frac{\mathrm{d}^2\varphi}{\mathrm{d}t^2} = -mga\sin\varphi$$

上式右端的负号表示重力矩的代数值与偏角 φ 的代数值总是异号,例如在图示位置时,偏角 φ 为正值,而力矩应取负值,因此必须在 $mga\sin\varphi$ 前冠一负号。又因为刚体做微幅摆动,有 $\sin\varphi \approx \varphi$,于是方程变为 $J_O \dfrac{\mathrm{d}^2\varphi}{\mathrm{d}t^2} = -mga\varphi$,即 $\dfrac{\mathrm{d}^2\varphi}{\mathrm{d}t^2} + \dfrac{mga}{J_O}\varphi = 0$。解方程得

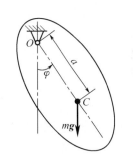

图 11.11

$$\varphi = \varphi_0 \sin\left(\sqrt{\frac{mga}{J_O}}\,t + \alpha\right)$$

其中 φ_0 为角振幅,α 为初相位,摆动周期为 $T = 2\pi\sqrt{\dfrac{J_O}{mga}}$,在工程实际中,常用上式通过测定零件(如曲柄,连杆等)的摆动周期计算其转动惯量。

例 11.8　如图 11.12 飞轮重 P,对轴 O 的转动惯量为 J_O,以角速度 ω_0 绕轴 O 转动。制动时,闸块给轮以正压力 Q。已知闸块与轮之间的动滑动摩擦系数为 f,轮的半径为 R,轴承的摩擦忽略不计。求制动所需的时间 t。

解　以轮为研究对象。作用于轮上的力除 Q 外,还有摩擦力 F,重力 P 和轴承约束反力。根据刚体的定轴转动微分方程有

图 11.12

$$J_O \frac{\mathrm{d}\omega}{\mathrm{d}t} = FR = f F_N R = f Q R$$

积分上式,并根据已知条件确定积分上、下限,得 $\displaystyle\int_{-\omega_0}^{0} J_O \mathrm{d}\omega = \int_0^t f Q R \,\mathrm{d}t$,由此解得

$$t = \frac{J_O \omega_0}{f Q R}$$

11.4 刚体对轴的转动惯量

刚体的转动惯量是刚体转动时惯性的度量,它等于刚体各质点的质量与质点到轴的垂直距离平方的乘积之和,即 $J_z = \sum_{i=1}^{n} m_i r_i^2$。如果刚体的质量连续分布,则转动惯量的表达式可写成积分的形式: $J_z = \int_m r^2 \mathrm{d}m$。由上式可见,转动惯量为一恒正标量,其值决定于轴的位置、刚体的质量及其分布,而与运动状态无关。

在工程实际中,常常根据工作需要来确定转动惯量的大小。下面先阐述刚体转动惯量的计算方法。

11.4.1 按照公式计算转动惯量

这是最基本的方法,下面举例说明计算的步骤。

1. 均质细直杆对于 z 轴的转动惯量

如图 11.13,设杆在单位长度内的质量为 ρ_l,取杆上一微段 $\mathrm{d}x$,其质量为 $\mathrm{d}m = \rho_l \mathrm{d}x$,则此杆对于 z 轴的转动惯量为 $J_z = \int_0^l (\rho_l \mathrm{d}x) x^2 = \frac{1}{3} \rho_l l^3$,杆的质量 $m = \rho_l l$,于是

图 11.13

$$J_z = \frac{1}{3} m l^2 \tag{11.15}$$

2. 均质薄圆环对于中心轴的转动惯量

如图 11.14,将圆环沿圆周分成许多微段,设每段的质量为 m_i,由于这些微段到中心轴的距离都等于半径 R,所以圆环对于中心轴 z 的转动惯量为

$$J_z = \sum m_i R^2 = R^2 \sum m_i = m R^2 \tag{11.16}$$

3. 均质薄圆板对于中心轴的转动惯量

如图 11.15,设圆板的半径为 R,质量为 m,将圆板分成无数同心的细圆环,任一圆环的半径为 r_i,宽度为 $\mathrm{d}r_i$,则圆板的质量为 $\mathrm{d}m = 2\pi r_i \mathrm{d}r_i \rho$,式中 $\rho = \dfrac{m}{\pi R^2}$ 是均质圆板的单位面积的质量。圆板对于中心轴的转动惯量为

图 11.14

$$J_z = \int_0^R [(2\pi r_i \rho \mathrm{d}r_i) \cdot r^2] = 2\pi \rho \frac{R^4}{4}$$

即

$$J_z = \frac{1}{2} m R^2 \tag{11.17}$$

4. 均质薄圆板对于直径轴的转动惯量

如图 11.16,薄圆板对于 x 轴和 y 轴的转动惯量分别为: $J_x = \sum m_i y_i^2$, $J_y = \sum m_i x_i^2$,

由于均质圆板对于中心轴 Oz 是对称的,因此有 $J_x = J_y$。由于

$$J_z = \sum m_i r_i^2 = \sum m_i (x_i^2 + y_i^2) = \sum m_i x_i^2 + \sum m_i y_i^2 = J_x + J_y$$

于是得

$$J_x = J_y = \frac{1}{2} J_z = \frac{1}{4} mR^2 \tag{11.18}$$

图 11.15

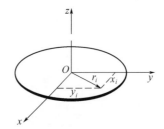

图 11.16

11.4.2　回转半径(或惯性半径)

由计算各种零件的转动惯量可见,转动惯量与质量的比值仅与零件的几何形状和尺寸有关,例如:细直杆 $\frac{J_z}{m} = \frac{1}{3} l^2$;均质圆环 $\frac{J_z}{m} = R^2$;均质圆板 $\frac{J_z}{m} = \frac{1}{2} R^2$。因此,几何形状相同而材料不同(密度或比重不同)的零件,上列比值是相同的,令

$$\rho_z = \sqrt{\frac{J_z}{m}} \tag{11.19}$$

称之为回转半径(或惯性半径),则对于几何形状相同的物体,惯性半径是一定的。例如:细直杆 $\rho_z = \frac{\sqrt{3}}{3} l = 0.577l$;均质圆环 $\rho_z = R$;均质圆板 $\rho_z = \frac{\sqrt{2}}{2} R = 0.707R$。

对于用不同材料制成的零件,若已知惯性半径 ρ_z,则零件的转动惯量可按下式计算:

$$J_z = m\rho_z^2 \tag{11.20}$$

即物体的转动惯量等于该物体的质量与惯性半径平方的乘积。上式表明,如果把物体的质量全部集中于一点,并令该质点对于 z 轴的转动惯量等于物体的转动惯量,则质点到 z 轴的垂直距离就是惯性半径。

常用零件的惯性半径可通过查阅有关的机械工程手册得到。

11.4.3　平行轴定理

刚体对于任一轴的转动惯量,等于刚体对于通过质心并与该轴平行的轴的转动惯量,加上刚体的质量与两轴间距离平方的乘积,即

$$J_z = J_{zC} + md^2$$

证明　如图 11.17 所示,设点 C 为刚体的质心。刚体对于通过质心 C 的 z_1 轴的转动惯量为 J_{zC},刚体对于平行于该轴的另一轴 z 的转动惯量为 J_z,两轴间距离为 d。分别以 C,O 两点为原点,作直角坐标轴系 $Cx_1y_1z_1$ 和 $Oxyz$,不失一般性,可令轴 y 与轴 y_1 重合,

由图可得

$$J_{zC} = \sum m_i r_1^2 = \sum m_i(x_1^2 + y_1^2), J_z = \sum m_i r^2 = \sum m_i(x^2 + y^2)$$

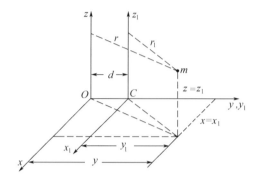

图 11.17

因为 $x = x_1, y = y_1 + d$，于是

$$J_z = \sum m_i[x_1^2 + (y_1 + d)^2] = \sum m_i(x_1^2 + y_1^2) + 2d\sum m_i y_1 + d^2\sum m_i$$

由质心坐标公式

$$y_C = \frac{\sum m_i y_1}{\sum m_i}$$

当坐标原点取在质心 C 时，$y_C = 0$，$\sum m_i y_1 = 0$，又有 $\sum m_i = m$，
于是得 $J_z = J_{zC} + md^2$，定理证毕。

由平行轴定理可知，刚体对于诸平行轴，以通过质心的轴
的转动惯量为最小。

例 11.9 钟摆简化如图 11.18 所示。已知均质细杆和均
质圆盘的质量分别为 m_1 和 m_2，杆长为 l，圆盘直径为 d。求摆
对于通过悬挂点 O 的水平轴的转动惯量。

解 摆对于水平轴 O 的转动惯量 $J_O = J_{O杆} + J_{O盘}$，式中

$$J_{O杆} = \frac{1}{3}m_1 l^2$$

图 11.18

设 J_C 为圆盘对于中心 C 的转动惯量，则

$$J_{O盘} = J_C + m_2\left(l + \frac{d}{2}\right)^2 = \frac{1}{2}m_2\left(\frac{d}{2}\right)^2 + m_2\left(l + \frac{d}{2}\right)^2$$

$$= m_2\left(\frac{3}{8}d^2 + l^2 + ld\right)$$

于是得　$J_O = \frac{1}{3}m_1 l^2 + m_2\left(\frac{3}{8}d^2 + l^2 + ld\right)$

工程中，对于几何形状复杂的物体，常用实验方法测定其
转动惯量。

图 11.19

例如,欲求曲柄对于轴 O 的转动惯量,可将曲柄在轴 O 悬挂起来,并使其做微幅摆动,如图 11.19 所示。由前例有 $T=2\pi\sqrt{\dfrac{J_0}{mgl}}$,其中 mg 为曲柄重量,l 为重心 C 到轴心 O 的距离。测定 mg,l 和摆动周期 T,则曲柄对于轴 O 的转动惯量可按照 $J_O=\dfrac{T^2mgl}{4\pi^2}$ 计算。

表 11.1　均质物体的转动惯量

形状	简图	转动惯量 J_z	回转半径 ρ_z
细杆		$\dfrac{1}{3}ml^2$	$\dfrac{\sqrt{3}}{3}l$
细杆		$\dfrac{1}{12}ml^2$	$\dfrac{\sqrt{3}}{6}l$
长方体		$\dfrac{1}{12}m(b^2+c^2)$	$\dfrac{1}{6}\sqrt{3(b^2+c^2)}$
薄壁圆筒		mr^2	r
圆柱		$\dfrac{1}{2}mr^2$	$\dfrac{\sqrt{2}}{2}r$

续表 11.1

形状	简图	转动惯量 J_z	回转半径 ρ_z
圆柱		$\dfrac{1}{12}m(l^2+3r^2)$	$\dfrac{1}{6}\sqrt{3(l^2+3r^2)}$
薄壁球壳		$\dfrac{2}{3}mr^2$	$\dfrac{\sqrt{6}}{3}r$
球		$\dfrac{2}{5}mr^2$	$\dfrac{\sqrt{10}}{5}r$
圆锥		$\dfrac{3}{10}mr^2$	$\dfrac{\sqrt{30}}{10}r$
圆环		$m\left(R^2+\dfrac{3r^2}{4}\right)$	$\dfrac{1}{2}\sqrt{4R^2+3r^2}$

习　题

1. 选择题

(1) 图示刚体的质量 m，质心为 C，对定轴 O 的转动惯量为 J_O，对质心的转动惯量为 J_C，若转动角速度为 ω，则刚体对 O 轴的动量矩为 $L_O =$ ＿＿＿＿＿。

(A) $m v_c \cdot OC$　　　　(B) $J_O \omega$　　　　(C) $J_C \omega$　　　　(D) $J_O \omega^2$

(2) 图示已知刚体质心 C 到相互平行的 z'、z 轴的距离分别为 a、b，刚体的质量为 m，对 z 轴的转动惯量为 J_z，则 J'_z 的计算公式为＿＿＿＿＿。

(A) $J'_z = J_z + m(a+b)^2$　　(B) $J'_z = J_z + m(a^2 - b^2)$　　(C) $J'_z = J_z - m(a^2 - b^2)$

题 11.1(1) 图

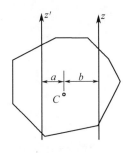

题 11.1(2) 图

(3) 图示圆盘可绕 O 轴转动，图示瞬时有角速度 ω。质量为 m 的小球 M 沿圆盘径向运动，当 $OM = s$ 时对于圆盘的速度为 v_r，则质点 M 对 O 轴的动量矩的大小为＿＿＿＿＿。

(A) 0　　　　(B) $m v_r s$　　　　(C) $m \sqrt{v_r^2 + s^2 \omega^2}\, r$　　　　(D) $m s^2 \omega$

(4) 图示均质圆筒外半径 R_1，内半径 R_2，高 h，设圆筒的总质量为 M，则其绕 x 轴的转动惯量为＿＿＿＿＿。

(A) $\dfrac{1}{2} M(R_1^2 + R_2^2)$　　　　(B) $\dfrac{1}{2} M(R_1^2 + R_2^2)h$　　　　(C) $\dfrac{1}{2} M(R_1^2 - R_2^2)$

(D) $\dfrac{1}{2} M(R_1^2 - R_2^2)h$　　　　(E) $\dfrac{1}{4} M(R_1^2 + R_2^2)$

题 11.1(3) 图

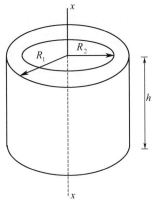

题 11.1(4) 图

（5）图示小球 A 在重力作用下沿粗糙斜面下滚,角加速度为_____;当小球离开斜面后,角加速度为_____。

（A）等于零 　　　　　　　　（B）不等于零 　　　　　　　　（C）不能确定

（6）图示已知均质滑轮重 $Q=200$ N,物块 A 重 $P_1=200$ N,B 重 $P_2=100$ N,拉力 $T_2=100$ N,系统从静止开始运动,任一瞬时图(a)系统的物块 A 有加速度 a_1,图(b)系统的物块 A 有加速度 a_2,则_____。

（A）$a_1 > a_2$ 　　　　　　　（B）$a_1 < a_2$ 　　　　　　　（C）$a_1 = a_2$

题 11.1(5) 图　　　　　　　　　　　　　　**题 11.1(6) 图**

（7）一均质杆置于光滑水平面上,C 为其中点,初始静止,在图示各受力情况下,图(a)杆作_____;图(b)杆作_____;图(c)杆作_____。

（A）平动 　　　　　　　　（B）定轴转动 　　　　　　　　（C）平面运动

题 11.1(7) 图

2.填空题

（1）无重杆 OA 长为 l,A 端固连一质量为 m 的质点,如图所示,当杆 OA 位于铅垂位置时,弹簧刚度为 k 的水平弹簧为原长,弹簧到 O 点距离为 a,则杆在铅垂位置做微小振动的运动微分方程为_____。

（2）长为 l 质量为 m 的两直杆焊接成丁字形,如图所示。设杆的质量是均匀分布的,则该杆对轴 O 的转动惯量为_____。

（3）图示行星轮系中行星轮 2 由杆系 OA 带动绕太阳轮 1(固定)转动,当 OA 的角速度为 ω 时,质量为 m 的均质轮 2 对 O 轴的动量矩 $L_O=$_____。

| 题 11.2(1) 图 | 题 11.2(2) 图 | 题 11.2(3) 图 |

3. 计算题

（1）两均质圆盘，半径为 r，质量均为 m，用长为 $2L$、质量为 M 的杆连接如图示，其中一盘与杆固结，另一盘与杆用光滑铰在盘心铰连，某时刻杆转动的角速度为 ω，求系统该时刻对 O 轴的动量矩。

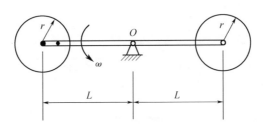

题 11.3(1) 图

（2）图示绳索跨过滑轮，右边挂一质量为 m 的重物 B，左边有一质量亦为 m 的人，若人从静止开始以相对绳索 u 的速度从 A 点向上爬，求重物 B 的速度。滑轮和绳索的质量以及轴承处的摩擦均不计。

（3）图示均质圆轮 A，B 的质量均为 m，半径为 r，对各自质心轴 O_1，O_2 的回转半径均为 ρ。轮 A 以匀角速度 ω 绕 O_1 轴转动，以不可伸长的绳带动轮 B 在斜面上做纯滚动。求系统对 O_1 轴的动量矩。

题 11.3(2) 图

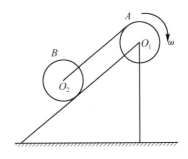

题 11.3(3) 图

（4）图示均质圆盘半径为 r，重量为 P。在距中心 $\frac{1}{2}r$ 处有一直线导槽 MN。质量为 $\frac{1}{4}P$ 的质点相对于圆盘以匀速率 u 沿导槽运动。初始时质点在 M 处，圆盘以角速度 ω_1 绕铅垂中心轴 Oz 在水平面内转动。求质点运动到导槽中点 O_1 时圆盘的角速度 ω_2。设摩擦阻力及导槽尺寸均不计。

（5）机构如图，已知：物 A 重 P_1，物 B 重 P_2，鼓轮内外半径为 r、R，鼓轮对于 O 的转动惯量为 J_o，$P_1R > P_2r$，且物 A 以速度 v_1 向下运动。试求：① 任意瞬时系统的动量；② 任意瞬时系统对 O 轴的动量矩；③ 鼓轮转动的角加速度。

题 11.3(4) 图

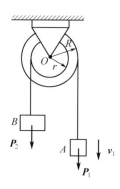

题 11.3(5) 图

（6）图示均质细杆 OA 的质量为 m，可绕 O 轴在铅垂面内转动。在 A 端铰接一个边长 $h = \frac{1}{3}L$，质量也为 m 的正方形板。该板可绕其中心 A 点在铅垂面内转动。开始时将方形板托住，使 OA 杆处于水平位置，然后突然放开，则系统将自静止开始运动。不计轴承摩擦，试求在放开的瞬时 ① 杆的角加速度；② 轴承 O 的反力。

（7）图示两均质摩擦圆轮质量各为 P_1、P_2，在同一平面内分别以角速度 ω_{O1} 及 ω_{O2} 转动，用离合器使两轮接触，求两轮无相对滑动后的角速度 ω_1 和 ω_2。

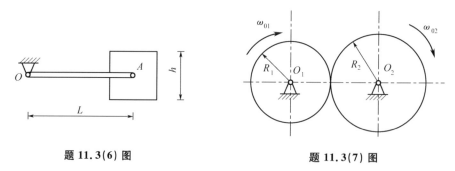

题 11.3(6) 图　　　　　　　　　　题 11.3(7) 图

（8）图示小车上放一半径为 r，质量为 m 的均质钢管，钢管厚度很薄可略去不计，钢管与车面间有足够的摩擦力防止滑动。今小车以加速度 a 沿水平面向右运动，求钢管中心 O 点的加速度。

（9）带传动装置如图所示。两带轮的半径分别为 R_1，R_2，质量分别为 m_1，m_2，都可看作均质圆盘。如对轮 I 作用主动转矩 M，而轮 II 受到的阻力矩为 M'。试求轮 I 的角加速度。

题 11.3(8) 图

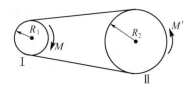

题 11.3(9) 图

（10）铰车提升质量为 m 的重物，如图所示。主动轴上作用有转矩 M。已知主动轴转子和从动轴转子对各自轴线的转动惯量分别为 J_1 和 J_2，传动比 $k=\dfrac{z_2}{z_1}$，卷筒半径为 R。略去绳重及轴承摩擦，试求重物的加速度。

题 11.3(10) 图

第 12 章　动　能　定　理

今天我们从能量的角度来研究物体的运动,建立物体的能量与力的功二者之间的定量关系。从物理学的发展可知,能量是自然界各种形式运动的度量,而功是能量从一种形式转化为另一种形式的过程中所表现出来的量。例如自由落体时重力的功表现为势能转化为动能,摩擦力的功表现为动能转化为热能等。所以,动能定理是通过动能与功的关系来表达机械运动与其他运动形式的能量之间的传递和转化的规律,它是能量守恒定律的一个重要特例。

在机械运动中,功是度量力在一段路程上对物体作用的积累效应,力做功的结果使物体的机械能(包括动能和势能)发生变化。

12.1　力　的　功

12.1.1　力的功的概念及表达式

1. 常力在直线运动中的功

如图 12.1,设有一质点 M,在常力作用下沿直线运动,若质点由 M_1 处移到 M_2 处的路程为 s,力 F 在这段路程内所积累的作用效应用力的功度量,以 W 表示,并定义为

$$W = F\cos\varphi \cdot s \tag{12.1}$$

式中,φ 为力 F 与直线位移方向之间的夹角;s 为质点经过的路程。

当 $\varphi < 90°$ 时,$W > 0$;当 $\varphi > 90°$ 时,$W < 0$;当 $\varphi = 90°$ 时 $W = 0$,因此,功是代数量。在前一种情况下,我们称力做正功,在后一种情况下,称力做负功。

图 12.1

2. 变力在曲线运动中的功

如图 12.2,设质点 M 在任意力 F 作用下沿曲线运动。这时,应将质点走过的路程分成许多微小弧段,每一小段弧长 ds 可视为直线位移,力 F 在这微小位移中可视为常力,它做的功称为力的元功,以 δW 表示。于是有 $\delta W = F\cos\theta ds$(因为力 F 的元功不一定能表示为某一函数 W 的全微分,故不用符号 d 而用 δ)。

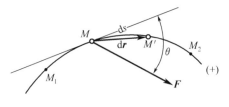

图 12.2

力在全路程上做的功等于元功之和,即

$$W = \int_0^s F\cos\theta \, \mathrm{d}s \qquad (12.2)$$

设 $\mathrm{d}r$ 为质点的微小位移,由运动学可知矢径的变化 $\mathrm{d}r$ 与弧坐标的变化 $\mathrm{d}s$ 两者大小相等,则上式可改写为

$$\delta W = \boldsymbol{F} \cdot \mathrm{d}\boldsymbol{r} \qquad (12.3)$$

$$W = \int_{M_1}^{M_2} \boldsymbol{F} \cdot \mathrm{d}\boldsymbol{r} \qquad (12.4)$$

由上式可知,当力始终与质点位移垂直时,该力不做功。

如图 12.3,若取固结于地面的直角坐标系为质点运动的参考系,$\boldsymbol{i},\boldsymbol{j},\boldsymbol{k}$ 为三轴的单位矢量,则

$$\boldsymbol{F} = F_x\boldsymbol{i} + F_y\boldsymbol{j} + F_z\boldsymbol{k}$$

$$\mathrm{d}\boldsymbol{r} = \mathrm{d}x\boldsymbol{i} + \mathrm{d}y\boldsymbol{j} + \mathrm{d}z\boldsymbol{k}$$

图 12.3

将以上两式代入式中得作用力在质点从 M_1 到 M_2 的运动过程中所做的功为

$$W_{12} = \int_{M_1}^{M_2} (F_x\mathrm{d}x + F_y\mathrm{d}y + F_z\mathrm{d}z) \qquad (12.5)$$

此式为功的解析表达式。功的量纲为 $[W]=[F][L]$,在国际单位制中,功的单位为焦耳(J)。

3. 质点系内力的功

如图 12.4,设 i 和 j 为质点系中两个质点,$\boldsymbol{F}_i$ 和 $\boldsymbol{F}_j$ 是沿两点连线的相互作用力,$\boldsymbol{F}_i = -\boldsymbol{F}_j$。又设 i,j 两点的矢径分别为 $\boldsymbol{r}_i,\boldsymbol{r}_j$,显然有 $\boldsymbol{r}_j = \boldsymbol{r}_i + \boldsymbol{r}_{ij}$,微分位移的关系为 $\mathrm{d}\boldsymbol{r}_j = \mathrm{d}\boldsymbol{r}_i + \mathrm{d}\boldsymbol{r}_{ij}$,于是一对内力 $\boldsymbol{F}_i$ 与 $\boldsymbol{F}_j$ 的元功之和为

图 12.4

$$\delta W_i = \boldsymbol{F}_i \cdot \mathrm{d}\boldsymbol{r}_i + \boldsymbol{F}_j \cdot \mathrm{d}\boldsymbol{r}_j = -\boldsymbol{F}_j \cdot \mathrm{d}\boldsymbol{r}_i + \boldsymbol{F}_j \cdot (\mathrm{d}\boldsymbol{r}_i + \mathrm{d}\boldsymbol{r}_{ij}) = \boldsymbol{F}_j \cdot \mathrm{d}\boldsymbol{r}_{ij} \qquad (12.6)$$

上式表明,质点系内力的元功与内力的大小和受每一对内力作用的两点之间距离的改变量有关,而与两点间的距离的大小无关。一般情况下,质点系中受内力作用的两点之间的距离是变化的,因此内力的功一般不为零。然而对于刚体,内力功必为零,因为刚体内任意两点之间的距离是不变的。

关于内力的功的计算,需针对具体问题作具体分析。

4. 约束反力的功

约束反力的功与约束力的规律与运动本身有关,一般不一定为零。但有些约束反力的功或所作元功之和等于零,即 $\sum \boldsymbol{F}_{Ni} \cdot \mathrm{d}\boldsymbol{r}_i = 0$,这种约束称为理想约束。

常见的理想约束有以下几种:

(1)光滑接触面

图 12.5

如图 12.5,光滑接触面的约束反力 $\boldsymbol{F}_N$ 沿约束面的法线方向,反

力作用点的微分位移 $\mathrm{d}r$ 沿切线方向,所以约束反力的功等于零。

（2）光滑铰链

如图 12.6,两个物体用光滑铰链连接,它们在连接处相互作用的约束反力 $\boldsymbol{F}_\mathrm{N}$ 与 $\boldsymbol{F}'_\mathrm{N}$,按作用与反作用定律有 $\boldsymbol{F}_\mathrm{N}=-\boldsymbol{F}'_\mathrm{N}$,它们在微分位移 $\mathrm{d}r$ 上所作元功之和为零。

图 12.6

$$\sum \delta W = \boldsymbol{F}_\mathrm{N} \cdot \mathrm{d}r + \boldsymbol{F}'_\mathrm{N} \cdot \mathrm{d}r = (\boldsymbol{F}_\mathrm{N} + \boldsymbol{F}'_\mathrm{N}) \cdot \mathrm{d}r = 0$$

（3）链杆（二力杆）

如图 12.7,连接两个物体的链杆,其两端的约束反力是共线、反向、等值的,即 $\boldsymbol{F}_1 = -\boldsymbol{F}_2$,链杆作为刚体,不能伸长和缩短,所以,两端沿两铰链连线方向的微分位移相等。即 $\mathrm{d}r_1\cos\varphi_1 = \mathrm{d}r_2\cos\varphi_2$,链杆的约束力 $\boldsymbol{F}_1$ 与 $\boldsymbol{F}_2$ 在微分位移 $\mathrm{d}r_1$ 与 $\mathrm{d}r_2$ 上的元功之和为零。

图 12.7

$$\sum \delta W = \boldsymbol{F}_1 \cdot \mathrm{d}r_1 + \boldsymbol{F}_2 \cdot \mathrm{d}r_2 = F_1 \mathrm{d}r_1\cos\varphi_1 - F_2 \mathrm{d}r_2\cos\varphi_2 = 0$$

（4）不可伸长的柔索

如图 12.8,两端与质点 A,B 相连的柔索,柔索作用于两个质点的力分别为 $\boldsymbol{F}_1$ 与 $\boldsymbol{F}_2$,$\boldsymbol{F}_1 = \boldsymbol{F}_2$,因为柔索不可伸长,所以两质点沿柔索方向的微分方程相等,即

$$\mathrm{d}r_1\cos\varphi_1 = \mathrm{d}r_2\cos\varphi_2$$

于是 $\boldsymbol{F}_1$ 和 $\boldsymbol{F}_2$ 在微分位移 $\mathrm{d}r_1$ 与 $\mathrm{d}r_2$ 上的元功之和为零。根据以上方法可知:固定铰支座、球形铰链、可动支座、轴承、蝶铰链等都是理想约束。

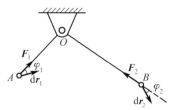

图 12.8

（5）纯滚动情况

如图 12.9,刚体在粗糙面上滚动无滑动,接触点 C 是刚体的瞬心。由于瞬心的微分位移 $\mathrm{d}r_C = 0$,所以约束反力（法向反力 $\boldsymbol{F}_\mathrm{N}$ 与摩擦力 $\boldsymbol{F}_S$）的元功之和为零。

12.1.2　常见力的功

图 12.9

1.重力的功

设物体在运动时只受到重力作用,重心的轨迹如图 12.10 所示的曲线 $\overset{\frown}{M_1M_2}$。重力 mg 在直角坐标轴上的投影为 $F_x=0,F_y=0,F_z=-mg$,则

$$W_{12} = \int_{z_1}^{z_2} -mg\,\mathrm{d}z = mg(z_1 - z_2) \tag{12.7}$$

由此可见,重力做的功仅与重心 C 在运动开始和末了位置的高度差 (z_1-z_2) 有关,与轨迹

的形状无关。当 $z_1 > z_2$ 时,重力做正功,当 $z_1 < z_2$ 时,重力做负功。

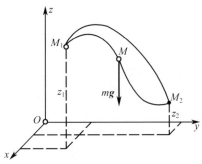

图 12.10

2. 弹性力的功

设物体受到弹性力的作用,作用点 A 的轨迹为图 12.11 所示曲线 $\overset{\frown}{A_1A_2}$。设弹簧的自然长度为 l_0,求点 A 由 A_1 至 A_2 时,弹性力 F 所做的功。

在弹簧的弹性极限内,弹性力的大小与其变形量 δ 成正比,即 $F = k\delta$,力的方向总是指向自然位置(即弹簧未变形时端点的位置 A_0)。比例系数 k 称为刚性系数或弹簧系数,即使弹簧单位变形所需的力,其单位是牛顿/米(N/m)。

以点 O 为原点,点 A 的矢径为 r。令沿矢径方向的单位矢量为 e_r,弹簧的自然长度为 l_0,则弹性力 $F = -k(r - l_0)e_r$,当弹簧伸长时,$r > l_0$,力 F 与 e_r 的方向相反;当弹簧被压缩时,$r < l_0$,力 F 与 e_r 的方向一致。应用式(12.4),点 A 由 A_1 到 A_2 时,弹性力做功为

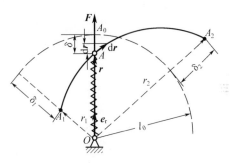

图 12.11

$$W_{12} = \int_{A_1}^{A_2} F \cdot dr = \int_{A_1}^{A_2} -k(r - l_0)e_r \cdot dr$$

因为

$$e_r \cdot dr = \frac{r}{r} \cdot dr = \frac{1}{2r}(r \cdot r) = dr$$

所以

$$W_{12} = \int_{r_1}^{r_2} -k(r - l_0)dr = \frac{k}{2}\left[(r_1 - l_0)^2 - (r_2 - l_0)^2\right]$$

或

$$W = \frac{k}{2}(\delta_1^2 - \delta_2^2) \tag{12.8}$$

上述推导中轨迹 $\overset{\frown}{A_1A_2}$ 可以是空间任意曲线。由此可见,弹性力做的功只与弹簧在初始和末了位置的变形量 δ 有关,与力作用点的轨迹形状无关。由上式可知,当 $\delta_1 > \delta_2$ 时弹性力做正功,当 $\delta_1 < \delta_2$ 时,弹性力做负功。

3. 动摩擦力的功

如图 12.12 当质点受到动摩擦力作用时,因为动摩擦力 F 的方向恒与质点运动方向相反,根据动摩擦定律 $F = fF_N$,其中 f 为动摩擦系数,F_N 为法向反力,则摩擦力的功

图 12.12

$$W = \int_{\overset{\frown}{M_1M_2}} F_t ds = -\int_{\overset{\frown}{M_1M_2}} fF_N ds \tag{12.9}$$

由此可见,动摩擦力的功恒为负值,它不仅取决于质点的起止位置,且与质点的运动路程

有关。

在特殊情况下，若 $F_N =$ 常量，则 $W = -fF_N s$，其中 s 为质点运动所经路径 $\overset{\frown}{M_1 M_2}$ 的曲线长度。

4. 作用在定轴转动刚体上的力的功

如图 12.13，设作用力 F 与力作用点 A 处的切线之间的夹角为 θ，则力 F 在切线上的投影为 $F_t = F\cos\theta$，当刚体绕定轴转动时，转角 φ 与弧长 s 的关系为 $ds = R d\varphi$，式中 R 为作用点 A 到轴的垂距。力 F 的元功为

$$\delta W = F \cdot dr = F_t ds = F_t R d\varphi$$

因为 $F_t R$ 等于力 F 对于转轴 z 的力矩 M_z，
于是上式可改写为

$$\delta W = M_z d\varphi \qquad (12.10)$$

力矩在刚体转动过程中做的功为

$$W = \int_{\varphi_1}^{\varphi_2} M_z d\varphi \qquad (12.11)$$

当 $M_z =$ 常数时，$W = M_z(\varphi_2 - \varphi_1)$。

如果作用在刚体上的是力偶，则力偶所做的功仍可用上式计算，其中 M_z 为力偶矩在 z 轴上的投影。

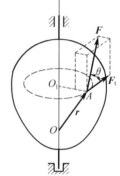

图 12.13

12.2　质点的动能定理

12.2.1　质点的动能

设质点的质量为 m，速度为 v，则质点的动能为 $\frac{1}{2}mv^2$，动能是标量，恒取正值（包括零）。

动能的量纲为 $[T] = [m][v]^2 = [F][L]$，可见，动能与功的量纲相同。在国际单位制中，动能的单位为焦耳（J）。

动能与动量都是表征机械运动的量，前者与质点速度的平方成正比，后者与质点速度的一次方成正比，是一个矢量，它们是机械运动的两种度量。

12.2.2　质点的动能定理

质点的动能定理建立了质点的动能与作用力的功的关系。取质点的运动微分方程的矢量形式为 $ma = F$ 或 $m\dfrac{dv}{dt} = F$，在方程两边点乘以 dr，得

$$m\frac{dv}{dt} \cdot dr = F \cdot dr$$

又因为 $\dfrac{dr}{dt} = v$，于是上式可写成

$$mv\,dv = F \cdot dr$$

或
$$d\left(\frac{1}{2}mv^2\right)=\delta W \tag{12.12}$$

此即为质点动能定理的微分形式,即质点动能的增量等于作用在质点上力的元功。积分上式,得

$$\int_{v_1}^{v_2}d\left(\frac{1}{2}mv^2\right)=W_{12}$$

或
$$\frac{1}{2}mv_2^2-\frac{1}{2}mv_1^2=W_{12} \tag{12.13}$$

这就是质点动能定理的积分形式,在质点运动的某个过程中,质点动能的改变量等于作用于质点的力做的功。

由上可知,力做正功,质点动能增加,力做负功,质点动能减小。

动能定理提供了速度 v、力 F 与路程 s 之间的数量关系式,可用来求解这三个量中的一个未知量。

例 12.1　一不计尺寸的套筒质量为 $m=1$ kg,初始位于图 12.14 所示的位置 A,以初速度 $v_A=1.5$ m/s 沿半径为 $R=0.2$ m 圆弧形轨道滑下,弹簧的刚度系数 $k=200$ N/m,原长 $l_0=0.2$ m。轨道光滑,位于铅垂面内。求套筒滑到位置 B 时的速度和套筒在此位置受到的轨道的约束力。

解　研究滑块。取 A,B 两位置为初、末两位置,作用于滑块上的力有重力 $m\boldsymbol{g}$,法向约束力 $\boldsymbol{F}_N$,弹性力 $\boldsymbol{F}$。由质点的动能定理

图 12.14

$$\frac{1}{2}mv_B^2-\frac{1}{2}mv_A^2=W_F+W_{mg}+W_{F_N}$$

$$W_F=\frac{k}{2}(\delta_1^2-\delta_2^2)=\frac{k}{2}\left[R^2-(\sqrt{2}-1)^2R^2\right],\ W_{F_N}=0,\ W_{mg}=mgR$$

代入上式得 $v_B=3.58$ m/s。

滑块在 B 处受力如图 12.14,应用质点运动微分方程

$$ma_B^n=\sum F_n$$

即

$$m\frac{v_B^2}{R}=F_{NB}+F\cos 45°-mg$$

式中 $F=k\delta$,解得 $F_{NB}=62.2$ N。

12.3　质点系的动能定理

12.3.1　质点系的动能的概念与计算

质点系内各质点动能的算术和称为质点系的动能,即

$$T=\sum_{i=1}^{n}\frac{1}{2}m_iv_i^2 \tag{12.14}$$

它是表征整个质点系运动强度的一种度量。

如图 12.15 所示质点系有三个质点,它们的质量分别为 $m_1=2m_2=4m_3$。忽略绳的质量并假设绳不可伸长,则三个质点的速度 v_1,v_2 和 v_3 大小相同,都等于 v,而方向各异。计算质点系的动能不必考虑它们的方向,于是得

图 12.15

$$T = \frac{1}{2}m_1 v_1^2 + \frac{1}{2}m_2 v_2^2 + \frac{1}{2}m_3 v_3^2 = \frac{7}{2}m_3 v^2$$

刚体是工程实际中常见的质点系,因此,刚体动能的计算有着重要的意义,随着刚体运动形式的不同,其动能的表达式也不同。

1. 刚体做平动的动能

当刚体做平动时,刚体内各点的速度都相同,即都等于质心的速度,于是得平动刚体的动能为

$$T = \sum_{i=1}^{n} \frac{1}{2}m_i v_i^2 = \frac{1}{2}v_C^2 \sum_{i=1}^{n} m_i = \frac{1}{2}m v_C^2 \qquad (12.15)$$

式中,v_C 是质心的速度;$m = \sum_{i=1}^{n} m_i$ 是刚体的质量。

因此平动刚体的动能等于其质心的动能。

2. 刚体绕定轴转动的动能

如图 12.16,当刚体绕定轴转动时,刚体内所有各点的角速度都相同,于是转动刚体的动能为

$$T = \sum_{i=1}^{n} \frac{1}{2}m_i v_i^2 = \sum_{i=1}^{n} \frac{1}{2}m_i r_i^2 \omega^2 = \frac{1}{2}\omega^2 \sum_{i=1}^{n} m_i r_i^2 = \frac{1}{2}\omega^2 J_z$$

所以

$$T = \frac{1}{2}J_z \omega^2 \qquad (12.16)$$

因此,绕定轴转动刚体的动能等于刚体对于转轴的转动惯量与角度平方乘积的一半。

3. 刚体做平面运动的动能

取刚体的质心 C 所在的平面图形,如图 12.17 示。设图形中点 P 是某瞬时的瞬心,ω 是平面图形绕瞬心转动的角速度,于是做平面运动的刚体的动能为

$$T = \frac{1}{2}J_P \omega^2$$

式中,J_P 是刚体对瞬时轴的转动惯量。

因为在不同时刻,刚体以不同的点作为瞬心,因此用上式计算动能很不方便。

设点 C 为刚体的质心,根据计算转动惯量的平行轴定理,有

$$J_P = J_C + m l^2$$

式中,m 为刚体的质量,代入计算动能的公式中,得

$$T = \frac{1}{2}(J_C + m l^2)\omega^2 = \frac{1}{2}J_C \omega^2 + \frac{1}{2}m(l\omega)^2$$

图 12.16

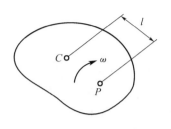

图 12.17

因 $\omega l = v_C$,绕瞬心转动的角速度等于绕质心转动的角速度,于是

$$T = \frac{1}{2}mv_C^2 + \frac{1}{2}J_C\omega^2 \tag{12.17}$$

即做平面运动的刚体的动能,等于随质心平动的动能与绕质心转动的动能的和。

其他运动形式的刚体,应按其速度分布计算该刚体的动能。

12.3.2　质点系的动能定理

设有 n 个质点所组成的质点系,如图 12.18。取质点系中任一质点 i,其质量为 m_i,速度为 v_i,作用在该质点上所有的力合成为主动力 $\boldsymbol{F}_i$ 和约束反力 $\boldsymbol{F}_{Ni}$。根据质点的动能定理的微分形式有

$$\mathrm{d}\left(\frac{1}{2}m_iv_i^2\right) = \delta W_{iF} + \delta W_{iF_N}$$

图 12.18

式中,δW_{iF} 和 δW_{iF_N} 分别表示作用于这个质点的主动力和约束反力所做的元功。

因为质点系有 n 个质点,对于每个质点都可列出一个方程,将 n 个方程相加,得

$$\sum_{i=1}^{n}\mathrm{d}\left(\frac{1}{2}m_iv_i^2\right) = \sum_{i=1}^{n}\delta W_{iF} + \sum_{i=1}^{n}\delta W_{iF_N}$$

或

$$\mathrm{d}\sum_{i=1}^{n}\left(\frac{1}{2}m_iv_i^2\right) = \mathrm{d}T = \sum_{i=1}^{n}\delta W_{iF} + \sum_{i=1}^{n}\delta W_{iF_N}$$

或

$$\mathrm{d}T = \sum_{i=1}^{n}\delta W_{iF} + \sum_{i=1}^{n}\delta W_{iF_N} \tag{12.18}$$

此即为质点系动能定理的微分形式:质点系动能的增量,等于作用于质点系所有主动力和约束反力的元功之和。

如果质点系具有理想约束,由于这些约束反力所作元功之和等于零,于是上式可写成

$$\mathrm{d}T = \sum_{i=1}^{n}\delta W_{iF} \tag{12.19}$$

即在理想约束的条件下,质点系动能的增量,等于作用于质点系所有主动力所作的元功之和。对上式积分,得

$$T_2 - T_1 = \sum_{i=1}^{n} W_{iF} \qquad (12.20)$$

上式中 T_1 和 T_2 分别是质点系在某一段运动过程的起点和终点的动能,上式称为质点系动能定理的有限形式。即在理想约束的条件下,质点系在某一段运动过程中,起点和终点的动能的改变量,等于作用于质点系的主动力在这段过程中所做的功。

必须注意:作用于质点系的主动力既有外力也有内力,在许多情况下,质点系内力所做的功的和不等于零,内力的功和质点系中任意两质点之间的距离的改变量有关,而和两质点之间的距离无关。所以,在应用质点系的动能定理时,对于质点系的内力所做的功的和是否等于零,需根据具体情况具体分析。

注意:理想约束的约束力不做功,而质点系的内力做功之和并不一定等于零。

例 12.2 卷扬机如图 12.19 所示。鼓轮在不变力矩 M 的作用下将圆柱沿斜坡上拉,已知鼓轮的半径为 R_1,质量为 m_1,质量分布在轮缘上;圆柱的半径为 R_2,质量为 m_2,质量均匀分布。设斜坡的倾角为 θ,表面粗糙,使圆柱只滚不滑。系统从静止开始运动,求圆柱中心 C 经过路径 s 时的速度。

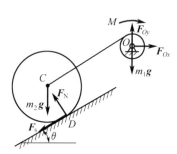

图 12.19

解 圆柱和鼓轮一起组成质点系。作用于该质点系的力有:重力 $m_1\boldsymbol{g}$ 和 $m_2\boldsymbol{g}$,外力矩 M,水平轴支反力 $\boldsymbol{F}_{Ox}$,$\boldsymbol{F}_{Oy}$,斜面对圆柱的作用力 $\boldsymbol{F}_N$ 和静摩擦力 $\boldsymbol{F}_s$,应用动能定理进行求解。

先计算力的功。因为 O 点没位移,力 $\boldsymbol{F}_{Ox}$,$\boldsymbol{F}_{Oy}$,$m_1\boldsymbol{g}$ 所做的功等于零;圆柱沿斜面只滚不滑,属理想约束,故约束反力 $\boldsymbol{F}_N$ 和静摩擦力 $\boldsymbol{F}_s$ 不做功,主动力所做的功计算如下:

$$W_{12} = M\varphi - m_2 gl \sin\theta$$

质点系的动能计算如下:

$$T_1 = 0, \quad T_2 = \frac{1}{2}J_1\omega_1^2 + \frac{1}{2}m_2 v_C^2 + \frac{1}{2}J_C\omega_2^2$$

其中:

$$J_1 = m_1 R_1^2, \quad J_2 = \frac{1}{2}m_2 R_2^2, \quad \omega_1 = \frac{v_C}{R_1}, \quad \omega_2 = \frac{v_C}{R_2}, \quad \varphi = \frac{l}{R_1}$$

于是 $T_2 = \dfrac{v_C^2}{4}(2m_1 + 3m_2)$,由质点系的动能定理:$T_2 - T_1 = \sum W_{12}$ 得

$$\frac{v_C^2}{4}(2m_1 + 3m_2) = \frac{Ml}{R_1} - m_2 gl \sin\theta$$

得

$$v_C = 2\sqrt{\frac{(M - m_2 g R_1 \sin\theta)s}{R_1(2m_1 + 3m_2)}}$$

要想求 $\boldsymbol{a}_C$,将 v_C 对时间 t 取一阶导数,则 $a_C = \dfrac{\mathrm{d}v_C}{\mathrm{d}t}$,将 s 视为变量,以 $v_C = \dfrac{\mathrm{d}s}{\mathrm{d}t}$ 代入即可。

例 12.3 图 12.20 所示滑道连杆机构,位于水平面内。已知曲柄 OA 的长度为 r,对转轴 O 转动惯量为 J_O,滑块 A 重量 G_1,滑道 BC 重量 G_2,滑块与滑道之间的摩擦力为 F。今在曲柄上作用一常力偶 M,开始时系统处于静止状态,不计其他各处摩擦。求曲柄转一周后的角速度。

图 12.20

解 研究整个系统。初、末两位置动能为

$$T_1 = 0$$

$$T_2 = \frac{1}{2} J_O \omega^2 + \frac{1}{2} \frac{G_1}{g} (r\omega)^2 + \frac{1}{2} \frac{G_2}{g} (r\omega \sin \varphi_0)^2$$

说明:以滑块上 A 点为动点,滑道 BC 为动系,则

$$v_A = v_a = r\omega, v_e = v_a \sin \varphi_0 = r\omega \sin \varphi_0, v_{BC} = v_e = r\omega \sin \varphi_0$$

$$\sum W_{iF} = 2M\pi - 4F \cdot r$$

应用质点系的动能定理 $T_2 - T_1 = \sum W_{iF}$

$$\frac{1}{2} J_O \omega^2 + \frac{1}{2} \frac{G_1}{g} r^2 \omega^2 + \frac{1}{2} \frac{G_2}{g} r^2 \omega^2 \sin^2 \varphi_0 - 0 = 2M\pi - 4Fr$$

求解上式,解得

$$\omega = 2 \sqrt{\frac{g(\pi M - 2Fr)}{J_O g + G_1 r^2 + G_2 r^2 \sin^2 \varphi_0}}$$

总结应用动能定理解题的步骤如下:

(1) 选取某质点系(或质点)作为研究对象;

(2) 选定应用动能定理的一段过程;

(3) 分析质点系的运动,计算选定过程起点和终点的动能;

(4) 分析作用于质点系的力,计算各力在选定过程中所做的功;

(5) 应用动能定理建立方程,求解未知量。

12.4 功率 功率方程 机械效率

12.4.1 功率

在工程实际中,不仅要知道一部机器能做多少功,更需要知道单位时间能做多少功,单位时间力所做的功称为功率,以 P 表示。 功率的数学表达式为 $P = \dfrac{\delta W}{dt}$,因为 $\delta W = \boldsymbol{F} \cdot d\boldsymbol{r}$,因此功率可写成

$$P = \boldsymbol{F} \cdot \frac{d\boldsymbol{r}}{dt} = \boldsymbol{F} \cdot \boldsymbol{v} = F_t v \tag{12.21}$$

式中,v 是力 $\boldsymbol{F}$ 作用点的速度。

由此可见,功率等于切向力与力作用点速度的乘积。例如,用机床加工零件时,切削

力越大,切削速度越高,则要求机床的功率越大。每台机床、每部机器能够输出的最大功率是一定的,因此用机床加工时,如果切削力较大,则必须选择较小的切削速度,使二者的乘积不超过机床能够输出的最大功率。又如汽车上坡时,由于需要较大的牵引力,这时驾驶员一般选用低速挡,以求在发动机功率一定的条件下,产生最大的牵引力。

作用在转动刚体上的力的功率为

$$P = \frac{\delta W}{dt} = M_z \frac{d\varphi}{dt} = M_z \omega \tag{12.22}$$

式中,M_z 是力对转轴 z 的矩;ω 是角速度。

由此可知,作用于转动刚体上的力的功率等于该力对转轴的矩与角速度的乘积。

在国际单位制中,每秒钟力所做的功等于 1 J 时,其功率定为 1 W(瓦特)(1 W = 1 J/s)。工程中常用千瓦(kW)做单位,1 kW = 10^3 W。

12.4.2　功率方程

功率方程建立了质点系的动能变化率与功率的关系。取质点系动能定理的微分形式,两端除以 dt,得

$$\frac{dT}{dt} = \sum_{i=1}^{n} \frac{\delta W_i}{dt} = \sum_{i=1}^{n} P_i \tag{12.23}$$

上式称为功率方程,即质点系动能对时间的一阶导数,等于作用于质点系的所有力的功率的代数和。

功率方程常用来研究机器在工作时能量的变化和转化的问题。例如车床接上电源后,电场对电机转子作用的力做正功,使转子转动,电场力的功率称为输入功率。由于胶带传动、齿轮传动和轴承与轴之间都有摩擦,摩擦力做负功,使一部分机械能转化为热能;在传动系统中的零件也会相互碰撞,也要损失一部分功率,这些功率都取负值,称为无用功率或损耗功率。车床切削工件时,切削阻力对夹持在车床主轴上的工件做负功,这是车床加工零件必须付出的功率,称为有用功率或输出功率。

每部机器的功率都可分为上述三部分,在一般情形下,上式可写成

$$\frac{dT}{dt} = P_{输入} - P_{有用} - P_{无用} \quad \text{或} \quad P_{输入} = P_{有用} + P_{无用} + \frac{dT}{dt} \tag{12.24}$$

即对系统输入的功率等于有用功率、无用功率和系统动能的变化率的和。

12.4.3　机械效率

任何一部机器在工作时,都需要从外界输入功率,同时由于一些机械能转化为热能、声能等,也白白地消耗一部分功率。在工程实际中,把有效功率(包括克服有用阻力的功率和使系统动能改变的功率)与输入功率的比值称为机器的机械效率,用 η 表示,即

$$\eta = \frac{有效功率}{输入功率} \tag{12.25}$$

其中,有效功率 = $P_{有用} + \frac{dT}{dt}$。由上式可知,机械效率 η 表明机器对输入功率的有效利用程度,它是评定机器质量好坏的指标之一。显然,一般情况下,$\eta < 1$。

12.5　动力学普遍定理的综合应用

质点和质点系的普遍定理包括动量定理、动量矩定理和动能定理。这些定理可分为两类:动量定理和动量矩定理属于一类,动能定理属于另一类。前者是矢量形式,后者是标量形式,两者都用来研究机械运动,而后者还用于研究机械运动与其他运动形式有能量转化的问题。

基本定理提供了解决动力学问题的一般方法,而在求解比较复杂的动力学问题时,往往用一个定理不可能解决全部问题,需要根据各定理的特点,联合运动。针对某个具体问题,究竟用什么定理或用什么定理联合求解比较方便,具有很大的灵活性,不可能列出几条固定不变的选择原则,但一般说来,有以下几条规律可供参考:

(1) 在动能与功容易计算的情况下,利用动能定理的积分形式,可以较方便地求解速度和角速度的问题;

(2) 利用动能定理的积分形式,如果末了时刻的速度或角速度是任意位置的函数,则可以对时间求一阶导数求得加速度或角加速度;

(3) 利用动能定理往往可以取整个系统,在许多实际问题中约束反力不做功,这是用动能定理的方便之处,但却求不出这些约束力;

(4) 若系统中有刚体平移、刚体定轴转动,往往可拆分,可分别利用质心运动定理、刚体定轴转动微分方程求解;

(5) 一般涉及刚体的平移可以用动量定理,涉及转动可以用动量矩定理;

(6) 注意动量守恒、动量矩守恒定律的应用。

上面虽然列出了几条一般规律,但远不能概而全之。要真正做到较熟练地掌握普遍定理的综合应用,只有通过作一定数量的习题,不断总结经验,才能提高解题能力。

下面通过例题说明动力学普遍定理的综合应用问题。

例 12.4　冲击试验机的摆由摆杆和摆锤组成,如图 12.21 所示。摆杆 OA 长度为 l,质量为 m_1,可绕垂直于图面的固定轴 Oz 转动。杆的一端固连着摆锤 A,摆锤质量为 m_2,且 $m_1=m_2=m$。设摆杆可看作均质细杆,摆锤可看作质点。开始时,使摆 OA 静止在水平位置,然后释放令其自由摆动。试求摆在水平位置开始下摆以及摆达到铅垂位置这两个瞬时,摆的角速度、角加速度和轴承 O 的反力。

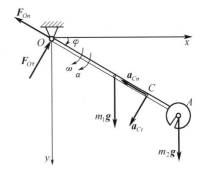

图 12.21

解　取 Ox 轴水平向右如图 12.21 所示。分析处在转角为 φ 的任意位置的摆 OA。在此瞬时,摆的受力情况和运动情况如图所示。

首先用动能定理求角速度。其初始时刻动能为

$$T_1 = 0$$

摆转过 φ 角时,动能为

$$T_2 = \frac{1}{2} J_z \omega^2 = \frac{1}{2} \left(\frac{4}{3} ml^2 \right) \omega^2 = \frac{2}{3} ml^2 \omega^2$$

在此过程中只有重力做功,其值为

$$\sum W_{12} = m_1 g \left(\frac{l}{2} \sin \varphi \right) + m_2 g (l \sin \varphi) = \frac{3}{2} mgl \sin \varphi$$

利用动能定理可得

$$\frac{2}{3} ml^2 \omega^2 - 0 = \frac{3}{2} mgl \sin \varphi$$

解得

$$\omega = \frac{3}{2} \sqrt{\frac{g}{l} \sin \varphi} \tag{1}$$

接着用刚体定轴转动微分方程求角加速度。摆对转轴 Oz 的转动惯量为

$$J_z = \frac{1}{3} m_1 l^2 + m_2 l^2 = \frac{4}{3} ml^2$$

列刚体定轴转动微分方程

$$\left(\frac{4}{3} ml^2 \right) \alpha = m_1 g \left(\frac{l}{2} \cos \varphi \right) + m_2 g (l \cos \varphi) = \frac{3}{2} mgl \cos \varphi$$

解得

$$\alpha = \frac{9g}{8l} \cos \varphi \tag{2}$$

最后用质心运动定理求轴承 O 的反力。

计算摆的质心 C 到转轴的距离 $r_C = \dfrac{m_1 \dfrac{l}{2} + m_2 l}{m_1 + m_2} = \dfrac{3}{4} l$。

质心的加速度有两个分量:切向分量 $a_{Ct} = r_C \alpha$,法向分量 $a_{Cn} = r_C \omega^2$

应用投影形式的质心运动定理,得

$$-F_{On} + (m_1 + m_2) g \sin \varphi = -(m_1 + m_2) r_C \omega^2$$
$$-F_{Ot} + (m_1 + m_2) g \cos \varphi = (m_1 + m_2) r_C \alpha$$

解得

$$F_{On} = \frac{43}{8} mg \sin \varphi, F_{Ot} = \frac{5}{16} mg \cos \varphi \tag{3}$$

利用式(1)、式(2)、式(3),即可求得各特殊位置的对应值。

当摆在水平位置开始摆下时,$\varphi = 0$。将此 φ 值代入式(1)、式(2)、式(3)得到 $\omega_0 = 0$,$\alpha_0 = \dfrac{9g}{8l}$,$F_{On} = 0$,$F_{Ot} = \dfrac{5}{16} mg$,这时轴承反力铅直向上。

当摆运动到铅直位置时,$\varphi = 90°$。类似可求得:

$\omega_1 = \dfrac{3}{2} \sqrt{\dfrac{g}{l}}$,$\alpha_1 = 0$,$F_{On} = \dfrac{43}{8} mg$,$F_{Ot} = 0$,这时轴承反力也是铅直向上。

例 12.5 均质细杆长 l、质量为 m,静止直立于光滑水平面上,如图 12.22。当杆受微小干扰而倒下时,求杆刚刚达到地面时的角速度、角加速度和地面约束反力。

解 由于地面光滑,直杆沿水平方向不受力,开始静止,所以质心 C 在水平方向位置

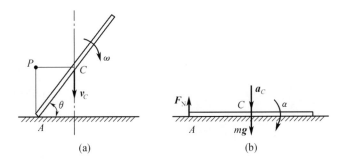

图 12.22

坐标保持不变,即倒下过程中质心 C 将铅直下落。设杆左滑于任一角度 θ,如图 12.22(a) 所示,P 为杆的瞬心,由运动学知,杆的角速度

$$\omega = \frac{v_C}{CP} = \frac{2v_C}{l\cos\theta}$$

此时杆的动能为

$$T = \frac{1}{2}mv_C^2 + \frac{1}{2}J_C\omega^2 = \frac{ml^2\omega^2}{24}(1 + 3\cos^2\theta)$$

初始动能为零,此过程中只有重力做功,由动能定理

$$\frac{ml^2\omega^2}{24}(1 + 3\cos^2\theta) = mg\,\frac{l}{2}(1 - \sin\theta),\omega = \sqrt{\frac{12g(1 - \sin\theta)}{l(1 + 3\cos^2\theta)}}$$

当 $\theta = 0$ 时,$\omega = \sqrt{\dfrac{3g}{l}}$。

杆刚达到地面时,受力及加速度如图 12.22(b) 所示,由刚体平面运动微分方程,得

$$ma_C = mg - F_N \tag{1}$$

$$J_C\alpha = \frac{1}{12}ml^2\alpha = F_N\,\frac{l}{2} \tag{2}$$

点 A 的加速度 $\boldsymbol{a}_A$ 为水平,由质心守恒知,$\boldsymbol{a}_C$ 应为铅垂,由运动学知

$$\boldsymbol{a}_C = \boldsymbol{a}_A + \boldsymbol{a}_{CA}^n + \boldsymbol{a}_{CA}^t$$

矢量式两边向铅垂方向投影,得

$$a_C = a_{CA}^t = \frac{l}{2}\alpha \tag{3}$$

式(1)、式(2) 及式(3) 联立,解出 $F_N = \dfrac{mg}{4}$,$\alpha = \dfrac{3g}{2l}$

　　由此例可见,求解动力学问题,常要按运动学知识分析速度、加速度之间的关系;有时还要先判明是否属于动量或动量矩守恒情况。如果守恒,则要利用守恒条件给出的结果,才能进一步求解。

<h1 style="text-align:center">习　　　题</h1>

1. 选择题

(1) 图示两均质圆盘 A、B,质量相等,半径相同。置于光滑水平面上,分别受到 $\boldsymbol{F}$,$\boldsymbol{F}'$

的作用,由静止开始运动。若 $F = F'$,则在运动开始以后的任一瞬时,两圆盘动能相比较是_____。

题 12.1(1) 图

(A)$T_A < T_B$　　　　(B)$T_A > T_B$

(C)$T_A = T_B$

(2)质点做匀速圆周运动,则质点_____。

(A)动量不变,动能也不变

(B)对圆心的动量矩不变,动能也不变

(C)动量、对圆心的动量矩和动能均不变

(3)图示两均质轮的质量皆为 m,半径皆为 R,用不计质量的绳绕在一起,两轮角速度分别为 ω_1 和 ω_2,则系统动能为_____。

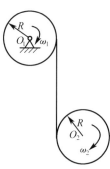

题 12.1(3) 图

(A)$T = \dfrac{1}{2}\left(\dfrac{1}{2}mR^2\right)\omega_1^2 + \dfrac{1}{2}m(R\omega_2)^2$

(B)$T = \dfrac{1}{2}\left(\dfrac{1}{2}mR^2\right)\omega_1^2 + \dfrac{1}{2}\left(\dfrac{1}{2}mR^2\right)\omega_2^2$

(C)$T = \dfrac{1}{2}\left(\dfrac{1}{2}mR^2\right)\omega_1^2 + \dfrac{1}{2}(R\omega_2) + \dfrac{1}{2}\left(\dfrac{1}{2}mR^2\right)\omega_2^2$

(D)$T = \dfrac{1}{2}\left(\dfrac{1}{2}mR^2\right)\omega_1^2 + \dfrac{1}{2}m(R\omega_1 + R\omega_2)^2 + \dfrac{1}{2}\left(\dfrac{1}{2}mR^2\right)\omega_2^2$

(4)重量相等的均质圆轮 A 与物块 B 无初速地沿具有相同倾角的斜面下落,如果图(a)中的斜面粗糙,而图(b)中的斜面光滑,则当下降同一高度 h 时两个物体的速度大小的关系为_____。

(a)

(b)

题 12.1(4) 图

(A)$v_A = v_B$　　(B)$v_A > v_B$　　(C)$v_A < v_B$

(5)图示三棱柱重 P,放在光滑的水平面上,重 Q 的均质圆柱体静止释放后沿斜面做纯滚动,则系统在运动过程中_____。

(A)动量守恒,机械能守恒

(B)沿水平方向动量守恒,机械能守恒

(C)沿水平方向动量守恒,机械能不守恒

(D)均不守恒

题 12.1(5) 图

2. 填空题

(1)如图 12.2(1)所示,物块 M 和滑轮 A,B 的重量均为 P,弹簧的刚度系数为 k,在物块 M 离地面高度为 h 时,系统处于静止。现若给物块 M 以向下的初速度 v_0,使其能到达地面,则当它到达地面时,作用于系统上所有力的功为 $W = $_____。

(2)均质杆 AB 质量为 m,长为 l,以角速度 ω 绕 A 轴转动,且 A 轴以速度 v 做水平运动,如图 12.2(2)所示。设该

题 12.2(1) 图

瞬时位置 $\alpha = 60°$，则此时 AB 杆的动能 $T = \underline{\qquad}$。

题 12.2(2) 图　　　　　题 12.2(3) 图

（3）如图 12.2(3) 所示，坦克的履带重为 P，两轮共重 Q，车轮被看成均质圆盘，半径均为 R，两轴间的距离为 πR。设坦克前进的速度为 v。此系统的动能 $T = \underline{\qquad}$。

3. 计算题

（1）曲柄连杆机构如图，已知：$OA = AB = r$，ω 为常数，均质曲柄 OA 及连杆 AB 的质量均为 m，滑块 B 的质量为 $m/2$。图示位置时 AB 水平、OA 铅直，试求该瞬时系统的动能。

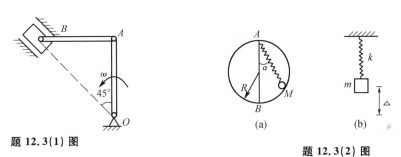

题 12.3(1) 图

题 12.3(2) 图

（2）(a) 图示系统中，弹簧原长为 $\sqrt{2}R$，弹簧常数为 k，小球重为 P，其尺寸不计。当小球从图示位置 M 沿粗糙固定圆弧面滚到位置 B 时，试求：滑动摩擦力的功 W_1，重力的功 W_2 及弹性力的功 W_3。

（b）图示，一质量为 m 的重物悬挂于弹簧常数为 k 的弹簧上，试求重物由平衡位置起再向下移动 Δ 时弹性力的功。

（3）行星轮机构位于图示铅直平面内，已知：重为 P、半径为 r 的行星轮 A 与半径为 $R = 3r$ 的固定内齿轮 B 相啮合，均质杆 OC 重为 Q，C 端与行星轮中心铰接。今在 OC 杆上作用一常值转矩 M，使行星轮 A 在图示位置由静止开始运动，试问当杆 OC 由水平位置转至铅直向上位置时的角速度等于多少？

（4）图示一均质工字钢梁 AB（可视为均质细杆），两端分别用水平绳 AC、BD 维持在图示平衡位置，若绳 BD 突然断裂，钢梁保持在铅直平面内运动，求 A 端运动至最低位置 A' 时的速度。钢梁 B 端与水平面间的摩擦略去不计。

（5）图示滑轮半径 $r = 0.4$ m，质量 $m = 50$ kg，对中心轴 O 的回转半径 $\rho = 0.3$ m，用绳索和弹簧悬挂如图所示。弹簧常数 $k = 1.5$ kN/m。重物 A 质量 $M = 100$ kg，绳重不计。当弹簧伸长 0.1 m 时将系统从静止开始释放，求轮心 O 下降 $s = 0.05$ m 时的速度和加速度。

题 12.3(3) 图 　　　　　题 12.3(4) 图

（6）图示鼓轮 A 的总质量为 m_A，轮缘的半径为 R，轮轴的半径为 r，对中心水平轴的回转半径为 ρ_C。在轮轴上绕有细绳，并受与水平面成不变倾角 $\alpha=30°$、大小等于 mg 的力 $\boldsymbol{P}$ 牵动。轮缘上绕有细绳，此绳水平伸出，跨过质量为 m_B、半径为 r 的均质滑轮，而在绳端系有质量为 m 的重物 D。绳与轮间无相对滑动，且轮 A 在固定水平面上滚而不滑。已知 $m_B=m$，$m_A=4m$，$R=2r$，$\rho_c=\sqrt{3}\,r/\sqrt{2}$。求重物 D 的加速度 $\boldsymbol{a}_D$。

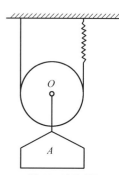

题 12.3(5) 图

（7）图示半径为 R 的圆环，对铅直轴 z 的转动惯量为 J，初角速度为 ω_0，质量为 m 的小球自顶端 A 沿圆环内槽自由下落。当小球到达 B 处时，OB 与轴 z 的夹角为 θ，不计摩擦。试求该瞬时：① 圆环的角速度 ω；② 小球相对于圆环的速度。

题 12.3(6) 图 　　　　　题 12.3(7) 图

（8）图示一半径为 r 的均质圆柱，放在桌子边缘上，从直径 OA 处于铅垂的位置无初速开始运动，如图所示。设摩擦力足以阻止圆柱滑动，试求圆柱离开桌面时的角速度 ω 及角度 α。

（9）图示曲柄滑道导杆机构如图，在曲柄 OA 上作用一矩为 M 的常力偶。若初瞬时 $\theta=0°$ 系统处于静止，试求曲柄转过一周时的角速度。设曲柄长为 r，质量为 m_1，视为均质杆；滑道及导杆的质量为 m_2，滑块 A 质量不计。

第13章　达朗贝尔原理(动静法)

达朗贝尔原理提供了一个处理非自由质点系动力学问题的普遍方法。即用静力学中研究平衡问题的方法来研究动力学的问题,所以又称为动静法。

13.1　惯性力的概念

在动静法中,惯性力是一个重要的概念。由惯性定律知,当物体受到其他物体作用而引起其运动状态发生改变时,由于它具有惯性,力图保持其原有的运动状态。因此,对于施力物体有反作用力,这种反作用力称为惯性力。

例如:当人用手推动小车使其运动状态发生改变,如图 13.1,如不计摩擦力,则小车所受的水平方向的力只有手的推力 F,如小车的质量为 m,产生的加速度为 a,则由牛顿第二定律可知:$F=ma$,同时,人手可感到压力 F',即小车的惯性力。由作用与反作用定律知:

图 13.1

$$F' = -F = -ma$$

又如:当人用手握住绳的一端,另一端系着小球使其在水平面内做匀速圆周运动时,质点在水平面内所受的真实的力只有绳的拉力 F。如小球的质量为 m,速度为 v,圆半径为 r,由牛顿第二定律知:$F=ma_n=m\dfrac{v^2}{r}n$,即所谓向心力。小球由于惯性必然给绳以反作用力 F',即小球的惯性力。F' 与 F 大小相等方向相反,称为离心力,即 $F'=-F=-ma_n$。人手感到有拉力就是这个力引起的。

综上所述,当质点受力作用而产生加速度时,质点由于惯性必然给施力物体以反作用力,即质点的惯性力。

质点惯性力的大小等于质点的质量与其加速度的乘积,方向与加速度的方向相反,它不作用于运动质点本身,而作用于周围的施力物体上。本书中惯性力统一用 F_I 表示,即

$$F_I = -ma \tag{13.1}$$

上式为矢量式,其在直角坐标轴上的投影式为

$$F_{Ix} = -ma_x = -m\frac{d^2x}{dt^2}, F_{Iy} = -ma_y = -m\frac{d^2y}{dt^2}, F_{Iz} = -ma_z = -m\frac{d^2z}{dt^2} \tag{13.2}$$

惯性力在自然坐标轴上的投影式为

$$F_{It} = -ma_t = -m\frac{dv}{dt} = -m\frac{d^2s}{dt^2}, F_{In} = -ma_n = -m\frac{v^2}{\rho}, F_{Ib} = -ma_b = 0 \tag{13.3}$$

13.2 达朗贝尔原理

13.2.1 质点的达朗贝尔原理

设有一非自由质点 M 在约束允许的条件下发生运动。如质点的质量为 m，在主动力 F 及约束反力 F_N 作用下产生的加速度为 a，根据牛顿第二定律有

$$F_R = F + F_N = ma$$

把它写成另一种形式

$$F + F_N + (-ma) = 0 \qquad (13.4)$$

引入质点的惯性力 $F_I = -ma$ ，则上式可写成

$$F + F_N + F_I = 0 \qquad (13.5)$$

图 13.2

从数学形式上看，上面三个式子是一样的，但从力学角度看，式(13.4)、式(13.5)与动力学基本方程不同，而是力的平衡方程，但惯性力不是实际作用于质点的力，只能当作一个虚拟的力，在图上用虚线箭头表示。这个方程表明，在质点运动的任一瞬时，作用于质点上的主动力、约束反力和虚拟的惯性力在形式上组成平衡力系，这就是质点的达朗贝尔原理。

应该强调指出，质点并非处于平衡状态，这样做的目的是将动力学问题转化为静力学问题求解。对质点系动力学问题，这一方法具有很多优越性，因此在工程中应用比较广泛。同时，达朗贝尔原理与虚位移原理构成了分析力学的基础。

13.2.2 质点系的达朗贝尔原理

设质点系内任一质点的质量为 m_i，加速度为 a_i，作用在这质点上的外力为 $F_i^{(e)}$，内力为 $F_i^{(i)}$。如果对这质点假想地加上它的惯性力 $F_{Ii} = -m_i a_i$，则由质点的达朗贝尔原理可得 $F_i^{(e)} + F_i^{(i)} + F_{Ii} = 0$。

如果质点系有 n 个质点，对每个质点都假想地加上各自的惯性力，则因作用于每个质点的力与惯性力形成平衡力系，所以作用于质点系的所有外力、内力与惯性力也组成平衡力系。由静力学知，任意力系的平衡条件是力系的主矢和对任意点的主矩分别等于零，即

$$\sum F_i^{(e)} + \sum F_i^{(i)} + \sum F_{Ii} = 0$$

$$\sum M_O(F_i^{(e)}) + \sum M_O(F_i^{(i)}) + \sum M_O(F_{Ii}) = 0$$

因为质点系的内力总是成对出现的，并且彼此等值、反向，因此有：

$$\sum F_i^{(i)} = 0 \text{ 和 } \sum M_O(F_i^{(i)}) = 0$$

则
$$\begin{cases} \sum F_i^{(e)} + \sum F_{Ii} = 0 \\ \sum M_O(F_i^{(e)}) + \sum M_O(F_{Ii}) = 0 \end{cases} \qquad (13.6)$$

即如果对质点系中每个质点都假想地加上各自的惯性力,则质点系的所有外力和所有质点的惯性力组成平衡力系,这就是质点系的达朗贝尔原理。

在应用质点系的达朗贝尔原理求解动力学的问题时,取投影形式的平衡方程。若取直角坐标系,则对于平面任意力系有

$$\begin{cases} \sum F_x^{(e)} + \sum F_{Ix} = 0 \\ \sum F_y^{(e)} + \sum F_{Iy} = 0 \\ \sum M_O(\boldsymbol{F}_i^{(e)}) + \sum M_O(\boldsymbol{F}_{Ii}) = 0 \end{cases}$$

对于空间任意力系有

$$\begin{cases} \sum F_x^{(e)} + \sum F_{Ix} = 0, \sum F_y^{(e)} + \sum F_{Iy} = 0, \sum F_z^{(e)} + \sum F_{Iz} = 0 \\ \sum M_x(\boldsymbol{F}_i^{(e)}) + \sum M_x(\boldsymbol{F}_{Ii}) = 0, \\ \sum M_y(\boldsymbol{F}_i^{(e)}) + \sum M_y(\boldsymbol{F}_{Ii}) = 0, \sum M_z(\boldsymbol{F}_i^{(e)}) + \sum M_z(\boldsymbol{F}_{Ii}) = 0 \end{cases}$$

上两式中 $F_x^{(e)}, F_y^{(e)}, F_z^{(e)}$ 与 F_{Ix}, F_{Iy}, F_{Iz} 分别表示外力和惯性力在直角坐标轴上的投影, $M_x(\boldsymbol{F}_i^{(e)})$ 和 $M_x(\boldsymbol{F}_{Ii})$ 分别表示外力和惯性力对于 x 轴的矩,其余符号的意义类似。

例13.1　图13.3所示一圆锥摆,质量为 $m=0.1$ kg的小球系于长为 $l=0.3$ m的软绳下端,绳的另一端系在固定点O,小球在水平面内做匀速圆周运动。如绳与铅垂线成角 $\theta=60°$,求绳的拉力和小球的速度。

解　研究小球。受力分析:重力 mg 和绳拉力 $\boldsymbol{F}_T$。小球在水平面内做匀速圆周运动,在任一瞬时的加速度仅有法向分量,即 $\boldsymbol{a}_n = \dfrac{v^2}{l\sin\alpha}\boldsymbol{n}$,故惯性力大小为 $F_I = \dfrac{P}{g}\dfrac{v^2}{l\sin\alpha}$,方向与 $\boldsymbol{a}_n$ 相反。由动静法,作用于小球 M 上的力 $m\boldsymbol{g}$,$\boldsymbol{F}_T$ 和虚拟的惯性力 $\boldsymbol{F}_I$ 组成平衡力系。

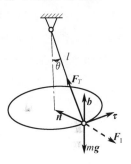

图 13.3

取自然坐标系如图所示,列动平衡方程

$$\begin{cases} \sum F_n = 0, F_T\sin\theta - m\dfrac{v^2}{l\sin\theta} = 0 \\ \sum F_b = 0, F_T\cos\theta - mg = 0 \end{cases}$$

解得 $F_T = 1.96$ N,$v = 2.1$ m/s。

例13.2　杆 CD 长 $2l$,两端各装一重物,$P_1 = P_2 = P$,杆的中间与铅垂轴 AB 固结在一起,两者的夹角为 α,轴 AB 以匀角速度 ω 转动。轴承 A,B 间的距离为 h。不计杆与轴的重量,求轴承 A,B 的约束反力。

解　研究整体。在图示位置取坐标系 Axy。在两重物上各加一法向惯性力 $\boldsymbol{F}_{IC}, \boldsymbol{F}_{ID}$,其大小均为

$$F_{IC} = F_{ID} = \dfrac{P}{g}(l\sin\alpha)\omega^2,$$

其方向如图示。由动静法,作

图 13.4

用于系统上的重力 P_1，P_2 及轴承 A、B 的约束反力 F_{Ax}，F_{Ay}，F_{Bx} 和虚加的法向惯性力 F_{IC}，F_{ID} 组成平衡力系。于是动平衡方程为

$$\sum F_x = 0, F_{Ax} - F_{Bx} - F_{IC} + F_{ID} = 0$$

$$\sum F_y = 0, F_{Ay} - 2P = 0$$

$$\sum M_A(\boldsymbol{F}) = 0, \quad F_{Bx}h - 2\left(\frac{P}{g}l\omega^2 \sin\alpha\right)l\cos\alpha = 0$$

由此解得

$$F_{Ax} = F_{Bx} = \frac{Pl^2\omega^2}{gh}\sin 2\alpha, F_{Ay} = 2P$$

13.3　刚体惯性力系的简化

应用达朗贝尔原理求解刚体动力学时，需要对刚体内每个质点加上它的惯性力，这些惯性力组成一惯性力系。如果用静力学中简化力系的方法将刚体的惯性力系加以简化，对于解题就方便得多。由静力学中力系的简化理论知道：任一力系向已知点简化的结果可得到一个作用于简化中心的力和一个力偶，它们由力系的主矢和对于简化中心的主矩决定。力系的主矢与简化中心的选择无关。

首先研究惯性力系的主矢。设刚体内任一点 M_i 的质量为 m_i，加速度为 $\boldsymbol{a}_i$，刚体的质量为 m，其质心的加速度为 $\boldsymbol{a}_C$，则惯性力系的主矢为

$$\boldsymbol{F}_{IR} = \sum \boldsymbol{F}_{Ii} = -\sum m_i\boldsymbol{a}_i = -m\boldsymbol{a}_C \tag{13.7}$$

（因为质心的坐标公式为 $\boldsymbol{r}_C = \dfrac{\sum m_i\boldsymbol{r}_i}{m}$，即 $m\boldsymbol{r}_C = \sum m_i\boldsymbol{r}_i$。将矢量式两边对时间 t 取二阶导数，则有：$m\boldsymbol{a}_C = \sum m_i\boldsymbol{a}_i$）

上式表明：无论刚体做什么运动，惯性力系的主矢都等于刚体的质量与其质心加速度的乘积，方向与质心加速度的方向相反。

至于惯性力系的主矩，一般说来，由于刚体运动的形式不同而不同。现在仅就刚体的平动、绕定轴转动和平面运动这三种情况下惯性力系的简化结果说明如下。

13.3.1　刚体做平动

刚体平动时，每一瞬时刚体内任一质点 i 的加速度 $\boldsymbol{a}_i$ 与质心 C 的加速度 $\boldsymbol{a}_C$ 相同，有 $\boldsymbol{a}_i = \boldsymbol{a}_C$，刚体的惯性力系分布如图 13.5 所示。任选一点 O 为简化中心，主矩用 $\boldsymbol{M}_{IO}$ 表示，则

图 13.5

$$\boldsymbol{M}_{IO} = \sum \boldsymbol{r}_i \times \boldsymbol{F}_{Ii} = \sum \boldsymbol{r}_i \times (-m_i\boldsymbol{a}_i)$$

$$= -\left(\sum m_i\boldsymbol{r}_i\right) \times \boldsymbol{a}_C = -m\boldsymbol{r}_C \times \boldsymbol{a}_C$$

式中，$\boldsymbol{r}_C$ 为质心 C 到简化中心 O 的矢径，此主矩一般不为零。若选质心 C 为简化中心，主矩以 $\boldsymbol{M}_{IC}$ 表示，$\boldsymbol{r}_C = 0$，则

$$M_{IC} = 0 \qquad (13.8)$$

刚体平动时,惯性力对任意点 O 的主矩一般不为零,若选质心 C 为简化中心,其主矩为零,简化为一合力。因此有结论:平动刚体的惯性力系可以简化为通过质心的合力,其大小等于刚体的质量与质心加速度的乘积,合力的方向与质心加速度方向相反。

13.3.2　刚体做定轴转动

这里仅限于研究刚体具有垂直于转轴 z 的质量对称平面 N 的情况,这是工程实际中常见的一种重要情况。设任一平行于 z 轴的直线与刚体相交截得线段 A_iA_i',显然此线段对称于平面 N。由图 13.6(a)可见,刚体绕 z 轴转动时,线段 A_iA_i' 始终与 z 轴平行,即该线段做平行移动。因此,位于此线段上的刚体各质点的惯性力可合成为一个力 $\boldsymbol{F}_{Ii}$,此力作用于线段上各质点的质心,即线段与对称平面 N 的交点。按(13.7)式

$$\boldsymbol{F}_{Ii} = -m_i\boldsymbol{a}_i$$

这里 m_i 为 A_iA_i' 上所有质点质量之和,$\boldsymbol{a}_i$ 为线段上任一点(例如 M_i 点)的加速度。这样,就将整个刚体的惯性力系从空间力系转化为对称平面内的平面力系。再将该平面力系向对称平面的转动中心 O(即转轴与对称平面的交点 O)简化,可得到一个力 $\boldsymbol{F}_{IR}$ 和一个其矩为 M_{IO} 的力偶。

图 13.6

显然,力矢 $\boldsymbol{F}_{IR}$ 可用(13.7)式求得。而 M_{IO} 应等于惯性力系对点的主矩。设在某瞬时,刚体转动的角速度为 ω,角加速度为 α。记 M_i 点的转动半径为 r_i,则 M_i 点加速度的两个分量:切向加速度 $a_{it} = r_i\alpha$,法向加速度 $a_{in} = r_i\omega^2$。惯性力 $\boldsymbol{F}_{Ii}$ 也可分解为相应的两个分量 $\boldsymbol{F}_{Ii}^\tau$ 和 $\boldsymbol{F}_{Ii}^n$,如图 13.6(b)所示,其大小分别为 $\boldsymbol{F}_{Ii}^\tau = m_ir_i\alpha$,$\boldsymbol{F}_{Ii}^n = m_ir_i\omega^2$,方向如图所示。于是

$$M_{IO} = \sum M_O(\boldsymbol{F}_{Ii}) = \sum M_O(\boldsymbol{F}_{Ii}^\tau) + \sum M_o(\boldsymbol{F}_{Ii}^n) = -\sum (m_ir_i\alpha)r_i = -\left(\sum m_ir_i^2\right)\alpha$$

即

$$M_{IO} = -J_z\alpha \qquad (13.9)$$

式中 $J_z = \sum m_ir_i^2$ 为刚体对转轴 z 的转动惯量。上式的负号表示惯性力主矩的转向与角加速度相反。

把(13.7)式与上式结合起来,可得结论:刚体定轴转动时,其惯性力系向转动中心简化为一个力和一个力偶:这个力的大小等于刚体的质量与质心加速度的乘积,方向与质心加速度方向相反,作用线通过转动中心;这个力偶的矩等于刚体对转轴的转动惯量与角加速度的乘积,作用在垂直于转轴的对称平面内,转向与角加速度的转向相反。

得出上述结论有两个限制条件:(1)刚体具有垂直于转轴 z 的质量对称平面;(2)以转动中心(转轴 z 与质量对称平面的交点)为简化中心。若刚体没有垂直于转轴的质量对称平面,则可取转轴 z 上任一点 O 为简化中心,这时刚体惯性力系简化为作用于 O 点的一个力 $F_{IR}(=-ma_C)$ 和一个力偶。不过,此力偶距矢除了沿 z 轴的分量 $M_{Iz}(=-J_z\alpha)$ 以外,还有垂直于 z 轴的分量。

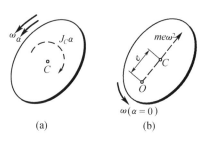

图 13.7

当定轴转动刚体的质量对称平面垂直于转轴 z 时,工程实际中常见如下两种特殊情况:

(1)转轴通过刚体的质心(图 13.7(a)),这时 $a_C=0$,因而 $F_{IR}=0$。于是,惯性力系简化为一力偶,其矩的大小等于对质心轴的转动惯量与角加速度的乘积,转向与角加速度相反。

(2)刚体做匀速转动(图 13.7(b)),这时 $\alpha=0$,因而 $M_{IO}=0$;而且质心 C 的加速度只有法向分量 $a_{Cn}=e\omega^2$,其中 $e=OC$ 是质心到转轴的距离,称为偏心距。于是,惯性力系简化成一个力,其大小等于 $me\omega^2$,方向由 O 指向 C。这力有时就称为刚体的离心惯性力。

13.3.3 刚体做平面运动(平行于质量对称平面)

工程中,做平面运动的刚体常常有质量对称平面,且平行于此平面运动。现在仅限于讨论这种情况下惯性力系的简化。与刚体绕定轴转动相似,刚体做平面运动,其上各质点的惯性力组成的空间力系,可简化为在质量对称平面内的平面力系。取质量对称平面内的平面图形如图 13.8 所示,由运动学知,平面图形的运动可分解为随基点的平动与绕基点的转动。现取质心 C 为基点,设质心的加速度为 a_C,绕质心转动的角速度为 ω,角加速度为 α,与刚体绕定轴刚体相似,此时惯性力系向质心 C 简化的主矩为

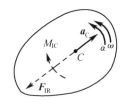

图 13.8

$$M_{IC}=-J_C\alpha \tag{13.10}$$

式中,J_C 为刚体对通过质心且垂直于质量对称平面的轴的转动惯量。

于是得结论:有质量对称平面的刚体,平行于此平面运动时,刚体的惯性力系简化为在此平面内的一个力和一个力偶。这个力通过质心,其大小等于刚体的质量与质心加速度的乘积,其方向与质心加速度的方向相反,这个力偶的矩等于刚体对过质心且垂直于质量对称面的轴的转动惯量与角加速度的乘积,转向与角加速度相反。

由动静法知,具有质量对称平面的平面运动刚体可列三个动平衡方程,即

$$\begin{cases} \sum F_x = 0, \sum F_x^{(e)} + F_{\mathrm{IR}x} = 0 \\ \sum F_y = 0, \sum F_y^{(e)} + F_{\mathrm{IR}y} = 0 \\ \sum M_C(\boldsymbol{F}) = 0, \sum M_C(\boldsymbol{F}_i^{(e)}) + M_{\mathrm{IC}} = 0 \end{cases}$$

若写成动力学方程为

$$m\frac{\mathrm{d}^2 x_C}{\mathrm{d}t^2} = \sum F_x^{(e)}, m\frac{\mathrm{d}^2 y_C}{\mathrm{d}t^2} = \sum F_y^{(e)}, J_C\frac{\mathrm{d}^2\varphi}{\mathrm{d}t^2} = \sum M_C(\boldsymbol{F}_i^{(e)})$$

这就是刚体的平面运动微分方程,式中 $\sum F_x^{(e)}$、$\sum F_y^{(e)}$ 和 $\sum M_C(\boldsymbol{F}_i^{(e)})$ 分别为作用于刚体上的外力在轴 x, y 上的投影和对于通过质心 C 垂直于对称平面的轴之矩。

例 13.3　重为 P 的货箱放在一平车上,货箱与平车间的摩擦系数为 f_s,尺寸如图 13.9 所示,欲使货箱在平车上不滑也不翻,平车的加速度 a 应为多少?

解　研究货箱。作用于货箱上的力有重力 P,摩擦力 $\boldsymbol{F}_s$ 和法向反力 $\boldsymbol{F}_N$,由于货箱做平动,惯性力为 $F_{\mathrm{IR}} = \dfrac{P}{g}a$,虚加于质心 C,方向与加速度 a 相反。

图 13.9

由动平衡方程

$$\begin{cases} \sum F_x = 0, F_s - F_{\mathrm{IR}} = 0 \\ \sum F_y = 0, F_N - P = 0 \\ \sum M_C(\boldsymbol{F}) = 0, F_s\dfrac{h}{2} - F_N d = 0 \end{cases}$$

解得

$$F_s = F_{\mathrm{IR}} = \frac{P}{g}a, F_N = P, d = \frac{ah}{2g}$$

货箱不滑的条件是 $F_s \leqslant f_s F_N$,即 $\dfrac{P}{g}a \leqslant f_s P$。

由此得 $a \leqslant f_s g$,货箱不翻倒的条件是 $d \leqslant \dfrac{b}{2}$,即 $\dfrac{ah}{2g} \leqslant \dfrac{b}{2}$,得 $a \leqslant \dfrac{b}{h}g$。

例 13.4　如图 13.10 所示,电动机定子及其外壳总质量为 m_1,质心位于 O 处,转子的质量为 m_2,质心位于 C 处,偏心距 $OC = e$,图示平面为转子的质量对称平面。电动机用地脚螺钉固定于水平基础上,转轴 O 与水平基础间的距离为 h。运动开始时,转子质心 C 位于最低位置,转子以匀角速度 ω 转动。求基础与地脚螺钉给电动机总的约束力。

解　研究电动机整体。作用于其上的外力有重力 $m_1\boldsymbol{g}$ 与 $m_2\boldsymbol{g}$,基础与地脚螺钉给电动机的约束力向点 A 简化,得一力偶 M 与二分力 $\boldsymbol{F}_x$,$\boldsymbol{F}_y$,定子与外壳

图 13.10

无需加惯性力,对转子来说,由于角加速度 $\alpha = 0$,无需加惯性力矩,而质心加速度为 $e\omega^2$,所以只需加惯性力 F_I,如图所示,其大小为 $F_I = me\omega^2$。

根据质点系的达朗贝尔原理,此电动机上的外力与惯性力形成一个平衡力系。列平衡方程

$$\begin{cases} \sum F_x = 0, F_x + F_I \sin \varphi = 0 \\ \sum F_y = 0, F_y - (m_1 + m_2)g - F_I \cos \varphi = 0 \\ \sum M_A = 0, M - m_2 ge\sin\varphi - F_I h \sin \varphi = 0 \end{cases}$$

因 $\varphi = \omega t$,解上述方程组,得

$$F_x = -m_2 e\omega^2 \sin \omega t$$

$$F_y = (m_1 + m_2)g + m_2 e\omega^2 \cos \omega t$$

$$M = m_2 ge\sin\omega t + m_2 e\omega^2 h \sin \omega t$$

例 13.5 均质圆盘质量为 m_1,半径为 R。均质细杆长 $l = 2R$,质量为 m_2。杆端 A 与轮心为光滑铰接,如图 13.11 所示。如在 A 处加一水平拉力 F,使轮沿水平面纯滚动。问:力 F 为多大方能使杆的 B 端刚好离开地面? 为保证纯滚动,轮与地面间的静滑动摩擦系数应为多大?

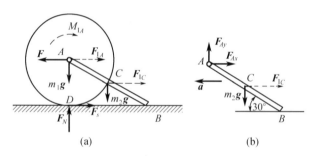

图 13.11

解 细杆刚好离开地面时仍为平移,则地面约束力为零,设其加速度为 a,取杆为研究对象,受力及惯性力如图 13.11(b) 所示,其中 $F_{IC} = m_2 a$,按动静法列平衡方程

$$\sum M_A = 0 \quad m_2 aR \sin 30° - m_2 gR \cos 30° = 0$$

解得 $a = \sqrt{3}\,g$。

研究整体,受力及惯性力如图 13.11(a) 所示,其中

$$F_{IA} = m_1 a, M_{IA} = \frac{1}{2} m_1 R^2 \frac{a}{R}$$

由

$$\sum M_D = 0 \quad FR - F_{IA}R - M_{IA} - F_{IC}R \sin 30° - m_2 gR \cos 30° = 0$$

解得

$$F = \left(\frac{3}{2} m_1 + m_2\right)\sqrt{3}\,g$$

由

$$\sum F_x = 0 \quad F - F_s - (m_1 + m_2)a = 0$$

解得

$$F_s = \frac{\sqrt{3}}{2} m_1 g$$

而

$$F_s \leqslant f_s F_N = f_s (m_1 + m_2) g$$

解得

$$f_s \geqslant \frac{F_s}{F_N} = \frac{\sqrt{3} m_1}{2(m_1 + m_2)}$$

13.4　刚体定轴转动时轴承的动约束力

做定轴转动的刚体,如果其重心不在转轴上,将引起轴承的附加动约束力。如刚体转速很高,附加动约束力可达到十分巨大的数值,造成各种严重的后果。下面通过例题来说明。

例 13.6　转子的质量 $m = 20 \ \text{kg}$,水平的转轴垂直于转子的对称面,转子的重心偏离转轴,偏心距 $e = 0.1 \ \text{mm}$,如图 13.12 所示。若转子做匀速转动,转速 $n = 12\,000 \ \text{r/min}$,试求轴承 A、B 的动约束力。

13.12 图

解　应用动静法求解。以整个转子为研究对象。它受到的外力有重力 P、轴约束力 F_{NA},F_{NB}。再向转子的转动中心 O 虚加惯性力 F_{IR},其大小为 $F_{IR} = me\omega^2$,则力 P,F_{NA},F_{NB} 和 F_{IR} 形式上组成一平衡力系。为了讨论方便,将约束力分成两部分来计算:

(1) 静约束力。本题中静载荷为重力 P,两轴承的静约束力为

$$F'_{NA} = F'_{NB} = \frac{P}{2} = \frac{(20 \times 9.806\,7) \ \text{N}}{2} = 98.07 \ \text{N}$$

静约束力 F'_{NA},F'_{NB} 的方向始终铅垂向上。

(2) 附加动约束力。惯性力 F_{IR} 所引起的轴承的附加动约束力分别记作 F''_{NA},F''_{NB},显然有

$$F''_{NA} = F''_{NB} = \frac{1}{2} F_{IR} = \frac{1}{2} me\omega^2 = \frac{1}{2} \times 20 \ \text{kg} \times \frac{0.1}{1\,000} m \times \left(12\,000 \times \frac{\pi}{30}\right) \text{s}^{-2} = 1\,579 \ \text{N}$$

与静约束力不同,附加动约束力 F''_{NA} 和 F''_{NB} 的方向随着惯性力 F_{IR} 的方向而变化,即随着转子转动。

把静约束力与附加动约束力合成,就得到动约束力。在一般的瞬时,F'_{NA} 与 F''_{NA}(F'_{NB} 与 F''_{NB})不一定共线,两者应采用矢量法合成。当附加动约束力转动到与静约束力同向或反向的瞬时,动约束力取最大值或最小值,即

$$F_{NAmax} = F_{NBmax} = 1\ 579 + 98 = 1\ 677\ \text{N}$$
$$F_{NAmin} = F_{NBmin} = 1\ 579 - 98 = 1\ 481\ \text{N}$$

从以上分析可知,在高速转动时,由于离心惯性力与角速度的平方成正比,即使转子的偏心距很小,也会引起相当巨大的轴承附加动约束力。如在上例中,附加动约束力高达静约束力的 16 倍左右。附加动约束力将使轴承加速磨损发热,激起机器和基础的振动,造成许多不良后果,严重时甚至招致破坏。所以对于高速转动的转子,如何消除附加动约束力是个重要问题。为消除附加动约束力,首先应消除转动刚体的偏心现象。无偏心(即重心在转轴上)的刚体转动时,其惯性力主矢 $\boldsymbol{F}_{IR} = 0$。无偏心的刚体,若仅受重力作用,则不论刚体转动到什么位置,它都能静止,这种情形称为静平衡。在设计高速转动的零部件时,应使其重心在转轴上。但是,即使如此,由于材料的不均匀性以及制造、装配等方面的误差,转动的零部件在实际工作时仍不可避免地会有一些偏心。这时可用试验法寻找重心所在转动半径的方位,然后在偏心一侧除去一些材料(减少质量)或在相对一侧添加一些材料(增加质量),使得偏心距降低到允许范围之内。

那么,静平衡的刚体在转动时是否不再引起附加动约束力了呢?还不一定。例如,如图 13.13(a)所示,设想由两个质量相同的质点组成的刚体,两质点在通过转轴的同一平面内,且离开转轴的距离相等。这一刚体的重心 C 的确在转轴上,然而刚体做匀速转动时,虚加的两个离心惯性力的主矢虽然为零,主矩却不为零。这两个离心惯性力组成一个力偶,该力偶位于通过转轴的平面内,同样可引起附加动约束力。如图 13.13(b)所示,则在每一质点上虚加的离心惯性力也合成为一力偶。参照图 13.13(b)的情形,可以想到即使是静平衡的圆盘(如机器中的飞轮、齿轮),如果圆盘平面不是精确地垂直于转轴,则其离心惯性力系也将合成为一力偶。由此可见,为了消除附加动约束力,除了要求静平衡,即要求刚体的惯性力系的主矢等于零以外,还应要求惯性力系在通过转轴的平面内的惯性力偶矩也等于零。如果达到这个要求,则当刚体做匀速转动时,其惯性力系自相平衡,这种现象称为动平衡。刚体的动平衡可以通过在刚体内任意两个横截面中的适当位置上减去(或添加)一定的质量来实现,这需要在专门的动平衡机上进行。有关静平衡和动平衡的试验方法和进一步的内容,将在机械原理课程中叙述。

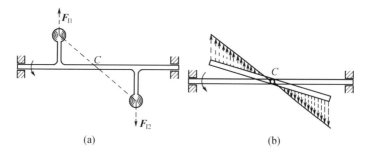

(a)　　　　　　　　　　　　(b)

图 13.13

习　　题

1. 选择题

(1) 刚体做定轴转动时,附加动反力为零的必要与充分条件是_____。

(A) 刚体质心位于转动轴上

(B) 刚体有质量对称面,转动轴与对称面垂直

(C) 转动轴是中心惯性主轴

(2) 均质细杆 AB 长 L,重 P,与铅垂轴固结成角 $\alpha=30°$,并以匀角速度 ω 转动,则惯性力系的合力的大小等于_____。

(A) $\sqrt{3}L^2P\omega^2/8g$　　　　(B) $L^2P\omega^2/2g$　　　　(C) $LP\omega^2/2g$　　　　(D) $LP\omega^2/4g$

(3) 物重 Q,用细绳 BA,CA 悬挂如图示,$\alpha=60°$,若将 BA 绳剪断,则该瞬时 CA 绳的张力为_____。

(A) 0　　　　　　(B) 0.5Q　　　　　(C) Q　　　　　(D) 2Q

题 13.1(2) 图　　　　　题 13.1(3) 图

2. 填空题

(1) 一列火车在启动过程中,第_____节车厢的挂钩受力最大。

(2) 已知曲柄 $OA//O_1B$,$OA=O_1B=r$。转动角速度和角加速度分别为 ω 和 α,如图所示。$ABDC$ 为一个弯杆,滑块 C 的质量为 m。此滑块惯性力的大小 $F_I=$_____(惯性力的方向要求画在图中)。

3. 计算题

(1) 图示(2)均质细杆放在光滑水平面上。已知:杆长均为 L,质心均为 C。试分别求在垂直于杆的力作用下,杆 AB 的惯性力系,并画于图上。(简化结果)

(2) 在图示系统中,已知:均质轮的质量为 m、半径为 r,在半径 $R=4r$ 的固定圆弧面上做纯滚动。若在图示瞬时轮的角速度为 ω、角加速度为 α。试求此瞬时轮的惯性力系向 O

题 13.2(2) 图

点简化的结果。

(1)

(2)

题 13.3(1) 图

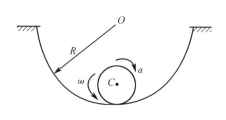

题 13.3(2) 图

（3）图示系统位于水平面,由均质直角三角形板与两无重且平行的刚杆铰接而成。已知:板边长 $AB=AC=L$、质量为 m,杆长均为 L,以匀角速 ω 转动。试用动静法求图示 O_1AC 位于一直线时,两杆所受的力。

题 13.3(3) 图

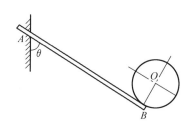

题 13.3(4) 图

（4）图示均质圆柱体在无重悬臂平板上做纯滚动。已知:圆柱半径 $R=10$ cm、质量 $m=18$ kg,平板 AB 长 $L=80$ cm,倾角 $\theta=60°$。试用动静法求圆柱体到达 B 端瞬时,平板 A 端的反力。

（5）在图示系统中,已知:均质轮 C 重为 Q、半径为 r,在水平面上做纯滚动,物块 A 重为 P,绳 CE 段水平,定滑轮质量不计。试用动静法求:① 轮心 C 的加速度;② 轮子与地面间的摩擦力。

题 13.3(5) 图

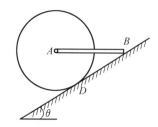

题 13.3(6) 图

（6）图示均质圆盘与水平均质细杆铰接,圆盘沿斜面做纯滚动,杆上 B 点沿斜面上一光滑轨道滑动。已知:圆盘半径为 r,质量为 m,杆的质量与圆盘相同,斜面倾角 $\theta=30°$。试用动静法求:① 斜面对 B、D 处的反力;② 铰链 A 的受力。

（7）图示系统由两均质细杆铰接而成,位于铅垂面。已知:杆均重 $P=10$ N,长均为 $L=60$ cm,C 为 AB 杆的中点。试用动静法求当 OC 杆自水平位置无初速释放瞬时 O 处的约束力。

（8）在题 13.3(8) 图中,均质圆柱体重 P,半径为 R,置于倾角为 30° 的粗糙斜面上,今在圆柱中心 C 系一与斜面相平行的细绳,绳绕过一重为 $P/2$、半径为 $R/2$ 的滑轮,下端悬一个重为 P 的物体,使圆柱沿斜面滚而不滑,滚动摩擦可忽略不计,滑轮可视为均质圆盘。求该物体的加速度。

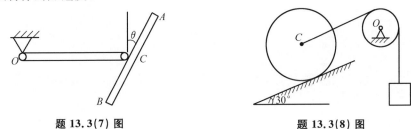

题 13.3(7) 图　　　　题 13.3(8) 图

（9）均质细杆 AB 长为 l,重为 G,其两端悬于二平行绳上,使杆处于水平位置。如果突然剪断绳 BE,求在此瞬时绳 AD 对杆 AB 的拉力。

（10）如图所示,质量为 m_1 的物体 A 下落时,带动质量为 m_2 的均质圆盘 B 转动,不计支架和绳子的质量及轴上的摩擦,$BC=a$,盘 B 的半径为 R。求固定端 C 的约束力。

题 13.3(9) 图　　　　题 13.3(10) 图

第2编 材料力学

材料力学主要研究构件在外力作用下破坏、变形和失稳的规律以及材料本身的力学性能。主要讨论受轴向载荷的杆件、受剪切与挤压的连接件、受扭转的圆轴、受平面弯曲的梁等。分析的目的是确定和计算杆件的内力、应力、应变以及由载荷所产生的变形,从而研究其强度、刚度和稳定性的分析和计算。完整的了解材料的这些力学性能,以确定结构对破坏的抵抗能力,才能保证对构件的安全设计。

第14章　材料力学的基本概念

14.1　材料力学的任务

各种机械和工程结构都是由零件或部件组成的,如机床的轴和齿轮、房屋的梁等。在材料力学中,组成机械或工程结构中的零件和部件统称为构件。工程实际中的构件形状是各种各样的,按其形状可将构件划分为杆、板、壳、块体等四类,如图 14.1 所示。

图 14.1

(1) 杆件

长度远大于横向尺寸的构件,其几何要素是横截面和轴线,其中横截面是与轴线垂直的截面;轴线是横截面形心的连线。

(2) 板和壳

构件一个方向的尺寸(厚度)远小于其他两个方向的尺寸,其中中面为曲面的称为壳。

(3) 块体

三个方向(长、宽、高)的尺寸相差不多的构件。

各种机械或工程结构中,在正常工作状态下组成它们的每一个构件都要受到从相邻构件或从其他构件传递来的外力——载荷的作用。例如,车床主轴受到的切削力,齿轮啮合力,建筑物的梁受到自身重力和其他物体的作用力等。

为保证工程结构或机械的正常工作,构件应具有足够的能力负担起应当承受的载荷。因此,它应当满足以下要求。

(1) 强度要求

构件在规定载荷作用下,具有足够的抵抗断裂破坏的能力。例如,储气罐不应爆裂,机器中的齿轮轴不应断裂等。

(2) 刚度要求

构件在规定载荷作用下,具有足够的抵抗变形的能力。例如,机床主轴不能变形过大,否则影响加工精度。

（3）稳定性要求

某些构件在特定载荷(如压力)作用下,具有足够的保持其原有平衡状态的能力。例如,千斤顶的螺杆,内燃机的压杆等。

上述三项要求是保证构件安全工作的一般要求,对于一个具体构件而言,对上述三项要求往往有所侧重,有些构件只需要满足一项或两项。例如,储气罐主要考虑强度要求,车床主轴则要求具备一定的强度和刚度,而受压的活塞杆要求保持其稳定性。若构件的截面尺寸不足,或形状不合理,或材料选择不当,将不能满足上述要求,从而不能保证工程结构或机械的正常工作。但是,也不应当不恰当地加大截面尺寸或选用优质材料,这样做虽满足上述要求,却多使用了材料,增加了成本,造成了浪费。构件的强度、刚度和稳定性问题是材料力学所要研究的主要内容。材料力学的任务就是在满足强度、刚度和稳定性的要求下,以最经济的方式为构件确定合理的形状和尺寸,选择适宜的材料,为构件设计提供必要的理论基础和计算方法。

材料力学的任务体现在以下三个方面:

（1）研究构件的强度、刚度和稳定性;

（2）研究材料的力学性能;

（3）为合理解决工程构件设计中安全与经济之间的矛盾提供力学方面的依据。

构件的强度、刚度和稳定性问题均与所用材料的力学性能有关,因此实验研究和理论分析是完成材料力学任务所必需的手段。

14.2　变形固体的基本假设

在外力作用下,一切固体都会发生变形,故称为变形固体。实验表明,当外力不超过某一限定值时,外力撤去后,变形也随之消失,称这部分变形为弹性变形。当外力超过某一限定值时,外力撤去后将遗留一部分不能消失的变形,称这部分变形为塑性变形。

而构件一般均由固体材料制成,所以构件一般都是变形固体。变形固体种类繁多,工程材料中有金属与合金、工业陶瓷、聚合物等,性质是多方面的,而且很复杂,因此在材料力学中通常省略一些次要因素,对其作下列假设。

1. 连续性假设

连续性假设认为整个物体所占空间内毫无空隙地充满物质。实际上组成固体的粒子之间存在着空隙并不连续,但这种空隙的大小与构件的尺寸相比极其微小,甚至可以不计。于是就认为固体物质在其整个体积内是连续的。这样,就可以对连续介质采用无穷小量的分析方法。

2. 均匀性假设

认为物体内的任何部分,其力学性能均相同。实际上,工程中常用的金属,多由两种或两种以上元素的晶粒组成,不同元素晶粒的机械性质并不完全相同。又因为固体构件的尺寸远远大于晶粒尺寸,它所包含的晶粒数目极多,而且是无规则地排列,其机械性质是所有晶粒机械性质的统计平均值,因此可以认为构件内各部分的性质是均匀的。

3. 各向同性假设

认为物体内在各个不同方向上的力学性能均相同。就金属的单一晶粒来说，沿不同的方向，其力学性能并不相同。但金属构件包含数量极多的晶粒，且又杂乱无章地排列，这样沿各个方向的力学性能就接近相同了。具有这种属性的材料称为各向同性材料，如钢、铜、铝等。

沿不同的方向力学性能不同的材料，称为各向异性材料，如木材、胶合板、某些复合材料等。

实践表明，在上述假设基础上建立起来的理论是符合工程实际要求的。

4. 小变形(条件) 假设

在载荷作用下，构件都要产生变形。绝大多数工程构件的变形都极其微小，变形比构件本身尺寸要小得多，且为弹性变形，以至在分析构件所受外力(写出静力平衡方程) 时，通常不考虑变形的影响，而仍用变形前的尺寸，此即所谓的"原始尺寸原理"。如图 14.2(a) 所示的桥式起重机主架，变形后简图如图 14.2(b) 所示，截面最大垂直位移 f 一般仅为跨度 l 的 $1/1\,500 \sim 1/700$，B 支承的水平位移 Δ 则更微小，在求解支承反力 F_A 和 F_B 时，不考虑这些微小变形的影响(本书图中箭头表示力的方向，字母只表示量值)。但在研究构件破坏和变形时，需要考虑这些变形的影响。因此，要求材料力学中所研究构件的变形是微小的。

(a)　　　　(b)

图 14.2

14.3　杆件变形的基本形式

杆件受力有各种情况，相应的变形就有各种形式。在工程结构中，杆件的基本变形只有以下四种。

1. 拉伸和压缩

变形形式是由大小相等、方向相反、作用线与杆件轴线重合的一对力引起的，表现为杆件长度的伸长或缩短。如支架的拉杆和压杆受力后的变形，如图 14.3 所示。

2. 剪切

变形形式是由大小相等、方向相反、相互平行的一对力引起的，表现为受剪杆件的两部分沿外力作用方向发生相对错动。如连接件中的螺栓和销钉受力后的变形，如图 14.4 所示。

图 14.3

图 14.4

3. 扭转

变形形式是由大小相等、转向相反、作用面都垂直于杆轴的一对力偶引起的,表现为杆件的任意两个横截面发生绕轴线的相对转动。如机器中的传动轴受力后的变形,如图14.5所示。

4. 弯曲

变形形式是由垂直于杆件轴线的横向力,或由作用于包含杆轴线的纵向平面内的一对大小相等、方向相反的力偶引起的,表现为杆件轴线由直线变为受力平面内的曲线。如吊车的横梁受力后的变形,如图14.6所示。

杆件同时发生几种基本变形时,称为组合变形。

图 14.5

图 14.6

14.4　外力　内力　截面法

14.4.1　外力

外力是外部物体对构件的作用力,包括外加载荷和约束反力。

1. 按外力的作用方式分类

(1) 体积力:连续分布于物体内部各点上的力,如物体的自重和惯性力。

(2) 表面力:作用于物体表面上的力,又可分为分布力和集中力。分布力是连续作用于物体表面的力,如作用于船体上的水压力。集中力是作用于一点的力,如火车车轮对钢轨的压力。

2.按外力的性质分类

(1)静载荷:载荷缓慢地由零增加到某一定值后,不再随时间变化,保持不变或变动很不显著,称为静载荷。

(2)动载荷:载荷随时间而变化。动载荷可分为构件受惯性力载荷和冲击载荷两种情况。其中,冲击载荷是物体的运动在瞬时发生急剧变化所引起的载荷。

(3)交变载荷:交变载荷是随时间作周期性变化的载荷。

14.4.2　内力

不同学科对于内力的定义是不同的,构件在受外力之前,内部各相邻质点之间已存在相互作用的内力,正是这种内力使各质点保持一定的相对位置,使构件具有一定的几何尺寸和形状。一般情况下,这种内力不会引起构件破坏。在外力作用下,构件各部分材料之间因相对位置发生改变,从而引起相邻部分材料间产生附加的相互作用力,也就是"附加内力"。材料力学中的内力,是指外力作用下材料反抗变形而引起的附加的作用力(内力的变化量),它与构件所受外力密切相关。

14.4.3　截面法

截面法:假想用截面把构件分成两部分,以显示并确定内力的方法。如图 14.7 所示:(1)截面的两侧必定出现大小相等,方向相反的内力;(2)被假想截开的任意一部分上的内力必定与外力相平衡。

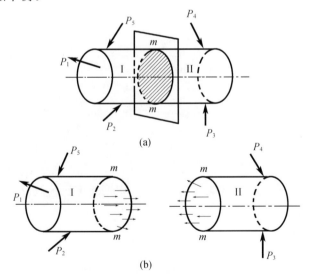

图 14.7

因此用截面法求内力可归纳为如下四个字。

(1)截:欲求某一截面的内力,沿该截面将构件假想地截成两部分。

(2)取:取其中任意部分为研究对象,而舍去另一部分。

（3）代：用作用于截面上的内力，代替舍去部分对留下部分的作用力。

（4）平：建立留下部分的平衡条件，由外力确定未知的内力。

例 14.1 如图 14.8(a) 所示，钻床在载荷作用下，试确定截面 $m-m$ 上的内力。

解 （1）沿 $m-m$ 截面假想地将钻床分成两部分。

（2）取 $m-m$ 截面以上部分进行研究，如图14.8(b) 所示，并以截面的形心 O 为原点。选取坐标系如图 14.8(b) 所示。

$$(a) \qquad (b)$$

图 14.8

（3）为保持上部的平衡，$m-m$ 截面上必然有通过点 O 的内力 F_N 和绕点 O 的力偶矩 M。

（4）由平衡条件

$$\sum F_y = 0, F - F_N = 0$$

$$\sum m_O = 0, Fa - M = 0$$

求得

$$F_N = F, M = Fa$$

14.5　应力　应变　胡克定律

14.5.1　应力

如图 14.9 所示，围绕 K 点取微元面积 ΔA。根据均匀连续假设，ΔA 上必存在分布内力，设它的合力为 $\Delta \boldsymbol{P}$，$\Delta \boldsymbol{P}$ 与 ΔA 的比值为

$$p_m = \frac{\Delta \boldsymbol{P}}{\Delta A}$$

式中，$\boldsymbol{p}_m$ 是一个矢量，代表在 ΔA 范围内，单位面积上的内力的平均集度，称为平均应力。当 ΔA 趋于零时，$\boldsymbol{p}_m$ 的大小和方向都将趋于一定极限，得到

$$\boldsymbol{p} = \lim_{\Delta A \to 0} \boldsymbol{p}_m = \lim_{\Delta A \to 0} \frac{\Delta \boldsymbol{P}}{\Delta A} = \frac{\mathrm{d} \boldsymbol{P}}{\mathrm{d} A}$$

式中，$\boldsymbol{p}$ 称为 K 点处的（全）应力。通常把应力 $\boldsymbol{p}$ 分解成垂直于截面的分量 σ 和切于截面

的分量 τ , σ 称为正应力, τ 称为切应力。

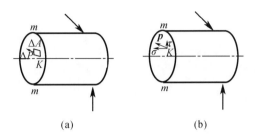

图 14.9

应力即单位面积上的内力,表示某微截面积(例如 $\Delta A \rightarrow 0$)处内力的密集程度。

应力的国际单位为 N/m^2 ,且 $1\ N/m^2 = 1\ Pa$(帕斯卡), $1\ GPa = 1\ GN/m^2 = 10^9\ Pa$, $1\ MN/m^2 = 1\ MPa = 10^6\ N/m^2 = 10^6\ Pa$。在工程上,也用 $kg \cdot f/cm^2$ 作为应力单位。

14.5.2　线应变和切应变

对于构件上任意一点材料的变形,只有线变形和角变形两种基本形式,它们分别由线应变和切应变来度量。

1. 线应变 ε

通常用正微六面体(下称微单元体)来代表构件上某"一点"。如图 14.10 所示,微单元体的棱边边长为 Δx , Δy , Δz ,变形后其边长和棱边的夹角都发生了变化。变形前平行于 x 轴的线段 MN 原长为 Δx ,变形后 M 和 N 分别移到了 M' 和 N' , $M'N'$ 的长度为 $\Delta x + \Delta u$,这里

$$\Delta u = M'N' - MN$$

于是

$$\varepsilon_m = \frac{\Delta u}{\Delta x}$$

式中, ε_m 表示线段 MN 每单位长度的平均伸长或缩短,称为平均线应变。若使 MN 趋近于零,则任意一点处的线应变为

$$\varepsilon = \lim_{\Delta x \to 0} \frac{\Delta u}{\Delta x} = \frac{du}{dx}$$

式中, ε 称为 M 点沿 x 方向的线应变或正应变,简称为应变。

线应变即单位长度上的变形量,为无量纲量,其物理意义是构件上任意一点沿某一方向线变形量的大小。

2. 切应变 γ

如图 14.10(b) 所示,正交线段 MN 和 ML 经变形后,分别变为 $M'N'$ 和 $M'L'$。变形前后其角度的变化为 $\left(\dfrac{\pi}{2} - \angle L'M'N' \right)$,当 N 和 L 趋近于 M 时,上述角度变化的极限值为

$$\gamma = \lim_{\substack{MN \to 0 \\ ML \to 0}} \left(\frac{\pi}{2} - \angle L'M'N' \right)$$

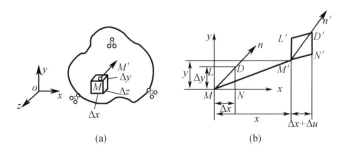

图 14.10

式中，γ 称为 M 点在 xy 平面内的切应变或角应变。

切应变即微单元体两棱角直角的改变量，为无量纲量。

14.5.3 胡克定律

材料的力学性能实验表明，当应力不超过某一限度时，应力与应变之间存在正比关系，称这一关系为胡克定律。

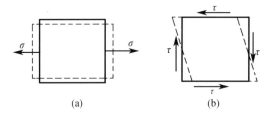

图 14.11

如图 14.11(a) 所示，单向拉伸(压缩)，材料在线弹性范围内服从胡克定律，正应力、正应变成正比关系，即

$$\sigma = E\varepsilon$$

式中，E 为正比例系数，称为弹性模量。

图 14.11(b) 为纯剪切状态，这种情况下的胡克定律为

$$\tau = G\gamma$$

式中，G 为正比例系数，称为切变模量。E 和 G 的量纲与应力量纲相同，它们的数值可由实验测定。

图 14.12

例 14.2 如图 14.12 所示，一矩形截面薄板受均布力 p 作用，已知边长 $l = 400$ mm，受力后沿 x 方向均匀伸长为 $\Delta l = 0.05$ mm。试求板中 a 点沿 x 方向的正应变。

解 由于矩形截面薄板沿 x 方向均匀受力，可认为板内各点沿 x 方向具有正应力与正应变，且处处相同。所以平均应变即 a 点沿 x 方向的正应变为

$$\varepsilon_a = \varepsilon_m = \frac{\Delta l}{l} = \frac{0.05}{400} = 125 \times 10^{-6}$$

习　题

1. 选择题

(1) 关于确定截面内力的截面法的适用范围,有下列四种说法:

(A) 适用于等截面直杆

(B) 适用于直杆承受基本变形

(C) 适用于不论基本变形还是组合变形,但限于直杆的横截面

(D) 适用于不论等截面或变截面、直杆或曲杆、基本变形或组合变形、横截面或任意截面的普遍情况

正确答案是_____。

(2) 下列结论中哪个是正确的?

(A) 若物体产生位移,则必定同时产生变形

(B) 若物体各点均无位移,则该物体必定无变形

(C) 若物体无变形,则必定物体内各点均无位移

(D) 若物体产生变形,则必定物体内各点均有位移

正确答案是_____。

2. 填空题

(1) 根据材料的主要性能作如下三个基本假设:_____,_____,_____。

(2) 所谓_____,是指材料或构件抵抗破坏的能力。所谓_____,是指构件抵抗变形的能力。

(3) 构件的承载能力包括 _____,_____和_____三个方面。

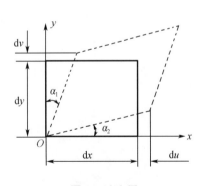

(4) 认为固体在其整个几何空间内无间隙地充满了物质,这样的假设称为_____。根据这一假设构件的_____、_____和_____就可以用坐标的连续函数来表示。

(5) 题 14.2(5) 图所示为构件内 A 点处取出的单元体,构件受力后单元体的位置为虚线所示,则称 $\mathrm{d}u/\mathrm{d}x$ 为_____,
$\mathrm{d}v/\mathrm{d}y$ 为_____,
$(\alpha_1 + \alpha_2)$ 为_____。

题 14.2(5) 图

3. 计算题

(1) 题14.3(1)图所示直角折杆在 CD 段承受均布载荷 q,求 AB 段上内力矩为零的截面位置。

(2) 求题14.3(2)图所示折杆1-1截面和2-2截面的内力,并在分离体上画出内力的方向。

题 14.3(1) 图

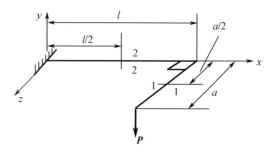

题 14.3(2) 图

第 15 章　　轴向拉伸与压缩

15.1　　轴向拉伸与压缩的概念

在实际工程中,承受轴向拉伸或压缩的构件是相当多的,例如,起吊重物的钢索、桁架中的拉杆和压杆(如图 15.1 所示)、悬索桥中的拉杆等。这类杆件共同的受力特点是,外力或外力合力的作用线与杆轴线重合;共同的变形特点是,杆件沿着杆轴方向伸长或缩短。这种变形形式就称为轴向拉伸或压缩,这类构件称为拉杆或压杆。杆的主要几何要素是横截面和轴线,其中横截面是与轴线垂直的截面;轴线是横截面形心的连线,轴线为直线的杆称为直杆。

本章只研究直杆的拉伸与压缩。可将这类杆件的形状和受力情况进行简化,得到轴向拉神与压缩时的力学模型,如图 15.2 所示。图中的实线为受力前的形状,虚线则表示变形后的形状。

图 15.1　　　　　　　　　　　　　　　　图 15.2

15.2　　轴向拉压时横截面上的内力与应力

15.2.1　　轴向拉压时横截面上的内力

为了进行拉(压)杆的强度计算,必须首先研究杆件横截面上的内力,然后分析横截面上的应力。下面讨论杆件横截面上内力的计算。取一等截面直杆,如图 15.3 所示,在它两端施加一对大小相等、方向相反、作用线与直杆轴线相重合的外力,使其产生轴向拉伸变形。根据截面法用横截面 $m-m$ 把直杆分成两段,并取左段杆为研究对象。杆件横截面上的内力合力设为 F_N,其作用线与杆轴线相重合,故称为轴力。由静力平衡条件可得 $F_N=F$。轴力的正负规定如下:当轴力方向与截面外法线方向一致时,轴力为正,反之为负,即拉为正,压为负。

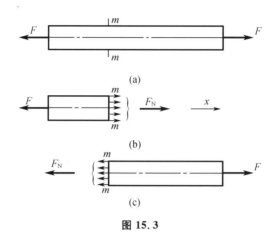

图 15.3

15.2.2　轴力图

当沿杆件轴线作用的外力多于两个时,杆件横截面上的轴力不尽相同,可用轴力图清晰地表示出轴力沿杆件轴线方向在各个横截面上的变化规律。该图一般以平行于杆件轴线的横坐标 x 表示横截面位置,纵坐标 F_N 表示对应横截面上轴力的大小。正的轴力画在 x 轴上方,负的轴力画在 x 轴下方,并标上正负号。

例 15.1　在图 15.4 中,沿杆件轴线作用有 F_1,F_2,F_3,F_4 四个力。已知: $F_1=6$ kN, $F_2=18$ kN, $F_3=8$ kN, $F_4=4$ kN。试求各段横截面上的轴力,并作轴力图。

解　(1) 计算各段轴力

AC 段:以截面 $1-1$ 将杆分为两段,取左段部分,如图 15.4(b) 所示。

由 $\sum F_x=0$ 得

$$F_{N1}=F_1=6 \text{ kN(拉力)}$$

CD 段:以截面 $2-2$ 将杆分为两段,取左段部分,如图 15.4(c) 所示。

由 $\sum F_x=0$ 得

$$F_{N2}-F_1+F_2=0$$

$$F_{N2}=F_1-F_2=-12 \text{ kN(压力)}$$

由此可得出结论:截面上的轴力等于截开截面一侧所有外力的代数和,外力的正负规定仍以拉为正压为负。

DB 段:以截面 $3-3$ 将杆分为两段,取右段部分,如图 15.4(d) 所示。

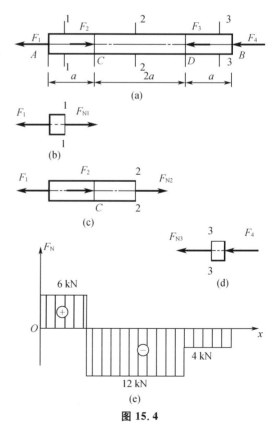

图 15.4

由 $\sum F_x = 0$ 得

$$F_{N3} = -F_4 = -4 \text{ kN(压力)}$$

（2）绘轴力图

轴力图如图 15.4(e) 所示。

15.2.3　轴向拉压时横截面上的应力

如图 15.5 所示，取一等直杆在其侧面画上垂直于杆轴线的直线段 ab 和 cd，然后在杆件的两端施加拉力 F，使其产生拉伸变形。可以观察到直线段 ab 和 cd 在杆件变形后仍然是垂直于杆件轴线的直线段，只是分别平移到 $a'b'$ 和 $c'd'$ 位置。

图 15.5

根据这个现象可做出平面假设：轴向拉压杆件变形后，其横截面仍然为垂直于杆件轴线的平面。若把杆件看成是由许多纤维所组成的，则两相邻横截面之间的纤维伸长量相同。也就是说，拉压杆件横截面上只有正应力 σ，且横截面上各点处正应力都相等，即正应力为平均分布，其计算公式为

$$\sigma = \frac{F_N}{A} \tag{15.1}$$

式中　　F_N—— 横截面的轴力；

　　　　A—— 横截面面积。

正应力的正负号规定：拉应力为正，压应力为负。

例 15.2　如图 15.6(a) 所示变截面圆钢杆 $ABCD$，已知 $F_1 = 20$ kN，$F_2 = 35$ kN，$F_3 = 35$ kN，$d_1 = 12$ mm，$d_2 = 16$ mm，$d_3 = 24$ mm。试求：

（1）各截面上的轴力，并作轴力图；

（2）杆的最大正应力。

解　（1）求内力并画轴力图

分别取三个横截面 $1-1$，$2-2$，$3-3$ 将杆件截开，各部分的受力图如图 15.6(a) 和图 15.6(b) 所示。由各部分的静力平衡方程可得

$$F_{N1} = F_1 = 20 \text{ kN}$$

$$F_{N2} = F_1 - F_2 = -15 \text{ kN}$$

$$F_{N3} = F_1 - F_2 - F_3 = -50 \text{ kN}$$

轴力图如图 15.6(c) 所示。

（2）求最大正应力

$$\sigma_{AB} = \frac{F_{NAB}}{A_{AB}} = \frac{20 \times 10^3}{\dfrac{\pi \times 12^2}{4}} = 1715.84 \text{ MPa}$$

图 15.6

$$\sigma_{BC} = \frac{F_{NBC}}{A_{BC}} = -\frac{15 \times 10^3}{\frac{\pi \times 16^2}{4}} = 74.6 \text{ MPa}$$

$$\sigma_{CD} = \frac{F_{NCD}}{A_{CD}} = -\frac{50 \times 10^3}{\frac{\pi \times 24^2}{4}} = 110.52 \text{ MPa}$$

15.3 轴向拉压时斜截面上的应力

取一个受轴向拉力作用的等直杆,如图15.7所示,假想用一个与横截面成任意角α的斜截面 $k-k$ 将杆件截成两部分,并取左半部分为研究对象,根据静力平衡条件有

$$\sum F_x = 0, F_{N\alpha} - F = 0$$

$$F_{N\alpha} = F \qquad (15.2)$$

若以 P_α,A_α 分别表示斜截面上的平均应力和斜截面面积,则有

$$F_\alpha = \frac{F_{N\alpha}}{A_\alpha} = \frac{F}{A/\cos\alpha} = \frac{F}{A}\cos\alpha = \sigma\cos\alpha \qquad (15.3)$$

将平均应力 P_α 分解为与斜截面相垂直的正应力 σ_α 和与斜截面相切的切应力 τ_α,得

$$\sigma_\alpha = P_\alpha \cos\alpha = \sigma\cos^2\alpha \quad (15.4)$$

$$\tau_\alpha = P_\alpha \sin\alpha = \frac{1}{2}\sigma\sin 2\alpha \quad (15.5)$$

图 15.7

规定 α 由横截面外法线转至斜截面的外法线时,逆时针转向为正,反之为负;σ_α 以拉应力为正,压应力为负;τ_α 以围绕脱离体顺时针转为正,反之为负。此外,由公式(15.4)和式(15.5)可得出以下几点结论:

(1) 当 $\alpha = 0°$ 时,即横截面上 σ_α 达到最大值,且 $(\sigma_\alpha)_{max} = \sigma$;而 $\tau_\alpha = 0$,说明最大正应力所在的横截面上切应力为零;

(2) 当 $\alpha = 45°$ 时,即与杆件轴线成 $45°$ 的斜截面上 τ_α 达到最大值,且 $(\tau_\alpha)_{max} = \frac{1}{2}\sigma$,说明最大切应力发生在与杆件轴线成 $45°$ 的斜截面上,其数值等于横截面上正应力的一半,此时 $\sigma_\alpha = \frac{1}{2}\sigma$,这说明切应力最大的截面上正应力不为零;

(3) 当 $\alpha = 90°$ 时,即纵截面上 $\sigma_\alpha = 0$,$\tau_\alpha = 0$,说明在平行于杆件轴线的纵向截面上没有任何应力作用;

(4) 把 $\alpha \pm 90°$ 代入到斜截面切应力计算公式中,得 $\tau_{\alpha \pm 90°} = -\frac{1}{2}\sigma\sin 2\alpha$,即 $\tau_\alpha = -\tau_{\alpha \pm 90°}$,这说明在任意两个相互垂直的截面上,切应力总是大小相等、符号相反。也就是说,通过构件内任意一点所作的相互垂直的两个截面上,垂直于两截面交线的切应力在数值上必相等,这就是切应力互等定理。

15.4　轴向拉压时的强度计算

15.4.1　许用应力

构件所能承受的应力不仅与构件的形状、截面尺寸、所受外力有关,还与材料有直接的关系。任何一种材料所能承受的最大应力都是有一定限度的,超过这一限度,材料就会发生塑性屈服或脆性断裂,称为材料失效,把材料失效时的应力称为极限应力,用 σ_u 表示。不同的材料极限应力是不同的,极限应力可由材料实验测得。为保证构件安全、正常地工作,应使构件的实际工作应力小于所用材料的极限应力,同时考虑一定的安全储备,将极限应力降低后作为构件所允许采用的最大应力,并把这个最大应力称为许用应力。许用应力一般用下式确定,即

$$[\sigma] = \frac{\sigma_u}{n} \quad (15.6)$$

式中　σ_u—— 材料的极限应力;

n—— 安全系数。

对于塑性材料,当其屈服时产生较大的塑性变形,影响构件的正常工作,所以极限应力取为屈服极限 σ_s;对于脆性材料,直至断裂也无明显的塑性变形,所以极限应力取为强度极限 σ_b。屈服极限和强度极限将在材料拉伸实验中介绍。安全系数的选择,不仅与材料有关,同时还必须考虑构件所处的具体工作条件。安全系数过大会造成浪费,并使构件笨重,过小又保证不了安全,可能导致破坏事故,因此要综合多方面的因素,具体情况具体分析。一般在常温、静载时,对于塑性材料取 $n = 1.2 \sim 2.5$,对于脆性材料取 $n = 2.0 \sim 3.5$。具体选用时可查阅有关的工程手册。

15.4.2 强度条件

为保证杆件在轴向拉(压)时安全正常地工作,必须使杆件的最大工作应力不超过杆件材料在轴向拉(压)时的许用应力,即

$$\sigma_{max} = \left(\frac{F_N}{A}\right)_{max} \leqslant [\sigma] \tag{15.7}$$

式(15.7)称为杆件在轴向拉(压)时的强度条件,应用该强度条件可进行以下三种类型的强度计算。

1. 校核杆的强度

已知杆件所受载荷、横截面面积和材料的许用应力,验算杆件是否满足强度条件,从而确定杆件是否安全。如果最大工作应力 σ_{max} 略微大于许用应力,且不超过许用应力的 5%,在工程上仍然被认为是允许的。

2. 设计截面

已知杆件所受载荷和材料的许用应力,根据强度条件设计杆件的横截面面积和尺寸。

3. 确定许可载荷

已知杆件的横截面面积和材料的许用应力,根据强度条件确定杆件的许可载荷。

例 15.3 如图 15.8 所示为起重机起吊钢管时的情况。若已知钢管所受的重力为 $W = 10 \text{ kN}$,绳索的直径 $d = 40 \text{ mm}$,许用应力 $[\sigma] = 10 \text{ MPa}$,试校核绳索的强度。

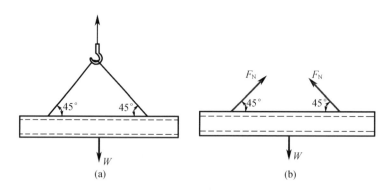

图 15.8

解　(1)求绳索中的轴力 F_N 以钢管为研究对象,画出其受力图,如图 15.8(b) 所示。由对称性可知两侧轴力相等。列平衡方程,即

$$\sum F_y = 0$$
$$W - 2F_N \cos 45° = 0$$

得绳索的轴力 F_N 为

$$F_N = \frac{W}{2\cos 45°} = \frac{10}{\sqrt{2}} = 7.07 \text{ kN}$$

(2)求绳索横截面上的正应力

$$A = \frac{\pi d^2}{4} = \frac{3.14 \times 40^2}{4} = 1\ 256 \text{ mm}^2$$

$$\sigma = \frac{F_N}{A} = \frac{7.07 \times 10^3}{1\ 256} = 5.63 \text{ N/mm}^2 = 5.63 \text{ MPa}$$

(3)校核强度

$$\sigma = 5.63 \text{ MPa} < [\sigma] = 10 \text{ MPa}$$

满足强度条件,故绳索安全。

例 15.4　如图 15.9 所示三角形托架,其杆 AB 是由两根等边角钢组成,已知 $F = 75$ kN,许用应力$[\sigma] = 160$ MPa,试选择 AB 杆的等边角钢的型号。

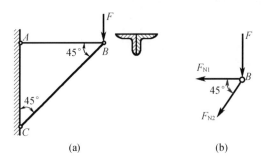

(a)　　　　　　　　(b)

图 15.9

解　(1)求杆 AB 中的轴力 F_{N1}

由结点 B 的平衡方程

$$\sum F_x = 0,\ -F_{N1} - F_{N2} \cos 45° = 0$$

$$\sum F_y = 0,\ -F - F_{N2} \sin 45° = 0$$

得

$$F_{N1} = 75 \text{ kN}$$

(2)设计截面

$$A \geqslant \frac{F_{N1}}{[\sigma]} = \frac{75 \times 10^3}{160 \times 10^6} = 4.688 \text{ cm}^2$$

所以可选边厚为 3 mm 的 4 号等边角钢,其 $A = 2.359$ cm²,$2A = 4.718$ cm²。

例 15.5　简易起重设备如图 15.10 所示,杆 AB 和 BC 均为圆截面钢杆,直径均为

36 mm,钢的许用应力$[\sigma]=160$ MPa,试确定吊车的最大许可载荷$[W]$。

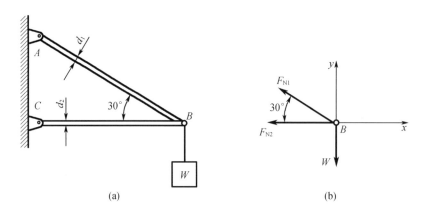

(a)　　　　　　　　　　　　　　(b)

图 15.10

解 （1）由平衡条件计算实际轴力

$$\sum F_x=0,\ -F_{N1}\cos30°-F_{N2}=0$$

$$\sum F_y=0,\ F_{N1}\sin30°-W=0$$

解得各杆轴力与结构载荷 W 应满足的关系式为

$$F_{N1}=2W,\ F_{N2}=-\sqrt{3}W$$

（2）根据各杆件的强度条件计算结构的许可载荷$[W]$

由

$$2W\leqslant[F_{N1}]=A[\sigma]=170.3\text{ kN}$$

得

$$[W_1]\leqslant86.5\text{ kN}$$

由

$$\sqrt{3}W\leqslant[F_{N2}]=A[\sigma]=170.3\text{ kN}$$

得

$$[W_2]\leqslant99.9\text{ kN}$$

要保证 AB，BC 杆的强度，应取$[W]=86.5$ kN。

15.5　轴向拉(压)时材料的力学性能

材料的力学性能也称为材料的机械性能，主要是指材料在外力作用下所表现出来的变形和破坏等方面的特性。不同的材料具有不同的力学性能，同一种材料在不同的工作条件下（如加载速率、温度等）也有不同的力学性能。轴向拉压试验是测定材料力学性能的最基本试验。低碳钢和铸铁是两种不同类型的材料，都是工程实际中广泛使用的材料，它们的力学性能比较典型，因此以这两种材料为代表来讨论材料的力学性能。

15.5.1　轴向拉伸时材料的力学性能

1. 低碳钢在拉伸时的力学性能

低碳钢是指含碳量低于 0.3% 的钢材,在工程上的应用十分广泛,它是一种典型的塑性材料。低碳钢拉伸试验所采用的标准试件是圆截面杆件,如图 15.11 所示,试件等直部分的长度 l 为工作长度,称为标距。对于直径为 d 的杆件通常取 $l = 5d$ 或 $l = 10d$。

图 15.11

为了便于比较不同材料的试验结果,对试样的形状、加工精度、加工速度、试验环境等,国家标准都有统一规定。

将试件两端装入材料试验机的卡头中,做常温、静载拉伸试验,直到试件被拉断为止。试验机的绘图装置会把试件所受到的轴向拉力 F 和试件的伸长量 Δl 之间的关系自动记录下来,绘出一条 $F - \Delta l$ 曲线(如图 15.12 所示),称为拉伸图。它描绘了低碳钢试件从开始加载直至断裂的全过程中拉力与变形之间的关系。但是拉伸图会受到试件几何尺寸的影响,为使试验结果能反映材料本身的力学性能,将拉力 F 除以试件横截面面积 A,得到横截面上的正应力 σ,将其作为纵坐标;将伸长量 Δl 除以标距的原始长度 l,得到

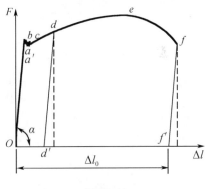

图 15.12

应变 ε,将其作为横坐标。从而获得 $\sigma - \varepsilon$ 曲线(如图 15.13 所示),称为应力 — 应变图。

由低碳钢的 $\sigma - \varepsilon$ 曲线可以看出,低碳钢的整个拉伸过程大致可以分为以下四个阶段。

(1) 弹性阶段 Oa

这一阶段可分为斜直线 Oa' 和微弯曲线 $a'a$。在这个阶段内,试件受力以后长度增加产生变形,这时如果将外力卸去,变形就会消失,这种变形称为弹性变形。a 点对应的应力称为弹性极限,记为 σ_e。斜直线 Oa' 段表示应力与应变成正比例

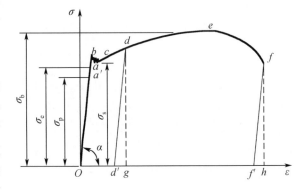

图 15.13

关系,即材料服从胡克定律,a' 点对应的应力称为比例极限,记为 σ_p。一般来说,低碳钢的弹性极限和比例极限十分接近,所以通常取 $\sigma_e = \sigma_p$。由图中斜直线 Oa' 可知

$$\tan \alpha = \frac{\sigma}{\varepsilon} = E \tag{15.8}$$

式(15.8)表明,在单向拉伸或压缩情况下,当正应力不超过材料的比例极限时,正应

力与线应变成正比,我们将这一关系称为拉压胡克定律。因为斜直线 Oa' 的斜率就等于低碳钢的弹性模量,所以在工程上一般都采用常温、静载拉伸试验来测定材料的弹性模量。

（2）屈服阶段 ac

过了弹性阶段后,曲线表现为水平的小锯齿形线段,应力在一个很小的范围内上下波动,这个阶段称为屈服阶段。屈服阶段中应力波动的最高点称为上屈服点,应力波动的最低点称为下屈服点。上屈服点不太稳定,常随着加载速率等原因而改变,下屈服点比较稳定。通常把下屈服点所对应的应力称为材料的屈服极限,用 σ_s 表示。表面磨光的试件,屈服时可在试件表面看见与轴线大致成 45° 倾角的条纹。这是由于材料内部晶格之间相对滑移而形成的,称为滑移线。

（3）强化阶段 ce

过了屈服阶段以后,曲线开始上升,直到最高点 e,试件对变形的抵抗能力又获得增强。e 点对应的应力称为强度极限,用 σ_b 表示。如果在这一阶段的任一点 d 处,逐渐卸去载荷,这时应力应变曲线是沿着与斜直线 Oa' 几乎平行的直线 dd' 返回到点 d',即低碳钢的卸载过程是一个弹性过程。当载荷全部卸去以后,试件所产生的变形一部分消失了,而另一部分却残留下来,把卸载后不能恢复的变形称为塑性变形或残余变形。塑性变形对应的应变称为塑性应变,记为 ε_P,即图中 Od' 段,$d'g$ 段为消失了的弹性应变,记为 ε_e。

若卸载之后再重新加载,则应力－应变曲线基本沿着卸载时的斜直线 dd' 上升到 d 点,然后再沿着曲线 def 变化,直至试件被拉断。比较曲线 $Odef$ 和 $d'def$ 可以发现,在第二次加载时,材料的比例极限得到了提高,即构件在弹性阶段的承载能力提高了,但试件被拉断后遗留的塑性变形减小了,这种现象称为冷作硬化。工程上常利用冷作硬化来提高某些构件在弹性阶段的承载能力,例如,起重用的钢丝绳和建筑用的钢筋等,常用冷拔工艺进行加工以提高其强度。但另一方面,冷作硬化又会使材料变脆,给下一步加工造成困难,且使零件容易产生裂纹,这就又需要在适当工序中通过热处理来消除冷作硬化的影响。

（4）局部颈缩阶段 ef

过了强化阶段之后,曲线开始下降,直至到达 f 点曲线终结。在这个阶段变形开始集中于某一小段范围内,截面局部迅速收缩,形同细颈,称为颈缩现象（如图 15.14 所示）。颈缩现象

图 15.14

出现以后,变形主要集中在细颈附近的局部区域,因此称该阶段为局部颈缩阶段。局部颈缩阶段后期,颈缩处的横截面面积急剧缩小,最后在颈缩处试件被拉断,试验结束。

从上述的试验现象可知:当应力达到屈服极限 σ_s 时,材料会产生显著的塑性变形,进而影响结构的正常工作;当应力达到强度极限 σ_b 时,材料会由于颈缩而导致断裂。屈服和断裂,均属于破坏现象。因此,σ_s 和 σ_b 是衡量材料强度的两个重要指标。

材料产生塑性变形的能力称为材料的塑性性能。塑性性能是工程中评定材料质量优劣的重要方面,衡量材料塑性性能的两个重要指标是延伸率 δ 和断面收缩率 φ,延伸率 δ 定义为

$$\delta = \frac{l_1 - l}{l} \times 100\% \tag{15.9}$$

式中　　l—— 试件工作段长度；

　　　　l_1—— 试件断裂后长度。

断面收缩率 φ 定义为　　　　$\varphi = \frac{A - A_1}{A} \times 100\% \tag{15.10}$

式中　　A—— 试件初始横截面面积；

　　　　A_1—— 试件被拉断后断口处横截面面积。

δ 和 φ 的数值越高,说明材料的塑性越好。工程上把延伸率 $\delta > 5\%$ 的材料称为塑性材料。如低碳钢 $\delta = 25\% \sim 27\%$,$\varphi = 60\%$,是塑性相当好的材料。延伸率 $\delta < 5\%$ 的材料称为脆性材料,如铸铁、玻璃、混凝土、陶瓷等。

2. 铸铁拉伸时的力学性能

铸铁拉伸时的 $\sigma - \varepsilon$ 曲线如图 15.15 所示,它是一条微弯的曲线,没有明显的直线部分,也没有屈服和颈缩阶段,在应力不高时就被拉断,只能测到强度极限 σ_b,而且强度极限较低。试件变形很小,断口截面几乎没有颈缩,这种破坏称为脆性断裂,用强度极限 σ_b 作为其强度指标。铸铁是一种典型的脆性材料,抗拉强度差。在工程上这类材料的弹性模量 E 以总应变为 0.1% 时的割线斜率来度量,以便应用胡克定律。

3. 其他材料拉伸时的力学性能

任何材料都可以通过拉伸试验测定它的力学性能,并绘制 $\sigma - \varepsilon$ 曲线,如图 15.16 所示。例如,16 锰钢以及一些高强度低合金钢等都是与低碳钢拉伸时力学特征相类似的塑性材料,断裂前都具有较大的塑性变形。另一些塑性材料,如青铜、黄铜、铝合金等,拉断前则无明显的屈服阶段。对于没有明显屈服阶段的塑性材料,通常用材料产生 0.2% 的残余应变时所对应的应力作为屈服强度,并以 $\sigma_{0.2}$ 表示,称为名义屈服应力。

图 15.15

(a)

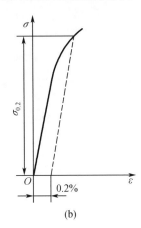

(b)

图 15.16

15.5.2　轴向压缩时材料的力学性能

1. 低碳钢压缩时的力学性能

短圆柱体试件的高度约为直径的 $1.5 \sim 3$ 倍。低碳钢压缩时的 $\sigma - \varepsilon$ 曲线如图 15.17(a) 所示,图中虚线为低碳钢拉伸时的 $\sigma - \varepsilon$ 曲线。由图可知,压缩曲线与拉伸曲线主要部分基本重合。试件到达屈服点后,越压越扁,出现显著的塑性变形。由于试件两端面受摩擦限制,故被压成鼓形,测不出其抗压强度,如图 15.18 所示。因为低碳钢压缩时的力学性能与拉伸时基本相同,所以一般通过拉伸试验即可得到其压缩时的主要力学性能。因此对于低碳钢来说,拉伸试验是其基本试验。

(a)

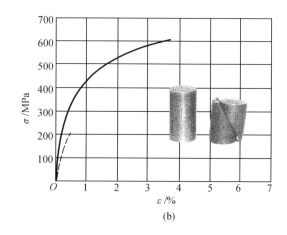

(b)

图 15.17

2. 铸铁压缩时的力学性能

铸铁压缩时的 $\sigma - \varepsilon$ 曲线如图 15.17(b) 中的实线所示。试件在较小的变形下突然破坏,与拉伸曲线一样没有明显的直线部分,也没有屈服极限。试件最后沿 45° 左右的斜面断裂。与图 15.15 比较可知,铸铁的抗压强度远比抗拉强度高,约达 $2 \sim 5$ 倍。因此铸铁宜于做抗压构件。混凝土、石料试样用立方块,其抗压强度也远

图 15.18

大于抗拉强度,只是破坏形式不同而已。一般脆性材料的抗压强度都明显高于抗拉强度。因此,脆性材料适宜做承压构件。

15.6　轴向拉(压)时的变形

15.6.1　轴向拉(压)变形

杆件在轴向拉伸或压缩时,其轴线方向的尺寸和横向尺寸都将发生改变。杆件沿轴线方向的变形称为纵向变形,杆件沿垂直于轴线方向的变形称为横向变形。设一根等直

杆件原长为 l,横截面边长为 $a \times b$,在轴向拉力 F 的作用下变形,如图 15.19 所示。纵向线应变定义为纵向绝对变形与原纵向尺寸之比,即

$$\varepsilon = \frac{\Delta l}{l} \qquad (15.11)$$

横向线应变定义为横向绝对变形与原横向尺寸之比,即

$$\varepsilon' = \frac{\Delta a}{a} = \frac{\Delta b}{b} \qquad (15.12)$$

显然,纵向线应变 ε 和横向线应变 ε' 的符号总是相反的。

图 15.19

15.6.2 泊松比

实验证明,当应力不超过材料的比例极限时,横向线应变与纵向线应变之比的绝对值为一常数,若用 μ 表示这个常数,则有

$$\mu = \left| \frac{\varepsilon'}{\varepsilon} \right| \qquad (15.13)$$

常数 μ 称为泊松比,或称为横向变形系数,它是材料的弹性常数,随材料的不同而不同,是一个无量纲的量,其值可由试验测定。泊松比反映了横向变形与纵向变形之间的关系。由于 ε 和 ε' 的符号总是相反的,所以二者的关系又可以写成

$$\varepsilon' = -\mu\varepsilon \qquad (15.14)$$

15.6.3 轴向拉伸与压缩变形计算

设等截面、常内力杆的横截面面积为 A,轴力为 F_N,则横截面上的正应力可根据公式 (15.1) 来计算,杆沿轴线方向的线应变可根据公式(15.11)来计算,把正应力与线应变的表达式代入轴向拉压胡克定律,得到轴向拉伸或压缩时杆件的变形量计算公式,即

$$\Delta l = \frac{F_N l}{EA} \qquad (15.15)$$

式中,EA 称为杆件的抗拉(压)刚度,是表征杆件抵抗拉压弹性变形能力的量。变形量正负号规定:伸长为正,缩短为负。应用该公式时应注意以下几点:

(1) 材料在线弹性范围,即 $\sigma \leqslant \sigma_p$。

(2) 在长度 l 内,轴力 F_N、弹性模量 E、横截面面积 A 均为常量。当以上参数沿杆轴线分段变化时,则应分段计算变形,然后求各段变形的代数和的总变形,即

$$\Delta l = \sum_{i=1}^{n} \frac{F_{N_i} l_i}{E_i A_i} \qquad (15.16)$$

(3) 当轴力 F_N,弹性模量 E,横截面面积 A 沿杆轴线连续变化时,变形量计算公式为

$$\Delta l = \int_0^l \frac{F_N(x)}{E(x)A(x)}dx \tag{15.17}$$

例 15.6 变截面钢杆受轴向载荷作用如图 15.20(a) 所示,若已知 $F_1 = 30$ kN, $F_2 = 10$ kN 作用,杆长 $l_1 = l_2 = l_3 = 100$ mm,杆各横截面面积分别为 $A_1 = 500$ mm^2, $A_2 = 200$ mm^2, $E = 200$ GPa,试求杆的总伸长量。

解 先做出轴力图,如图 15.20(b) 所示。杆的总伸长量为

$$\Delta l_{AD} = \Delta l_{AB} + \Delta l_{BC} + \Delta l_{CD} = \frac{F_{NAB}l_1}{EA_1} + \frac{F_{NBC}l_2}{EA_1} + \frac{F_{NCD}l_3}{EA_2}$$

$$= \frac{20 \times 10^3 \times 100}{200 \times 10^3 \times 500} + \frac{-10 \times 10^3 \times 100}{200 \times 10^3 \times 500} +$$

$$\frac{-10 \times 10^3 \times 100}{20 \times 10^4 \times 200} = -0.015 \text{ mm}$$

(a)

(b)

图 15.20

15.7　应力集中的概念

等截面直杆在轴向拉伸或压缩时,横截面上的应力是均匀分布的。但由于结构的需要,一些构件上常带有孔、沟槽、肩台和螺纹等,使截面尺寸突变。在这些突变附近,横截面上的应力分布不再是均匀的,而是急剧增加,稍远处,应力又迅速降低趋于均匀。如图 15.21 所示是开有圆孔的板条和带有切口的板条横截面上应力的分布情况。由图可见,过圆孔直径的横截面上,应力分布不均匀,靠近孔边处的应力显著增大。这种因杆件外形突然变化而引起局部应力急剧增大的现象,称为应力集中。

应力集中处的最大应力 σ_{max} 与不计应力集中影响的最小横截面面积上的应力 σ_0 (通常称为名义应力) 之比,称为理论应力集中系数。用 k 来表示理论应力集中系数,则有

$$k = \frac{\sigma_{max}}{\sigma_0} \tag{15.18}$$

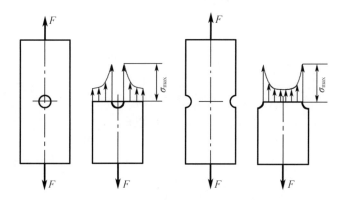

图 15.21

最大应力 σ_{max} 可用弹性理论、有限元法以及光弹性实验等方法求得。理论应力集中系数 k 是一个大于1的系数,它反映了应力集中的程度,与载荷形式及弹性体形状、尺寸等因素有关。实验结果表明,截面尺寸改变得越急剧,角越尖、孔越小,其应力集中的程度越严重。工程中一些常见情况下的理论应力集中系数已编制成图表列于有关手册之中。

图 15.22

不同材料对应力集中的敏感程度是不同的。在静载荷作用下,对有明显屈服阶段的塑性材料来说,当某局部区域的最大应力达到屈服极限时,该局部区域将产生塑性变形,随着载荷增加,该处应力将暂缓增大,邻近各点的应力继续增大,直至相继达到屈服极限为止,如图 15.22 所示。这样,横截面上的应力将逐渐趋于均匀。可见材料的塑性具有缓和应力集中的作用。因此在一般情况下,对塑性材料可以不考虑应力集中的影响。对于脆性材料,由于没有屈服阶段,载荷增加时,应力集中处的最大应力始终大于其他各点处的应力,并首先达到强度极限,致使构件在该处开始断裂,很快导致整个构件破坏。所以应力集中使脆性材料的承载能力大大降低,必须考虑应力集中的影响。但铸铁等组织不均匀的脆性材料,其内部的许多缺陷本身就是产生应力集中的主要因素,在其力学性能中已有呈现,因此可不考虑应力集中。

习　　题

1. 选择题

(1) 低碳钢拉伸经过冷作硬化后,以下四种指标中哪种得到提高?

(A) 强度极限　　　(B) 比例极限　　　(C) 断面收缩率　　　(D) 伸长率(延伸率)

正确答案是 _____。

(2) 脆性材料具有以下哪种力学性能:

(A) 试件拉伸过程中出现屈服现象

（B）压缩强度极限比拉伸强度极限大得多

（C）抗冲击性能比塑性材料好

（D）若构件因开孔造成应力集中现象，对强度无明显影响

正确答案是_____。

（3）当低碳钢试件的试验应力 $\sigma = \sigma_s$ 时，试件将：

（A）完全失去承载能力　　　　　　（B）破断

（C）发生局部颈缩现象　　　　　　（D）产生很大的塑性变形

正确答案是_____。

（4）拉（压）杆应力公式 $\sigma = F_N/A$ 的应用条件是：

（A）应力在比例极限内　　　　　　（B）外力合力作用线必须沿着杆的轴线

（C）应力在屈服极限内　　　　　　（D）杆件必须为矩形截面杆

正确答案是_____。

（5）等截面直杆受轴向拉力 P 作用而产生弹性伸长，已知杆长为 l，截面积为 A，材料弹性模量为 E，泊松比为 μ。拉伸理论告诉我们，影响该杆横截面上应力的因素是：

（A）E, μ, P　　　　（B）l, A, P　　　　（C）l, A, E, μ, P　　　　（D）A, P

正确答案是_____。

（6）从轴向拉杆中取出的单元体如题 15.1(6) 图所示。已知 $\sigma_x < \sigma_p$，沿 x, y, z 方向的线应变分别为 $\varepsilon_x, \varepsilon_y$ 和 ε_z，材料属各向同性。那么根据泊松比的定义可知 μ 应等于：

（A）$|\varepsilon_x/\varepsilon_y|$　　　　　　　　　（B）$|\varepsilon_y/\varepsilon_x|$

（C）$|\varepsilon_y/\varepsilon_z|$　　　　　　　　　（D）$|\varepsilon_z/\varepsilon_y|$

正确答案是_____。

题 15.1(6) 图

（7）为提高某种钢制拉（压）杆件的刚度，有以下四种措施：

（A）将杆件材料改为高强度合金钢

（B）将杆件的表面进行强化处理（如淬火等）

（C）增大杆件的横截面面积

（D）将杆件的横截面改为合理的形状

正确答案是_____。

（8）甲、乙两杆，几何尺寸相同，轴向拉力 P 相同，材料不同，它们的应力和变形有四种可能：

（A）应力 σ 和变形 Δl 都相同　　　（B）应力 σ 不同，变形 Δl 相同

（C）应力 σ 相同，变形 Δl 不同　　　（D）应力 σ 不同，变形 Δl 不同

正确答案是_____。

（9）直径为 d 的圆截面钢杆受轴向拉力作用，已知其纵向线应变为 ε，弹性模量为 E，杆的轴力有四种答案：

（A）$\pi d^2 \varepsilon/(4E)$　　　（B）$\pi d^2 E/(4\varepsilon)$　　　（C）$4E\varepsilon/(\pi d^2)$　　　（D）$\pi d^2 E\varepsilon/4$

正确答案是_____。

2. 填空题

(1) 对于没有明显屈服阶段的塑性材料,通常用 $\sigma_{0.2}$ 表示其屈服极限。$\sigma_{0.2}$ 是塑性应变等于_____时的应力值。

(2) 低碳钢的应力－应变曲线如题 15.2(2) 图所示。试在图中标出 D 点的弹性应变 ε_e、塑性应变 ε_p 及材料的伸长率(延伸率)δ。

(3) a,b,c 三种材料的应力－应变曲线如题 15.2(3) 图所示。其中强度最高的材料是_____,弹性模量最小的材料是_____,塑性最好的材料是_____。

(4) 钢杆在轴向拉力作用下,横截面上的正应力 σ 超过了材料的屈服极限,此时轴向线应变为 ε_1。现开始卸载,轴向拉力全部卸掉后,轴向残余应变为 ε_2。该钢材的弹性模量 $E=$ _____。

(5) 一长 l、横截面面积为 A 的等截面直杆,其相对密度为 ρ,弹性模量为 E,则该杆自由悬挂时自重引起的最大应力 $\sigma_{\max}=$ _____,杆的总伸长 $\Delta l=$ _____。

题 15.2(2) 图

题 15.2(3) 图

3. 计算题

(1) 绘出题 15.3(1) 图所示杆件的轴力图。已知 $q=10\ \text{kN/m}$。

(2) 杆件的受力情况如题 15.3(2) 图所示,试绘出轴力图。

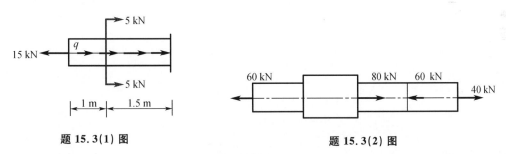

题 15.3(1) 图

题 15.3(2) 图

(3) 如题 15.3(3) 图所示,三铰拱结构由刚性块 AB,BC 和拉杆 AC 组成,受均布载荷 $q=90\ \text{kN/m}$ 作用。若 $R=12\ \text{m}$,拉杆的许用应力 $[\sigma]=150\ \text{MPa}$,试设计拉杆的直径 d。

(4) 如题 15.3(4) 图所示,相对密度 $\rho=2\ 400\ \text{kg/m}^3$ 的等截面矩形杆受轴向载荷和自重共同作用。材料的 $E=1.4\times10^4\ \text{MPa}$。求全杆的总伸长量。当材料的 $[\sigma]=0.5\ \text{MPa}$ 时,试校核杆的强度。

(5) 一钢制直杆受力如题 15.3(5) 图所示。已知 $[\sigma]=160\ \text{MPa}$,$A_1=300\ \text{mm}^2$,$A_2=150\ \text{mm}^2$,试校核此杆的强度。

(6) 如题 15.3(6) 图所示桁架,杆 AB 为直径 $d=30\ \text{mm}$ 的钢杆,其许用应力为 $[\sigma]_1=160\ \text{MPa}$,杆 BC 为边长 $a=80\ \text{mm}$ 的正方形截面杆,许用应力为 $[\sigma]_2=8\ \text{MPa}$。试求该桁架的许可载荷 $[F]$。若该桁架承受载荷 $F=120\ \text{kN}$,试重新设计两杆尺寸。

题 15.3(3) 图

题 15.3(4) 图

题 15.3(5) 图

题 15.3(6) 图

第16章 剪 切

16.1 剪切的概念

16.1.1 剪切的实例和概念

剪切变形的主要受力特点是构件受到与其轴线相垂直的大小相等、方向相反、作用线相距很近的两个外力的作用,构件的变形特点是沿着与外力作用线平行的受剪面发生相对错动,如图 16.1 所示。

图 16.1

工程实际中的一些连接件,如螺栓、铆钉、键、销等都是受剪构件。

构件受剪面上的内力可用截面法求得。将构件沿受剪面 $m-n$ 假想地截开,保留左部分考虑其平衡,可知受剪面上必有与外力平行并与横截面相切的内力 F_Q 作用,如图 16.1(c) 所示,称 F_Q 为剪力。根据平衡条件 $\sum F_y = 0$,可求得 $F_Q = P$。

构件在外力作用下,只有一个剪切面的情况称为单剪切,如图 16.1 所示。

图 16.2 所示是一种销钉连接的工作情况。当载荷 P 增大到破坏载荷 P_b 时,销钉将在 $m-m$ 及 $n-n$ 处被剪断。这种具有两个剪切面的情况,称为双剪切。

显然,在双剪切中,每个剪切面上的剪力为 $F_Q = \dfrac{P}{2}$。

16.1.2 挤压现象

连接件除了受剪切作用,在连接件与被连接件之间传递压力的接触面上还发生局部受压的现象,称为挤压,如图 16.2(b) 所示。销钉承受挤压作用,挤压力以 P_{bs} 表示,当挤压力超过一定限度时,连接件和被连接件在挤压面附近产生明显的塑性变形,称为挤压破坏。在有些情况下,构件在发生剪切破坏之前可能首先发生挤压破坏,所以在研究剪切问题的时候,一定要同时考虑是否发生挤压破坏。

图 16.2

16.2 剪切和挤压的实用计算

16.2.1 剪切的实用计算

当载荷 P 逐渐增大至破坏载荷 P_b 时,构件将在剪切面处被剪断。对于单剪切,破坏剪力 $F_{Qb} = P_b$,对于双剪切,破坏剪力 $F_{Qb} = \dfrac{P_b}{2}$。将破坏剪力除以剪切面面积 A,构件的剪切极限应力为

$$\tau_b = \frac{F_{Qb}}{A}$$

将剪切极限应力 τ_b 除以安全系数 n,即得到许用切应力

$$[\tau] = \frac{\tau_b}{n}$$

若构件的工作载荷为 P,剪切面上的剪力为 F_Q,则可建立剪切计算的强度条件,即

$$\tau = \frac{F_Q}{A} \leqslant [\tau] \tag{16.1}$$

式中,τ 为剪切面上的平均切应力。

由于切应力在截面上不是平均分布的,故 τ 是名义切应力。当载荷接近极限载荷时,这种计算方法与实验结果较吻合。

例 16.1 电瓶车挂钩由插销连接,如图 16.3(a) 所示。插销材料为 20 号钢,$[\tau] = 30$ MPa,直径 $d = 20$ mm。挂钩及被连接的板件的厚度分别为 $t = 8$ mm 和 $1.5t = 12$ mm,牵引力 $P = 15$ kN。试校核插销的剪切强度。

解 插销受力如图 16.3(b) 所示。根据受力情况,插销中段相对于上、下两段沿

图 16.3

$m-m$ 和 $n-n$ 两个面向左错动,故为双剪切。由平衡方程容易求出

$$F_Q = \frac{P}{2}$$

插销横截面上的切应力为

$$\tau = \frac{F_Q}{A} = \frac{15 \times 10^3}{2 \times \frac{\pi}{4}(20 \times 10^{-3})^2} = 23.9 \text{ MPa} < [\tau]$$

故插销满足剪切强度要求。

16.2.2　挤压的实用计算

以销钉为例,销钉与被连接件的实际挤压面积为半个圆柱面,其上的挤压应力也不是平均分布的。销钉与被连接件的挤压应力分布情况在弹性范围内,如图 16.4(a)所示。

图 16.4

同上面解决剪切强度计算方法一样,按构件的名义挤压应力建立挤压强度条件

$$\sigma_{bs} = \frac{P_{bs}}{A_{bs}} \leqslant [\sigma_{bs}] \qquad (16.2)$$

式中,A_{bs} 为计算挤压面积,对于柱面接触的构件,等于实际挤压面的面积在垂直于总挤压力作用线平面上的投影,如图 16.4(b)所示;对于平面接触的构件,等于实际接触面积。σ_{bs} 为挤压应力,$[\sigma_{bs}]$ 为许用挤压应力。

许用应力值通常可根据材料、连接方式和载荷情况等实际工作条件在有关设计规范中查得。一般的,许用切应力 $[\tau]$ 要比同样材料的许用拉应力 $[\sigma]$ 小,而许用挤压应力 $[\sigma_{bs}]$ 则比 $[\sigma]$ 大。对于钢材,一般可取 $[\sigma_{bs}] = (1.7 \sim 2.0)[\sigma]$。

例 16.2　挖掘机减速器的一轴上装一齿轮,齿轮与轴通过平键连接,已知键所受的

力为 $P=12.1$ kN。平键的尺寸为 $b=28$ mm，$h=16$ mm，$l_2=70$ mm，圆头半径 $R=14$ mm，如图 16.5 所示。键的许用切应力 $[\tau]=87$ MPa，轮毂的许用挤压应力取 $[\sigma_{bs}]=100$ MPa，试校核键连接的强度。

图 16.5

解 （1）校核剪切强度

键的受力情况如图 16.5(c) 所示，此时剪切面上的剪力（如图 16.5(d)）为

$$F_Q=P=12.1 \text{ kN}=12\ 100 \text{ N}$$

对于圆头平键，其圆头部分略去不计（如图 16.5(e)），故剪切面面积为

$$\begin{aligned}A&=bl_P=b(l_2-2R)\\&=2.8\times(7-2\times1.4)\\&=11.76 \text{ cm}^2=11.76\times10^{-4} \text{ m}^2\end{aligned}$$

所以，平键的工作切应力为

$$\begin{aligned}\tau&=\frac{F_Q}{A}=\frac{12\ 100}{11.76\times10^{-4}}\\&=10.3\times10^6 \text{ Pa}=10.3 \text{ MPa}<[\tau]=87 \text{ MPa}\end{aligned}$$

故满足剪切强度条件。

（2）校核挤压强度

与轴和键比较，通常轮毂抵抗挤压的能力较弱。轮毂挤压面上的挤压力为

$$P=12\ 100 \text{ N}$$

挤压面的面积与键的挤压面相同，设键与轮毂的接触高度为 $\dfrac{h}{2}$，则挤压面面积（如图 16.5(f)）为

$$A_{bs} = \frac{h}{2} \cdot l_P = \frac{1.6}{2} \times (7.0 - 2 \times 1.4)$$

$$= 3.36 \text{ cm}^2 = 3.36 \times 10^{-4} \text{ m}^2$$

故轮毂的工作挤压应力为

$$\sigma_{bs} = \frac{P}{A_{bs}} = \frac{12\ 100}{3.36 \times 10^{-4}}$$

$$= 36 \times 10^6 \text{ Pa} = 36 \text{ MPa} < [\sigma_{bs}] = 100 \text{ MPa}$$

故满足挤压强度条件。所以此键安全。

例 16.3 两块钢板用直径 $d = 20$ mm 的铆钉搭接,如图 16.6(a) 所示。已知 $P = 160$ kN,板的厚度相同,$t = 10$ mm,板的宽度 $b = 120$ mm,铆钉和钢板的材料相同,许用应力 $[\tau] = 140$ MPa,$[\sigma_{bs}] = 320$ MPa,$[\sigma] = 160$ MPa。试求所需的铆钉数,并加以排列,然后检查板的拉伸强度。

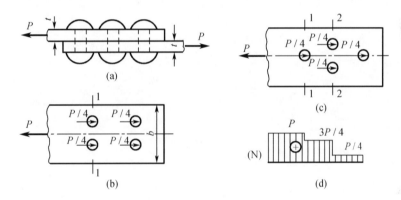

图 16.6

解 设所需的铆钉数为 n,铆钉受单剪切作用。假定铆钉所受的剪力沿剪切面平均分布,由于铆钉横截面相同,则每个铆钉所受的剪力为

$$F_Q = \frac{P}{n}$$

按剪切强度条件

$$\tau = \frac{F_Q}{A} = \frac{4P}{n\pi d^2} \leqslant [\tau]$$

所以

$$n \geqslant \frac{4P}{\pi d^2 [\tau]} = \frac{4 \times 160 \times 10^3}{\pi \times 20^2 \times 140} = 3.64$$

每个销钉所受的挤压力为

$$P_{bs} = \frac{P}{n}$$

挤压面积为

$$A_{bs} = td$$

按挤压强度条件

$$\sigma_{bs} = \frac{P_{bs}}{A_{bs}} = \frac{P}{ntd} \leqslant [\sigma_{bs}]$$

所以

$$n \geqslant \frac{P}{td[\sigma_{bs}]} = \frac{160 \times 10^3}{10 \times 20 \times 320} = 2.5$$

故应按剪切强度选取铆钉数目,取 $n = 4$。

如将铆钉按图 16.6(b) 排列,上板 $1-1$ 截面上的轴力为 $F_{N1} = P$,截面面积为

$$A_1 = (b - 2d)t$$

该截面为危险截面,其上拉力为

$$\sigma_{N1} = \frac{F_{N1}}{A_1} = \frac{P}{(b - 2d)t} = \frac{160 \times 10^3}{(120 - 2 \times 20) \times 10 \times 10^{-6}} = 200 \text{ MPa} > [\sigma]$$

因此按这种排列方式钢板的拉伸强度不足,改按图 16.6(c) 所示的排列方式,上板的轴力图如图 16.6(d) 所示,则 $1-1$ 截面上的拉应力为

$$\sigma_{N1} = \frac{F_{N1}}{(b - d)t} = \frac{160 \times 10^3}{(120 - 20) \times 10 \times 10^{-6}} = 160 \text{ MPa} = [\sigma]$$

在 $2-2$ 截面处,轴力为

$$F_{N2} = P - \frac{P}{4} = \frac{3P}{4}$$

板的截面面积为

$$A_1 = (b - 2d)t$$

拉应力为

$$\sigma_{N2} = \frac{F_{N2}}{A_2} = \frac{3P}{4(b - 2d)t} = \frac{3 \times 160 \times 10^3}{4 \times (120 - 2 \times 20) \times 10 \times 10^{-6}} = 150 \text{ MPa} < [\sigma]$$

所以满足板的拉伸强度要求,按图 16.6(c) 所示的铆钉排列方式是可以的。

铆钉连接有时也采用对接形式,如图 16.7 所示。这是用两块盖板将两块钢板铆接在一起,其计算方法与搭接情况类似,但需注意铆钉为双剪切,除考虑主板与铆钉的挤压和主板的拉伸强度,还需考虑盖板与铆钉的挤压和盖板的拉伸强度。

图 16.7

习　　题

1. 填空题

(1) 如题 16.1(1) 图所示三个单元体,虚线表示其受力的变形情况,则单元体(a)的切应变 $\gamma_a =$ _____;单元体(b) 的切应变 $\gamma_b =$ _____;单元体(c) 的切应变 $\gamma_c =$ _____。

(a)　　　　　　(b)　　　　　　(c)

题 16.1(1) 图

(2) 拉伸试件的夹头如题 16.1(2) 图所示,试件端部的挤压面面积等于_____,受剪面面积等于_____。

(3) 销钉接头如题 16.1(3) 图所示,销钉的剪切面面积为_____,挤压面面积为_____。

题 16.1(2) 图

题 16.1(3) 图

(4) 挤压应力 σ_{bs} 与压应力 σ_c 比较,其相同之处是_____,不同之处是_____。

(5) 如题 16.1(5) 图所示,在拉力 P 作用下的螺栓,已知材料的剪切许用应力 $[\tau]$ 是拉伸许用应力的 0.6 倍。螺栓直径 d 和螺栓头高度 h 的合理比值是_____。

(6) 如题 16.1(6) 图所示铆钉结构,在外力作用下可能产生的破坏方式有:

① _____;

② _____;

③ _____;

④ _____。

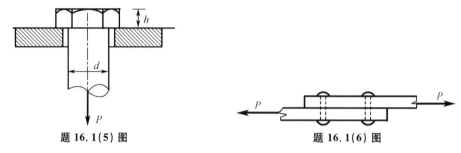

题 16.1(5) 图　　　　　　　　题 16.1(6) 图

(7) 如题 16.1(7) 图所示,木榫接头的剪切面面积为_____和_____,挤压面面积为_____。

题 16.1(7) 图

2. 计算题

(1) 如题 16.2(1) 图所示,直径为 d 的拉杆,其端部墩头的直径为 D,高度为 h。 试建立 D,h 与 d 的合理比值(从强度方面考虑)。已知:$[\sigma_c]=12$ MPa,$[\tau]=90$ MPa,许用挤压应力 $[\sigma_{bs}]=240$ MPa。

(2) 试确定题 16.2(2) 图所示摇臂轴销 B 的直径 d。已知:$P_1=50$ kN,$P_2=35.4$ kN,$[\tau]=100$ MPa,许用挤压应力 $[\sigma_{bs}]=240$ MPa。

题 16.2(1) 图　　　　　　　　题 16.2(2) 图

(3) 如题 16.2(3) 图所示,凸缘联轴节传递的力偶矩为 $M_e=200$ N·m,凸缘之间用四只螺栓连接,螺栓内径 $d\approx10$ mm,对称地分布在 $D_0=80$ mm 的圆周上。如螺栓的剪切许用应力 $[\tau]=60$ MPa,试校核螺栓的剪切强度。

(4) 如题 16.2(4) 图所示,一螺栓将拉杆与厚为 8 mm 的两块盖板相连接。各零件材料相同,许用应力均为 $[\sigma]=80$ MPa,$[\tau]=60$ MPa,$[\sigma_{bs}]=160$ MPa。若拉杆的厚度 $\delta=15$ mm,拉力 $F=120$ kN,试设计螺栓直径 d 及拉杆宽度 b。

(5) 如题 16.2(5) 图所示木榫接头,$a=b=12$ cm,$h=35$ cm,$c=4.5$ cm,$F=40$ kN。

题 16.2(3) 图

题 16.2(4) 图

试求接头的剪切和挤压应力。

(6) 如题 16.2(6) 图所示,用夹剪剪断直径为 3 mm 的钢丝。若钢丝的剪切极限应力约为 100 MPa,试问需要多大的 F? 若销钉 B 的直径为 8 mm,试求销钉内的切应力。

题 16.2(5) 图

题 16.2(6) 图

第17章 扭 转

17.1 扭转的概念

工程上承受扭转变形的构件有多种类型,如图 17.1 所示的攻丝丝锥,图 17.2 所示的桥式起重机的传动轴以及齿轮轴等是承受扭转变形的典型构件,其受力特点和变形特点如下。

在杆件两端垂直于杆轴线的平面内作用一对大小相等,方向相反的外力偶 —— 扭转力偶;横截面绕轴线发生相对转动的变形,这种变形称为扭转变形。若杆件横截面上只存在扭转变形,则这种受力形式称为纯扭转。

工程实际中,还有一些构件,如车床主轴、水轮机主轴等,除扭转变形外还有弯曲变形,属于组合变形。

本章主要研究圆截面等直杆的扭转,这是工程中最常见的情况。对非圆截面杆的扭转只作简单介绍。

图 17.1   图 17.2

17.2 外力偶矩与扭矩的计算 扭矩图

17.2.1 外力偶矩

如图 17.3 所示的传动机构,通常外力偶矩 m 不是直接给出的,而是通过轴所传递的功率 P 和转速 n 由下列关系式计算得到的。

如轴在力偶矩 m 作用下匀速转动 φ 角,则力偶做功为

$$W = m\varphi$$

由功率定义

$$P = \frac{\mathrm{d}W}{\mathrm{d}t} = m \cdot \frac{\mathrm{d}\varphi}{\mathrm{d}t} = m\omega$$

角速度 ω 与转速 n（单位为转／分，即 r/min）的关系为 $\omega = 2\pi n/60$（单位为弧度／秒，即 rad/s）。

由于 1 kW＝1 000 N·m/s，P 千瓦的功率相当于每秒钟做功 $W = 1\,000 \times P$，单位为 N·m；而外力偶在 1 秒钟内所做的功为

$$W = m \cdot \omega = 2\pi n \cdot m/60 \ (\text{N} \cdot \text{m})$$

由于二者做的功应该相等，则有

$$P \times 1\,000 = 2\pi n \cdot m/60$$

因此

$$m = 9\,550\,\frac{P}{n} \quad (\text{N} \cdot \text{m}) \tag{17.1a}$$

图 17.3

式中 P—— 传递功率（kW）；

n—— 转速（r/min）。

因工程中有些传动轴的传递功率单位是马力(PS)，1 PS＝735.5 N·m/s，则有

$$m = 7\,024\,\frac{P}{n} \quad (\text{N} \cdot \text{m}) \tag{17.1b}$$

式中 P—— 传递功率（马力，PS）；

n—— 转速（r/min）。

17.2.2　扭矩

求出外力偶矩 m 后，可用截面法求扭转内力 —— 扭矩。如图 17.4 所示圆轴，由 $\sum m_x = 0$，得

$$T - m = 0$$

从而可得 $A - A$ 截面上的扭矩 T 为

$$T = m$$

扭矩的正负号规定为：按右手螺旋法则，T 矢量离开截面为正，指向截面为负；或矢量与横截面外法线方向一致为正，反之为负。

图 17.4

例 17.1　传动轴如图 17.5(a) 所示，主动轮 A 输入功率 $P_A = 50$ 马力，从动轮 B，C，D 输出功率分别为 $P_B = P_C = 15$ 马力，$P_D = 20$ 马力，轴的转速为 $n = 300$ r/min。试画出轴的扭矩图。

解　按外力偶矩公式计算出各轮上的外力偶矩为

$$m_A = 7\,024\,\frac{P_A}{n} = 1\,171\ \text{N} \cdot \text{m}$$

$$m_B = m_C = 7\,024\,\frac{P_B}{n} = 351\ \text{N} \cdot \text{m}$$

$$m_D = 7\ 024\ \frac{P_D}{n} = 468\ \text{N} \cdot \text{m}$$

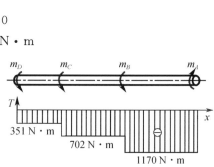

从受力情况可以看出,轴在 BC,CA,AD 三段内,各段的扭矩是不相等的。现在用截面法,根据平衡方程计算各段内的扭矩。

在 BC 段内,以 T_I 表示截面 I—I 上的扭矩,并任意地把 T_I 的方向假设为如图 17.5(b) 所示的方向。由平衡方程 $\sum m_x = 0$,有

$$T_I + m_B = 0$$

得

$$T_I = -m_B = -351\ \text{N} \cdot \text{m}$$

负号说明实际扭矩转向与所设相反。在 BC 段内各截面上的扭矩不变,所以在这一段内扭矩图为一水平线如图 17.5(e) 所示。同理,在 CA 段内,由图 17.5(c) 得

$$T_{II} + m_C + m_B = 0$$
$$T_{II} = -(m_C + m_B) = -702\ \text{N} \cdot \text{m}$$

在 AD 段内(图 17.5(d))

$$T_{III} - m_D = 0$$
$$T_{III} = m_D = 468\ \text{N} \cdot \text{m}$$

图 17.5

与轴力图相类似,最后画出扭矩图如图 17.5(e) 所示,其中最大扭矩发生于 CA 段内,且 $T_{\max} = 702\ \text{N} \cdot \text{m}$。

对上述传动轴,若把主动轮 A 安置于轴的一端(假设为右端),则轴的扭矩图如图 17.6 所示。这时,轴的最大扭矩 $T_{\max} = 1\ 170\ \text{N} \cdot \text{m}$。显然单从受力角度,图 17.5 所示轮子布局比图 17.6 布局合理。

图 17.6

17.3　圆轴扭转时的应力和强度计算

17.3.1　薄壁圆筒的扭转

当空心圆筒的壁厚 t 与平均直径 D(即 $D = 2r$)之比 $t/D \leqslant 1/20$ 时称其为薄壁圆筒。

1. 切应力与切应力互等定理

若在薄壁圆筒的外表面画上一系列互相平行的纵向直线和横向圆周线,将其分成一个个小方格,其中具有代表性的一个小方格如图 17.7(a) 所示。这时筒在外力偶 m 作用下扭转,扭转后相邻圆周线绕轴线相对转过一微小转角。纵线均倾斜一微小倾角 γ 从而

使方格变成菱形,如图 17.7(b) 所示,但圆筒沿轴线及周线的长度都没有变化。这表明,当薄壁圆筒扭转时,其横截面和包含轴线的纵向截面上都没有正应力,横截面上只有切于截面的切应力 τ,因为筒壁的厚度 t 很小,可以认为沿筒壁厚度切应力不变,又根据圆截面的轴对称性,横截面上的切应力 τ 沿圆环处处相等。根据图 17.7(c) 所示部分的平衡方程 $\sum m_x = 0$,有

$$m = 2\pi rt \cdot \tau \cdot r$$

所以

$$\tau = \frac{m}{2\pi r^2 t} \tag{17.2}$$

图 17.7

图 17.7(d) 是从薄壁圆筒上取出的相应于 17.7(a) 上小方块的单元体,它的壁厚为 t,宽度和高度分别为 $\mathrm{d}x$,$\mathrm{d}y$。当薄壁圆筒受扭时,此单元体分别相应于 $p-p$,$q-q$ 圆周面的左、右侧面上有切应力 τ,因此在这两个侧面上有剪力 $\tau t\mathrm{d}y$,而且这两个侧面上剪力大小相等,方向相反,形成一个力偶,其力偶矩为 $(\tau t\mathrm{d}y)\mathrm{d}x$。为了平衡这一力偶,上、下水平面上也必须有一对切应力 τ' 作用(据 $\sum F_x = 0$,这对力也应大小相等,方向相反)。对整个单元体,必须满足 $\sum m_z = 0$,即

$$(\tau t \cdot \mathrm{d}y)\mathrm{d}x = (\tau' t\mathrm{d}x)\mathrm{d}y$$

所以

$$\tau = \tau' \tag{17.3}$$

上式表明,在一对相互垂直的截面上,垂直于交线的切应力应大小相等,方向共同指向或背离交线,这就是切应力互等定理。图 17.7(d) 所示单元体称为纯剪切单元体。

2. 切应变与剪切胡克定律

与图 17.7(b) 中小方格相对应,图 17.7(e) 中单元体的相对两侧面发生微小的相对错动(平行四边形),使原来互相垂直的两个棱边的夹角改变了一个微量 γ,此直角的改变量称为切应变或角应变。如图 17.7(b) 所示,若 ϕ 为圆筒两端的相对扭转角,l 为圆筒的长度,则切应变 γ 为

$$\gamma = \frac{r\varphi}{l} \tag{17.4}$$

如图 17.8 所示,薄圆筒扭转试验表明,在弹性范围内切应变 γ 与切应力 τ 成正比,即

$$\tau = G\gamma \qquad (17.5)$$

式(17.5)为剪切胡克定律,G 称为材料的切变模量,单位为 GPa。

对各向同性材料,弹性常数 E,μ,G 三者有如下关系:

$$G = \frac{E}{2(1+\mu)} \qquad (17.6)$$

图 17.8

17.3.2 圆轴扭转时的应力

1. 平面假设及变形几何关系

如图 17.9(a) 所示,受扭圆轴与薄圆筒相似,用一系列平行的纵线与圆周线将圆轴表面分成一个个小方格,可以观察到受扭后表面变形有以下规律:

(1) 各圆周线绕轴线相对转动一微小转角,但大小、形状及相互间距不变;

(2) 由于是小变形,各纵线只平行地倾斜一个微小角度 γ,认为仍为直线,因而各小方格变形后成为菱形。

平面假设:变形前横截面为圆形平面,变形后仍为圆形平面,只是各截面绕轴线相对"刚性地"转了一个角度。

在图17.9(a) 中,φ 表示圆轴两端截面的

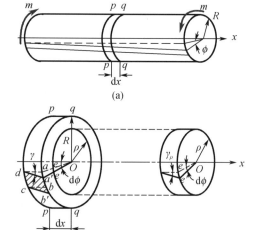

图 17.9

相对转角,称为扭转角。扭转角用弧度来度量。用相邻的横截面 $p-p$ 和 $q-q$ 从轴中取出长为 dx 的微段,并放大为图 17.9(b)。若截面 $q-q$ 对 $p-p$ 的相对转角为 $d\varphi$,则根据平面假设,横截面 $q-q$ 像刚性平面一样,相对于 $p-p$ 绕轴线旋转了一个角度 $d\varphi$,半径 Oa 转到了 Oa'。于是,表面方格 $abcd$ 的 ab 边相对于 cd 边产生了微小的错动,错动的距离是

$$aa' = R\,d\varphi$$

因而引起原为直角的 $\angle adc$ 角度发生改变,改变量为

$$\gamma = \frac{aa'}{ad} = R\frac{d\varphi}{dx} \qquad (17.7)$$

这就是圆截面边缘上 a 点的切应变。显然,γ 发生在垂直于半径 Oa 的平面内。

根据变形后横截面仍为平面,半径仍为直线的假设,用相同的方法,并参考图 17.9(c),可以求得距圆心为 ρ 处的切应变为

$$\gamma_\rho = \rho\frac{d\varphi}{dx} \qquad (17.8)$$

2. 物理关系

与受扭薄壁圆筒相同，在半径为 ρ 处截出厚为 $\mathrm{d}\rho$ 的薄圆筒，如图 17.9(b) 所示，用一对相距 $\mathrm{d}y$ 而相交于轴线的径向面取出小方块（正微六面体），如图 17.9(c) 所示，该方块为受纯剪切单元体。

由剪切胡克定理和式(17.7)得

$$\tau_{\rho} = \gamma_{\rho} G = G\rho \frac{\mathrm{d}\varphi}{\mathrm{d}x} \tag{17.9}$$

这表明横截面上任意点的切应力 τ_{ρ} 与该点到圆心的距离 ρ 成正比，即

$$\tau_{\rho} \propto \rho$$

当 $\rho = 0$ 时，$\tau_{\rho} = 0$；当 $\rho = R$ 时，τ_{ρ} 取最大值。由切应力互等定理，在径向截面和横截面上，沿半径切应力的分布如图 17.10 所示。

3. 静力平衡关系

在如图 17.11 所示研究对象的横截面内，扭矩 $T = \int_A \rho \tau_{\rho} \mathrm{d}A$，由力偶矩平衡条件 $\sum m_o = 0$，得

$$T = m = \int_A \rho \tau_{\rho} \mathrm{d}A = \int_A \rho^2 G \frac{\mathrm{d}\varphi}{\mathrm{d}x} \mathrm{d}A = G \frac{\mathrm{d}\varphi}{\mathrm{d}x} \int_A \rho^2 \mathrm{d}A$$

令

$$I_{\mathrm{p}} = \int_A \rho^2 \mathrm{d}A$$

此处 $\mathrm{d}\varphi/\mathrm{d}x$ 为单位长度上的相对扭角，对同一横截面，它应为不变量。I_{p} 为几何性质量，只与圆截面的尺寸有关，称为极惯性矩，单位为 m^4 或 mm^4。则

$$T = G \frac{\mathrm{d}\varphi}{\mathrm{d}x} I_{\mathrm{p}} \ 或 \ \frac{\mathrm{d}\varphi}{\mathrm{d}x} = \frac{T}{GI_{\mathrm{p}}} \tag{17.10}$$

将式(17.10)式代回式(17.9)，得

$$\tau_{\rho} = \frac{T}{I_{\mathrm{p}}} \rho \tag{17.11}$$

则在圆截面边缘上，ρ 为最大值 R 时，得最大切应力为

$$\tau_{\mathrm{max}} = \frac{TR}{I_{\mathrm{p}}} = \frac{T}{W_{\mathrm{t}}} \tag{17.12}$$

图 17.10

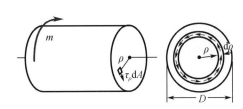

图 17.11

此处

$$W_t = \frac{I_p}{R} \tag{17.13}$$

式中，W_t 称为抗扭截面系数，单位为 m^3 或 mm^3。

17. I_p，W_t 的计算

对于实心圆轴（见图 17.11）有

$$dA = 2\pi\rho \cdot d\rho$$

$$\begin{cases} I_p = \displaystyle\int_A \rho^2 \, dA = \int_0^{\frac{D}{2}} \rho^2 \cdot 2\pi\rho d\rho = \frac{\pi D^4}{32} \\ W_t = \dfrac{I_p}{\dfrac{D}{2}} = \dfrac{\pi D^3}{16} \end{cases} \tag{17.14}$$

对于空心圆轴

$$\begin{cases} I_p = \displaystyle\int_A \rho^2 \, dA = \int_{\frac{d}{2}}^{\frac{D}{2}} \rho^2 \cdot 2\pi\rho d\rho = \frac{\pi(D^4 - d^4)}{32} = \frac{\pi D^4}{32}(1 - \alpha^4) \\ W_t = \dfrac{I_p}{\dfrac{D}{2}} = \dfrac{\pi(D^4 - d^4)}{16D} = \dfrac{\pi D^3}{16}(1 - \alpha^4) \\ \alpha = d/D \end{cases} \tag{17.15}$$

17.3.3 强度条件

根据轴的扭矩图求出最大扭矩 T_{max}，按公式（17.12）算出最大切应力 τ_{max}，并限制 τ_{max} 不能超过许用切应力 $[\tau]$，由此得圆轴扭转强度条件为

$$\tau_{max} = \frac{T_{max}}{W_t} \leqslant [\tau] \tag{17.16}$$

注意到，此处许用切应力 $[\tau]$ 不同于剪切件计算中的剪切许用应力。它由扭转的危险切应力 τ_o 除以安全系数 n 得到，与拉伸时相类似：

$$[\tau] = \frac{\tau_o}{n} = \begin{cases} \dfrac{\tau_s}{n_s}, & \text{塑性材料} \\ \dfrac{\tau_b}{n_b}, & \text{脆性材料} \end{cases}$$

式中，τ_s 与 τ_b 由相应材料的扭转破坏试验获得，大量试验数据表明，它与相同材料的拉伸强度指标有如下统计关系：

塑性材料 $\quad \tau_s = (0.5 \sim 0.6)\sigma_s$；

脆性材料 $\quad \tau_b = (0.8 \sim 1.0)\sigma_b$。

例 17.2 AB 轴传递的功率 $P = 7.5$ kW，转速 $n = 360$ r/min。如图 17.12 所示，轴 AC 段为实心圆截面，CB 段为空心圆截面。已知 $D = 3$ cm，$d = 2$ cm。试计算 AC 段以及 CB 段的最大与最小切应力。

解 （1）计算扭矩

轴所受的外力偶矩为

$$m = 9\,550\,\frac{P}{n} = 9\,550\,\frac{7.5}{360} = 199 \text{ N} \cdot \text{m}$$

由截面法得

$$T = m = 199 \text{ N} \cdot \text{m}$$

（2）计算极惯性矩

AC 段和 CB 段轴横截面的极惯性矩分别为

$$I_{P1} = \frac{\pi D^4}{32} = 7.95 \text{ cm}^4$$

$$I_{P2} = \frac{\pi}{32}(D^4 - d^4) = 6.38 \text{ cm}^4$$

图 17.12

（3）计算应力

AC 段轴在横截面边缘处的切应力为

$$\tau_{AC\max} = \tau_{AC\text{外}} = \frac{T}{I_{P1}} \cdot \frac{D}{2} = 37.5 \times 10^6 \text{ Pa} = 37.5 \text{ MPa}$$

$$\tau_{AC\min} = 0$$

CB 段轴横截面内、外边缘处的切应力分别为

$$\tau_{CB\max} = \tau_{CB\text{外}} = \frac{T}{I_{P2}} \cdot \frac{D}{2} = 46.8 \times 10^6 \text{ Pa} = 46.8 \text{ MPa}$$

$$\tau_{CB\min} = \tau_{CB\text{内}} = \frac{T}{I_{P2}} \cdot \frac{d}{2} = 31.2 \times 10^6 \text{ Pa} = 31.2 \text{ MPa}$$

例 17.3　电动机转子轴如图 17.13 所示，功率为 150 kW，转速为 15.4 r/s，AB 段 $D_3 = 135$ mm，BC 段 $D_2 = 75$ mm，CD 段 $D_1 = 70$ mm。许用切应力 $[\tau] = 30$ MPa，试校核其强度。

解　（1）求扭矩及扭矩图

轴所受的扭矩为

$$T_{BC} = m = 9\,550 \times \frac{P}{n} = 9\,550 \times \frac{150}{15.4 \times 60} = 1.55 \text{ kN} \cdot \text{m}$$

图 17.13

（2）计算并校核切应力强度

$$\tau_{\max} = \frac{T}{W_t} = \frac{1.55 \times 10^3}{\dfrac{\pi \cdot 0.07^3}{16}} = 23 \text{ MPa} < [\tau]$$

因此，此轴满足强度要求。

17.4　圆轴扭转时的变形和刚度计算

扭转角是指受扭构件上两个横截面绕轴线的相对转角。对于圆轴，由式（17.10）得

$$\mathrm{d}\varphi = \frac{T\mathrm{d}x}{GI_p}$$

所以

$$\varphi = \int_l \mathrm{d}\varphi = \int_0^l \frac{T}{GI_\mathrm{p}} \mathrm{d}x \ (\mathrm{rad}) \tag{17.17a}$$

当同一种材料制成的等截面圆轴两个横截面间扭矩 T 为常量时,上式可化为

$$\varphi = \frac{Tl}{GI_\mathrm{p}} \ (\mathrm{rad}) \tag{17.17b}$$

式中,GI_p 称为圆轴的抗扭刚度,它为切变模量与极惯性矩乘积。GI_p 越大,则扭转角 φ 越小。

令 $\varphi = \dfrac{\mathrm{d}\varphi}{\mathrm{d}x}$ 为单位长度相对扭角,则有

$$\varphi = \frac{T}{GI_\mathrm{p}} \ (\mathrm{rad/m})$$

扭转的刚度条件为

$$\varphi_{\max} = \frac{T}{GI_\mathrm{P}} \leqslant [\varphi](\mathrm{rad/m}) \tag{17.18}$$

或

$$\varphi_{\max} = \frac{T}{GI_\mathrm{P}} \times \frac{180}{\pi} \leqslant [\varphi](^\circ/\mathrm{m}) \tag{17.19}$$

式中,$[\varphi]$ 为许用的单位长度扭转角,数据可查有关手册。

　　例 17.4　某传动轴计算简图如图 17.14(a) 所示,已知圆轴的直径 $d = 40 \ \mathrm{mm}$;切变模量 $G = 80 \ \mathrm{GPa}$,许用单位长度扭转角 $[\varphi] = 1 \ ^\circ/\mathrm{m}$,许用切应力 $[\tau] = 80 \ \mathrm{MPa}$。(1) 试画出该轴的扭矩图;(2) 试校核该轴的强度和刚度。

　　解　(1) 作扭矩图,如图 17.14(b) 所示。
最大扭矩为

$$T_{\max} = 0.6 \ \mathrm{kN \cdot m}$$

(2) 按式(17.14)校核强度,则有

$$\tau = \frac{T_{\max}}{W_\mathrm{t}} = \frac{16 T_{\max}}{\pi d^3} = 47.8 \ \mathrm{MPa} < [\tau]$$

强度满足要求。

(3) 按式(17.17)校核刚度,则有

$$\varphi_{\max} = \frac{T_{\max}}{GI_\mathrm{P}} \times \frac{180^\circ}{\pi} = 1.71 \ ^\circ/\mathrm{m} > [\varphi]$$

刚度不满足要求。

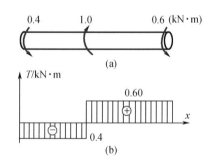

图 17.14

　　例 17.5　如图 17.15 的传动轴,$n = 500 \ \mathrm{r/min}$,$P_1 = 500$ 马力,$P_2 = 200$ 马力,$P_3 = 300$ 马力,已知 $[\tau] = 70 \ \mathrm{MPa}$,$[\varphi] = 1 \ ^\circ/\mathrm{m}$,$G = 80 \ \mathrm{GPa}$。试确定传动轴直径。

　　解　(1) 计算外力偶矩

$$m_A = 7 \ 024 \ \frac{P_1}{n} = 7 \ 024 \ \mathrm{N \cdot m}$$

$$m_B = 7 \ 024 \ \frac{P_2}{n} = 2 \ 809.6 \ \mathrm{N \cdot m}$$

$$m_C = 7 \ 024 \ \frac{P_3}{n} = 4 \ 214.4 \ \mathrm{N \cdot m}$$

作扭矩 T 图,如图 17.15(b) 所示。

（2）计算直径 d

由强度条件

$$\tau_{\max} = \frac{T}{W_t} = \frac{16T}{\pi d^3} \leqslant [\tau]$$

$$d \geqslant \sqrt[3]{\frac{16T}{\pi[\tau]}} = \sqrt[3]{\frac{16 \times 7\,024}{\pi \times 70 \times 10^6}} \approx 80 \text{ mm}$$

由刚度条件

$$\varphi = \frac{T}{G\frac{\pi d^4}{32}} \times \frac{180°}{\pi} \leqslant [\varphi]$$

$$d \geqslant \sqrt[4]{\frac{32T \times 180}{G\pi^2[\varphi]}} = \sqrt[4]{\frac{32 \times 7\,024 \times 180}{80 \times 10^9 \times \pi^2 \times 1}} = 84.6 \text{ mm}$$

故取 $d = 84.6$ mm。

图 17.15

17.5　圆轴扭转时的破坏现象分析

17.5.1　圆轴扭转时斜截面上的应力

实验表明,受扭的低碳钢试件破坏时,其破坏现象是产生在塑性变形后,试件沿横截面断开,如图 17.16(a) 所示。受扭的铸铁试件破坏时,其破坏现象是试件沿与轴线约成 45° 的螺旋线断开,如图 17.16(b) 所示。由此可知,两种材料破坏的原因是不同的,因此还需要研究斜截面上的应力。

如图 17.17(a) 所示受扭圆轴,在点 M 处的应力单元体如图 17.17(b) 所示,其中切应力为 τ,取分离体如图 17.17(c) 所示。

图 17.16

规定:τ 绕单元体顺时针为正;反之为负。当夹角 α 由 x 轴正向逆时针转至截面外法线时为正,反之为负。由平衡方程:

$$\sum F_n = 0; \sigma_\alpha dA + (\tau dA\cos \alpha)\sin\alpha + (\tau' dA\sin \alpha)\cos \alpha = 0$$

$$\sum F_t = 0; \tau_\alpha dA - (\tau dA\cos \alpha)\cos \alpha + (\tau' dA\sin \alpha)\sin \alpha = 0$$

由切应力互等定理有

$$\tau = \tau'$$

解得

$$\sigma_\alpha = -\tau\sin 2\alpha; \quad \tau_\alpha = \tau\cos 2\alpha \qquad (17.20)$$

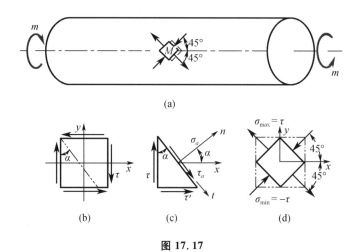

图 17.17

17.5.2　圆轴扭转时的破坏现象分析

分析讨论：当 $\alpha = 0°$ 时，$\sigma_{0°} = 0$，$\tau_{0°} = \tau_{max} = \tau$；

当 $\alpha = 45°$ 时，$\sigma_{45°} = \sigma_{min} = -\tau$，$\tau_{45°} = 0$；

当 $\alpha = -45°$ 时，$\sigma_{-45°} = \sigma_{max} = \tau$，$\tau_{-45°} = 0$；

当 $\alpha = 90°$ 时，$\sigma_{90°} = 0$，$\tau_{90°} = -\tau_{max} = -\tau$。

由此可见，圆轴扭转时，在横截面和纵向截面上的切应力为最大值；在方向角 $\alpha = \pm 45°$ 的斜截面上作用有最大压应力和最大拉应力，如图 17.17(d) 所示。根据这一结论，受扭的低碳钢试件其破坏现象是由 τ_{max} 产生塑性变形后试件沿横截面断开（见图 17.16(a)）。受扭的铸铁试件其破坏现象是由沿与轴线成 45° 方向的 σ_{max} 引起的断裂破坏（见图 17.16(b)）。

习　　题

1. 选择题

（1）如题 17.1(1) 图所示，等截面圆轴上装有四个皮带轮，如何安排合理，现有四种答案：

（A）将 C 轮与 D 轮对调

（B）将 B 轮与 D 轮对调

（C）将 B 轮与 C 轮对调

（D）将 B 轮与 D 轮对调，然后再将 B 轮与 C 轮对调

正确答案是_____。

(kN·m)

题 17.1(1) 图

（2）如题 17.1(2) 图所示两圆轴材料相同，外表面上与轴线平行的直线 AB 在轴变形后移到 AB′ 位置，已知 $\alpha_1 = \alpha_2$，则图(1)和图(2)两轴横截面上的最大切应力有四种答案：

（A）$\tau_1 > \tau_2$　　　　　　　　　　（B）$\tau_1 < \tau_2$

(C)$\tau_1 = \tau_2$ (D) 无法比较

正确答案是_____。

(1)　　　　　　　　　　　　　(2)

题 17.1(2) 图

(3) 长为 l、半径为 r、抗扭刚度为 GI_p 的圆轴如题 17.1(3) 图所示。受扭转时,表面的纵向线倾斜 γ 角,在小变形情况下,此轴横截面上的扭矩 T 及两端截面的扭转角 φ 有四种答案:

题 17.1(3) 图

(A)$T = GI_p\gamma/r$,　$\varphi = lr/\gamma$

(B)$T = l\gamma/(GI_p)$,　$\varphi = l\gamma/r$

(C)$T = GI_p\gamma/r$,　$\varphi = l\gamma/r$

(D)$T = GI_p r/\gamma$,　$\varphi = r\gamma/l$

正确答案是_____。

(4) 空心圆轴受到集度为 m_q 的均布扭转力偶矩作用,如题 17.1(4) 图所示,则该轴的刚度条件有四种答案:

(A)$m_q/(GI_p) \leqslant [\varphi]$　　　　　　(B)$m_q l/(GI_p) \leqslant [\varphi]$

(C)$m_q l/(2GI_p) \leqslant [\varphi]$　　　　　(D)$2m_q l/(GI_p) \leqslant [\varphi]$

正确答案是_____。

(5) 如题 17.1(5) 图所示圆轴受扭,则 A,B,C 三个横截面相对于 D 截面的扭转角有四种答案:

(A)$\varphi_{DA} = \varphi_{DB} = \varphi_{DC}$　　　　(B)$\varphi_{DA} = 0, \varphi_{DB} = \varphi_{DC}$

(C)$\varphi_{DA} = \varphi_{DB} = 2\varphi_{DC}$　　　(D)$\varphi_{DA} = \varphi_{DC}, \varphi_{DB} = 0$

正确答案是_____。

题 17.1(4) 图

题 17.1(5) 图

(6) 材料不同的两根受扭圆轴,其直径和长度均相同,在扭矩相同的情况下,它们的最大切应力之间和扭转角之间的关系有如下四种答案:

(A)$\tau_1 = \tau_2, \varphi_1 = \varphi_2$　　　　(B)$\tau_1 = \tau_2, \varphi_1 \neq \varphi_2$

(C)$\tau_1 \neq \tau_2, \varphi_1 = \varphi_2$　　　　(D)$\tau_1 \neq \tau_2, \varphi_1 \neq \varphi_2$

正确答案是_____。

2. 填空题

(1) 求题 17.2(1) 图所示圆截面轴指定截面上的扭矩。

$T_1 = $ _____ ，

$T_2 = $ _____ 。

题 17.2(1) 图

(2) 圆截面等直杆受力偶作用如题 17.2(2)(a) 图所示，试在题 17.2(2)(b) 图上画出 $ABCD$ 截面（直径面）上沿 BC 线的切应力分布。

(a)　　　　　　　　　(b)

题 17.2(2) 图

(3) 如题 17.2(3) 图所示，内外径比值 $\alpha = d/D = 0.8$ 的空心圆轴受扭时，若 a 点的切应变 γ_a 为已知，则 b 点的切应变 $\gamma_b = $ _____。

(4) 如题 17.2(4) 图所示阶梯形圆轴受扭转力偶作用，材料的切变模量为 G，则相对扭转角 $\varphi_{AC} = $ _____，在 m_1 单独作用时，$\varphi_{AB} = $ _____。

题 17.2(3) 图

题 17.2(4) 图

(5) 长为 l、直径为 d 的传动轴转速为 n(r/min)，材料的切变模量为 G(GPa)，轴单位长度许用扭转角为 $[\varphi]$(rad/m)，根据刚度条件，该轴可传递的最大功率 $P_{\max} = $ _____ kW。

3. 计算题

(1) 如题 17.3(1) 图所示某传动轴，转速 $n = 300$ r/min，轮 1 为主动轮，输入功率 $P_1 = 5.0$ kW，轮 2、轮 3、轮 4 为从动轮，输出功率分别为 $P_2 = 10$ kW，$P_3 = P_4 = 20$ kW。

① 试绘制该轴的扭矩图；

② 若将轮 1 与轮 3 的位置对调，试分析对轴的受力是否有利；

③ $[\tau] = 80$ MPa，试确定实心轴的直径 d。

(2) 如题 17.3(2) 图所示阶梯圆轴，大小段直径分别为 36 mm 和 30 mm，$[\tau] = $ 40 MPa，试校核轴的强度。

题 17.3(1) 图

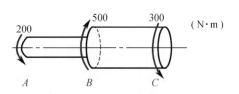

题 17.3(2) 图

（3）左端固定、右端自由的等截面圆杆，其受力情况如题 17.3(3) 图所示，已知均布力偶矩的分布集度为 m_q，轴的直径为 d，长度为 $3a$ 和切变模量为 G，$m = 2m_q a$。试绘出扭矩图，并求两端面间的相对扭转角 φ_{AC}。

（4）阶梯轴如题 17.3(4) 图所示。已知：$d_1 = 40$ mm，$d_2 = 70$ mm，输入功率 $P_3 = 30$ kW，输出功率 $P_1 = 13$ kW，$P_2 = 17$ kW，$n = 200$ r/min，切变模量 $G = 80$ GPa，$[\varphi] = 1\,°/$m。试校核轴的抗扭刚度。

题 17.3(3) 图

题 17.3(4) 图

（5）如题 17.3(5) 图所示，AB 轴的转速 $n = 120$ r/min，从 B 轮输入功率 $P = 44.13$ kW，功率的一半通过锥形齿轮传给垂直轴 Ⅱ，另一半由水平轴 Ⅰ 输出。已知 $D_1 = 600$ mm，$D_2 = 240$ mm，$d_1 = 100$ mm，$d_2 = 80$ mm，$d_3 = 60$ mm，$[\tau] = 20$ MPa。试对各轴进行强度校核。

（6）如题 17.3(6) 图所示，绞车同时由两人操作，若每人加在手柄上的力都是 $F = 200$ N，已知轴的许用切应力 $[\tau] = 40$ MPa，试按强度条件初步估算 AB 轴的直径，并确定最大起重量 W。

题 17.3(5) 图

题 17.3(6) 图

(7) 如题 17.3(7) 图所示,传动轴的转速为 $n=500$ r/min,主动轮 1 输入功率 $P_1=368$ kW,从动轮 2 和 3 分别输出功率 $P_2=147$ kW,$P_3=221$ kW。已知 $[\tau]=70$ MPa,$[\varphi]=1$ °/m,$G=80$ GPa。

① 试确定 AB 段的直径 d_1 和 BC 段的直径 d_2。

② 若 AB 和 BC 两段选用同一直径 d,试确定直径 d。

③ 主动轮和从动轮应如何安排才比较合理?

(8) 如题 17.3(8) 图所示,圆截面杆 AB 的左端固定,承受一集度为 m 的均布力偶矩作用。试导出计算截面 B 的扭转角的公式。

题 17.3(7) 图   题 17.3(8) 图

第18章　弯 曲 内 力

18.1　平面弯曲的概念

图 18.1 为工程中常见的桥式起重机大梁和火车轮轴,作用于这些构件上的外力垂直于杆件的轴线,使原为直线的轴线变形后成为曲线。这种形式的变形称为弯曲变形。通常将承受弯曲变形的构件称为梁。

(a)　　　　　　　　　　　　　　　　　(b)

图 18.1

工程中绝大多数的梁横截面都有一根对称轴,这些对称轴构成对称面。所有外力都作用在其对称面内时,梁弯曲变形后的轴线将是位于这个对称面内的一条曲线,这种弯曲形式称为对称弯曲(或平面弯曲),如图18.2 所示。

图 18.2

弯曲基本变形是指这种对称弯曲变形。对称弯曲是弯曲问题中最常见的情况。

工程中梁的约束形式是多种多样的,当梁的所有支座反力均可由静力平衡方程确定时,这种梁称为静定梁。静定梁的基本形式如下:

(1)简支梁

一端为固定铰支座,而另一端为可动铰支座的梁,如图 18.3(a)所示。

(2)悬臂梁

一端为固定端,另一端为自由端的梁,如图18.3(b)所示。

(3)外伸梁

简支梁的一端或两端伸出支座之外的梁,如图18.3(c)所示。

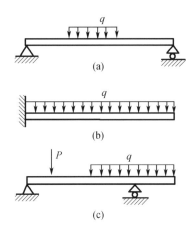

图 18.3

18.2　梁的弯曲内力　剪力图与弯矩图

18.2.1　剪力和弯矩

　　如图 18.4(a) 所示的简支梁,其两端的支座反力 R_A 和 R_B 可由梁的静力平衡方程求得。用假想截面将梁分为两部分,并以左段为研究对象,如图 18.4(b) 所示。由于梁的整体处于平衡状态,因此其各个部分也应处于平衡状态。据此,截面 Ⅰ—Ⅰ 上将产生内力,这些内力将与外力 P_1 和 R_A 在梁的左段构成平衡力系。

　　由平衡方程 $\sum F_y = 0$,则

$$R_A - P_1 - F_Q = 0$$
$$F_Q = R_A - P_1$$

图 18.4

这个与横截面相切的内力 F_Q 称为横截面 Ⅰ—Ⅰ 上的剪力,它是与横截面相切的分布内力系的合力。

　　根据平衡条件,若把左段上的所有外力和内力对截面 Ⅰ—Ⅰ 的形心 O 取矩,其力矩总和应为零,即 $\sum m_O = 0$,则

$$M + P_1(x - a) - R_A x = 0$$
$$M = R_A x - P_1(x - a)$$

这一内力偶矩 M 称为横截面 Ⅰ—Ⅰ 上的弯矩。它是与横截面垂直的分布内力系的合力偶矩。剪力和弯矩均为梁横截面上的内力,它们可以通过梁的局部平衡来确定。

剪力、弯矩的正负号规定:使梁产生顺时针错动的剪力规定为正,反之为负,如图18.5所示;使梁的下部产生拉伸而上部产生压缩的弯矩规定为正,反之为负,如图 18.6 所示。

图 18.5

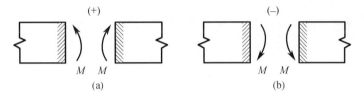

图 18.6

18.2.2 剪力方程和弯矩方程 剪力图和弯矩图

一般情况下,梁横截面上的剪力和弯矩随截面位置不同而变化,将剪力和弯矩沿梁轴线的变化情况用图形表示出来,这种图形分别称为剪力图和弯矩图。下面介绍画剪力图和弯矩图的方法。

若以横坐标 x 表示横截面在梁轴线上的位置,则各横截面上的剪力和弯矩可以表示为 x 的函数,即

$$F_Q = F_Q(x)$$
$$M = M(x)$$

上述函数表达式称为梁的剪力方程和弯矩方程。根据剪力方程和弯矩方程即可画出剪力图和弯矩图。

画剪力图和弯矩图时,首先要建立 $F_Q - x$ 和 $M - x$ 坐标。一般取梁的左端作为 x 坐标的原点,F_Q 坐标和 M 坐标向上为正,然后根据截取情况分段列出 $F_Q(x)$ 和 $M(x)$ 方程。由截面法和平衡条件可知,在集中力、集中力偶和分布载荷的起止点处,剪力方程和弯矩方程可能发生变化,所以这些点均为剪力方程和弯矩方程的分段点。分段点截面也称控制截面。求出分段点处横截面上剪力和弯矩的数值(包括正负号),并将这些数值标在 $F_Q - x$,$M - x$ 坐标中相应位置处。分段点之间的图形可根据剪力方程和弯矩方程绘出。最后注明 $|F_Q|_{max}$ 和 $|M|_{max}$ 的数值。

例 18.1 图 18.7(a) 所示简支梁是齿轮传动轴的计算简图。已知 F,l,a,b,试列出它的剪力方程和弯矩方程,并作剪力图和弯矩图。

解 (1) 由平衡方程 $\sum m_B = 0$ 和 $\sum m_A = 0$,分别求得

$$F_{RA} = \frac{Fb}{l} \ ; \ F_{RB} = \frac{Fa}{l}$$

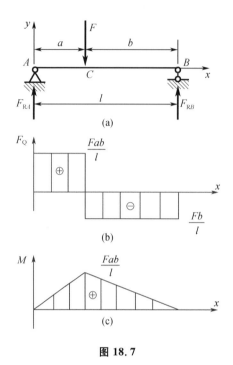

图 18.7

（2）以梁的左端为坐标原点，建立 x 坐标，如图 18.7(a) 所示。

因集中载荷 F 作用在 C 点处，梁在 AC 和 CB 两段的剪力或弯矩不能用同一方程式来表示，故应分成两段来建立剪力方程和弯矩方程。

AC 段剪力方程和弯矩方程分别为

$$F_{Q1}(x) = \frac{Fb}{l}, \qquad (0 < x < a)$$

$$M_1(x) = \frac{Fb}{l}x, \qquad (0 \leqslant x \leqslant a)$$

CB 段剪力方程和弯矩方程分别为

$$F_{Q2}(x) = \frac{Fb}{l} - F = -\frac{Fa}{l}, \quad (a < x < l)$$

$$M_2(x) = \frac{Fb}{l}x - F(l-x) = \frac{Fa}{l}(l-x), \quad (a \leqslant x \leqslant l)$$

（3）根据方程绘制 F_Q 和 M 的图

先作 F_Q 图。AC 段内，剪力方程为正常数 $\dfrac{Fb}{l}$，在 $F_Q - x$ 坐标中剪力图为数值等于 $\dfrac{Fb}{l}$ 的水平直线段。CB 段内，剪力方程为常数 $\left(-\dfrac{Fa}{l}\right)$，连接一条数值等于 $\left(-\dfrac{Fa}{l}\right)$ 的水平直线段即为该段剪力图。梁 AB 的剪力图如图 18.7(b) 所示。从剪力图中可以看出，在集中力作用处剪力图有突变值，等于集中力 F。当 $a < b$ 时，最大剪力为 $|F_Q|_{\max} = \dfrac{Fb}{l}$。

再作 M 图。AC 段内，弯矩方程 $M_1(x)$ 是 x 的一次函数，分别求出两个端点的弯矩，

标在 $M-x$ 坐标中，并连成直线。CB 段内弯矩方程 $M_2(x)$ 也是 x 的一次函数，分别求出两个端点的弯矩，标在 $M-x$ 坐标中，并连成直线。AB 梁的 M 图如图 18.7(c) 所示。从弯矩图中可以看出，在集中力作用处弯矩图有折点（虽然连续但不光滑），且有最大弯矩其值为 $M_{\max}=\dfrac{Fab}{l}$。

例 18.2　如图 18.8(a) 所示简支梁，计算其简图。已知 m,l,a,b，试列出剪力方程和弯矩方程，并作剪力图和弯矩图。

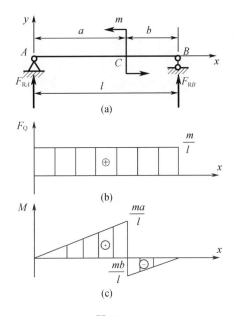

图 18.8

解　(1) 由平衡方程 $\sum m_B=0$ 和 $\sum m_A=0$ 分别求得

$$F_{RA}=\frac{m}{l}\ ;\ F_{RB}=-\frac{m}{l}$$

(2) 以梁的左端为坐标原点，建立 x 坐标，如图 18.8(a) 所示。

因集中力偶 m 作用在 C 点处，梁在 AC 和 CB 两段的剪力或弯矩不能用同一方程式来表示，故应分两段建立剪力方程和弯矩方程。

AC 段剪力方程和弯矩方程分别为

$$F_{Q1}(x)=\frac{m}{l},\quad (0<x\leqslant a)$$

$$M_1(x)=\frac{m}{l}x,\quad (0\leqslant x<a)$$

CB 段剪力方程和弯矩方程分别为

$$F_{Q2}(x)=\frac{m}{l},\quad (a\leqslant x<l)$$

$$M_2(x)=\frac{m}{l}x-m=-\frac{m}{l}(l-x),\quad (a<x\leqslant l)$$

（3）根据方程绘制 F_Q 和 M 的图

先作 F_Q 图。AC 段内，剪力方程为正常数 $\dfrac{m}{l}$，在 F_Q-x 坐标中剪力图为数值等于 $\dfrac{m}{l}$ 的水平直线段。CB 段内，剪力图也为数值等于 $\dfrac{m}{l}$ 的水平直线段。梁 AB 的剪力图如图 18.8(b) 所示。从剪力图中可以看出，在集中力偶作用处剪力图无变化，最大剪力为 $|F_Q|_{max}=F_Q=\dfrac{m}{l}$。

再作 M 图。AC 段内，弯矩方程 $M_1(x)$ 是 x 的一次函数，分别求出两个端点的弯矩，标在 $M-x$ 坐标中，并连成直线。CB 段内弯矩方程 $M_2(x)$ 也是 x 的一次函数，分别求出两个端点的弯矩，标在 $M-x$ 坐标中，并连成直线。AB 梁的 M 图如图 18.8(c) 所示。从弯矩图中可以看出，在集中力偶作用处弯矩图有突变值且等于外力偶 m 值。当 $a>b$ 时有最大弯矩，其值为 $M_{max}=\dfrac{ma}{l}$。

例 18.3　简支梁如图 18.9(a) 所示，已知 q_0，L，求内力方程并画出内力图。

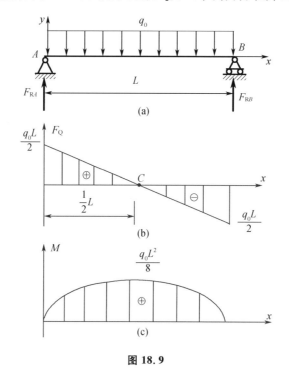

图 18.9

解　（1）求支座反力

由平衡方程 $\sum m_B=0$ 和 $\sum m_A=0$ 分别求得

$$F_{RA}=\frac{q_0 L}{2}, \quad F_{RB}=\frac{q_0 L}{2}$$

（2）内力方程

以梁的左端为坐标原点，建立 x 坐标，如图 18.9(a) 所示。

$$F_{Q}(x) = \frac{q_0}{2}L - q_0 x, \quad (0 < x < L)$$

$$M(x) = \frac{q_0 L}{2}x - \frac{1}{2}q_0 x^2, \quad (0 \leqslant x \leqslant L)$$

（3）根据方程画内力图

作 F_Q 图。AB 段内，剪力方程 $F_Q(x)$ 是 x 的一次函数，剪力图为斜直线，故求出两个端截面的剪力值，$F_{QA右} = \frac{1}{2}q_0 L$，$F_{QB左} = -\frac{1}{2}q_0 L$，分别标在 $F_Q - x$ 坐标中，连接 A 与 B 处剪力值的直线即为该段的剪力图，梁 AB 的剪力图如图 18.9(b) 所示。

作 M 图。AB 段内，弯矩方程 $M(x)$ 是 x 的二次函数，表明弯矩图为二次曲线，求出两个端截面的弯矩，分别以 $M_A = 0$ 和 $M_B = 0$ 标在 $M - x$ 坐标中，由剪力图知在 C 点处 $F_Q = 0$，该处弯矩取得极值。

令 $\dfrac{\mathrm{d}M(x)}{\mathrm{d}x} = \dfrac{q_0 L}{2} - q_0 x = F_Q(x) = 0$，

解得 $x = \dfrac{L}{2}$，求得 $M_{\max} = \dfrac{q_0 L^2}{8}$。

以 $M_C = M_{\max} = \dfrac{q_0 L^2}{8}$，在 $M - x$ 坐标中，根据 A，C，B 三点的 M 值绘出该段的弯矩图。梁 AB 的弯曲图如图 18.9(c) 所示。

18.3　外力与剪力和弯矩间的微分关系

18.3.1 载荷集度与剪力和弯矩间的微分关系

通过前面例题发现将弯矩方程 $M(x)$ 对 x 取导数得剪力方程 $F_Q(x)$，若将剪力方程 $F_Q(x)$ 对 x 取导数，就得到载荷分布集度 $q(x)$。这种关系是普遍存在的。下面将导出 $q(x)$，$F_Q(x)$ 及 $M(x)$ 之间的微分关系。

考查如图 18.10(a) 所示承受任意载荷的梁。从梁上受分布载荷的段内截取 $\mathrm{d}x$ 微段，其受力如图 18.10(b) 所示。作用在微段上的分布载荷可以认为是均布的，并设向上为正。微段两侧截面上的内力均设为正方向。若截面上的剪力与弯矩分别为 $F_Q(x)$ 和 $M(x)$，则 $x + \mathrm{d}x$ 截面上的内力为 $F_Q(x) + \mathrm{d}F_Q(x)$ 和 $M(x) + \mathrm{d}M(x)$。

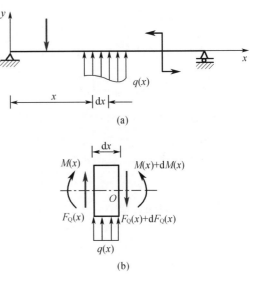

图 18.10

因为梁整体是平衡的,$\mathrm{d}x$ 微段也应处于平衡状态。根据平衡条件 $\sum F_y = 0$ 和 $\sum m_o = 0$,得

$$F_Q(x) + q(x)\mathrm{d}x - [F_Q(x) + \mathrm{d}F_Q(x)] = 0$$

$$M(x) + \mathrm{d}M(x) - M(x) - F_Q(x)\mathrm{d}x - q(x)\mathrm{d}x \cdot \frac{\mathrm{d}x}{2} = 0$$

略去其中的高阶微量后得到

$$\frac{\mathrm{d}F_Q(x)}{\mathrm{d}x} = q(x) \tag{18.1}$$

$$\frac{\mathrm{d}M(x)}{\mathrm{d}x} = F_Q(x) \tag{18.2}$$

利用式(18.1)和式(18.2)可进一步得出

$$\frac{\mathrm{d}^2 M(x)}{\mathrm{d}x^2} = q(x) \tag{18.3}$$

式(18.1)、式(18.2)和式(18.3)是剪力、弯矩和分布载荷集度 q 之间的微分关系。

18.3.2 利用外力与剪力和弯矩之间的关系绘制剪力图和弯矩图

在右手坐标系下,按上述正负号的规定,从杆左端至右端有以下结论。

1. 若在直杆某一段内无集中力或集中力偶

(1)若某段梁上无分布载荷,即 $q(x)=0$,则该段梁的剪力 $F_Q(x)$ 为常量,剪力图为平行于 x 轴的直线;而弯矩 $M(x)$ 为 x 的一次函数,弯矩图为斜直线。

(2)若某段梁上的分布载荷 $q(x)=q$(常量),则该段梁的剪力 $F_Q(x)$ 为 x 的一次函数,剪力图为斜直线;而 $M(x)$ 为 x 的二次函数,弯矩图为抛物线。

总结其规律有:$q(x)$,$F_Q(x)$,$M(x)$ 依次比前项高一次幂;利用上下图位置关系,且有上图坐标为下图曲线的斜率;上图面积为下图曲线坐标的增量(有正负区别)。

(3)若某截面的剪力 $F_Q(x)=0$,根据 $\dfrac{\mathrm{d}M(x)}{\mathrm{d}x}=0$,则该截面的弯矩为极值。

当 $\dfrac{\mathrm{d}^2 M(x)}{\mathrm{d}x^2}=q(x)>0$ 时,$M(x)$ 图有极小值,弯矩图为向下凸的曲线;

当 $\dfrac{\mathrm{d}^2 M(x)}{\mathrm{d}x^2}=q(x)<0$ 时,$M(x)$ 图有极大值,弯矩图为向上凸的曲线。

$M(x)$ 图与 $q(x)$ 有伞雨类比关系,如图 18.11 所示。

2. 在集中力作用处

$F_Q(x)$ 取决于平衡方程 $\sum F_y = 0$,在集中力作用处左侧和右侧 $F_Q(x)$ 相差外力值 F_e,数值正负与外力作用方向有对应关系。即 $F_Q(x)$ 图顺力方向突变值等于外力值 F_e。

图 18.11

$M(x)$ 取决于平衡方程 $\sum M_C = 0$,在集中力作用处左侧和右侧 $M(x)$ 值不变,但斜率不同,即 $M(x)$ 图有折点。

3. 在集中力偶作用处

由于外力偶 m_e 对投影方程无影响，即 $F_Q(x)$ 图无变化；$M(x)$ 取决于平衡方程 $\sum M_C = 0$，在集中力偶作用处左侧和右侧 $M(x)$ 值相差外力偶值 m_e，数值正负与外力偶作用转向有对应关系。即 $M(x)$ 图产生突变的值等于外力偶 m_e 值，顺时针转 m_e 作用时 $M(x)$ 图向上突变，当逆时针转 m_e 作用时 $M(x)$ 图向下突变。

4. 杆件端点处

在杆件端点处无集中力偶作用时，该点处 $M(x)$ 图的值为零。

利用以上各点结论，除可以校核已做出的剪力图和弯矩图是否正确外，还可以利用微分关系绘制剪力图和弯矩图，而不必再建立剪力方程和弯矩方程，其步骤如下：

(1) 求支座反力；

(2) 分段确定剪力图和弯矩图的形状；

(3) 求控制截面内力，根据微分关系绘制剪力图和弯矩图；

(4) 确定 $|F_Q|_{\max}$ 和 $|M|_{\max}$。

例 18.4　如图 18.12(a) 所示悬臂梁，已知 F, l，利用微分关系作图法画梁的内力图。

解　(1) 求支座反力

由平衡条件 $\sum F_y = 0$ 和 $\sum m_B = 0$，分别求出

$$F_{RB} = P;\ m_B = F$$

(2) 根据微分关系作图法画内力图

先作剪力图，由于在 A 点处有集中载荷 F 作用，该点处产生顺力（向下）方向的突变值 F，在 AB 段内无分布力作用（$q(x) = 0$），据此可画出该段 F_Q 图的水平线。在 B 点处有向上的约束反力 $F_{RB} = F$，产生向上突变值 $F_{RB} = F$。$F_Q(x)$ 图如图 18.12(b) 所示。

再作弯矩图，由于在端点 A 点处无集中力偶作用，该点处 $M_A = 0$，在 AB 段内无分布力作用（$q(x) = 0$），F_Q 图为水平线，据此可以画出 AB 段弯矩图的斜直线，且有 $M_{B左} = -Fl$。在 B 点处有顺时针约束反力偶 $M_B = Fl$，产生向上突变值 $M_B = Fl$。M 图如图 18.12(c) 所示。

例 18.5　如图 18.13(a) 所示外伸梁，用微分关系作图法画梁的内力图。

解　(1) 求支座反力

由平衡条件 $\sum m_B = 0$ 和 $\sum m_C = 0$，分别求出

$$F_{RB} = 25\ \text{kN};\ F_{RC} = -5\ \text{kN}$$

(2) 根据微分关系作图法画内力图

先作剪力图。由于在 A 点处无集中力作用，该

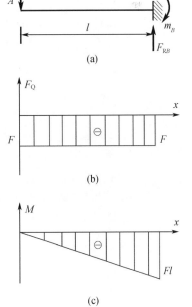

图 18.12

点处 $F_{QA}=0$，且左右侧无突变值，AB 段内，有分布力即 $q(x)=$ 常数，且为负值，剪力为斜直线，根据微分关系中的结论，确定 $F_{QB左}=-20\ kN$，据此做出 AB 段 F_Q 图的斜直线。在 B 点处有向上的约束反力 F_{RB}，产生向上突变值 $F_{RB}=25\ kN$，得到 $F_{QB右}=5\ kN$。在 BC 段内无分布力作用（$q(x)=0$），据此可做出该段 F_Q 图的水平线。C 点处有向下的约束反力，产生向下突变值 $5\ kN$，得到 $F_{QC右}=0$。$F_Q(x)$ 图如图 18.13(b) 所示。

再作弯矩图。由于在端点 A 处无集中力偶作用，该点处 $M_A=0$，在 AB 段内，有分布力即 $q(x)=$ 常数，且为负值，剪力为斜直线，由 AB 段的剪力图知在 A 点处 $F_Q=0$，该处弯矩为极值。再求得 $M_e=1.25\ kN\cdot m$，M 图为向上凸的抛物线。据此可做出 AB 段的 M 图。B 支座的约束反力 F_{RB} 只会使截面 B 左右两侧剪力发生突变，不会改变两侧的弯矩值，故 $M_{A右}=M_{A左}=-20\ kN\cdot m$，在 BC 段内无分布力作用（$q(x)=0$），F_Q 图为水平线，弯矩图为斜直线，且有 $M_c=0$，据此可做出 BC 段弯矩图的斜直线。弯矩图如图 18.13(c) 所示。

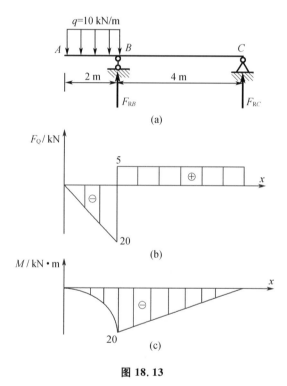

图 18.13

例 18.6 梁的受力如图 18.14(a) 所示，利用微分关系作梁的 F_Q，M 图。

解 （1）求支座反力

由平衡条件 $\sum m_A=0$ 和 $\sum m_B=0$ 分别求出

$$F_{RA}=10\ kN,\ F_{RB}=5\ kN$$

（2）分段求控制截面的内力值，绘制 F_Q，M 图

由于载荷在 A，D 处不连续，应将梁分为三段绘制内力图。

根据微分关系，在 CA 和 AD 段内，$q=0$，剪力图为水平线，$F_{QC右}=-3\ kN$，$F_{QA右}=$

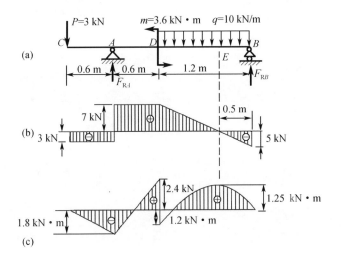

图 18.14

7 kN,据此可做出 CA 和 AD 两段 F_Q 图的水平线。$M_C=0$,$M_{A左}=-1.8$ kN·m,据此可以做出 CA 段弯矩图的斜直线。A 支座的约束反力 F_{RA} 只会使截面 A 左右两侧剪力发生突变,不会改变两侧的弯矩值,故 $M_{A左}=M_{A右}=M_A=-1.8$ kN·m,$M_{D左}=2.4$ kN·m,据此可做出 AD 段弯矩图的斜直线,如图 18.14(c) 所示。DB 段内,$q=$常数,且为负值,剪力为斜直线,$F_{QD右}=7$ kN,$F_{QB左}=-5$ kN,据此做出 DB 段 F_Q 图的斜直线,如图 18.14(b) 所示。D 处的集中力偶会使 D 截面左右两侧的弯矩发生突变,故需求出 $M_{D右}=-1.2$ kN·m,$M_B=0$;由 DB 段的剪力图知,在 E 处 $F_Q=0$,该处弯矩为极值。求得 $M_E=1.25$ kN·m,M 图为向上凸的抛物线。根据上述三个截面的弯矩值可做出 DB 段的 M 图,如图 18.14(c) 所示。

习　　题

1. 选择题

(1) 梁的内力符号与坐标系的关系是:

(A) 剪力、弯矩符号与坐标系有关

(B) 剪力、弯矩符号与坐标系无关

(C) 剪力符号与坐标系有关,弯矩符号与坐标系无关

(D) 弯矩符号与坐标系有关,剪力符号与坐标系无关

正确答案是_____。

(2) 长 L 的钢筋混凝土梁用绳向上吊起,如题 18.1(2) 图所示,钢绳绑扎处离梁顶部的距离为 x。梁内由自重引起的最大弯矩值 $|M|_{max}$ 为最小时的 x 值为:

(A)　$L/2$　　　　(B)$L/6$　　　　(C)$(\sqrt{2}-1)L/2$　　　　(D)$(\sqrt{2}+1)L/2$

正确答案是_____。

(3) 梁上作用任意分布载荷。其集度 $q=q(x)$ 是 x 的连续函数,且规定向上为正。现

采用题 18.1(3) 图所示的坐标系 xOy,则 M,F_Q,q 之间的微分关系为:

(A)$dM/dx = F_Q, dF_Q/dx = q$ (B)$dM/dx = -F_Q, dF_Q/dx = q$

(C)$dM/dx = F_Q, dF_Q/dx = -q$ (D)$dM/dx = -F_Q, dF_Q/dx = -q$

正确答案是_____。

题 18.1(2) 图   **题 18.1(3) 图**

2. 填空题

如题 18.2 图所示梁,C 截面弯矩 $M_C =$ _____ ;为使 $M_C = 0$,则 $m =$ _____ ;为使全梁不出现正弯矩,则 $m \geqslant$ _____。

题 18.2 图

3. 计算题

(1) 如题 18.3(1) 图所示,用方程式法作梁的 F_Q, M 图。

题 18.3(1) 图

(2) 如题 18.3(2) 图所示,用方程式法作梁的 F_Q, M 图。

题 18.3(2) 图

（3）如题 18.3(3) 图所示，用方程式法作梁的 F_Q，M 图。

题 18.3(3) 图

（4）如题 18.3(4) 图所示，用方程式法作梁的 F_Q，M 图。

题 18.3(4) 图

（5）如题 18.3(5) 图所示，用微分关系法作梁的 F_Q，M 图。

题 18.3(5) 图

（6）如题 18.3(6) 图所示，用微分关系法作梁的 F_Q，M 图。

题 18.3(6) 图

（7）如题 18.3(7) 图所示，用微分关系法作梁的 F_Q，M 图。

题 18.3(7) 图

（8）如题 18.3(8) 图所示，用微分关系法作梁的 F_Q，M 图。

题 18.3(8) 图

（9）如题 18.3(9) 图所示，用微分关系法作梁的 F_Q，M 图。

题 18.3(9) 图

（10）如题 18.3(10) 图所示，用微分关系法作梁的 F_Q，M 图。

题 18.3(10) 图

(11)带中间铰的联合梁及其 M 图如题 18.3(11) 图所示, D 为中间铰。作该梁的载荷图及 F_Q 图。

题 18.3(11) 图

第 19 章 弯 曲 强 度

19.1 纯弯曲时梁横截面上的正应力

梁的横截面上同时存在剪力和弯矩时,这种弯曲称为横力弯曲。剪力 F_Q 是横截面切向分布内力的合力;弯矩 M 是横截面法向分布内力的合力偶矩。所以横力弯曲梁横截面上将同时存在切应力 τ 和正应力 σ。实践和理论都证明,弯矩是影响梁的强度和变形的主要因素。因此,我们先讨论 $F_Q = 0, M =$ 常数的弯曲问题,这种弯曲称为纯弯曲。图19.1所示梁的 CD 段为纯弯曲,其余部分则为横力弯曲。

与扭转问题相似,分析纯弯曲梁横截面上的正应力时,同样需要综合考虑变形、物理和静力三方面的关系。

1. 变形关系 —— 平面假设

考察等截面直梁。加载前在梁表面上画上与轴线垂直的横线,和与轴线平行的纵线,如图 19.2(a) 所示。然后在梁的两端纵向对称面内施加一对力偶,使梁发生弯曲变形,如图 19.2(b) 所示。可以发现梁表面变形具有如下特征。

图 19.1　　　　　　　　　　　　图 19.2

（1）横线（$m-m$ 和 $n-n$）仍是直线,只是发生相对转动,但仍与纵线（如 $a-a, b-b$）正交。

（2）纵线（$a-a$ 和 $b-b$）弯曲成曲线,且梁的一侧层面伸长,另一侧层面缩短。

根据上述梁表面变形的特征,可以做出以下假设:梁变形后,其横截面仍保持平面,并垂直于变形后梁的轴线,只是绕着梁横截面上某一轴转过一个角度。这一假设称为平面假设。

此外,还假设梁的各纵向层互不挤压,即梁的纵截面上无正应力作用。

根据上述假设,梁弯曲后,其纵向层一部分产生伸长变形,另一部分则产生缩短变形,二者交界处存在既不伸长也不缩短的一层,这一层称为中性层,如图 19.3 所示。中性层与横截面的交线为截面的中性轴。

横截面上位于中性轴两侧的各点分别承受拉应力或压应力;中性轴上各点的应力为零。

下面根据平面假设找出纵向线应变沿截面高度的变化规律。

图 19.3

考察梁上相距为 dx 的微段,如图 19.4(a) 所示,其变形如图 19.4(b) 所示。其中 x 轴沿梁的轴线,y 轴与横截面的对称轴重合,z 轴为中性轴。则距中性轴为 y 处的纵向层 $b-b$ 弯曲后的长度为 $(\rho+y)d\theta$,其纵向正应变为

$$\varepsilon = \frac{(\rho+y)d\theta - \rho d\theta}{\rho d\theta} = \frac{y}{\rho} \tag{a}$$

式(a) 表明:纯弯曲时梁横截面上各点的纵向线应变沿截面高度线性分布。

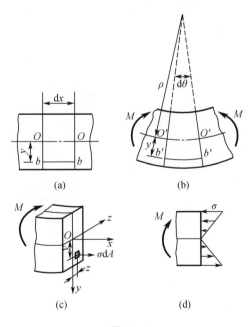

图 19.4

2. 物理关系

根据以上分析,梁横截面上各点只受正应力作用。再考虑到纵向层之间互不挤压的假设,所以纯弯梁各点处于单向应力状态。对于线弹性材料,根据胡克定律

$$\sigma = E\varepsilon$$

于是有

$$\sigma = \frac{E}{\rho} \cdot y \tag{b}$$

式中,E 和 ρ 均为常数。

上式表明:纯弯梁横截面上任意一点处的正应力与该点到中性轴的垂直坐标 y 成正比,即正应力沿着截面高度按线性分布,如图 19.4(d) 所示。

式(b)还不能直接用以计算应力,因为中性层的曲率半径 ρ 以及中性轴的位置尚未确定。这要利用静力学关系来解决。

3. 静力学关系

弯矩 M 作用在 $x-y$ 平面内。截面上坐标为 y,z 的微面积 $\mathrm{d}A$ 上有作用力 $\sigma\mathrm{d}A$。横截面上所有微面积上的这些力将组成轴力 F_N 以及对 y,z 轴的力矩 M_y 和 M_z,即

$$F_N = \int_A \sigma \mathrm{d}A \tag{c}$$

$$M_y = \int_A z\sigma \mathrm{d}A \tag{d}$$

$$M_z = \int_A y\sigma \mathrm{d}A \tag{e}$$

在纯弯情况下,梁横截面上只有弯矩 $M_z = M$,而轴力 F_N 和 M_y 皆为零。

将式(b) 代入式(c),因为 $F_N = 0$,故有

$$F_N = \int_A \frac{E}{\rho} y \mathrm{d}A = \frac{E}{\rho} \int_A y \mathrm{d}A = \frac{E}{\rho} S_z = 0$$

其中

$$S_z = \int_A y \mathrm{d}A$$

称为截面对 z 轴的静矩。因为 $\dfrac{E}{\rho} \neq 0$,故有 $S_z = 0$。这表明中性轴 z 通过截面形心。

将式(b) 代入式(d),有

$$M_y = \int_A \frac{E}{\rho} yz \mathrm{d}A = \frac{E}{\rho} \int_A yz \mathrm{d}A = \frac{E}{\rho} I_{yz} = 0$$

其中

$$I_{yz} = \int_A yz \mathrm{d}A$$

称为截面对 y,z 轴的惯性积。使 $I_{yz} = 0$ 的一对互相垂直的轴称为主轴。y 轴为横截面的对称轴,对称轴必为主轴,而 z 轴又通过横截面形心,所以 y,z 轴为形心主轴。

将式(b) 代入式(e),有

$$M_z = \int_A \frac{E}{\rho} y^2 \mathrm{d}A = \frac{E}{\rho} \int_A y^2 \mathrm{d}A = \frac{E}{\rho} I_z = M$$

得到

$$\frac{1}{\rho} = \frac{M}{EI_z} \tag{19.1}$$

其中

$$I_z = \int_A y^2 \, \mathrm{d}A$$

称为截面对 z 轴的惯性矩，EI_z 称为截面的抗弯刚度。式(19.1)表明，梁弯曲的曲率与弯矩成正比，而与抗弯刚度成反比。

　　将式(19.1)代入式(b)，得到纯弯情况下的正应力计算公式为

$$\sigma = \frac{My}{I_z} \tag{19.2}$$

上式中正应力 σ 的正负号与弯矩 M 及该点的坐标 y 的正负号有关。实际计算中，可根据截面上弯矩 M 的方向，直接判断中性轴的哪一侧产生拉应力，哪一侧产生压应力，而不必考虑 M 和 y 的正负。

　　梁的最大正应力在距中性轴最远的点处，即

$$\sigma_{\max} = \frac{M_{\max} y_{\max}}{I_z} = \frac{M_{\max}}{W_z} \tag{19.3}$$

式中

$$W_z = \frac{I_z}{y_{\max}} \tag{19.4}$$

称为抗弯截面系数(或抗弯截面模量)，其量纲为[长度]^3，国际单位用 m^3 或 mm^3。

　　对于宽度为 b、高度为 h 的矩形截面，抗弯截面系数为

$$W_z = \frac{\dfrac{bh^3}{12}}{\dfrac{h}{2}} = \frac{bh^2}{6} \tag{19.5}$$

　　直径为 d 的圆截面，其抗弯截面系数为

$$W_z = \frac{\dfrac{\pi}{64}d^4}{\dfrac{d}{2}} = \frac{\pi d^3}{32} \tag{19.6}$$

　　内径为 d，外径为 D 的空心圆截面，抗弯截面系数为

$$W_z = \frac{\dfrac{\pi D^4}{64}(1-\alpha^4)}{\dfrac{D}{2}} = \frac{\pi D^3}{32}(1-\alpha^4) \,, \ \alpha = \frac{d}{D} \tag{19.7}$$

轧制型钢(工字钢、槽钢等)的 W_z 可从型钢表中查得。

19.2　横力弯曲时梁横截面上的正应力及强度计算

19.2.1　横力弯曲时梁横截面上的正应力

梁在横力弯曲情况下，其横截面上不仅有正应力，还有切应力。由于存在切应力，横

截面不再保持为平面,而发生"翘曲"现象。进一步的分析表明,对于细长梁(例如矩形截面梁,$\frac{l}{h} \geqslant 5$,l 为梁长,h 为截面高度),切应力对正应力和弯曲变形的影响很小,可以忽略不计,式(19.1)和式(19.2)仍然适用。当然式(19.1)和式(19.2)只适用于材料在线弹性范围,并且要求外力满足平面弯曲的加载条件:对于横截面具有对称轴的梁,只要外力作用在对称平面内,梁便产生平面弯曲;对于横截面无对称轴的梁,只要外力作用在形心主轴平面内,实心截面梁便产生平面弯曲。

式(19.1)和式(19.2)是根据等截面直梁导出的。对于缓慢变化的变截面梁,以及曲率很小的曲梁($\frac{h}{\rho_0} \leqslant 0.2$,$\rho_0$ 为曲梁轴线的曲率半径)也近似适用。

19.2.2 弯曲强度计算

根据前节的分析,对细长梁进行强度计算时,主要考虑弯矩的影响,因截面上的最大正应力作用点处,弯曲切应力为零,故该点为单向应力状态。为保证梁的安全,梁的最大正应力点应满足强度条件

$$\sigma_{\max} = \frac{M_{\max} y_{\max}}{I_z} \leqslant [\sigma] \tag{19.8a}$$

式中,$[\sigma]$ 为材料的许用应力。

对于等截面直梁,若材料的拉、压强度相等,则最大弯矩的所在面称为危险面,危险面上距中性轴最远的点称为危险点。此时强度条件可表达为

$$\sigma_{\max} = \frac{M_{\max}}{W_z} \leqslant [\sigma] \tag{19.8b}$$

对于由脆性材料制成的梁,由于其抗拉强度和抗压强度相差甚大,所以要对最大拉应力点和最大压应力点分别进行强度计算。此时强度条件可表达为

$$\sigma_{t\,\max} = \frac{M_{\max} y_{t\max}}{I_z} \leqslant [\sigma_t] \tag{19.8c}$$

$$\sigma_{c\,\max} = \frac{M_{\max} y_{c\max}}{I_z} \leqslant [\sigma_c] \tag{19.8d}$$

根据式(19.8),可以解决三类强度问题,即强度校核、截面设计和许可载荷计算。

例 19.1 钢梁如图 19.5(a)所示,已知 $F = 20$ kN,$l = 4$ m,$[\sigma] = 160$ MPa,试按正应力强度条件确定工字钢型号(自重不计)。

解 (1)作弯矩图(图 19.5(b)),确定危险截面上的弯矩有

$$M_{\max} = 2F = 40 \text{ kN} \cdot \text{m}$$

(2)按正应力强度条件 $\sigma_{\max} = \dfrac{M_{\max}}{W_z} \leqslant [\sigma]$

求得

$$W_z = \frac{M_{\max}}{[\sigma]} = \frac{40 \times 10^3}{160 \times 10^6} = 250 \times 10^{-6} \text{ m}^3$$

图 19.5

查表采用 20b 型号的工字钢（$W_z = 250 \text{ cm}^3$），其截面尺寸见附录 Ⅱ 中表。

例 19.2 T 字形截面的铸铁梁受力情况如图 19.6(a) 所示，铸铁的 $[\sigma_t] = 30$ MPa，$[\sigma_c] = 60$ MPa，其截面形心位于 C 点，$y_1 = 52$ mm，$y_2 = 88$ mm，$I_z = 763 \text{ cm}^4$，试校核此梁的强度，并说明 T 字梁怎样放置更合理？

解 （1）画弯矩图并求危面的内力

由平衡方程 $\sum m_B = 0$ 和 $\sum m_A = 0$ 分别求得

$$F_{RA} = 2.5 \text{ kN}; F_{RB} = 19.5 \text{ kN}$$

利用微分关系作弯矩图，如图 19.6(b) 所示，可得

$$M_B = -4 \text{ kN} \cdot \text{m}(上拉、下压)，M_C = 2.5 \text{ kN} \cdot \text{m}(下拉、上压)$$

(a)

截面 m—m

(b)

(c)

图 19.6

（2）画危面应力分布图（图 19.6(c)），找危险点，并校核强度

B 截面上

$$\sigma_{Bt} = \frac{|M_B| y_1}{I_z} = \frac{4 \times 52}{763 \times 10^{-8}} = 27.2 \text{ MPa} < [\sigma_t]$$

$$\sigma_{Bc} = \frac{|M_B| y_2}{I_z} = \frac{4 \times 88}{763 \times 10^{-8}} = 46.2 \text{ MPa} < [\sigma_c]$$

C 截面上

$$\sigma_{Ct} = \frac{M_C y_2}{I_z} = \frac{2.5 \times 88}{763 \times 10^{-8}} = 28.8 \text{ MPa} < [\sigma_t]$$

（3）梁安全

若将 T 字形钢截面倒放，因为有 $\sigma_{tmax} = \dfrac{M_B y_2}{I_z} = 46.2 \text{ MPa} > [\sigma_t]$，所以不合理。

19.3　横力弯曲时梁横截面上的切应力及强度计算

19.3.1　横力弯曲时梁横截面上的切应力

梁受横力弯曲时，虽然横截面上既有正应力 σ，又有切应力 τ。但一般情况下，切应力对梁的强度和变形的影响属于次要因素，因此对由剪力引起的切应力，不再用变形、物理和静力关系进行推导，而是在承认正应力公式（19.2）仍然适用的基础上，假定切应力在横截面上的分布规律，然后根据平衡条件导出切应力的计算公式。

1. 矩形截面梁

对于图 19.7 所示的矩形截面梁，横截面上作用剪力 F_Q。现分析距中性轴 z 为 y 的横线 aa_1 上的切应力分布情况。根据切应力互等定理，横线 aa_1 两端的切应力必与截面两侧边相切，即与切力 F_Q 的方向一致。由于对称的关系，横线 aa_1 中点处的切应力也必与 F_Q 的方向相同。根据这三点，可以设想 aa_1 线上各点切应力的方向皆平行于切力 F_Q。又因截面高度 h 大于宽度 b，切应力的数值沿横线 aa_1 不可能有太大变化，可以认为是均匀分布的。基于上述分析，可作如下假设：

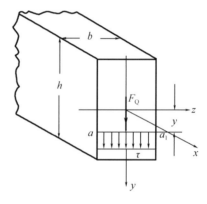

图 19.7

（1）横截面上任意一点处的切应力方向均平行于剪力 F_Q；

（2）切应力沿截面宽度均匀分布。

基于上述假设条件得到的解，与精确解相比有足够的精确度。从图 19.8(a) 所示的横弯梁中截出 $\mathrm{d}x$ 微段，其左右截面上的内力如图 19.8(b) 所示。梁的横截面尺寸如图 19.8(c) 所示，现欲求距中性轴 z 为 y 的横线 aa_1 处的切应力 τ。过 aa_1 用平行于中性层的纵截面 aa_1 和 cc_1 从 $\mathrm{d}x$ 微段中截出一微块，如图 19.8(d) 所示。根据切应力互等定理，微块的纵截面上存在均匀分布的切应力 τ'。微块左右侧面上正应力的合力分别为 F_{N1} 和 F_{N2}，其中

$$F_{N1} = \int_{A^*} \sigma_I \mathrm{d}A = \int_{A^*} \frac{M y_1}{I_z} \mathrm{d}A = \frac{M}{I_z} S_z^* \tag{a}$$

$$F_{N2} = \int_{A^*} \sigma_{II} \mathrm{d}A = \int_{A^*} \frac{(M + \mathrm{d}M) y_1}{I_z} \mathrm{d}A = \frac{(M + \mathrm{d}M)}{I_z} S_z^* \tag{b}$$

式中，A^* 为微块的侧面面积，σ_I（或 σ_{II}）为面积 A^* 中距中性轴为 y_1 处的正应力，$S_z^* = \int_{A^*} y_1 \mathrm{d}A$。

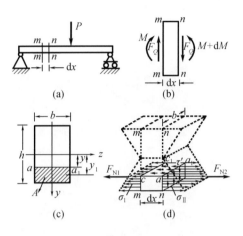

图 19.8

由微块沿 x 方向的平衡条件 $\sum F_x = 0$，得

$$-F_{N1} + F_{N2} - \tau'b\,dx = 0 \qquad\qquad (c)$$

将式(a) 和式(b) 代入式(c)，得

$$\frac{dM}{I_z}S_z^* - \tau'b\,dx = 0$$

故

$$\tau' = \frac{dM}{dx}\frac{S_z^*}{bI_z}$$

因 $\dfrac{dM}{dx} = F_Q$，$\tau' = \tau$，故求得横截面上距中性轴为 y 处横线上各点的切应力 τ 为

$$\tau = \frac{F_Q S_z^*}{bI_z} \qquad\qquad (19.9)$$

式(19.9) 也适用于其他截面形式的梁。式中，F_Q 为截面上的剪力；I_z 为整个截面对中性轴 z 的惯性矩；b 为横截面在所求应力点处的宽度；S_y^* 为所求应力点以外面积 A^* 对中性轴的静矩。

如图 19.9(a) 所示，对于矩形截面梁，可取 $dA_1 = b\,dy_1$，于是

$$S_z^* = \int_{A^*} y_1\,dA_1 = \int_y^{\frac{h}{2}} b y_1\,dy_1 = \frac{b}{2}\left(\frac{h^2}{4} - y^2\right)$$

这样，式(19.9) 可写为

$$\tau = \frac{F_Q}{2I_z}\left(\frac{h^2}{4} - y^2\right)$$

上式表明，沿截面高度切应力 τ 按抛物线规律变化，如图

图 19.9

19.9(b) 所示。在截面上、下边缘处，$y = \pm\dfrac{h}{2}$，$\tau = 0$；在中性轴上，$z = 0$，切应力值最大，其值为

$$\tau_{max} = \frac{3}{2} \frac{F_Q}{A} \tag{19.10}$$

式中，$A = bh$。

从式（19.10）可以看出，矩形截面梁的最大切应力是其平均切应力的 $\frac{3}{2}$ 倍。

2. 圆形截面梁

如图 19.10 所示，在圆形截面上任意一条平行于中性轴的横线 aa_1 两端处，切应力的方向必切于圆周，并相交于 y 轴上的 c 点。因此，横线上各点切应力方向是变化的。但在中性轴上各点切应力的方向皆平行于剪力 F_Q，且沿 z 轴均匀分布，其值为最大。由式（19.9）求得

$$\tau_{max} = \frac{4}{3} \frac{F_Q}{A} \tag{19.11}$$

式中，$A = \frac{\pi}{4} d^2$。

从式（19.11）可以看出，圆截面的最大切应力为其平均切应力的 $\frac{4}{3}$ 倍。

图 19.10

3. 工字形截面梁

工字形截面梁由腹板和翼缘组成。式（19.9）的计算结果表明，在翼缘上切应力很小，在腹板上切应力沿腹板高度按抛物线规律变化，如图19.11 所示。最大切应力在中性轴上，其值为

$$\tau_{max} = \frac{F_Q (S_z^*)_{max}}{d I_z}$$

式中，$(S_z^*)_{max}$ 为中性轴一侧截面面积对中性轴的静矩。对于轧制的工字钢，式中的 $\frac{I_z}{(S_z^*)_{max}}$ 可以从型钢表中查得。

图 19.11

计算结果表明，腹板承担的剪力约为 $(0.95 \sim 0.97)F_Q$，因此也可用下式计算 τ_{max} 的近似值，即

$$\tau_{max} \approx \frac{F_Q}{h_1 d}$$

式中，h_1 为腹板的高度；d 为腹板的宽度。

19.3.2　强度计算

需要指出的是，对于某些特殊情形，如梁的跨度较小或载荷靠近支座时，焊接或铆接的薄壁截面梁，或梁沿某一方向的抗剪能力较差（木梁的顺纹方向，胶合梁的胶合层）等，还需进行弯曲切应力强度校核。等截面直梁的 τ_{max} 一般发生在 $|F_Q|_{max}$ 截面的中性轴上，此处弯曲正应力 $\sigma = 0$，该点处于纯切应力状态，其强度条件为

$$\tau_{\max} = \frac{F_{Q\max}(S_z^*)_{\max}}{bI_z} \leqslant [\tau] \tag{19.12}$$

式中，$[\tau]$ 为材料的许用切应力。

此时，一般先按正应力的强度条件选择截面的尺寸和形状，然后再按切应力强度条件校核。

例 19.3　简支梁如图 19.12 所示。已知 $l = 2$ m，$a = 0.2$ m，梁上的载荷 $q = 10$ kN/m，$F = 200$ kN，$[\sigma] = 160$ MPa，$[\tau] = 100$ MPa，试选择适用的工字钢型号。

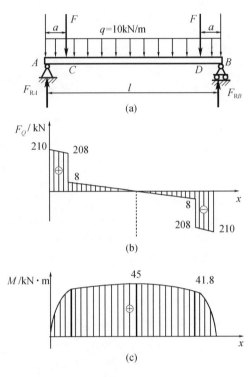

图 19.12

解　（1）画弯矩图并求危险截面内力

由平衡方程 $\sum m_B = 0$ 和 $\sum m_A = 0$ 求得

$$F_{RA} = F_{RB} = F + \frac{ql}{2} = 210 \text{ kN}$$

求得危险截面的内力

$$M_{\max} = 45 \text{ kN} \cdot \text{m}, F_{Q\max} = 210 \text{ kN}$$

（2）选择工字钢型号

按正应力强度条件：$\sigma_{\max} = \dfrac{M_{\max}}{W_z} \leqslant [\sigma]$

$$W_z \geqslant \frac{M_{\max}}{[\sigma]} = \frac{45 \times 10^3}{160 \times 10^6} = 281 \text{ cm}^3$$

查型钢表选用 22a 工字钢 $W_z = 309 \text{ cm}^3$。

（3）校核切应力强度

$$\tau_{max} = \frac{Q_{max} S_{zmax}^*}{b I_z} \leqslant [\tau]$$

由 22a 工字钢型钢表查得

$$\frac{I_z}{S_{zmax}^*} = 18.9 \text{ cm}, b = d = 0.75 \text{ cm}, \quad \tau_{max} = \frac{210 \times 10^3}{18.9 \times 0.75 \times 10^{-4}} = 148 \text{ MPa} > [\tau]$$

再选 25b 工字钢，查型钢表得

$$\frac{I_z}{S_{zmax}^*} = 21.27 \text{ cm}, b = d = 1 \text{ cm}, \quad \tau_{max} = \frac{210 \times 10^3}{21.27 \times 1 \times 10^{-4}} = 98 \text{ MPa} < [\tau]$$

所以，应选 25b 工字钢。

19.4　提高梁弯曲强度的措施

如前所述，弯曲正应力是影响弯曲强度的主要因素。根据弯曲正应力的强度条件

$$\sigma_{max} = \frac{M_{max}}{W_z} \leqslant [\sigma] \tag{a}$$

上式可以改写成内力的形式

$$M_{max} \leqslant [M] = W_z [\sigma] \tag{b}$$

式（b）的左侧是构件受到的最大弯矩，式（b）的右侧是构件所能承受的许用弯矩。

由（a）和（b）两式可以看出，提高弯曲强度的措施主要是从三方面考虑：减小最大弯矩、提高抗弯截面系数和提高材料的力学性能。

1. 减小最大弯矩

（1）改变加载的位置或加载方式

首先，可以通过改变加载位置或加载方式达到减小最大弯矩的目的。当集中力作用在简支梁跨度中间时（图 19.13(a)），其最大弯矩为 $\frac{1}{4}Pl$；当载荷的作用点移到梁的一侧，如距左侧 $\frac{1}{6}l$ 处时（图19.13(b)），则最大弯矩变为 $\frac{5}{36}Pl$，是原最大弯矩的 0.56 倍。当载荷的位置不能改变时，可以把集中力分散成较小的力，或者改变成分布载荷，从而减小最大弯矩。例如，利用副梁把作用于梁中间的集中力分散为两个集中力（图 19.13(c)），而使最大弯矩降低为 $\frac{1}{8}Pl$。利用副梁来达到分散载荷，减小最大弯矩是工程中经常采用的方法。

图 19.13

（2）改变支座的位置

其次，可以通过改变支座的位置来减小最大弯矩。例如，图 19.14(a) 所示受均布载荷的简支梁，$M_{max} = \frac{1}{8}ql^2 = 0.125ql^2$。若将两端支座各向里移动 $0.2l$（图 19.14(b)），则最大弯矩减小为 $\frac{1}{40}ql^2$，$M_{max} = \frac{1}{40}ql^2 = 0.025ql^2$ 只及前者的 $\frac{1}{5}$。图 19.15(a) 所示门式起重机的大梁，图 19.15(b) 所示锅炉筒体等，其支承点略向中间移动，都是通过合理布置支座位置，以减小 M_{max} 的工程实例。

图 19.14

图 19.15

2. 提高抗弯截面系数

（1）选用合理的截面形状

在截面面积 A 相同的条件下，抗弯截面系数 W 愈大，则梁的承载能力就愈高。例如对截面高度 h 大于宽度 b 的矩形截面梁，梁竖放时 $W_1 = \frac{1}{6}bh^2$，而梁平放时 $W_2 = \frac{1}{6}hb^2$。两者之比为 $\frac{W_1}{W_2} = \frac{h}{b} > 1$，所以竖放比平放有较高的抗弯能力。当截面的形状不同时，可以用比值 $\frac{W}{A}$ 来衡量截面形状的合理性和经济性。常见截面的 $\frac{W}{A}$ 值列于表 19.1 中。

表 19.1　常见截面的 W/A 值

矩形	圆形	环形 内径$d=0.8h$	槽钢	工字钢
$0.167\,h$	$0.125\,h$	$0.205\,h$	$(0.27 \sim 0.31)\,h$	$(0.29 \sim 0.31)\,h$

表 19.1 中的数据表明,材料远离中性轴的截面(如圆环形、工字形等)比较经济合理。这是因为弯曲正应力沿截面高度线性分布,中性轴附近的应力较小,该处的材料不能充分发挥作用,将这些材料移植到离中性轴较远处,则可使它们得到充分利用,形成"合理截面"。工程中的吊车梁、桥梁常采用工字形、槽形或箱形截面,房屋建筑中的楼板采用空心圆孔板,道理就在于此。需要指出的是,对于矩形、工字形等截面,增加截面高度虽然能有效地提高抗弯截面系数;但若高度过大,宽度过小,则在载荷作用下梁会发生扭曲,从而使梁过早地丧失承载能力。

对于拉、压许用应力不相等的材料(例如大多数脆性材料),采用中性轴距上下边不相等的截面较合理(如 T 字形)。设计时使中性轴靠近拉应力的一侧,以使危险截面上的最大拉应力和最大压应力尽可能同时达到材料的许用应力。

(2)采用变截面梁

对于等截面梁,除 M_{max} 所在截面的最大正应力达到材料的许用应力外,其余截面的应力均小于甚至远小于许用应力。因此,为了节省材料,减轻结构的质量,可在弯矩较小处采用较小的截面,这种截面尺寸沿梁轴线变化的梁称为变截面梁。若使变截面梁的每个截面上的最大正应力都等于材料的许用应力,则这种梁称为等强度梁。考虑到加工的经济性及其他工艺要求,工程实际中只能作成近似的等强度梁,例如机械设备中的阶梯轴(图19.16(a)),摇臂钻床的摇臂(图 19.16(c))及工业厂房中的鱼腹梁(图19.16(b))等。

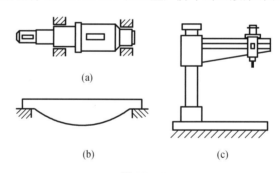

(a)

(b)　　　　　　　　(c)

图 19.16

3. 提高材料的力学性能

构件选用何种材料,应综合考虑安全性、经济性等因素。近年来低合金钢生产发展迅速,如 16 Mn,15 MnTi 钢等。这些低合金钢的生产工艺和成本与普通钢相近,但强度高、韧性好。铸铁抗拉强度较低,但价格低廉。铸铁经球化处理成为球墨铸铁后,提高了强度极限和塑性性能。不少工厂用球墨铸铁代替钢材制造曲轴和齿轮,取得了较好的经济效益。

习　　题

1. 选择题

(1)在推导弯曲正应力公式 $\sigma = My/I_z$ 时,由于作了"纵向纤维层互不挤压"假设,从而有以下四种答案:

(A) 保证法向内力系的合力 $F_N = \int_A \sigma \, dA = 0$

(B) 正应力的计算可用单向拉压胡克定律

(C) 保证梁为平面弯曲

(D) 保证梁的横向变形为零

正确答案是_____。

(2) 在推导梁平面弯曲的正应力公式 $\sigma = My/I_z$ 时,下面哪条假定不必要。

(A) $\sigma \leqslant \sigma_p$ (B) 平面假设

(C) 材料拉压时弹性模量相同   (D) 材料的 $[\sigma_t] = [\sigma_c]$

正确答案是_____。

(3) 由梁弯曲的平面假设,经变形几何关系得到的结果有四种答案:

(A) 中性轴通过截面形心   (B) $1/\rho = M/(EI_z)$

(C) $\varepsilon = y/\rho$ (D) 梁只产生平面弯曲

正确答案是_____。

(4) 受力情况相同的三种等截面梁,它们分别由整块材料或两块材料并列或两块材料叠合(未黏接)组成,分别如题 19.1(4)(a),(b),(c) 图所示。若用 $(\sigma_{max})_1$,$(\sigma_{max})_2$,$(\sigma_{max})_3$ 分别表示这三种梁中横截面上的最大正应力,则下列结论中哪个是正确的?

(A) $(\sigma_{max})_1 < (\sigma_{max})_2 < (\sigma_{max})_3$ (B) $(\sigma_{max})_1 = (\sigma_{max})_2 < (\sigma_{max})_3$

(C) $(\sigma_{max})_1 < (\sigma_{max})_2 = (\sigma_{max})_3$ (D) $(\sigma_{max})_1 = (\sigma_{max})_2 = (\sigma_{max})_3$

正确答案是_____。

题 19.1(4) 图

(5) 如题 19.1(5) 图所示梁,采用加副梁的方法提高承载能力,若主梁和副梁材料相同,截面尺寸相同,则副梁的最佳长度有四种答案:

(A) $l/3$ (B) $l/4$

(C) $l/5$ (D) $l/2$

题 19.1(5) 图

正确答案是_____。

(6) 为了提高梁的承载能力,梁的支座有题 19.1(6) 图示四种方案:

正确答案是_____。

2. 填空题

(1) 有一直径为 d 的钢丝,绕在直径为 D 的圆筒上,钢丝的弹性模量为 E,钢丝仍处于弹性范围。此时钢丝的最大弯曲正应力 $\sigma_{max} = $ _____;为了减小弯曲应力,应_____钢丝的直径。

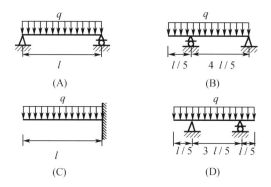

题 19.1(6) 图

（2）题 19.2(2) 图所示简支梁的 EI 已知,如在梁跨中间作用一集中力 P,则中性层在 A 处的曲率半径 $\rho=$ _____。

（3）如题 19.2(3) 图所示,将厚度为 2 mm 的钢板尺与一曲面紧密接触,已知测得钢尺 A 点处的应变为 $-\dfrac{1}{1\,000}$,则该曲面在 A 点处的曲率半径为_____ mm。

题 19.2(2) 图　　　　　　　　　　　**题 19.2(3) 图**

（4）用矩形梁的切应力公式 $\tau=\dfrac{F_{Q}S_{z}^{*}}{Ib}$ 计算题 19.2(4) 图所示截面 AB 线上各点的 τ 时,式中 S^{*} 是面积_____或面积_____的负值对中性轴 z 的静矩。

（5）如题 19.2(5) 图所示,铸铁 T 形截面梁的许用应力分别为许用拉应力$[\sigma_{t}]=50$ MPa 和许用压应力$[\sigma_{c}]=200$ MPa,则上下边缘距中性轴的合理比值 $y_{1}/y_{2}=$_____（C 为形心）。

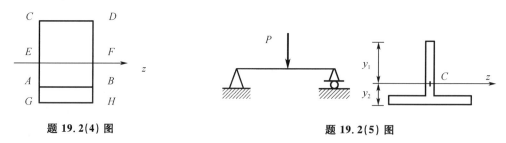

题 19.2(4) 图　　　　　　　　　　　**题 19.2(5) 图**

（6）矩形截面梁若 $F_{Q\,max}$、M_{max} 和截面宽度 b 不变,而将高度增加一倍,则最大弯曲正应力为原来的_____倍,最大弯曲切应力为原来的_____倍。

3. 计算题

(1) 如题 19.3(1) 图所示箱式截面悬臂梁承受均匀载荷。试求：

① Ⅰ－Ⅰ 截面 A、B 两点处的正应力；

② 该梁的最大正应力。

题 19.3(1) 图

(2) 如题 19.3(2) 图所示,已知 T 形截面铸铁外伸梁 $[\sigma_t] = 35$ MPa,$[\sigma_c] = 120$ MPa,$I_z = 5\,000 \times 10^4$ mm^4,$y_1 = 70$ mm,$y_2 = 130$ mm,z 轴过形心,试求：

① 按图(a) 放置时的许用载荷 $[P]$。

② 按图(a) 和图(b) 两种位置放置哪种合理？为什么？

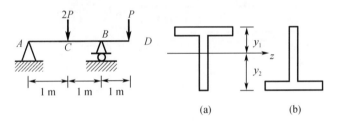

题 19.3(2) 图

(3) 宽度不变,高度呈线性变化的变截面简支梁受力如题 19.3(3) 图所示。当进行正应力强度条件校核时,求危险截面距 A 端的距离 x 及最大正应力 σ_{max}。

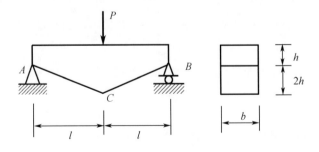

题 19.3(3) 图

(4) 纯弯曲梁由材料相同的两个矩形截面杆 Ⅰ 和 Ⅱ 叠合而成,其截面形式如题 19.3(4) 图所示,不计两接触面间的摩擦,求两杆内最大正应力之比。

（5）如题 19.3(5) 图所示一起重机及梁,梁由两根 No.28 a 工字钢组成,可移动的起重机自重 $G=50$ kN,起重机吊重 $P=10$ kN,若 $[\sigma]=160$ MPa,$[\tau]=100$ MPa,试校核梁的强度。（一根工字钢 $I_z=7\ 114.14\times10^4$ mm^4,$I_z/(S_z^*)_{\max}=246.2$ mm）

题 19.3(4) 图

（6）用螺钉将四块木板连接而成的箱形梁如题 19.3(6) 图所示,每块木板的截面均为 150 mm × 25 mm,如每一个螺钉的许用剪力为 1.1 kN,试确定螺钉的间距 a(单位:mm)。

$d=8.5$ mm
$h=280$ mm

No.28 a

题 19.3(5) 图

题 19.3(6) 图

（7）截面型号为 No.20 a 工字钢梁的支承和受力情况如题19.3(7) 图所示。若 $[\sigma]=160$ MPa,试求许可载荷 F。

No.20a

题 19.3(7) 图

（8）⊥形截面铸铁悬臂梁的尺寸及载荷情况如题 19.3(8) 图所示。若材料的许用拉应力$[\sigma_t]=40$ MPa,许用压应力$[\sigma_c]=160$ MPa,截面对形心轴 z_C 的惯性矩 $I_{z_C}=10\ 180$ cm^4,$h_1=9.64$ cm,试计算该梁的许可载荷 F。

（9）铸铁梁的载荷及横截面尺寸如题19.3(9) 图所示。许用拉应力$[\sigma_t]=40$ MPa,许用压应力$[\sigma_c]=160$ MPa,试按正应力强度条件校核梁的强度。若载荷不变,但将 T 形横

题 19.3(8) 图

截面倒置,即翼缘在下成为 ⊥ 形,是否合理,为什么?

题 19.3(9) 图

(10) 如题 19.3(10) 图所示梁由两根 36a 工字钢铆接而成。 铆钉的间距为 $s=150$ mm,直径 $d=20$ mm,许用切应力 $[\tau]=90$ MPa,梁横截面上的剪力 $F_Q=40$ kN。 试校核铆钉的剪切强度。

题 19.3(10) 图

(11) 如题 19.3(11) 图所示,在 18 号工字梁上作用着可移动的载荷 F,为提高梁的承载能力,试确定 a 和 b 的合理数值及相应的许可载荷。设 $[\sigma]=160$ MPa。

(12) 我国古代营造法中,对矩形截面梁给出的尺寸比例是 $h:b=3:2$。试用弯曲正应力强度条件证明:从圆木锯出的矩形截面梁,上述尺寸比例接近最佳比值。

题 19.3(11) 图

题 19.3(12) 图

第20章 弯曲变形

20.1 弯曲变形的概念

20.1.1 挠度、转角、挠曲线

梁弯曲时,变形后的轴线称为挠曲轴线,简称挠曲线,如图 20.1 所示。取梁的轴线为 x 轴,处于挠曲平面内并与 x 轴相垂直的轴为 v 轴。

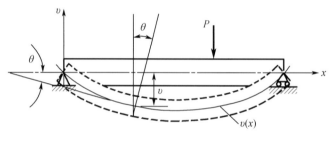

图 20.1

挠曲线上任意点的纵坐标 v 可以认为就是截面形心的线位移。截面形心垂直于轴线方向的线位移称为挠度。一般来说,挠度是随截面位置而变化的,即挠度 v 是坐标 x 的函数,即

$$v = f(x)$$

上式表示的函数关系称为挠曲线方程。

弯曲变形时,横截面绕中性轴转动,称为角位移。横截面转动的角度,称为转角,用 θ 表示。一般情况下,转角也随截面位置而变化。转角和坐标之间的函数关系为

$$\theta = \theta(x)$$

上式称为转角方程。

梁弯曲时,若不计剪力影响,横截面在变形后仍保持平面,并仍与挠曲线相正交。所以,横截面的转角 θ 与该截面处挠曲线的倾角相等,在小变形时,倾角 θ 很小,故有

$$\theta \approx \tan \theta = \frac{\mathrm{d}v}{\mathrm{d}x}$$

可见,在小变形条件下横截面转角与挠曲线在该截面处的斜率近似相等,转角 θ 的正负与斜率正负规则一致。即挠曲线方程的一阶导函数为转角方程。

20.1.2 刚度条件

梁的弯曲变形是由挠度与转角这两个量共同描述的,因此梁弯曲的刚度条件可表

示为

$$\begin{cases} |v|_{\max} \leqslant [v] \\ |\theta|_{\max} \leqslant [\theta] \end{cases} \tag{20.1}$$

式中，$|v|_{\max}$ 和 $|\theta|_{\max}$ 分别为梁的最大挠度与最大转角；$[v]$ 与 $[\theta]$ 分别为许用挠度和许用转角。它们可从有关设计手册中查得。

20.2　挠曲线的近似微分方程

在纯弯曲中，梁平面弯曲的曲率公式为

$$\frac{1}{\rho} = \frac{M}{EI_z}$$

该式表明纯弯曲梁轴线上任意一点处的曲率与该点处横截面上的弯矩成正比，而与该截面的抗弯刚度成反比。

若不计剪力对弯曲变形的影响，上式可推广到横力弯曲情况。横力弯曲时，弯矩 M 及曲率半径 ρ 均为坐标 x 的函数，因而梁轴线上任意一点处的曲率与弯矩方程之间存在下列关系：

$$\frac{1}{\rho(x)} = \frac{M(x)}{EI_z} \tag{20.2}$$

另一方面，有曲率公式

$$\frac{1}{\rho(x)} = \pm \frac{\dfrac{\mathrm{d}^2 v}{\mathrm{d}x^2}}{\left[1 + \left(\dfrac{\mathrm{d}v}{\mathrm{d}x}\right)^2\right]^{\frac{3}{2}}} \tag{20.3}$$

于是得到

$$\pm \frac{\dfrac{\mathrm{d}^2 v}{\mathrm{d}x^2}}{\left[1 + \left(\dfrac{\mathrm{d}v}{\mathrm{d}x}\right)^2\right]^{\frac{3}{2}}} = \frac{M(x)}{EI_z} \tag{20.4}$$

在小变形条件下，$\dfrac{\mathrm{d}v}{\mathrm{d}x} = \theta \ll 1$，式(20.4) 可简化为

$$\pm \frac{\mathrm{d}^2 v}{\mathrm{d}x^2} = \frac{M(x)}{EI_z} \tag{20.5}$$

在图 20.2 所示的坐标系中，正弯矩对应着 $\dfrac{\mathrm{d}^2 v}{\mathrm{d}x^2}$ 的正值(图 20.2(a))，负弯矩对应着 $\dfrac{\mathrm{d}^2 v}{\mathrm{d}x^2}$ 的负值(图 20.2(b))，故式(20.5) 左右两边的符号取同号时该式可简化为

$$\frac{\mathrm{d}^2 v}{\mathrm{d}x^2} = \frac{M(x)}{EI_z} \tag{20.6}$$

式(20.6) 称为挠曲线近似微分方程。显然，它仅适用于线弹性范围内的平面弯曲问题。

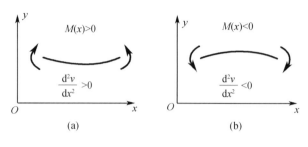

图 20.2

20.3 梁弯曲变形计算的积分法

将式(20.6)分别对 x 积分一次和两次,便得到梁的转角方程和挠度方程,即

$$\theta(x) = \frac{\mathrm{d}v(x)}{\mathrm{d}x} = \int \frac{M(x)}{EI_z}\mathrm{d}x + C \tag{20.7}$$

$$v(x) = \iint \frac{M(x)}{EI_z}\mathrm{d}x\mathrm{d}x + Cx + D \tag{20.8}$$

式中,C 和 D 为积分常数,由边界条件确定。

对于载荷无突变的情况,梁上的弯矩可以用一个函数来描述,则式(20.7)和式(20.8)中将仅有两个积分常数。确定积分常数时,可以作为定解条件的已知变形条件包括两类:一类是位于梁支座处的截面,其挠度或转角常为零或已知,这类条件称为支承条件;另一类是位于梁的中间截面处,其左右极限截面的挠度与转角均相等,这类条件一般称为光滑、连续条件。一般来说,在梁上总能找出足够的支承条件及光滑、连续条件借以确定积分常数。这些条件通称为边界条件。

挠曲线近似微分方程式通解中的积分常数确定以后,就得到了挠曲线方程式和转角方程。上述求梁变形的方法称为积分法。

例 20.1 如图 20.3 所示悬臂梁,在自由端受集中力 P 作用,若梁的抗弯刚度 EI_z 为常量,试求梁的最大挠度与最大转角。

图 20.3

解 (1)建立挠曲线近似微分方程式
梁弯矩方程为

$$M(x) = -P(l-x) = P(x-l)$$

得挠曲线近似微分方程式为

$$\frac{\mathrm{d}^2 v}{\mathrm{d}x^2} = \frac{P(x-l)}{EI_z}$$

（2）积分求通解

$$\theta(x) = \int \frac{P}{EI_z}(x-l)\mathrm{d}x = \frac{P}{EI_z}\left(\frac{x^2}{2} - lx\right) + C$$

$$v(x) = \iint \frac{P}{EI_z}(x-l)\mathrm{d}x\mathrm{d}x = \frac{P}{EI_z}\left(\frac{x^3}{6} - \frac{lx^2}{2}\right) + Cx + D$$

（3）确定积分常数

由边界条件

$$\theta\big|_{x=0} = 0, v\big|_{x=0} = 0$$

解得

$$C = 0, D = 0$$

（4）确定转角方程式及挠曲线方程式

将 C 和 D 代入解得的 $\theta(x)$ 及 $v(x)$ 公式，即得梁的转角方程与挠曲线方程为

$$\theta(x) = \frac{P}{EI_z}\left(\frac{x^2}{2} - lx\right)$$

$$v(x) = \frac{P}{EI_z}\left(\frac{x^3}{6} - \frac{lx^2}{2}\right)$$

（5）求最大挠度及最大转角

最大挠度及最大转角发生在自由端。将 $x = l$ 代入上式可得

$$\theta_{\max} = -\frac{Pl^2}{2EI_z}$$

$$v_{\max} = -\frac{Pl^3}{3EI_z}$$

例 20.2　求图 20.4 所示简支梁的挠曲线方程，并求 $|v|_{\max}$ 和 $|\theta|_{\max}$。

图 20.4

解　（1）求支座反力，列弯矩方程

梁的支座反力和所选坐标系如图 20.4 所示。因载荷在 C 点处不连续，应分两段列出弯矩方程。

AC 段：$M_1(x) = \dfrac{1}{8}qlx$，$\left(0 \leqslant x \leqslant \dfrac{l}{2}\right)$；

CB 段：$M_2(x) = \dfrac{1}{8}qlx - \dfrac{1}{2}q\left(x - \dfrac{l}{2}\right)^2$，$\left(\dfrac{l}{2} \leqslant x \leqslant l\right)$。

（2）列出挠曲线近似微分方程，并进行积分

$$\frac{\mathrm{d}^2 v_1}{\mathrm{d}x^2} = \frac{1}{EI} \frac{1}{8} qlx, \qquad \left(0 \leqslant x \leqslant \frac{l}{2} \right)$$

$$\frac{\mathrm{d}^2 v_2}{\mathrm{d}x^2} = \frac{1}{EI} \left[\frac{1}{8} qlx - \frac{1}{2} q \left(x - \frac{l}{2} \right)^2 \right], \qquad \left(\frac{l}{2} \leqslant x \leqslant l \right)$$

$$\theta_1 (x) = \frac{\mathrm{d}v_1}{\mathrm{d}x} = \frac{1}{EI} \left(\frac{1}{16} qlx^2 \right) + C_1$$

$$\theta_2 (x) = \frac{\mathrm{d}v_2}{\mathrm{d}x} = \frac{1}{EI} \left[\frac{1}{16} qlx^2 - \frac{1}{6} q \left(x - \frac{l}{2} \right)^3 \right] + C_2$$

$$v_1 (x) = \frac{1}{EI} \left(\frac{1}{48} qlx^3 \right) + C_1 x + D_1$$

$$v_2 (x) = \frac{1}{EI} \left[\frac{1}{48} qlx^3 - \frac{1}{24} q \left(x - \frac{l}{2} \right)^4 \right] + C_2 x + D_2$$

（3）确定积分常数

根据光滑和连续条件 $x = \frac{l}{2}$ 处，$\theta_1 = \theta_2$，$v_1 = v_2$，求得 $C_1 = C_2$，$D_1 = D_2$。

根据边界条件 $x = 0$，$v_1 = 0$，求得 $D_1 = D_2 = 0$；$x = l$，$v_2 = 0$，求得 $C_1 = C_2 = -\dfrac{7ql^3}{384EI}$。

于是得两段梁的转角和挠度方程为

$$\theta_1 (x) = \frac{1}{EI} \left[\frac{1}{16} qlx^2 - \frac{7}{384} ql^3 \right]$$

$$\theta_2 (x) = \frac{1}{EI} \left[\frac{1}{16} qlx^2 - \frac{1}{6} q \left(x - \frac{l}{2} \right)^3 - \frac{7}{384} ql^3 \right]$$

$$v_1 (x) = \frac{1}{EI} \left[\frac{1}{48} qlx^3 - \frac{7}{384} ql^3 x \right]$$

$$v_2 (x) = \frac{1}{EI} \left[\frac{1}{48} qlx^3 - \frac{1}{24} q \left(x - \frac{l}{2} \right)^4 - \frac{7}{384} ql^3 x \right]$$

（4）求最大转角和最大挠度

代入截面位置坐标，解得

$$\theta_A = -\frac{7ql^3}{384EI} \qquad \text{（顺时针）}$$

$$\theta_B = \frac{9ql^3}{384EI} \qquad \text{（逆时针）}$$

$$\theta_C = -\frac{ql^3}{384EI} \qquad \text{（顺时针）}$$

所以

$$|\theta|_{\max} = \frac{9ql^3}{384EI}，\text{发生在支座 } B \text{ 处。}$$

故 $\theta = 0$ 的截面位于 CB 段内，令 $\theta_2 (x) = 0$，可解得挠度为最大值截面的位置，进而利用 $v_2 (x)$ 求出最大挠度值。但对简支梁，通常以跨中间截面的挠度近似作为最大挠度，即

$$|v|_{\max} \approx \left| v \left(\frac{l}{2} \right) \right| = \frac{5ql^4}{768EI}$$

20.4　梁弯曲变形计算的叠加法

在材料服从胡克定律和小变形的条件下导出的挠曲线近似微分方程式是线性方程。根据初始尺寸进行计算,弯矩 $M(x)$ 与外力之间也呈线性关系。因此按式(20.6)求得的挠度以及转角与外力之间也存在线性关系。因此,当梁承受复杂载荷时,可将其分解成几种简单载荷,利用梁在简单载荷作用下的位移计算结果叠加后得到梁在复杂载荷作用下的挠度和转角,这就是叠加法。为方便起见,工程上常将简单载荷作用下常见梁的变形计算结果,制成表格,供实际计算时查用。表 20.1 给出了简单载荷作用下几种梁的挠曲线方程、最大挠度及端截面的转角。

表 20.1　梁在简单载荷作用下的变形

序号	梁 的 简 图	挠 曲 线 方 程	端截面转角	最 大 挠 度
1		$v = -\dfrac{mx^2}{2EI}$	$\theta_B = -\dfrac{ml}{EI}$	$v_B = -\dfrac{ml^2}{2EI}$
2		$v = -\dfrac{mx^2}{2EI},$ $(0 \leqslant x \leqslant a)$ $v = -\dfrac{ma}{EI}\left[(x-a)+\dfrac{a}{2}\right],$ $(a \leqslant x \leqslant l)$	$\theta_B = -\dfrac{ma}{EI}$	$v_B = -\dfrac{ma}{EI}\left(l-\dfrac{a}{2}\right)$
3		$v = -\dfrac{Px^2}{6EI}(3l-x)$	$\theta_B = -\dfrac{Pl^2}{2EI}$	$v_B = -\dfrac{Pl^3}{3EI}$
4		$v = -\dfrac{Px^2}{6EI}(3a-x),$ $(0 \leqslant x \leqslant a)$ $v = -\dfrac{Pa^2}{6EI}(3x-a),$ $(a \leqslant x \leqslant l)$	$\theta_B = -\dfrac{Pa^2}{2EI}$	$v_B = -\dfrac{Pa^2}{6EI}(3l-a)$

续表 20.1

序号	梁 的 简 图	挠 曲 线 方 程	端截面转角	最 大 挠 度
5		$v = -\dfrac{qx^2}{24EI}(x^2 - 4lx + 6l^2)$	$\theta_B = -\dfrac{ql^3}{6EI}$	$v_B = -\dfrac{ql^4}{8EI}$
6		$v = -\dfrac{mx}{6EIl}(l-x)(2l-x)$	$\theta_A = -\dfrac{ml}{3EI}$ $\theta_B = \dfrac{ml}{6EI}$	$x = \left(1-\dfrac{1}{\sqrt{3}}\right)l$ 处, $v_{max} = -\dfrac{ml^2}{9\sqrt{3}\,EI}$; $x = \dfrac{l}{2}$ 处, $v_{\frac{l}{2}} = -\dfrac{ml^2}{16EI}$
7		$v = -\dfrac{mx}{6EIl}(l^2 - x^2)$	$\theta_A = -\dfrac{ml}{6EI}$ $\theta_B = \dfrac{ml}{3EI}$	$x = \dfrac{l}{\sqrt{3}}$ 处, $v_{max} = -\dfrac{ml^2}{9\sqrt{3}\,EI}$; $x = \dfrac{l}{2}$ 处, $v_{\frac{l}{2}} = -\dfrac{ml^2}{16EI}$
8		$v = \dfrac{mx}{6EIl}(l^2 - 3b^2 - x^2)$, $(0 \leqslant x \leqslant a)$ $v = \dfrac{mx}{6EIl}[-x^3 + 3l(x-a)^2 + (l^2 - 3b^2)x]$, $(a \leqslant x \leqslant l)$	$\theta_A = \dfrac{m}{6EIl}(l^2 - 3b^2)$ $\theta_B = \dfrac{m}{6EIl}(l^2 - 3a^2)$	—
9		$v = -\dfrac{Px}{48EI}(3l^2 - 4x^2)$, $\left(0 \leqslant x \leqslant \dfrac{l}{2}\right)$	$\theta_A = -\theta_B$ $= -\dfrac{Pl^2}{16EI}$	$v_c = -\dfrac{Pl^3}{48EI}$

续表 20.1

序号	梁 的 简 图	挠 曲 线 方 程	端截面转角	最 大 挠 度
10		$v = -\dfrac{Pbx}{6EIl}(l^2 - x^2 - b^2),$ $(0 \leqslant x \leqslant a)$ $v = -\dfrac{Pb}{6EIl}\Big[\dfrac{l}{b}(x-a)^3 + (l^2 - b^2)x - x^3\Big],$ $(a \leqslant x \leqslant l)$	$\theta_A = -\dfrac{Pab(l+b)}{6EIl}$ $\theta_B = \dfrac{Pab(l+a)}{6EIl}$	设 $a > b,$ 在 $x = \sqrt{\dfrac{l^2-b^2}{3}}$ 处, $v_{max} = -\dfrac{Pb(l^2-b^2)^{\frac{3}{2}}}{9\sqrt{3}EIl};$ 在 $x = \dfrac{l}{2}$ 处, $v_{\frac{l}{2}} = -\dfrac{Pb(3l^2-4b^2)}{48EI}$
11		$v = -\dfrac{qx}{24EI}(l^3 - 2lx^2 + x^3)$	$\theta_A = -\theta_B$ $= -\dfrac{ql^3}{24EI}$	$v = -\dfrac{5ql^4}{384EI}$
12		$v = \dfrac{Pax}{6EIl}(l^2 - x^2),$ $(0 \leqslant x \leqslant l)$ $v = -\dfrac{P(x-l)}{6EI}\big[a(3x-l) - (x-l)^2\big],$ $(l \leqslant x \leqslant (l+a))$	$\theta_A = -\dfrac{1}{2}\theta_B$ $= \dfrac{Pal}{6EI}$ $\theta_c = -\dfrac{Pa}{6EI} \cdot$ $(2l+3a)$	$v_c = -\dfrac{Pa^2}{3EI}(l+a)$

例 20.3　如图 20.5(a) 所示一简支梁,受集中力 P 及均布载荷 q 作用。已知抗弯刚度为 $EI_z, P = \dfrac{ql}{4}$。试用叠加法求梁 C 点处的挠度。

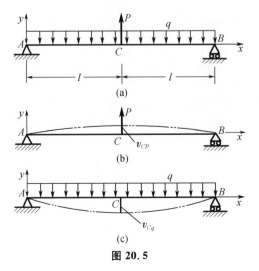

(a)

(b)

(c)

图 20.5

解　把梁所受载荷分解为只受集中力 P 及只受均布载荷 q 的两种情况,如图 20.5(b) 和图 20.5(c) 所示。

由表 20.1 查得集中力 P 引起 C 点的挠度为

$$v_{CP} = \frac{P(2l)^3}{48EI_z} = \frac{ql^4}{24EI_z}$$

均布载荷 q 引起 C 点的挠度为

$$v_{Cq} = -\frac{5q(2l)^4}{384EI_z} = -\frac{5ql^4}{24EI_z}$$

梁在 C 点的挠度等于以上两挠度的代数和,即

$$v_C = v_{CP} + v_{Cq} = \frac{ql^4}{24EI_z} - \frac{5ql^4}{24EI_z} = -\frac{ql^4}{6EI_z}$$

习　题

1.选择题

(1) 外伸梁受载情况如题 20.1(1) 左图所示,其挠曲线的大致形状有(A)、(B)、(C)、(D) 四种:

正确答案是_____。

题 20.1(1) 图

(2) 如题 20.1(2) 图所示悬臂梁,若分别采用两种坐标系,则由积分法求得的挠度和转角的正负号为:

(A) 两组结果的正负号完全一致

(B) 两组结果的正负号完全相反

(C) 挠度的正负号相反,转角的正负号一致

(D) 挠度的正负号一致,转角的正负号相反

正确答案是_____。

(3) 如题 20.1(3) 图所示,欲使 AD 梁 C 点挠度为零,则 P 与 q 的关系为:

(A) $P = 4qa/5$　　　(B) $P = 5qa/24$　　　(C) $P = 5qa/6$　　　(D) $P = qa/3$

正确答案是_____。

(4) 如题 20.1(4) 图所示梁中,哪一根梁的弹簧所受压力与弹簧刚度 k 有关:

正确答案是_____。

题 20.1(2) 图

题 20.1(3) 图

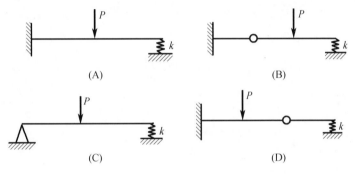

题 20.1(4) 图

2. 填空题

(1) 写出题 20.2(1) 图所示梁的支承条件、光滑条件和连续条件。

支承条件：_____；

连续条件：_____；

光滑条件：_____。

题 20.2(1) 图

(2) 已知题 20.2(2) 图(a)梁 B 端的挠度大小为 $ql^4/(8EI)$，转角大小为 $ql^3/(6EI)$，则图(b)中梁 C 截面的转角为_____。

(3) 应用叠加原理求梁的位移，必须满足的条件有：_____，_____。

(4) 写出题 20.2(4) 图所示各梁的边界条件，图(b)中 BC 杆的抗拉刚度为 EA，在图(c)中支座 B 的弹簧刚度为 k。

图(a)中梁的边界条件：_____；

题 20.2(2) 图

(a)　　　　　　(b)　　　　　　(c)

题 20.2(4) 图

图(b) 中梁的边界条件:＿＿＿＿＿＿＿＿＿＿＿＿＿＿＿＿＿＿＿＿＿＿＿＿＿＿＿＿＿；

图(c) 中梁的边界条件:＿＿＿＿＿＿＿＿＿＿＿＿＿＿＿＿＿＿＿＿＿＿＿＿＿＿＿＿＿。

3. 计算题

(1) 用积分法求题 20.3(1) 图所示梁的挠曲线方程。

(2) 如题 20.3(2) 图所示梁 B 处为弹簧支座,弹簧刚度为 k。试求 A 端的挠度。

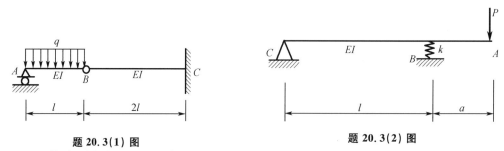

题 20.3(1) 图　　　　　　　题 20.3(2) 图

(3) 抗弯刚度为 EI 的联合梁如题 20.3(3) 图所示,作梁的 F_Q,M 图。

(4) 用叠加法求题 20.3(4) 图所示变截面梁自由端的挠度和转角。

题 20.3(3) 图　　　　　　　题 20.3(4) 图

（5）如题 20.3(5) 图所示，桥式起重机的最大载荷为 $W = 20$ kN。起重机大梁为 32a 号工字钢，$E = 210$ GPa，$l = 8.76$ m，规定 $[\nu] = \dfrac{l}{500}$。试校核大梁的刚度。

（6）如题 20.3(6) 图所示等截面梁，抗弯刚度为 EI。设梁下有一曲面 $y = -Ax^3$，欲使梁变形后恰好与该曲面密合，且曲面不受压力。试问梁上应加什么载荷？并确定载荷的大小和方向。

题 20.3(5) 图

题 20.3(6) 图

第 21 章　应力和应变状态分析　强度理论

21.1　应力状态的概念

21.1.1　一点的应力状态及表示法

凡提到"应力"，必须指明作用在哪一点，哪个（方向）截面上。因为受力构件内同一截面上不同点的应力一般是不同的；通过同一点不同（方向）截面上。应力也是不同的。例如，图 21.1 所示弯曲梁同一横截面上各点具有不同的正应力与切应力，即沿 y 方向变化。

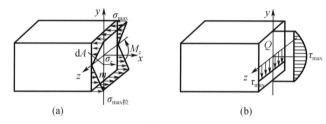

图 21.1

如图 21.2 所示，通过轴向拉伸杆件同一点 m 的不同（方向）截面上具有不同的应力。

图 21.2

一点处的应力状态是指通过一点不同截面上的应力情况，或指所有方位截面上应力的集合。应力分析就是研究这些不同方位截面上应力随截面方位的变化规律。

一点处的应力状态可用围绕该点截取的微单元体（微正六面体）上三对互相垂直微面上的应力情况来表示。图 21.3 为轴向拉伸杆件内围绕 m 点截取的两种微单元体。

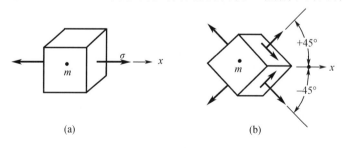

图 21.3

图 21.3 微单元体表示应力状态的特点:根据材料的均匀连续假设,微单元体(代表一个材料点)各微面上的应力均匀分布,相互平行的两个侧面上应力大小相等、方向相反;互相垂直的两个侧面上切应力服从切应力互等关系。

例如,薄壁圆筒压力容器如图 21.4(a) 所示,D 为平均直径,δ 为壁厚。下面来确定薄壁圆筒压力容器外表面上一点 m 的应力状态。

图 21.4

首先计算应力,用截面法沿横截面截开容器,如图 21.4(b) 所示。

由平衡条件

$$\sum F_x = 0, \quad \sigma_L \pi D_0 \delta - p \cdot \frac{\pi}{4} D_0^2 = 0$$

求得轴向应力为

$$\sigma_L = \frac{pD_0}{4\delta} \tag{21.1}$$

为了计算纵向截面的应力,截取构件如图 21.4(c) 所示($I—I, II—II$ 为相距 B 的横截面,$H—H$ 为水平径向面)。

由平衡条件

$$\sum F_y = 0, \int_0^\pi pB\frac{D_0}{2}\sin\alpha\,\mathrm{d}\alpha - 2\sigma_H B\delta = 0$$

或

$$pBD_0 = 2\sigma_H B\delta$$

得环向应力为

$$\sigma_H = \frac{pD_0}{2\delta} \tag{21.2}$$

再取微单元体,标注上所截截面上的应力,其中一点应力状态画在薄壁圆筒压力容器外表面上,如图 21.4(a) 所示。

又例如图 21.5 所示弯曲与扭转组合作用下的圆轴上 ① 和 ② 两点的应力状态。

21.1.2　主平面与主应力

从前面的应力状态可以发现,切应力 $\tau = 0$ 的截面上,正应力有特征值。我们把切应力 $\tau = 0$ 的截面称为主平面,把主平面上的正应力称为主应力。可以证明,任意应力状态总可以找到三个主平面及相对应的三个主应力 $\sigma_1, \sigma_2, \sigma_3$,且规定三个主应力按代数值排列有 $\sigma_1 \geqslant \sigma_2 \geqslant \sigma_3$。

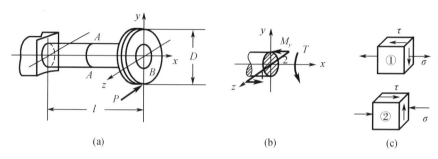

图 21.5

21.1.3　应力状态分类

按主应力存在的情况,将应力状态分为三类:

(1) 单向应力状态,只有一个主应力不为零,如图 21.3(a) 所示;

(2) 平面(二向)应力状态,有两个主应力不为零,如图 21.4(a) 所示;

(3) 空间(三向)应力状态,有三个主应力不为零,如图 21.6(a) 所示。

图 21.6

21.2　平面一般应力状态分析的解析法

21.2.1　平面一般应力状态斜截面上应力

平面一般应力状态如图 21.6(b) 所示,应力分量的下标记法为:第一个下标指作用面(以其外法线方向表示),第二个下标指作用方向。由切应力互等定理有 $\tau_{xy} = \tau_{yx}$。即空间应力状态中,z 方向的应力分量全部为零;或只存在作用于 $x-y$ 平面内的应力分量 σ_x,σ_y,τ_{xy},τ_{yx},而且 $\tau_{xy} = \tau_{yx}$。

正负号规定:正应力以拉应力为正,压为负;切应力以对微单元体内任意一点取矩为顺时针者为正,反之为负。并规定倾角 α 自 x 轴开始逆时针转动者为正,反之为负。

如图 21.7 所示的斜截面平行于 z 轴且与 x 轴成 α 倾角,由力的平衡条件:

$$\sum F_{n\alpha} = 0 \text{ 和 } \sum F_{t\alpha} = 0$$

可求得斜截面上应力 σ_α 和 τ_α 分别为

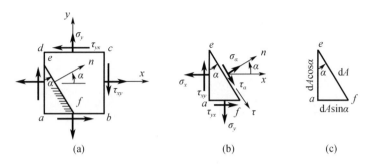

图 21.7

$$\sigma_\alpha = \sigma_x\cos^2\alpha + \sigma_y\sin^2\alpha - \tau_{xy} \cdot 2\sin\alpha\cos\alpha$$

$$= \frac{(\sigma_x + \sigma_y)}{2} + \frac{(\sigma_x - \sigma_y)}{2}\cos 2\alpha - \tau_{xy}\sin 2\alpha \tag{21.3a}$$

$$\tau_\alpha = (\sigma_x - \sigma_y)\sin\alpha\cos\alpha + \tau_{xy}(\cos^2\alpha - \sin^2\alpha)$$

$$= \frac{(\sigma_x - \sigma_y)}{2}\sin 2\alpha + \tau_{xy}\cos 2\alpha \tag{21.3b}$$

21.2.2 正应力极值 —— 主应力

根据式(21.3a),由求极值条件 $\dfrac{\mathrm{d}\sigma_\alpha}{\mathrm{d}\alpha} = 0$,得

$$-(\sigma_x - \sigma_y)\sin 2\alpha - 2\tau_{xy}\cos 2\alpha = -2\tau_\alpha = 0$$

即

$$\tan 2\alpha_0 = -\frac{2\tau_{xy}}{\sigma_x - \sigma_y} \tag{21.4a}$$

α_0 为 σ_α 取极值时的 α 角,且应有 α_0,$\alpha_0 + 90°$ 两个解。

将相应的 $\sin 2\alpha_0$ 和 $\cos 2\alpha_0$ 分别代入式(21.3a)和式(21.3b)得

$$\sigma_{\text{极大,极小}} = \frac{(\sigma_x + \sigma_y)}{2} \pm \sqrt{\left(\frac{\sigma_x - \sigma_y}{2}\right)^2 + \tau_{xy}^2} \tag{21.4b}$$

$$\tau_{\alpha_0} = \tau_{\alpha_0 + 90°} = 0 \tag{21.4c}$$

当倾角 α 转到 α_0 和 $\alpha_0 + 90°$ 面时,对应有 σ_{α_0} 和 $\sigma_{\alpha_0+90°}$,其中一个为极大值,另一个为极小值;而此时 τ_{α_0} 和 $\tau_{\alpha_0+90°}$ 均为零。可见在正应力取极值的截面上切应力为零,如图 21.8(a) 所示。

正应力取极值的面(或切应力为零的面)即为主平面,正应力的极值称为主应力;平面一般应力状态通常有两个非零主应力,即 $\sigma_{\text{极大}}$ 和 $\sigma_{\text{极小}}$,故也称平面应力状态为二向应力状态。

21.2.3 切应力极值 —— 主切应力

根据式(21.3b)及取极值条件 $\dfrac{\mathrm{d}\tau_\alpha}{\mathrm{d}\alpha} = 0$,可得

$$\tan 2\alpha_0^* = \frac{\sigma_x - \sigma_y}{2\tau_{xy}} \tag{21.5a}$$

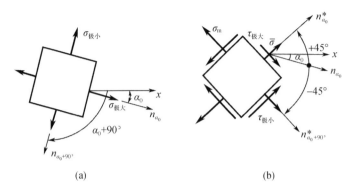

图 21.8

式中 α_0^* 为 τ_α 取极值时的 α 角且应有 α^* 和 $\alpha_0^* + 90°$ 两个解。将相应值 $\sin 2\alpha_0^*$ 和 $\cos 2\alpha_0^*$ 分别代入式(21.3a)和式(21.3b)得

$$\tau_{极大,极小} = \pm\sqrt{\left(\frac{\sigma_x - \sigma_y}{2}\right)^2 + \tau_{xy}^2} = \pm\frac{1}{2}(\sigma_{极大} - \sigma_{极小}) \qquad (21.5b)$$

$$\sigma_{\alpha_0^*} = \sigma_{\alpha_0^* + 90°} = \frac{1}{2}(\sigma_{极大} + \sigma_{极小}) = \bar{\sigma}$$

当倾角 α 转到 α_0^* 和 $\alpha_0^* + 90°$ 面时，对应有 $\tau_{极大}$ 和 $\tau_{极小}$，且二者大小均为 $\frac{1}{2}(\sigma_{极大} - \sigma_{极小})$，方向相反，体现了切应力互等定理，而此两面上正应力大小均取平均值 $\frac{1}{2}(\sigma_{极大} + \sigma_{极小})$，如图 21.8(b)所示。

切应力取极值的面称为主切平面，该切应力称为主切应力。注意到：

$$\tan 2\alpha_0^* \cdot \tan 2\alpha_0 = -1$$
$$2\alpha_0^* = 2\alpha_0 \pm 90° \text{ 或 } \alpha_0^* = \alpha_0 \pm 45°$$

因而主切平面与主平面成 $\pm 45°$ 夹角。

例 21.1 构件中一点的应力状态如图 21.9(a)所示，试求：(1)斜截面上的应力 $\sigma_{30°}$ 和 $\tau_{45°}$；(2)主应力和主平面的位置；(3)主切应力。

解 (1)求斜截面上的应力 $\sigma_{30°}$ 和 $\tau_{45°}$

首先选取坐标系，确定单元体上相应的应力值 $\sigma_x = 50$ MPa，$\sigma_y = -30$ MPa，$\tau_{xy} = -30$ MPa，斜截面上的应力按公式(21.3a)得

$$\sigma_{30°} = \frac{50 + (-30)}{2} + \frac{50 - (-30)}{2}\cos(2\times 30°) - (-30)\sin(2\times 30°) = 56 \text{ MPa}$$

因此 $\sigma_{30°}$ 为拉应力。

按公式(21.3b)得

$$\tau_{45°} = \frac{50 - (-30)}{2}\sin(2\times 45°) + (-30)\cos(2\times 45°) = 40 \text{ MPa}$$

因此 $\tau_{45°}$ 为顺时针作用。

(2)主应力和主平面的位置

按公式(21.4b)得

$$\sigma_{极大} = \frac{50 + (-30)}{2} + \sqrt{\left[\frac{50 - (-30)}{2}\right]^2 \times (-30)^2} = 60 \text{ MPa}$$

$$\sigma_{极小} = \frac{50 + (-30)}{2} - \sqrt{\left[\frac{50 - (-30)}{2}\right]^2 \times (-30)^2} = -40 \text{ MPa}$$

且知 $\sigma' = 0$，按代数值排列有

$$\sigma_1 = \sigma_{极大} = 60 \text{ MPa}, \quad \sigma_2 = 0, \quad \sigma_3 = \sigma_{极小} = -40 \text{ MPa}$$

按公式（21.4a）得

$$\tan 2\alpha_0 = \frac{-2(-30)}{[50 - (-30)]} = \frac{3}{4}$$

$$\alpha_0 = 18°24', \alpha'_0 = 108°24'$$

主应力方位如图 21.9(b) 所示。

（3）主切应力

按公式（21.5b）得

$$\tau_{\max} = \sqrt{\left[\frac{50 - (-30)}{2}\right]^2 + (-30)^2} = 50 \text{ MPa}$$

图 21.9

21.3　空间应力状态简介

21.3.1　主应力

对于空间一般应力状态（如图 21.6(a)），可以证明，总可将微元体转到某一方位，此时三对微面上只有正应力而无切应力作用（如图 21.10）。此三对微面即主平面，三个正应力即主应力（正应力极值）。空间一般应力状态具有三个非零的主应力，故也称三向应力状态。空间一般应力状态的三个主应力计算方法可参考其他教材。

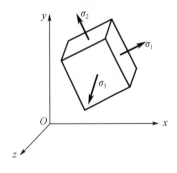

图 21.10

21.3.2　主切应力　最大切应力

若已知(或已求得)三个主应力,可求:

(1) 平行 σ_3 方向的任意斜截面 α 上的应力(如图 21.11(a))

由于 σ_3 不参加图 21.11(b)所示微单元体的力平衡。可利用式(21.3(a))和式(21.3(b))得

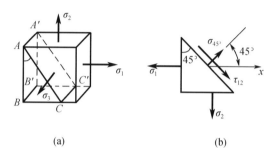

图 21.11

$$\sigma_\alpha = \frac{1}{2}(\sigma_1 + \sigma_2) + \frac{1}{2}(\sigma_1 - \sigma_2)\cos 2\alpha$$

$$\tau_\alpha = \frac{1}{2}(\sigma_1 - \sigma_2)\sin 2\alpha$$

同样分析与 σ_2 方向平行的任意斜截面上的应力见图 21.12(a),(b),代入式(21.3a)和式(21.3b)即可,按相同办法也可分析与 σ_1 方向平行的任意斜截面上的应力。

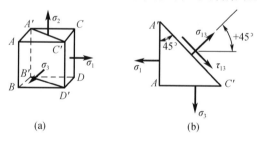

图 21.12

应用式(21.5b)可以算得与三个主方向平行的三类斜截面上的最大切应力(主切应力)分别为

$$\tau_{12} = \pm \frac{1}{2}(\sigma_1 - \sigma_2)$$

τ_{12} 所在截面法线与 σ_1 和 σ_2 各成45°。

$$\tau_{13} = \pm \frac{1}{2}(\sigma_1 - \sigma_3)$$

τ_{13} 所在截面法线与 σ_1 和 σ_3 各成45°。

$$\tau_{23} = \pm \frac{1}{2}(\sigma_2 - \sigma_3)$$

τ_{23} 所在截面法线与 σ_2 和 σ_3 各成45°。

至于与三个主应力皆不平行的任意截面上的应力,也可以通过截面法求得。进一步的分析证明,再过一点的所有截面上应力尽管各不相同,但最大正应力就是 σ_1,最小正应力就是 σ_3,最大切应力就是以上三式中的最大者 τ_{13},即

$$\tau_{\max} = \tau_{13} = \frac{1}{2}(\sigma_1 - \sigma_3) \tag{21.6}$$

例 21.2　某点空间应力状态如图 21.13 所示,试求主应力和最大切应力。

解　由图 21.13 所示的空间应力状态可知,其中一个主应力为 $\sigma''' = -30$ MPa,另外两个主应力在与 σ''' 垂直的平面内,且不受 σ''' 的影响,可由与 σ''' 垂直的平面内应力状态求得。

确定单元体上相应的应力值 $\sigma_x = 60$ MPa,$\sigma_y = -60$ MPa,$\tau_{xy} = -50$ MPa,平面内的两个主应力可按公式(21.4b)得

图 21.13

$$\sigma' = \frac{60+60}{2} + \sqrt{\left(\frac{60-60}{2}\right)^2 + (-50)^2} = 110 \text{ MPa}$$

$$\sigma'' = \frac{60+60}{2} - \sqrt{\left(\frac{60-60}{2}\right)^2 + (-50)^2} = 10 \text{ MPa}$$

$$\sigma''' = -30 \text{ MPa}$$

三个主应力排列为

$$\sigma_1 = 110 \text{ MPa}, \sigma_2 = 10 \text{ MPa}, \sigma_3 = -30 \text{ MPa}$$

最大切应力可按公式(21.6)求得

$$\tau_{\max} = \frac{\sigma_1 - \sigma_3}{2} = \frac{110 - (-30)}{2} = 70 \text{ MPa}$$

21.4　广义胡克定律

21.4.1　胡克定律

由第 14 章的内容可知:

(1) 如图 21.14(a) 所示,单向拉压时 $\sigma = E\varepsilon$ 或 $\varepsilon = \dfrac{\sigma}{E}$,横向线应变 $\varepsilon' = -\mu\varepsilon = -\mu\dfrac{\sigma}{E}$;

(2) 如图 21.14(b) 所示,纯剪切时 $\tau = G\gamma$ 或 $\gamma = \dfrac{\tau}{G}$。

21.4.2　广义胡克定律

一般三向应力状态如图 21.15 所示,九个应力分量中只有六个量是独立的。即三个正应力相互独立,由切应力互等定理,切应力只有三个是独立的。三向应力状态可看成是三组单向应力状态和三组纯剪切的组合。对于各向同性材料线弹性小变形范围内,线应

图 21.14

变只与正应力有关而与切应力无关,切应变只与切应力
有关而与正应力无关。

由叠加原理得应力与应变关系为

$$\varepsilon_x = \frac{1}{E}\big[\sigma_x - \mu(\sigma_y + \sigma_z)\big]$$

$$\varepsilon_y = \frac{1}{E}\big[\sigma_y - \mu(\sigma_x + \sigma_z)\big]$$

$$\varepsilon_z = \frac{1}{E}\big[\sigma_z - \mu(\sigma_y + \sigma_x)\big] \qquad (21.7)$$

$$\gamma_{xy} = \frac{\tau_{xy}}{G}$$

$$\gamma_{yz} = \frac{\tau_{yz}}{G}$$

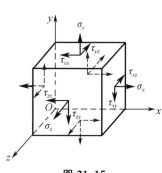

图 21.15

$$\gamma_{zx} = \frac{\tau_{zx}}{G} \qquad\qquad (21.8)$$

如图 21.16 所示,当单元体六个面都是主平面时,主
应力与主应变的关系为

$$\varepsilon_1 = \frac{1}{E}\big[\sigma_1 - \mu(\sigma_2 + \sigma_3)\big]$$

$$\varepsilon_2 = \frac{1}{E}\big[\sigma_2 - \mu(\sigma_1 + \sigma_3)\big]$$

$$\varepsilon_3 = \frac{1}{E}\big[\sigma_3 - \mu(\sigma_1 + \sigma_2)\big] \qquad (21.9)$$

式(21.7)、式(21.8)和式(21.9)称为广义胡克定律。

21.4.3 体积改变量与应力分量的关系

在图 21.16 中,变形前单元体体积:$V = \mathrm{d}x \cdot \mathrm{d}y \cdot \mathrm{d}z$。

变形后单元体体积为

$$V_1 = (\mathrm{d}x + \Delta a)(\mathrm{d}y + \Delta b)(\mathrm{d}z + \Delta c) = \mathrm{d}x \cdot \mathrm{d}y \cdot \mathrm{d}z(1+\varepsilon_1)(1+\varepsilon_2)(1+\varepsilon_3)$$

体积应变,单位体积改变为

$$\theta = \frac{V_1 - V}{V} = \varepsilon_1 + \varepsilon_2 + \varepsilon_3 = \frac{1-2\mu}{E}(\sigma_1 + \sigma_2 + \sigma_3)$$

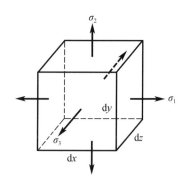

图 21.16

写成

$$\theta = \frac{3(1-2\mu)}{E} \cdot \frac{(\sigma_1+\sigma_2+\sigma_3)}{3} = \frac{\sigma_m}{k} \tag{21.10}$$

式中，$k=\dfrac{E}{3(1-2\mu)}$ 为体积弹性模量；$\sigma_m=\dfrac{(\sigma_1+\sigma_2+\sigma_3)}{3}$ 为主应力平均值。

例21.3　图21.4(a)所示为承受内压的薄壁容器。为测量容器所承受的内压力值，在容器表面用电阻应变片测得环向应变 $\varepsilon_t=350\times10^{-6}$，若已知容器平均直径 $D=500$ mm，壁厚 $\delta=10$ mm，容器材料的 $E=210$ GPa，$\mu=0.25$，试计算容器所受的内压力 p。

图 21.17

解　承受内压的薄壁容器表面的应力状态如图21.17所示，环向和纵向应力表达式分别为

$$\sigma_t = \frac{pD}{2\delta}$$

$$\sigma_m = \frac{pD}{4\delta}$$

根据广义胡克定律，得

$$\varepsilon_t = \frac{1}{E}(\sigma_t - \mu\sigma_m) = \frac{pD}{4\delta E}(2-\mu)$$

求的内压力 p 为

$$p = \frac{4\delta E\varepsilon_t}{D(2-\mu)} = \frac{4\times210\times10^9\times0.01\times350\times10^{-6}}{0.5\times(2-0.25)} = 3.36 \text{ MPa}$$

例21.4　图21.18中圆轴受扭转力偶矩 m_e 作用，已知 d，E，μ，由实验测得 $\varepsilon_{-45°}$，试求力偶矩 m_e 的值。

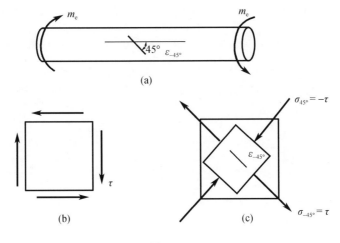

图 21.18

解　分析考虑如何建立应变 $\varepsilon_{-45°}$ 与外力偶矩 m_e 的关系，取单元体如图21.18(b)所示。

切应力为

$$\tau = \frac{T}{W_t} = \frac{m_e}{W_t}$$

应力状态分析如图 21.18(c) 所示,可求得与已知应变相对应的应力为

$$\sigma_{-45°} = \tau, \sigma_{45°} = -\tau$$

根据广义胡克定律

$$\varepsilon_{-45°} = \frac{1}{E}(\sigma_{-45°} - \mu\sigma_{45°}) = \frac{(\tau + \mu\tau)}{E} = \frac{1+\mu}{E}\tau = \frac{1+\mu}{E} \cdot \frac{m_e}{W_t}$$

求得

$$m_e = \frac{EW_t}{1+\mu}\varepsilon_{-45°} = \frac{\pi d^3 E\varepsilon_{-45°}}{16(1+\mu)}$$

21.5 复杂应力状态下的应变比能

构件内一点应力状态上单位体积的应变能称为应变比能。

(1) 单向拉压时

应变比能 $v = \frac{1}{2}\sigma\varepsilon$。

(2) 三向应力状态下

弹性应变能等于外力功,只取决于外力最终数值,与外力作用次序无关,遵守能量守恒原理。

在线弹性范围内应变比能为

$$v = \frac{1}{2}\sigma_1\varepsilon_1 + \frac{1}{2}\sigma_2\varepsilon_2 + \frac{1}{2}\sigma_3\varepsilon_3$$

应用广义胡克定律得

$$v = \frac{1}{2E}\big[\sigma_1^2 + \sigma_2^2 + \sigma_3^2 - 2\mu(\sigma_1\sigma_2 + \sigma_2\sigma_3 + \sigma_3\sigma_1)\big] \tag{21.11}$$

因体积变化储存的应变比能称为体积改变比能 v_v;体积不变,只因形状改变储存的应变比能称为形状改变比能 v_f;总应变比能 v 等于体积改变比能 v_v 和形状改变比能 v_f 的总和,即

$$v_v + v_f$$

以 $\sigma_m = \frac{(\sigma_1 + \sigma_2 + \sigma_3)}{3}$ 代替三个主应力,三个棱边变形相同,则有

$$v_v = \frac{1}{2}\sigma_m\varepsilon_m + \frac{1}{2}\sigma_m\varepsilon_m + \frac{1}{2}\sigma_m\varepsilon_m = \frac{3}{2}\sigma_m\varepsilon_m$$

由广义胡克定律得

$$\varepsilon_m = \frac{1-2\mu}{E}\sigma_m$$

将 ε_m 代入 v_v 得体积改变比能为

$$v_v = \frac{1-2\mu}{6E}(\sigma_1 + \sigma_2 + \sigma_3)^2 \tag{21.12}$$

于是,形状改变比能为

$$v_f = \frac{1}{2E}\Big[\sigma_1^2 + \sigma_2^2 + \sigma_3^2 - 2\mu(\sigma_1\sigma_2 + \sigma_2\sigma_3 + \sigma_3\sigma_1)\Big] - \frac{1-2\mu}{6E}(\sigma_1 + \sigma_2 + \sigma_3)^2$$

$$= \frac{1+\mu}{6E}\Big[(\sigma_1 - \sigma_2)^2 + (\sigma_2 - \sigma_3)^2 + (\sigma_3 - \sigma_1)^2\Big] \tag{21.13}$$

上式可用来建立复杂应力状态下的强度条件。

21.6　强度理论的概念

不同材料在同一环境及加载条件下对"破坏"(或称为失效)具有不同的抵抗能力。

例如常温、静载条件下,低碳钢的拉伸破坏表现为塑性屈服失效,具有屈服极限 σ_s;铸铁破坏表现为脆性断裂失效,具有抗拉强度 σ_b。

同一材料在不同环境及加载条件下也表现出对失效的不同抵抗能力。

例如,在常温、静载条件下,圆柱形铸铁试件受压时,沿斜截面剪断;圆柱形铸铁试件受扭时,沿 45° 方向拉断(见图 17.16)。

对于简单的基本变形的应力状态,可直接通过相应的实验确定危险应力,考虑安全系数后,已建立起其强度条件为

$$\sigma \leqslant [\sigma] \text{ 或 } \tau \leqslant [\tau]$$

可见,其强度条件是完全建立在实验基础上的。

实际构件危险点往往处于复杂应力状态下,σ_1,σ_2,σ_3 可以是任意的,完全用实验方法确定复杂应力状态的破坏原因,建立其强度条件是难以实现的。所以解决这类问题,一般是依据部分实验结果,采用判断推理的方法,推测材料在复杂应力状态下的破坏原因,从而建立其强度条件。这种关于材料强度破坏决定因素的各种假说,称为强度理论。

建立常温静载一般复杂应力状态下的弹性失效准则 —— 强度理论的基本思想是:

(1) 确认引起材料失效存在共同的力学原因,提出关于这一共同力学原因的假设;

(2) 根据实验室中标准试件在简单受力情况下的破坏实验(如拉伸),建立起材料在复杂应力状态下共同遵循的弹性失效准则和强度条件。

实际上,当前工程上常用的经典强度理论都是按脆性断裂和塑性屈服两类失效形式来分别提出其失效原因的假设,建立其强度条件的。

21.7　经典强度理论

21.7.1　四个常用强度理论

1. 最大拉应力理论(第一强度理论)

这一理论认为最大拉应力是引起材料发生脆性断裂的决定因素。即认为无论是什么应力状态,只要最大拉应力 σ_1 达到简单拉伸时的危险应力值 σ_b 时,则材料就发生断裂。根据这一理论,得到的最大拉应力断裂准则为

$$\sigma_1 = \sigma_b$$

将危险应力 σ_b 除以安全系数得许用拉应力 $[\sigma_t]$，所以按第一强度理论建立的强度条件为

$$\sigma_1 \leqslant [\sigma] \tag{21.14}$$

第一强度理论适用范围：虽然只突出 σ_1 而未考虑 σ_2，σ_3 的影响，但它与铸铁、工具钢、工业陶瓷等多数脆性材料的实验结果较符合，特别适用于拉伸型应力状态（如 $\sigma_1 \geqslant \sigma_2 > \sigma_3 = 0$）或混合型应力状态中拉应力占优者（$\sigma_1 > 0$，$\sigma_3 < 0$，$|\sigma_1| > |\sigma_3|$）。

2. 最大伸长线应变理论（第二强度理论）

这一理论认为最大伸长应变是引起材料发生脆性断裂的决定因素。即认为无论是什么应力状态，只要最大伸长应变 ε_1 达到简单拉伸时的危险应变值 ε_b 时，则材料就发生断裂。根据这一理论，得到的最大伸长应变断裂准则为

$$\varepsilon_1 = \varepsilon_b = \frac{\sigma_b}{E}$$

由广义胡克定律得

$$\varepsilon_1 = \frac{1}{E}\left[\sigma_1 - \mu(\sigma_2 + \sigma_3)\right]$$

将 ε_1 代入上式得断裂准则为

$$\sigma_1 - \mu(\sigma_2 + \sigma_3) = \sigma_b$$

将危险应力 σ_b 除以安全系数得许用拉应力 $[\sigma_t]$，所以按第二强度理论建立的强度条件为

$$\sigma_1 - \mu(\sigma_2 + \sigma_3) \leqslant [\sigma] \tag{21.15}$$

第二强度理论的适用范围：虽然考虑了 σ_2，σ_3 的影响，它只与石料、混凝土等少数脆性材料的实验结果较符合，铸铁在混合型压应力占优应力状态下（$\sigma_1 > 0$，$\sigma_3 < 0$，$|\sigma_1| < |\sigma_3|$）的实验结果也较符合。

3. 最大切应力理论（第三强度理论）

这一理论认为最大切应力是引起材料发生塑性屈服的决定因素。即认为无论是什么应力状态，只要最大切应力 τ_{max} 达到简单拉伸时的危险应力值 τ_s 时，则材料就发生塑性屈服。根据这一理论，得到的最大切应力屈服准则为

$$\tau_{max} = \tau_s$$

任意应力状态下

$$\tau_{max} = \frac{\sigma_1 - \sigma_3}{2}$$

简单拉伸屈服试验中的极限应力为

$$\sigma_1 = \sigma_s, \sigma_2 = \sigma_3 = 0, \tau_s = \frac{\sigma_s}{2}$$

于是最大切应力屈服准则为

$$\sigma_1 - \sigma_3 = \sigma_s$$

将危险应力 σ_s 除以安全系数得许用应力 $[\sigma]$，所以按第三强度理论建立的强度条件是

$$\sigma_1 - \sigma_3 \leqslant [\sigma] \tag{21.16}$$

第三强度理论的适用范围:虽然只考虑了最大主切应力 $\tau_{max}=\tau_{13}$,而未考虑其他两个主切应力 τ_{12},τ_{32} 的影响,但与低碳钢、铜、软铝等塑性较好材料的屈服试验结果较符合;并可用于判断像硬铝那样塑性变形较小,无颈缩材料的剪切破坏;但此准则不适用于二向、三向拉伸应力状态。此准则也称为特雷斯卡(Tresca)屈服准则。

4. 形状改变比能理论(第四强度理论)

这一理论认为形状改变比能是引起材料发生塑性屈服的决定因素。即认为无论是什么应力状态,只要形状改变比能 μ_f 达到简单拉伸时的危险值$(u_f)_u$ 时,则材料就发生塑性屈服。根据这一理论,得到的形状改变比能屈服准则为

$$u_f = (u_f)_u$$

任意应力状态改变比能为

$$u_f = \frac{1+\mu}{6E}\left[(\sigma_1-\sigma_2)^2+(\sigma_2-\sigma_3)^2+(\sigma_3-\sigma_1)^2\right]$$

简单拉伸屈服试验中的相应临界值为

$$(u_f)_u = \frac{1+\mu}{6E}\cdot 2\sigma_s^2$$

形状改变比能准则为

$$\sqrt{\frac{1}{2}\left[(\sigma_1-\sigma_2)^2+(\sigma_2-\sigma_3)^2+(\sigma_3-\sigma_1)^2\right]}=\sigma_s$$

将危险应力 σ_s 除以安全系数得许用应力$[\sigma]$,所以按第四强度理论建立的强度条件为

$$\sqrt{\frac{1}{2}\left[(\sigma_1-\sigma_2)^2+(\sigma_2-\sigma_3)^2+(\sigma_3-\sigma_1)^2\right]}\leqslant[\sigma] \qquad (21.17)$$

第四强度理论的适用范围:它既突出了最大主切应力对塑性屈服的作用,又适当考虑了其他两个主切应力的影响,它与塑性较好材料的试验结果比第三强度理论符合得更好;但此准则不适用于二向、三向拉伸应力状态。此准则也称为米泽斯(Mises)屈服准则。

由于机械、动力行业遇到的载荷往往较不稳定,因而较多地采用偏于安全的第三强度理论;土建行业的载荷往往较为稳定,因而较多地采用第四强度理论。

各强度条件准则表达式(21.19)至(21.22)不等式左端是复杂应力状态下三个主应力的组合值。不同的准则具有不同的组合值。它是与单向拉伸应力值危险程度相当的。因此该组合值称为相当应力。

还应该指出,同一种材料,在不同应力状态作用下,也可以发生不同形式的破坏。例如,脆性材料在三向(均匀)压应力作用下,呈现塑性特征,应按第三或第四强度理论进行分析;而塑性材料在三向(均匀)拉应力作用下,呈现脆性特征,应按第一度理论进行分析。

21.7.2　莫尔强度理论简介

不同于四个经典强度理论,莫尔理论不专注于寻找(假设)引起材料失效的共同力学原因,而致力于尽可能地多占有不同应力状态下材料失效的试验资料,用宏观抽象的处理方法力图建立对该材料普遍适用(不同应力状态)的失效条件。

1. 自相似应力圆与材料的极限包络线

自相似应力圆:如果一点应力状态中所有应力分量都随各个外载荷增加而按同一比例同步增加,则表现为最大的应力圆自相似地扩大。

材料的极限包络线:随着外载荷成比例增加,应力圆自相似地扩大,到达该材料出现塑性屈服或脆性断裂时的极限应力圆。只要试验技术许可,力求得到尽可能多的对应不同应力状态的极限应力圆,这些应力圆的包络线即该材料的极限(状态)包络线。图21.19(a)所示即包含拉伸、圆轴扭转、压缩三种应力状态的极限包络线。

2. 莫尔强度理论

对拉伸与压缩极限应力圆所作的公切线是相应材料实际包络线的良好近似(图21.19(b))。实际载荷作用下的应力圆落在此公切线之内,则材料不会失效,到达此公切线即失效。由图21.19所示几何关系可推得莫尔强度失效准则。

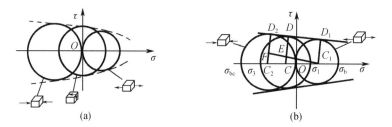

图 21.19

对于抗压屈服极限 σ_{sc} 大于抗拉屈服极限 σ_s 的材料(即 $\sigma_{sc} > \sigma_s$)

$$\sigma_1 - \frac{\sigma_s}{\sigma_{sc}}\sigma_3 = \sigma_s \tag{21.18a}$$

对于抗压强度极限 σ_{bc} 大于抗拉强度极限 σ_b 的材料(即 $\sigma_{bc} > \sigma_b$)

$$\sigma_1 - \frac{\sigma_b}{\sigma_{bc}}\sigma_3 = \sigma_b \tag{21.18b}$$

莫尔强度条件具有同一形式:

$$\sigma_1 - \frac{[\sigma_t]}{[\sigma_c]}\sigma_3 \leqslant [\sigma_t] \tag{21.18c}$$

对于大多数金属 $\sigma_{sc} = \sigma_s$,此时莫尔强度条件转化为最大切应力强度条件。

3. 莫尔强度理论适用范围

(1)适用于从拉伸型到压缩型应力状态的广阔范围,可以描述从脆性断裂向塑性屈服失效形式过渡(或反之)的多种失效形态,例如"脆性材料"在压缩型或压应力占优的混合型应力状态下呈剪切破坏的失效形式;

(2)特别适用于抗拉与抗压强度不等的材料;

(3)在新材料(如新型复合材料)不断涌现的今天,莫尔强度理论从宏观角度归纳了大量失效数据与资料的处理方法,具有广阔的应用前景。

例 21.5　直径 $d = 0.1$ m 的圆钻杆受力情况如图21.20(a)所示,$m = 7$ kN·m,$P = 50$ kN,为碳钢构件,$[\sigma] = 120$ MPa,试用第三强度理论校核该杆的强度。

解　由截面法确定内力为

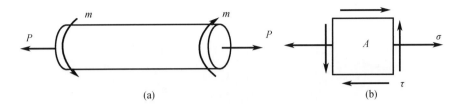

图 21.20

$$F_N = P, T = m$$

危险点 A 的应力状态如图 21.20(b) 所示,其中

$$\sigma = \frac{F_N}{A} = \frac{4 \times 50}{\pi \times 0.1^2} \times 10^3 = 6.37 \text{ MPa}$$

$$\tau = \frac{T}{W_t} = \frac{16 \times 7\,000}{\pi \times 0.1^3} = 35.7 \text{ MPa}$$

计算主应力得

$$\sigma'_1 = \frac{\sigma}{2} + \sqrt{\left(\frac{\sigma}{2}\right)^2 + \tau^2} = \frac{6.37}{2} + \sqrt{\left(\frac{6.37}{2}\right)^2 + 35.7^2} = 39 \text{ MPa}$$

$$\sigma'_3 = \frac{\sigma}{2} - \sqrt{\left(\frac{\sigma}{2}\right)^2 + \tau^2} = \frac{6.37}{2} - \sqrt{\left(\frac{6.37}{2}\right)^2 + 35.7^2} = -32 \text{ MPa}$$

所以

$$\sigma_1 = 39 \text{ MPa}, \sigma_2 = 0, \sigma_3 = -32 \text{ MPa}$$

按第三强度理论得

$$\sigma_1 - \sigma_3 = 71 \text{ MPa} < [\sigma]$$

因此构件安全。

习　　题

1. 选择题

(1) 关于题 21.1(1) 左图所示梁上 a 点的应力状态有下列 A,B,C 三种答案:

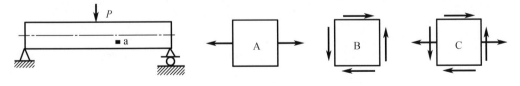

题 21.1(1) 图

正确答案是_____。

(2) 对于题 21.1(2) 图所示三种应力状态(a),(b),(c)之间的关系,有下列四种答案:

(A) 三种应力状态均相同　　　　　　(B) 三种应力状态均不同

(C)(b) 和(c) 相同　　　　　　　　　(D)(a) 和(c) 相同

正确答案是_____。

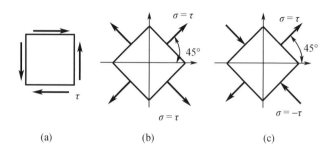

题 21.1(2) 图

(3) 关于题 21.1(3) 图所示单元体属于哪种应力状态,有下列四种答案:

(A) 单向应力状态

(B) 二向应力状态

(C) 三向应力状态

(D) 纯剪切应力状态

正确答案是 _____ 。

题 21.1(3) 图

(4) 关于主应力单元体的最大切应力作用面有题 21.1(4) 图所示四种答案:

正确答案是_____ 。

(5) 三向应力状态中,若三个主应力相等,则三

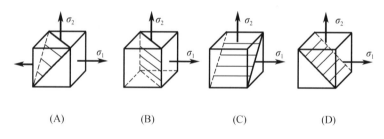

题 21.1(4) 图

个主应变为:

(A) 等于零　　　　　　　　　　　　　(B)$(1-2\mu)\sigma/E$

(C)$3(1-2\mu)\sigma/E$　　　　　　　　　(D)$(1-2\mu)\sigma^2/E$

正确答案是_____ 。

(6) 点在三向应力状态中,若 $\sigma_2 = \mu(\sigma_1 + \sigma_2)$,则关于 ε_3 的表达式有以下四种答案:

(A)σ_3/E　　　　　　　　　　　　(B)$\mu(\varepsilon_1 + \varepsilon_2)$

(C)0　　　　　　　　　　　　　　　　(D)$-\mu(\sigma_1 + \sigma_2)/E$

正确答案是_____ 。

(7) 已知题 21.1(7) 图所示单元体 x 与 y 方向的线应变 $\varepsilon_x = \varepsilon_y = \varepsilon$,$\gamma_{xy} = 0$。关于 $\varepsilon_{45°}$ 有四种答案:

(A)$\varepsilon_{45°} = 0$　　　　(B)$\varepsilon_{45°} = \varepsilon$　　　　(C)$\varepsilon_{45°} = \sqrt{2}\varepsilon$　　　　(D)$\varepsilon_{45°} = 2\varepsilon$

正确答案是_____。

(8) 题 21.1(8) 图所示应力状态,按第三强度理论校核,强度条件为:

(A)$\tau_{xy} \leqslant [\sigma]$ (B)$\sqrt{2}\,\tau_{xy} \leqslant [\sigma]$

(C)$-\sqrt{2}\,\tau_{xy} \leqslant [\sigma]$ (D)$2\tau_{xy} \leqslant [\sigma]$

正确答案是_____。

题 21.1(7) 图

题 21.1(8) 图

(9) 两危险点的应力状态如题 21.1(9) 图所示,且 $\sigma = \tau$,由第四强度理论比较其危险程度,有如下答案:

(A)(a) 应力状态较危险   (B)(b) 应力状态较危险

(C) 两者的危险程度相同   (D) 不能判断

正确答案是_____。

(10) 题 21.1(10) 图所示单元体的应力状态按第四强度理论,其相当应力 σ_{r_4} 为:

(A)$3\sigma/2$ (B)2σ (C)$\sqrt{7}\,\sigma/2$ (D)$\sqrt{5}\,\sigma/2$

正确答案是_____。

(a)

(b)

题 21.1(10) 图

题 21.1(9) 图

2. 填空题

(1) 题 21.2(1) 图所示梁的 A,B,C,D 四点中,单向应力状态的点是_____,纯切应力状态的点是_____,在任何载荷值作用下截面上应力均为零的点是_____。

(2)A 与 B 两点的应力状态如题 21.2(2) 图所示,已知两点处的主拉应力 σ_1 相同,则 B 点处的 $\tau_{xy} = $_____。

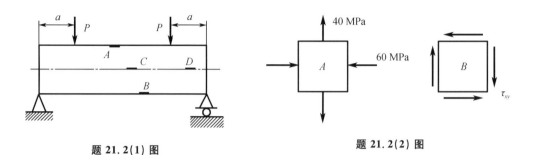

题 21.2(1) 图   题 21.2(2) 图

（3）某点的应力状态如题 21.2(3) 图所示，则主应力为：$\sigma_1 = $ _____，$\sigma_2 = $ _____，$\sigma_3 = $ _____。

（4）题 21.2(4) 图所示单元体的最大切应力 $\tau_{\max} = $ _____ 。

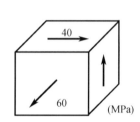

题 21.2(3) 图   题 21.2(4) 图

（5）某点的应力状态如题 21.2(5) 图所示，已知材料的弹性模量 E 和泊松比 μ，则该点沿 x 和 $\alpha = 45°$ 方向的线应变分别为 $\varepsilon_x = $ _____，$\varepsilon_{45°} = $ _____。

（6）某点的应力状态如题 21.2(6) 图所示，该点沿 y 方向的线应变 $\varepsilon_y = $ _____。

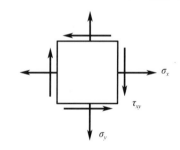

题 21.2(5) 图   题 21.2(6) 图

（7）第三强度理论和第四强度理论的应力分别为 σ_{r_3} 及 σ_{r_4}，对于纯切应力状态，恒有 $\sigma_{r_3} / \sigma_{r_4} = $ _____。

（8）按第三强度理论计算题 21.2(8) 图所示单元体的相当应力 $\sigma_{r_3} = $ _____。

（9）用第四强度理论校核题 21.2(9) 图所示点的强度时，其相当应力 $\sigma_{r_4} = $ _____。

题 21.2(8) 图

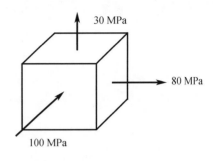

题 21.2(9) 图

(10) 危险点接近于三向均匀受拉的塑性材料,应选用_____强度理论进行计算,因为此时材料的破坏形式为_____。

3. 计算题

(1) 从低碳钢零件中某点处取出一单元体,其应力状态如题 21.3(1) 图所示,试按第三、第四强度理论计算单元体的相当应力。单元体上的应力为 $\sigma_\alpha = 60$,$\sigma_\beta = -80(\beta = \alpha + 90°)$,$\tau_\alpha = -40$(单位:MPa)。

(2) 题 21.3(2) 图所示受扭圆轴的 $d = 30$ mm,材料的弹性模量 $E = 2.1 \times 10^5$ MPa,泊松比 $\mu = 0.3$,屈服极限 $\sigma_s = 240$ MPa,试验测得沿 ab 方向的应变为 $\varepsilon = 2.00 \times 10^{-6}$。试按第三强度理论确定设计该轴时采用的安全系数。

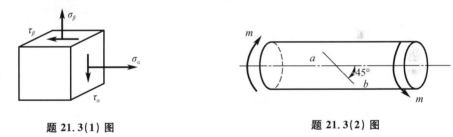

题 21.3(1) 图　　　　　　　　　　　　题 21.3(2) 图

(3) 如题 21.3(3) 图所示单元体,求:(1) 指定斜截面上的应力;(2) 主应力大小,并将主平面标在单元体图上。

(4) 试求题 21.3(4) 图所示应力状态的主应力及最大切应力,已知 $\sigma = \tau$。

题 21.3(3) 图

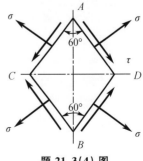

题 21.3(4) 图

（5）构件上某点处的应力状态如题 21.3(5) 图所示。试求该点处的主应力及最大切应力的值，并画出三向应力状态的应力圆。

题 21.3(5) 图

（6）如题 21.3(6) 图所示薄壁容器承受内压。现由电阻片测得环向应变的平均值为 $\varepsilon' = 0.35 \times 10^{-3}$，已知容器平均直径 $D = 500$ mm，壁厚 $\delta = 10$ mm，材料的 $E = 210$ GPa，$\mu = 0.25$。试求筒壁内轴向及环向应力，并求内压强 p。

题 21.3(6) 图

（7）在题 21.3(7) 图所示各单元体中，试求斜截面 $a—b$ 上的应力，应力的单位为 MPa。

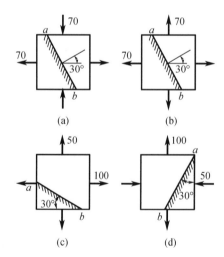

题 21.3(7) 图

（8）已知应力状态如题 21.3(8) 图所示，图中应力单位皆为 MPa，试用解析法：

① 主应力大小，主平面位置；

② 在单元体上绘出主平面及主应力方向；

③ 最大切应力。

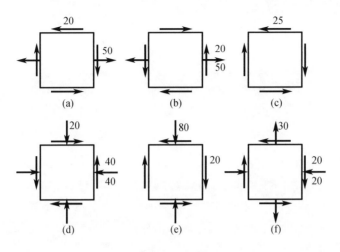

题 21.3(8) 图

(9) 试求题 21.3(9) 图所示各应力状态的主应力及最大切应力(应力单位为 MPa)。

题 21.3(9) 图

(10) 如题 21.3(10) 图所示,在一体积较大的钢块上开有一个贯穿的槽,其宽度和深度都是 10 mm。在槽内紧密无隙地嵌入一铝制立方体,它的尺寸是 10 mm×10 mm×10 mm。当铝块受到压力 $F=6$ kN 的作用时,假设钢块不变形。铝的弹性模量 $E=70$ GPa,$\mu=0.33$。试求铝块的三个主应力及相应的变形。

题 21.3(10) 图

(11) 钢制圆柱形薄壁容器,直径为 800 mm,壁厚 $\delta=4$ mm,$[\sigma]=120$ MPa。试用强度理论确定其可能承受的内压力 p。

第 22 章　组 合 变 形

22.1　组合变形的概念

前面各章分别讨论了杆件的拉伸(压缩)、剪切、扭转、弯曲等基本变形。工程结构中的一些构件又往往同时产生几种基本变形。例如,第 14 章图 14.8 所示钻床的立柱,由截面法求得的内力可知,立柱承受了由 F_N 引起的拉伸和由 M 引起的弯曲。又如,传动轴同时产生扭转和弯曲两种基本变形。这类由两种或两种以上基本变形组合的情况,称为组合变形。工程中常见的组合变形种类有:

(1) 斜弯曲(双向平面弯曲组合);

(2) 弯曲与拉伸(压缩)组合(包括偏心拉压);

(3) 弯曲与扭转组合。

组合变形类型的判别方法有外力分解方法和内力分析方法两种。

处理组合变形构件的内力、应力和变形(位移)问题时,可以运用基于叠加原理的叠加法。

叠加原理:如果内力、应力、变形等与外力成线性关系,则在小变形条件下,复杂受力情况下组合变形构件的内力、应力、变形等力学响应可以分成几个基本变形单独受力情况下相应力学响应的叠加,且与各单独受力的加载次序无关。

22.2　拉伸或压缩与弯曲的组合变形的强度计算

22.2.1　危险点应力及强度条件

以图 22.1(a) 所示偏心压缩问题为例,可以用载荷简化处理法,将作用于点 $F(y_p,z_p)$ 的偏心载荷 P 向构件轴线(或端面形心 O) 平移,得到相应于中心压缩和两个平面弯曲的外载荷。现在直接用截面法(内力处理法)。如图 22.1(b) 所示,端面上偏心压缩力 P 在横截面上产生的内力分量为

$$F_N = P, M_y = Pz_p, M_z = Py_p$$

在该横截面上任意点 $m(y,z)$ 处的正应力为压应力和两个平面弯曲(分别绕 y 轴和 z 轴)正应力的叠加:

$$\sigma_m = -\frac{P}{A} - \frac{Pz_P z}{I_y} - \frac{Py_P y}{I_z} \tag{22.1}$$

a 点有最大压应力 σ_a,d 点有最大拉应力 σ_d,即

$$\sigma_a = \sigma_{max}^{压} = -\frac{P}{A} - \frac{Pz_P}{W_y} - \frac{Py_P}{W_z}$$

$$\sigma_d = \sigma_{\max}^{\text{拉}} = -\frac{P}{A} + \frac{Pz_P}{W_y} + \frac{Py_P}{W_z} \tag{22.2a}$$

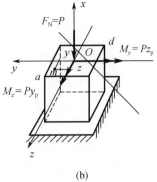

(a) (b)

图 22.1

其中，$W_y = \dfrac{I_y}{z_{\max}}$，$W_z = \dfrac{I_z}{y_{\max}}$。

其强度条件为

$$\sigma_{\max}^{\text{拉}} \leqslant [\sigma_t], \quad \sigma_{\max}^{\text{压}} \leqslant [\sigma_c] \tag{22.2b}$$

例 22.1 小型压力机框架如图 22.2(a) 所示，已知材料 $[\sigma_t] = 30$ MPa，$[\sigma_c] = 160$ MPa，立柱的截面尺寸如图 22.2(b) 所示，$I_z = 5\ 310 \times 10^{-8}\ \text{m}^4$，$y_1 = 125$ mm，$y_2 = 75$ mm，$A = 15 \times 10^{-3}\ \text{m}^2$，试按立柱的强度条件确定许可压力 F。

(a) (b) (c)

图 22.2

解 由截面法求立柱截面上的内力，得

$$\sum F_y = 0, F_N = F \text{ (N)}$$

$$\sum m_z = 0, \quad M_z = (350 + 75) \times 10^{-3} F = 425 \times 10^{-3} F (\text{N} \cdot \text{m})$$

变形特征为偏心拉伸，首先进行基本变形的应力计算。

轴力 F_N 作用时有

$$\sigma_N = \frac{F_N}{A} = \frac{F}{15 \times 10^{-3}} \text{ (Pa)}$$

弯矩 M 作用时有

$$\sigma_M = \frac{M_z}{I_z}y$$

其中

$$\sigma_{Mtmax} = \frac{425 \times 10^{-3}F \times 75 \times 10^{-3}}{5\,310 \times 10^{-8}} \ (\text{Pa}), \quad \sigma_{Mcmax} = -\frac{425 \times 10^{-3}F \times 125 \times 10^{-3}}{5\,310 \times 10^{-8}} \ (\text{Pa})$$

由叠加法可得组合变形时的应力计算公式有

$$\sigma = \sigma_N + \sigma_M$$

横截面上应力分布规律如图 22.2(c) 所示，左右两危险点都是单向应力状态，按简单拉压的强度条件有

$$\sigma_{tmax} = \frac{F}{15 \times 10^{-3}} + \frac{425 \times 10^{-3} \times 75 \times 10^{-3}F}{5\,310 \times 10^{-8}} \leqslant [\sigma_t] = 30 \times 10^6$$

得

$$F \leqslant 45.1 \times 10^3 \ \text{N}$$

由

$$\sigma_{cmax} = \left| \frac{F}{15 \times 10^{-3}} - \frac{425 \times 10^{-3} \times 125 \times 10^{-3}F}{5\,310 \times 10^{-8}} \right| \leqslant [\sigma_c] = 160 \times 10^6$$

得

$$F \leqslant 171.3 \times 10^3 \ \text{N}$$

因此取 $[F] = 45.1$ kN。

例 22.2　简易起重机如图 22.3(a) 所示，$P = 8$ kN，AB 梁为工字形，材料的 $[\sigma] = 100$ MPa，试选择工字梁型号。

解　移动载荷 P 作用于 B 点时，AB 梁的内力最大，取 AB 梁受力分析如图 22.3(b) 所示。AB 梁为拉伸与弯曲的组合变形。

图 22.3

作轴力图和弯矩图(如图 22.3(c)),C 点的左侧截面为危险截面,有

$$F_N = 40 \text{ kN}, \ M_{max} = 12 \text{ kN} \cdot \text{m}$$

由于拉伸与弯曲的组合变形的强度条件中含有面积 A 和抗弯截面系数 W_z 两个未知量,不能直接求解。

按弯曲正应力强度条件

$$\sigma_{Mmax} = \frac{M_{max}}{W_z} \leqslant [\sigma]$$

求得 $W_z = 120 \times 10^{-6} \text{ m}^3 = 120 \text{ cm}^3$,选取 16 号工字钢。其中 $W_z = 141 \text{ cm}^3$, $A = 20.1 \text{ cm}^2$。

再校核强度

$$\sigma_{max} = \left| \frac{F_N}{A} + \frac{M_{max}}{W_z} \right| = 100.1 \text{ MPa} > [\sigma]$$

因此不安全,但可控制使用。

22.3　弯曲与扭转组合变形的强度计算

如图 22.4(a) 所示,以直角曲拐为例分析 AB 段变形形式,建立强度条件。

通过外力简化分析可知 AB 段是弯曲与扭转的组合。在计算 AB 段强度时,应首先确定 AB 段的内力分布,找出危险截面的位置。作扭矩图和弯矩图,如图 22.4(b) 所示。从图22.4(b) 可以看出固定端 A 截面是危险截面,其最大内力为

$$T_{max} = Pa, \ M_{max} = Pl$$

A 截面在弯矩 M_z 作用下,D_1 和 D_2 两点的正应力最大;在扭矩 T 作用下,截面周边各点扭转切应力最大;在 D_1 和 D_2 两点上同时有最大正应力与最大扭转切应力,所以 D_1 和 D_2 是截面上的危险点,D_1 和 D_2 两点的应力状态如图 22.4(c) 所示,其截面上的应力为

$$\sigma = \sigma_{max} = \frac{M_{max}}{W_z}, \ \tau = \tau_{max} = \frac{T_{max}}{W_t} \tag{a}$$

危险点上有 σ 和 τ 同时作用,必须应用强度理论进行强度分析。如果构件是塑性材料制造的,则可选用第三或第四强度理论进行强度分析,其相当应力为

$$\sigma_{r3} = \sigma_1 - \sigma_3 \leqslant [\sigma] \tag{22.3a}$$

$$\sigma_{r4} = \sqrt{\frac{1}{2} \left[(\sigma_1 - \sigma_2)^2 + (\sigma_2 - \sigma_3)^2 + (\sigma_3 - \sigma_1)^2 \right]} \leqslant [\sigma] \tag{22.3b}$$

D_1 和 D_2 两点的应力状态的主应力为

$$\sigma_{1,3} = \frac{\sigma}{2} \pm \sqrt{\left(\frac{\sigma}{2} \right)^2 + \tau^2}, \ \sigma_2 = 0 \tag{b}$$

对于塑性材料,可选用第三和第四强度理论,考虑式(b) 后有

$$\sigma_{r3} = \sqrt{\sigma^2 + 4\tau^2} \leqslant [\sigma] \tag{22.4a}$$

$$\sigma_{r4} = \sqrt{\sigma^2 + 3\tau^2} \leqslant [\sigma] \tag{22.4b}$$

对直径为 d 的圆截面,有 $W_t = 2W_z$, $W_z = \frac{\pi}{32} d^3$,考虑式(a) 后,式(22.4a) 和式(22.4b) 可

(a)　　　　　　　　　　　(b)

(c)

图 22.4

写成下列形式

$$\sigma_{r_3} = \frac{1}{W_z}\sqrt{M^2 + T^2} \leqslant [\sigma] \tag{22.5a}$$

$$\sigma_{r_4} = \frac{1}{W_z}\sqrt{M^2 + 0.75T^2} \leqslant [\sigma] \tag{22.5b}$$

例 22.3 绞车如图 22.5(a)所示,已知轮盘半径 $R=0.2$ m,轴直径 $d=40$ mm,材料的许用应力$[\sigma]=80$ MPa,试按第三强度理论求许可载荷$[P]$。

解 (1)内力分析确定组合变形类型,作扭矩图和弯矩图如图 22.5(b),(c)所示。

(2)确定危险截面在 B 点右侧面,有 $T_{max} = PR = 0.2P$,$M_{max} = PL/4 = 0.25P$。

(3)按第三强度理论

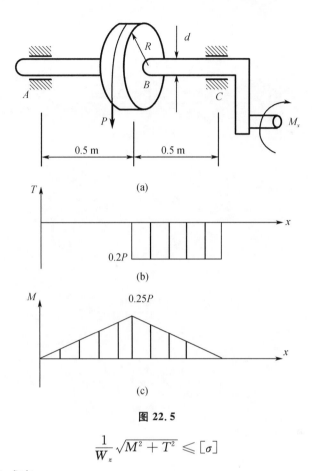

图 22.5

$$\frac{1}{W_z}\sqrt{M^2 + T^2} \leqslant [\sigma]$$

将相关数据代入上式有

$$\frac{P\sqrt{0.25^2 + 0.2^2}}{\dfrac{40^3\pi \times 10^{-9}}{32}} \leqslant 80 \times 10^6$$

求得 $P \leqslant 1\,570$ N,因此取 $[P] = 1\,570$ N。

例 22.4　如图 22.6(a) 所示齿轮轴 AB,已知轴的转速 $n = 265$ r/min,输入功率 $P = 10$ kW,两齿轮节圆直径 $D_1 = 396$ mm,$D_2 = 168$ mm,压力角 $\alpha = 20°$,轴的直径 $d = 50$ mm,材料为 45 号钢,许用应力 $[\sigma] = 50$ MPa。试校核轴的强度。

解　(1)轴的外力分析

将啮合力分解为切向力与径向力,并向齿轮中心(轴线上)平移。考虑轴承约束力后得轴的受力图如图 22.6(b) 所示。由 $\sum m_x(F) = 0$ 得

$$m_C = m_D = 9\,550\,\frac{P}{n} = 9\,550\,\frac{10}{265} = 361 \text{ N} \cdot \text{m}$$

由扭转力偶计算相应切向力和径向力为

图 22.6

$$\begin{cases} m_C = P_{1z} \dfrac{D_1}{2} \\[2mm] P_{1z} = \dfrac{2T_C}{D_1} = \dfrac{2 \times 361}{0.396} = 1\ 823\ \text{N} \\[2mm] P_{1y} = P_{1z} \tan 20° = 1\ 823 \times 0.364 = 664\ \text{N} \end{cases}$$

$$\begin{cases} m_D = P_{2y} \dfrac{D_2}{2} \\[2mm] P_{2y} = \dfrac{2T_D}{D_2} = \dfrac{2 \times 361}{0.168} = 4\ 300\ \text{N} \\[2mm] P_{2z} = P_{2y} \tan 20° = 4\ 300 \times 0.364 = 1\ 565\ \text{N} \end{cases}$$

轴上铅垂面内的作用力 P_{1y}，P_{2y}，约束力 F_{Ay}，Y_{By} 构成铅垂面内的平面弯曲，由平衡条件 $\sum m_{z,B}(F) = 0$ 和 $\sum m_{z,A}(F) = 0$ 可求得

$$F_{Ay} = 1\ 664\ \text{N}, F_{By} = 3\ 300\ \text{N}$$

轴上水平面内的作用力 P_{1z}，P_{2z}，约束力 F_{Az}，F_{Bz} 构成水平面内的平面弯曲，由平衡条件 $\sum m_{y,B}(F) = 0$ 和 $\sum m_{y,A}(F) = 0$，可求得

$$F_{Az} = 1\ 750\ \text{N}\ , F_{Bz} = 1\ 638\ \text{N}$$

(2) 作内力图

分别作轴的扭矩图 T 图(图 22.6(c)),铅垂面内外力引起的轴的弯矩图 M_z 图,水平面外力引起的轴的弯矩图 M_y 图(图 22.6(d))。

(3) 强度校核

由弯矩图及扭矩图确定可能危险面为 C(右)面和 D(左)面。由式 $M=\sqrt{M_y^2+M_z^2}$ 有

$$M_C=\sqrt{140^2+133^2}=193 \text{ N} \cdot \text{m}$$

$$M_D=\sqrt{131^2+264^2}=294 \text{ N} \cdot \text{m}$$

所以 D 面更危险。

对于塑性材料,应采用第三强度理论或第四强度理论进行强度校核。

按第三强度理论有

$$\frac{1}{W}\sqrt{M_D^2+T^2}=\frac{\sqrt{294^2+361^2}}{0.1 \times 0.05^3}=37.4 \times 10^6 \text{ Pa}=37.4 \text{ MPa}<[\sigma]=55 \text{ MPa}$$

按第四强度理论有

$$\frac{1}{W}\sqrt{M_D^2+0.75T^2}=\frac{\sqrt{294^2+0.75 \times 361^2}}{0.1 \times 0.05^3}$$

$$=34.4 \times 10^6 \text{ Pa}=34.4 \text{ MPa}<[\sigma]=55 \text{ MPa}$$

因此构件安全。

习　　题

1. 选择题

(1) 三种受压杆件如题 22.1(1) 图所示,设杆 1、杆 2 和杆 3 中的最大压应力(绝对值)分别用 σ_{max1},σ_{max2} 和 σ_{max3} 表示,它们之间的关系有四种答案:

(A)$\sigma_{max1}<\sigma_{max2}<\sigma_{max3}$　　　　　(B)$\sigma_{max1}<\sigma_{max2}=\sigma_{max3}$

(C)$\sigma_{max1}<\sigma_{max3}<\sigma_{max2}$　　　　　(D)$\sigma_{max1}=\sigma_{max3}<\sigma_{max2}$

正确答案是_____。

题 22.1(1) 图

(2) 题 22.1(2) 图所示曲杆受作用面垂直于杆轴线的外力偶 m 作用,曲杆将发生的变

形为：

(A) 扭转变形　　　　　　　　　　(B) 弯曲变形

(C) 扭转与弯曲组合变形　　　　　(D) 拉压扭转与弯曲组合变形

正确答案是_____。

(3) 题 22.1(3) 图所示结构，其中 AD 杆发生的变形为：

(A) 弯曲变形　　　　　　　　　　(B) 压缩变形

(C) 弯曲与压缩的组合变形　　　　(D) 弯曲与拉伸的组合变形

正确答案是_____。

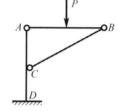

题 **22.1(2)** 图　　　　　题 **22.1(3)** 图

(4) 用第三强度理论校核题 22.1(4) 图所示杆的强度时，四种答案：

(A) $\dfrac{P}{A}+[(\dfrac{M}{W_z})^2+4(\dfrac{T}{W_t})^2]^{1/2}\leqslant[\sigma]$　　(B) $\dfrac{P}{A}+\dfrac{M}{W_z}+\dfrac{T}{W_t}\leqslant[\sigma]$

(C) $[(\dfrac{P}{A}+\dfrac{M}{W_z})^2+(\dfrac{T}{W_t})^2]^{1/2}\leqslant[\sigma]$　　(D) $[(\dfrac{P}{A}+\dfrac{M}{W_z})^2+4(\dfrac{T}{W_t})^2]^{1/2}\leqslant[\sigma]$

正确答案是_____。

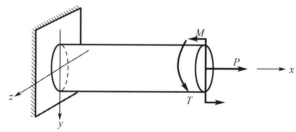

题 **22.1(4)** 图

(5) 如题 22.1(5) 在图所示折杆危险截面上危险点的应力状态，现有如下三种答案：

正确答案是_____。

题 **22.1(5)** 图

2. 填空题

(1) 如题 22.2(1) 图所示圆截面空间折杆，该杆各段的变形形式：AB 段为

_____；BC 段为_____；CD 段为_____。

（2）偏心压缩实际上就是_____和_____的组合变形问题。

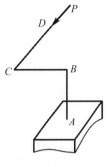

题 22.2(1) 图

3.计算题

（1）三角形托架受力如题 22.3(1) 图所示，杆 AB 为 16 号工字钢，$A=26.1\times10^2$ mm^2，$W_z=141\times10^3$ mm^3，已知钢的$[\sigma]=100$ MPa，试校核杆的强度。

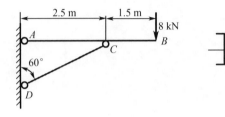

题 22.3(1) 图

（2）铸铁框架如题 22.3(2) 图所示，其强度由Ⅰ－Ⅰ截面上的应力控制。已知 $A=2.1\times10^4$ mm^2，$I_z=74.38\times10^6$ mm^4，$[\sigma_t]=28$ MPa，$[\sigma_c]=80$ MPa，求此框架的许可载荷$[P]$。

题 22.3(2) 图

（3）如题 22.3(3) 图所示齿轮传动轴由电动机带动，作用在齿轮上的力如图所示，已知轴的直径 $d=30$ mm，$F_n=0.8$ kN，$F_\tau=2$ kN，$l=50$ mm，齿轮节圆直径 $D=200$ mm。试用第三强度理论校核轴的强度。已知轴的$[\sigma]=80$ MPa。

题 22.3(3) 图

（4）题 22.3(4) 图所示水平直角折杆受竖直力 P 作用，已知轴直径 $d=100$ mm，

$a=400$ mm,$E=200$ GPa,$\mu=0.25$,在 D 截面顶点 K 测出轴向应变 $\varepsilon_0=2.75\times10^{-4}$。试求该折杆危险点的相当应力 σ_{r3}。

(5) 直径为 d 的圆截面钢杆处于水平面内,AB 杆垂直于 CD 杆,铅垂作用力 $P_1=2$ kN,$P_2=6$ kN,如题 22.3(5) 图所示,已知 $d=7$ cm,材料的许用应力 $[\sigma]=110$ MPa。试用第三强度理论校核该杆的强度。

題 22.3(4) 图　　　　　　　題 22.3(5) 图

(6) 如题 22.3(6) 图所示圆轴直径 $d=20$ mm,受弯矩 M_y 及扭矩 M_x 作用。若由试验测得轴表面上 A 点沿轴线方向的线应变 $\varepsilon_0=6\times10^{-4}$,$B$ 点沿与轴线成 $45°$ 方向的线应变 $\varepsilon_{45°}=4\times10^{-4}$,已知材料的 $E=200$ GPa,$\mu=0.25$,$[\sigma]=160$ MPa。试求 M_y 及 M_x,并按第四强度理论校核轴的强度。

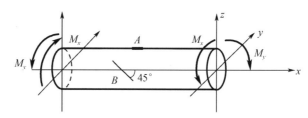

題 22.3(6) 图

(7) 如题 22.3(7) 图所示起重架的最大起吊重力(包括行走小车等)为 $W=40$ kN。横梁 AC 由两根 18 号槽钢组成,材料为 Q235 钢,许用应力 $[\sigma]=120$ MPa。试校核横梁的强度。

題 22.3(7) 图

(8) 手摇绞手如题 22.3(8) 图所示，轴的直径 $d=30$ mm，材料为 Q235 钢，许用应力 $[\sigma]=80$ MPa。试按第三强度理论，求绞车的最大起吊重力 P。

题 22.3(8) 图

(9) 如题 22.3(9) 图所示，电动机的功率为 $P=9$ kW，转速为 $n=715$ r/min，带轮直径 $D=250$ mm，主轴外伸部分长度为 $l=120$ mm，主轴直径 $d=40$ mm。若许用应力$[\sigma]=60$ MPa，试用第三强度理论校核轴的强度。

(10) 某型水轮机主轴的示意图如题 22.3(10) 图所示。水轮机组的输出功率为 $P=37\,500$ kW，转速 $n=150$ r/min。已知轴向推力 $F_z=4\,800$ kN，转轮重 $W_1=390$ kN；主轴的内径 $d=340$ mm，外径 $D=750$ mm，自重 $W=285$ kN。主轴材料为 45 钢，其许用应力为$[\sigma]=80$ MPa。试按第四强度理论校核主轴的强度。

题 22.3(9) 图　　　　　　　**题 22.3(10) 图**

第23章 压杆稳定

23.1 压杆稳定性概念

工程中有许多细长的轴向压缩杆件,例如内燃机连杆、汽缸中的活塞杆、各种桁架中的压杆、建筑结构中的立柱等,材料力学中统称为压杆。在第 15 章研究直杆轴向压缩时,总认为杆是在直线状态下维持平衡,杆的破坏是由于强度不足而引起的。事实上,这样考虑只对短粗的压杆才有意义,而对细长的压杆,当它们所受到的轴向压力远未达到其发生强度破坏时的数值,可能会突然变弯而丧失了原有直线状态下的平衡,而发生破坏。

1. 压杆稳定性

压杆的稳定性是指压杆在轴向压力作用下保持直线平衡状态的能力;又因弹性体受力后的任意平衡状态都对应着某个唯一的变形状态,所以也是指弹性压杆受压后的轴向缩短变形平衡状态的能力。如图23.1(a)所示,一端固定,一端自由的弹性均质等直杆受毫无偏心的轴向压力作用

图 23.1

(这就是所谓的理想压杆)。如图23.1(b)所示,当轴向压力 F 小于某个定值 F_{cr} 时,压杆将保持直线平衡状态,即使施加一微小干扰力,使杆轴到达一个微弯曲线位置,然后撤销干扰力,压杆仍然能回到原有的直线位置,称压杆初始直线位置的平衡状态是稳定的;如图 23.1(c) 所示,当轴向压力 F 大于某个定值 F_{cr} 时,压杆只要受到某一微小干扰力的作用,它将由微弯曲状态继续弯曲到一个挠度更大的曲线位置去平衡,甚至折断,称压杆初始直线位置的平衡状态是不稳定的;如图 23.1(d) 所示,当轴向压力 F 等于某个定值 F_{cr} 时,在干扰力撤销后,压杆不能恢复到原有的直线平衡状态,仍保持为微弯曲线的位置不动,称压杆初始直线位置的平衡是临界平衡或中性平衡。

2. 压杆稳定与失稳

通过前面的分析可知,压杆原有的直线平衡状态是否稳定,与所受轴向压力的大小有关。当轴向压力由小逐渐增大到某一数值时,压杆的直线平衡状态由稳定过渡到不稳定,这种破坏现象称为压杆丧失稳定性或简称压杆失稳,是不同于强度破坏的又一种破坏形式。

3. 压杆临界力

压杆的直线平衡状态由稳定过渡到不稳定时,轴向压力的这个临界值称为压杆的临界力或临界载荷,即压杆保持在微弯平衡状态时的最小轴向压力,用 F_{cr} 表示。为了保证压杆安全可靠地工作,必须使压杆处于直线平衡形式,因而压杆是以临界力作为其极限承载能力的。

23.2 细长压杆的临界力

23.2.1 两端铰支细长压杆的临界力

如图 23.2 所示,两端铰支细长压杆在轴向压力 F 作用下处于微弯平衡状态。在 x 截面处将压杆截开并取左半部分为研究对象,进行受力分析。

图 23.2

取 x 截面的形心为矩心建立力矩平衡方程,得到任意截面 x 上的弯矩为

$$M(x) = -Fv \tag{23.1a}$$

当弯曲变形很小时,压杆内的应力小于材料的比例极限,这条挠曲线可用小挠度微分方程来表示

$$v'' = \frac{M(x)}{EI} \tag{23.1b}$$

把式(23.1a)代入式(23.1b)得微弯挠曲线的微分方程式为

$$v'' = \frac{-Fv}{EI} \tag{23.1c}$$

令

$$k^2 = \frac{F}{EI} \tag{23.1d}$$

于是,式(23.1c)可写为

$$v'' + k^2 v = 0 \tag{23.1e}$$

其通解为

$$v = C_1 \sin kx + C_2 \cos kx \tag{23.1f}$$

积分常数 C_1 和 C_2 可根据边界条件确定:

(1) 当 $x = 0$ 时,$v(0) = 0$;

(2) 当 $x = l$ 时,$v(l) = 0$。

将上述边界条件代入式(23.1f)分别得 $C_2 = 0$,$C_1 \sin kl = 0$。如果 $C_1 = 0$,由式(23.1f)可得 $v \equiv 0$,这表示未加干扰时压杆可在直线位置平衡,这与开始的假设相矛盾。所以 $C_1 \neq 0$,只有 $\sin kl = 0$,这要求 $kl = \pm n\pi (n = 0, 1, 2, 3, \cdots)$,将其代入式(23.1d),解得

$$F = \frac{n^2 \pi^2 EI}{l^2} (n = 0, 1, 2, 3, \cdots) \tag{23.1g}$$

由上式可知,使压杆保持微弯平衡状态的最小轴向压力为

$$F_{cr} = F_{min} = \frac{\pi^2 EI}{l^2} \tag{23.2a}$$

此式即计算两端铰支压杆临界力的表达式,该公式是瑞士科学家欧拉在 1744 年首先提出的,所以又称为欧拉公式。因此,临界力 F_{cr} 也称为欧拉临界力。此式表明,欧拉临界力与抗弯刚度 EI 成正比,与杆长的平方 l^2 成反比。应用欧拉公式时应注意,因为截面的惯性矩 I 是多值的,而且压杆总是在抗弯能力最小的纵向平面内失稳,所以当端部各个方向的约束相同时,式中的 I 为压杆横截面的最小形心惯性矩,即

$$F_{cr} = \frac{\pi^2 EI_{min}}{l^2} \tag{23.2b}$$

根据上述分析可知 $C_1 = v_0$,所以压杆的弹性曲线方程为

$$v = v_0 \sin \frac{\pi x}{l} \tag{23.3}$$

式中,v_0 的值视干扰大小而定,但是 v_0 是微量。

由此可见,两端铰支压杆失稳时的弹性曲线是条半波的正弦曲线。

23.2.2 不同杆端约束细长压杆的临界力

前面推导的是两端铰支细长压杆的临界力,对于不同杆端约束情况的弹性压杆,临界力的表达式也因此不同。但是只要采用上述方法可推导出类似的临界力计算公式,它们的临界力表达式可统一写为

$$F_{cr} = \frac{\pi^2 EI_{min}}{(\mu l)^2} \tag{23.4}$$

式中,l 是压杆的实际长度;μ 为长度系数。

实际约束应简化成什么样的计算简图,设计时都必须遵循设计规范。各种约束条件下等截面细长压杆临界力的欧拉公式及长度系数的取值见表 23.1。

表 23.1

支承情况	两端铰支	一端固定另一端铰支	两端固定	一端固定另一端自由	两端固定但可沿横向相对移动
失稳时挠曲线形状		C—挠曲线拐点	C、D—挠曲线拐点		C—挠曲线拐点
临界力 F_{cr} 欧拉公式	$F_{cr} = \dfrac{\pi^2 EI}{l^2}$	$F_{cr} = \dfrac{\pi^2 EI}{(0.7l)^2}$	$F_{cr} = \dfrac{\pi^2 EI}{(0.5l)^2}$	$F_{cr} = \dfrac{\pi^2 EI}{(2l)^2}$	$F_{cr} = \dfrac{\pi^2 EI}{l^2}$
长度系数 μ	$\mu = 1$	$\mu \approx 0.7$	$\mu = 0.5$	$\mu = 2$	$\mu = 1$

23.3　欧拉公式的应用范围　临界应力总图

23.3.1　临界应力

当细长压杆所受轴向压力达到临界力时,其横截面上的平均压应力称为临界应力,用符号 σ_{cr} 表示,设压杆横截面面积为 A,则

$$\sigma_{cr} = \frac{F_{cr}}{A} = \frac{\pi^2 E}{(\mu l)^2} \cdot \frac{I}{A} \tag{23.5}$$

式中,$\dfrac{I}{A}$ 仅与截面的形状及尺寸有关。

若令 $\dfrac{I}{A} = i^2$,i 称为截面的惯性半径,则有

$$\sigma_{cr} = \frac{\pi^2 E}{\lambda^2} \tag{23.6}$$

式(23.6)是应力形式的欧拉公式,式中

$$\lambda = \frac{\mu l}{i} \tag{23.7}$$

λ 称为压杆的柔度,是一个无量纲的量,它集中反应了压杆的长度、约束条件、截面形状及尺寸对临界应力的影响。

23.3.2　欧拉公式的应用范围

在推导欧拉公式时用到了挠曲线微分方程,而挠曲线微分方程又仅适用于杆内应力低于材料比例极限 σ_P 的情况,所以欧拉公式的应用范围是临界应力不超过材料的比例极限,即

$$\sigma_{cr} = \frac{\pi^2 E}{\lambda^2} \leqslant \sigma_P \tag{23.8}$$

由上式可得

$$\lambda \geqslant \sqrt{\frac{\pi^2 E}{\sigma_P}} \tag{23.9}$$

欧拉公式成立时压杆柔度的最小值用 λ_p 表示,称为临界柔度,则有

$$\lambda_P = \sqrt{\frac{\pi^2 E}{\sigma_P}} \tag{23.10}$$

由上述分析可知,欧拉公式的应用范围为 $\lambda \geqslant \lambda_p$。当压杆的柔度大于或等于临界柔度时,压杆发生弹性失稳,这类压杆称为细长杆或大柔度杆。对于不同的材料,因弹性模量 E 和比例极限 σ_p 各不相同,所以临界柔度的数值亦不相同。

23.3.3　经验公式及临界应力总图

当压杆的柔度 $\lambda < \lambda_p$ 时,压杆横截面上的临界应力已经超过比例极限,属于弹塑性稳

定问题,欧拉公式已不适用。对于这类失稳问题,目前工程中普遍采用的是一些以实验为基础的经验公式。这里介绍两种经常使用的经验公式:直线公式与抛物线公式。

1. 直线公式

把临界应力与压杆的柔度表示成如下的线性关系

$$\sigma_{cr} = a - b\lambda \tag{23.11}$$

式中,a 和 b 是与材料性能有关的常数,单位为 MPa,可在相关的工程手册中查到。几种常见材料的 a 和 b 如表 23.2 所示。

表 23.2　直线公式的系数 a 和 b

材料(σ_s,σ_b 的单位为 MPa)		a/MPa	b/MPa
A3 钢	$\sigma_b \geqslant 372$ $\sigma_s = 235$	304	1.12
优质碳钢	$\sigma_b \geqslant 471$ $\sigma_s = 306$	461	2.568
硅　钢	$\sigma_b \geqslant 510$ $\sigma_s = 353$	578	3.744
铸　铁		332.2	1.454
强　铝		373	2.15
松　木		28.7	0.19

对于很小柔度的压杆,当它所受到的压应力达到材料的屈服极限 σ_s(塑性材料)或强度极限 σ_b(脆性材料)时,在失稳破坏之前,就因强度不足而发生强度破坏。对于这种压杆,不存在稳定性问题,其临界应力应该为屈服极限或强度极限。这样看来,直线公式也应有它的应用范围。以塑性材料为例,有

$$\sigma_{cr} = a - b\lambda \leqslant \sigma_s \tag{23.12}$$

由上式可得

$$\lambda \geqslant \frac{a - \sigma_s}{b} \tag{23.13}$$

直线公式成立时压杆柔度 λ 的最小值用 λ_s 表示,即

$$\lambda_s = \frac{a - \sigma_s}{b} \tag{23.14}$$

如同 λ_p 一样,λ_s 也只与材料有关。这样,当压杆的柔度 λ 值满足 $\lambda_p \geqslant \lambda \geqslant \lambda_s$ 条件时,临界应力用直线公式计算,这样压杆被称为中长杆或中柔度杆。当压杆的柔度 $\lambda < \lambda_s$ 时,压杆将发生强度破坏,而不是失稳,这类压杆称为小柔度杆或粗短杆。

综上所述,压杆的临界应力随着压杆柔度变化的情况可用图 23.3 的曲线来表示。该曲线是采用直线公式时的临界应力总图。总图表明:

(1)λ_P 是区分大柔度杆和中柔度杆的柔度值,也是能够使用欧拉公式计算临界应力的最小柔度值;

（2）随着柔度的增大，压杆的破坏形式逐渐由强度破坏过渡到失稳破坏，λ_s 是区分这两种破坏形式的分界柔度值；

（3）压杆的临界应力随柔度的增大而减小。

2. 抛物线公式

对于由结构钢与低合金钢等材料制成的中柔度杆，可以把临界应力 σ_{cr} 与柔度 λ 的关系表示为如下形式

$$\sigma_{cr} = \sigma_s \left[1 - a \left(\frac{\lambda}{\lambda_c} \right)^2 \right], \quad (\lambda \leqslant \lambda_c) \tag{23.15}$$

式中，σ_s 是材料的屈服极限，a 是与材料性能有关的常数，λ_c 是欧拉公式与抛物线公式应用范围的分界柔度值。对低碳钢和低锰钢

$$\lambda_c = \pi \sqrt{\frac{E}{0.57\sigma_s}} \tag{23.16}$$

由式（23.16）和式（23.15），可以绘出如图 23.4 所示的采用抛物线公式时的临界应力总图。

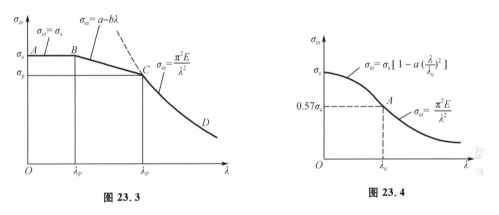

图 23.3   图 23.4

例 23.1 已知三根材料和截面完全相同的压杆，杆长均为 $l = 300$ mm，矩形截面杆边长分别为 $b = 12$ mm，$h = 20$ mm，材料为 A3 钢，弹性模量 $E = 200$ GPa，$\lambda_P = 100$，$\lambda_s = 57$，$\sigma_s = 240$ MPa，$a = 304$ MPa，$b = 1.12$ MPa，试求三种支承（① 一端固定，一端自由；② 两端铰支；③ 两端固定）情况下压杆的临界应力和临界力。

解 （1）一端固定，一端自由

柔度计算 $\lambda = \dfrac{\mu l}{i}$，$i = \sqrt{\dfrac{I_{min}}{A}} = \sqrt{\dfrac{\frac{b^3 h}{12}}{bh}} = 3.46$ mm， $\lambda = \dfrac{2 \times 300}{3.46} = 173 > \lambda_P = 100$。

因此用欧拉公式计算临界应力。

$$\sigma_{cr} = \frac{\pi^2 E}{\lambda^2} = \frac{\pi^2 \times 200 \times 10^3}{173^2} = 65.1 \text{ MPa}。$$

临界压力 $P_{cr} = \sigma_{cr} A = 65.1 \times 12 \times 20 = 15.8$ kN。

（2）两端铰支

柔度计算 $\lambda = \dfrac{\mu l}{i} = \dfrac{1 \times 300}{3.46} = 86.7$ ，$\lambda_p \geqslant \lambda \geqslant \lambda_s$，

因此用经验公式计算临界应力。

$\sigma_{cr} = a - b\lambda = 304 - 1.12 \times 86.7 = 206.9$ MPa。

临界压力 $P_{cr} = \sigma_{cr} A = 206.9 \times 12 \times 20 = 49.7$ kN。

（3）两端固定

柔度计算 $\lambda = \dfrac{\mu l}{i} = \dfrac{0.5 \times 300}{3.46} = 43.3$ ，$\lambda < \lambda_s$ ，

因此属强度破坏。

取 $\sigma_{cr} = \sigma_s = 240$ MPa。

临界压力 $P_{cr} = \sigma_{cr} A = 240 \times 12 \times 20 = 57.6$ kN。

可见端部约束条件对临界力影响较大。

23.4　压杆稳定性计算

在工程实际中，为使压杆不丧失稳定性，就必须使压杆中的轴向压力 $F \leqslant F_{cr}$ 。此外，为了保证压杆具有一定的安全度，还应当考虑一定的安全系数。若把压杆的临界力 F_{cr} 与压杆实际承受的轴向压力 F 的比值定义为压杆的工作安全系数 n ，则应使其不低于规定的稳定安全系数 n_{st} ，这样压杆的稳定条件可表示为

$$n = \frac{F_{cr}}{F} \geqslant n_{st} \tag{23.17}$$

由于压杆存在初弯曲、材料不均匀、载荷偏心以及支座缺陷等不利因素的影响，稳定安全系数 n_{st} 的取值一般比强度安全系数要大一些，并且柔度 λ 越大，n_{st} 值也越大，具体的取值可以从有关设计手册中查到。式（23.17）是用安全系数形式表示的稳定性条件，在机械、动力、冶金等工业部门，由于载荷情况复杂，一般都采用安全系数法进行稳定计算。工作安全系数还可以用临界应力与工作应力的比值表示，这样压杆的稳定条件还可以表达为

$$n = \frac{\sigma_{cr}}{\sigma} \geqslant n_{st} \tag{23.18}$$

稳定条件可以解决以下三类问题：① 校核稳定性；② 设计截面尺寸；③ 确定外载荷。

还应指出，在压杆计算中，有时会遇到压杆局部有截面被削弱的情况，如杆上有开孔、切槽等。

由于压杆的临界载荷是由研究整个压杆的弯曲变形来确定的，局部截面的削弱对整体变形影响较小，故稳定计算中仍用原有的截面几何量。但强度计算是根据危险点的应力进行的，故必须对削弱了的截面进行强度校核。

例 23.2　图 23.5 所示托架的撑杆为钢管，外径 $D = 50$ mm，内径 $d = 40$ mm，两端球形铰支，材料为 A3 钢，$E = 206$ GPa，$\lambda_p = 100$，$\lambda_s = 57$，$q = 4$ kN/m，稳定安全系数 $n_{st} = 3$，试校核 BC 杆的稳定性。

解　（1）求 BC 杆的实际承受的轴向压力

以 AB 梁为分离体，对 A 点取矩有

$$\sum M_A = 0, \quad -q \cdot 3 \cdot \frac{3}{2} + F_{NBC} \sin 30° \times 2 = 0$$

得 BC 杆的轴力为 $F_{NBC} = 18\ \text{kN}$。

（2）求 BC 杆的临界力

$$A = \frac{\pi(D^2 - d^2)}{4} = \frac{\pi(50^2 - 40^2)}{4} = 707\ \text{mm}^2$$

$$I = \frac{\pi(D^4 - d^4)}{64} = \frac{\pi(50^4 - 40^4)}{64} = 181\ 132\ \text{mm}^4$$

$$i = \sqrt{\frac{I}{A}} = \sqrt{\frac{181\ 132}{707}} = 16\ \text{mm}$$

$$\lambda = \frac{\mu l}{i} = \frac{1 \times \dfrac{2}{\cos 30°} \times 10^3}{16} = 144.3 > \lambda_p$$

因此

$$P_{cr} = \sigma_{cr} A = \frac{\pi^2 E}{\lambda^2} \cdot A = 69\ \text{kN}$$

（3）稳定性计算

$$n = \frac{F_{cr}}{F_{NBC}} = \frac{69}{18} = 3.83 \geqslant n_{st}$$

所以该杆满足稳定性要求。

　　例 23.3　图 23.6(a) 所示结构中 AC 与 CD 杆均用 A3 钢制成，C,D 两处均为球铰。AC 杆为矩形截面，CD 杆为圆形截面，两杆材料的 $E = 200\ \text{GPa}, \sigma_b = 400\ \text{MPa}, \sigma_s = 240\ \text{MPa}, \sigma_p = 200\ \text{MPa}, \lambda_p = 100, \lambda_s = 61$。直线型经验公式的系数 $a = 304\ \text{MPa}, b = 1.118\ \text{MPa}$。强度安全系数 $n = 2.0$，稳定安全系数 $n_{st} = 3.0$。试确定结构的最大许可载荷 P。

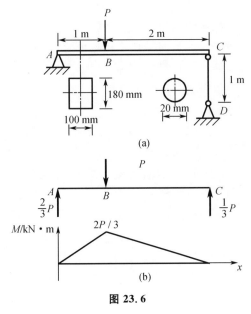

(a)

(b)

图 23.6

　　解　（1）对 AC 梁进行强度计算

由 AC 杆弯矩图(图 23.6(b))可知危险截面为 B 截面

$$\sigma_{\max} = \frac{M_{\max}}{W} = \frac{2P/3}{bh^2/6} \leqslant [\sigma] = \frac{\sigma_s}{n}$$

得

$$P \leqslant 97.2 \text{ kN}$$

(2) 对 CD 杆进行稳定性计算

杆的柔度为

$$\lambda = \frac{\mu l}{i} = \frac{1 \times 1}{d/4} = 200 > \lambda_p$$

临界力为

$$F_{cr} = \sigma_{cr} \cdot A = \frac{\pi^2 E}{\lambda^2} \cdot A = 15.5 \text{ kN}$$

稳定性计算

$$n = \frac{F_{cr}}{F_C} = \frac{15.5}{P/3} \geqslant n_{st} = 3$$

得

$$P \leqslant 15.5 \text{ kN}$$

故取 $[P] = 15.5 \text{ kN}$。

23.5　提高压杆稳定性的措施

要想提高压杆的稳定性,就要设法提高压杆的临界力或临界应力。由欧拉公式(23.6)可知,临界应力与材料的弹性模量 E 有关。然而,不同强度的钢材,例如优质高强度钢材与低碳钢,它们的弹性模量相差不大。所以,对于细长杆,选用优质高强度钢材不但不会有效地提高压杆的稳定性,反而增加了构件的成本,造成了浪费。这样看来,提高压杆的稳定性,应该尽可能地减小压杆的柔度。由式(23.7)可知,应该选用合理的截面形状,尽量减小压杆的长度以及增加支承的刚性。

1. 选择合理的截面形状

压杆的承载能力取决于最小的惯性矩 I,当压杆各个方向的约束条件相同时,使截面对两个形心主轴的惯性矩尽可能大,而且相等,是压杆合理截面的基本原则。因此,薄壁圆管(图 23.7(a))、正方形薄壁箱形截面(图 23.7(b))是理想截面,它们各个方向的惯性矩相同,且惯性矩比同等面积的实心杆大得多。

但这种薄壁杆的壁厚不能过薄,否则会出现局部失稳现象。对于型钢截面(工字钢、槽钢、角钢等),由于它们的两个形心主轴惯性矩相差较大,为了提高这类型钢截面压杆的承载能力,工程实际中常用几个型钢,通过缀板组成一个组合截面,如图 23.7(c),(d) 所示。并

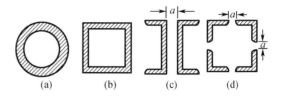

图 23.7

选用合适的距离 a，使 $I_z = I_y$，这样可以大大地提高压杆的承载能力。但设计这种组合截面杆时，应注意控制两缀板之间的距离，以保证单个型钢的局部稳定性。

2. 减小压杆的长度

减小压杆的长度，可使柔度 λ 降低，从而提高了压杆的临界载荷。工程中，为了减小柱子的长度，通常在柱子的中间设置一定形式的支承，它们与其他构件连接在一起后，对柱子形成支点，限制了柱子的弯曲变形，起到减小柱长的作用。对于细长杆，若在柱子中设置一个支点，则长度减小一半，而承载能力可增加到原来的四倍。

3. 增加支承的刚性

对于大柔度的细长杆，一端铰支另一端固定压杆的临界载荷比两端铰支的大一倍。因此，杆端越不易转动，杆端的刚性越大，长度系数就越小，因此柔度就越小。

最后需要指出的是，对于压杆，除了可以采取上述几方面的措施以提高其承载能力外，在可能的条件下，还可以从结构方面采取相应的措施。例如，将结构中的压杆转换成拉杆，这样就可以从根本上避免失稳问题，以图 23.8 所示的支架为例，在不影响结构使用的条件下，若图 23.8(a) 所示结构改换成图 23.8(b) 所示结构，则 AB 杆由承受压力变为承受拉力，从而避免了压杆的失稳问题。

图 23.8

习　　题

1. 选择题

(1) 如题 23.1(1) 图所示，用等边角钢制成的一端固定，一端自由的细长压杆，已知材料的弹性模量 E，$I_x = m$，$I_{x_0} = n$，形心 C，杆长 l，临界载荷 F_{cr} 有四种答案：

(A) $\pi^2 En / (2l)^2$

(B) $\pi^2 E(n - m) / (2l)^2$

(C) $\pi^2 E(2m - n) / (2l)^2$

(D) $\pi^2 Em / (2l)^2$

题 23.1(1) 图

正确答案是_____。

(2) 题 23.1(2) 图所示中心受压杆(a)，(b)，(c)，(d)。其材料、长度及抗弯刚度均相同。两两对比，临界力相互关系有四种答案：

(A) $(F_{cr})_a > (F_{cr})_b$，$(F_{cr})_c < (F_{cr})_d$　　　　(B) $(F_{cr})_a < (F_{cr})_b$，$(F_{cr})_c > (F_{cr})_d$

(C)$(F_{cr})_a > (F_{cr})_b, (F_{cr})_c > (F_{cr})_d$　　　　(D)$(F_{cr})_a < (F_{cr})_b, (F_{cr})_c < (F_{cr})_d$

正确答案是_____。

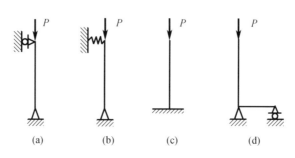

题 23.1(2) 图

(3) 题 23.1(3) 图所示材料、截面形状和面积都相同的压杆 AB 和 BC，杆长 $l_1 = 2 l_2$，在受压时有四种失稳答案：

(A)AB 杆先失稳　　　　　　　　　(B)BC 杆先失稳

(C) 两者同时失稳　　　　　　　　　(D) 无法判断失稳情况

正确答案是_____。

(4) 题 23.1(4) 图所示两根细长杆的 l 和 EI 相同。图(a) 杆的稳定安全系数 $n_{st} = 4$；则图(b) 杆实际的稳定安全系数 n_{st} 有四种答案：

(A)1　　　　　　　(B)2　　　　　　(C)3　　　　　　　(D)4

正确答案是_____。

(5) 若压杆在两个方向上的约束情况不同，且 $\mu_y > \mu_z$。那么该压杆的合理截面应满足的条件有四种答案：

(A)$I_y = I_z$　　　　(B)$I_y > I_z$　　　　(C)$I_y < I_z$　　　　(D)$\lambda_y = \lambda_z$

正确答案是_____。

题 23.1(3) 图

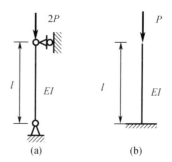

题 23.1(4) 图

(6) 两根中心受压杆的材料和支承情况相同，若两杆的所有尺寸均成比例，即彼此几何相似，则两杆的临界应力比较有四种答案：

(A) 相等　　　　　　　　　　　　(B) 不等

(C) 只有两杆均为细长杆时，才相等　　　(D) 只有两杆均非细长杆时，才相等正确答案是_____。

(7) 两根细长杆，直径、约束均相同，但材料不同，且 $E_1 = 2E_2$，则两杆临界应力的关系有四种答案：

(A) $(\sigma_{cr})_1 = (\sigma_{cr})_2$　　　　　　(B) $(\sigma_{cr})_1 = 2(\sigma_{cr})_2$

(C) $(\sigma_{cr})_1 = (\sigma_{cr})_2/2$　　　　　(D) $(\sigma_{cr})_1 = 3(\sigma_{cr})_2$

正确答案是_____。

2. 填空题

(1) 如题 23.2(1) 图所示三种结构，各自的总长度相等，所有压杆截面形状和尺寸以及材料均相同，且均为细长杆。已知两端铰支压杆的临界力为 $F_{cr} = 20\ kN$，则图(b) 压杆的临界力为_____，图(c) 压杆的临界力为_____。

题 23.2(1) 图

(2) 在一般情况下，稳定安全系数比强度安全系数大。这是因为实际压杆总是不可避免地存在_____、_____以及_____等不利因素的影响。当柔度 λ 越大时，这些因素的影响也越_____。

(3) 非细长杆如果误用了欧拉公式计算临界力，其结果比实际_____；横截面上的正应力有可能_____。

(4) 将圆截面压杆改成面积相等的圆环截面压杆，其他条件不变，其柔度将_____，临界应力将_____。

3. 计算题

(1) 如题 23.3(1) 图所示，刚性水平梁由 1,2 两根同材料的杆支承。1 杆两端固定，截面为正方形，边长为 a，2 杆两端铰支，截面为圆形，直径为 d，并且 $d = 2a$。材料的弹性模量为 E，杆长 $l = 30d$，此材料能采用欧拉公式的临界柔度为 100。试求力 P 作用在 AB 梁上的什么位置时，此结构承担的载荷为最大。

(2) 如题 23.3(2) 图所示，有一矩形截面的压杆，在 $x-y$ 面内失稳时两端为铰支，并在中间加一支座 C，此压杆在 $x-z$ 面内失稳时两端可看成是固定端。上述中间支座 C 对 $x-y$ 面内失稳有约束作用，但对 $x-z$ 面失稳则无约束作用。试问此压杆的截面尺寸 b 和 h 的比值为何值时最合理？设材料的弹性模量为 E，压杆在失稳时的临界应力在弹性范围之内。

题 23.3(1) 图

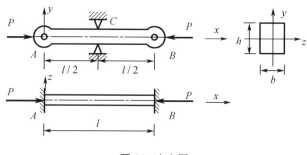

题 23.3(2) 图

（3）如题 23.3(3) 图所示结构，尺寸如图所示，立柱为圆截面，材料的 $E = 200$ GPa，$\sigma_p = 200$ MPa。若稳定安全系数 $n_{st} = 2$，试校核立柱的稳定性。

（4）如题 23.3(4) 图所示结构，杆 1 和 2 的截面和材料相同，均为细长压杆，试确定使载荷 P 为最大值时的 θ 角（设 $0 < \theta < \pi/2$）。

（5）在题 23.3(5) 图所示结构中，AB 和 BC 均为圆截面钢杆，已知材料的屈服极限 $\sigma_s = 240$ MPa，比例极限 $\sigma_p = 200$ MPa，材料的弹性模量 $E = 200$ GPa。直线公式的系数 $a = 304$ MPa，$b = 1.12$ MPa，两杆直径相同 $d = 4$ cm，$l_{AB} = 40$ cm，若两杆的安全系数均取为 3，试求结构的最大许可载荷 P。

题 23.3(3) 图

题 23.3(4) 图

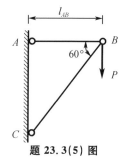

题 23.3(5) 图

附录 Ⅰ 平面图形的几何性质

附录 Ⅰ.1 静矩和形心

1. 静矩

静矩为平面图形的面积对某坐标轴的一次矩。

设某已知平面图形(如图 Ⅰ.1 所示),图形面积为 A,在图形平面内取直角坐标系 yOz,在坐标为(y, z)处取一微面积 dA,zdA 和 ydA 分别称为微面积 dA 对 y 轴和 z 轴的静矩,则平面图形对 y 轴和 z 轴的静矩定义式分别为

$$S_y = \int_A z\,dA, \quad S_z = \int_A y\,dA \qquad (Ⅰ.1)$$

静矩量纲为长度的三次方,即 m^3。由静矩定义式可知,随着所选取坐标系 yOz 的位置不同,静矩 S_y,S_z 可能为正、为负或为零。

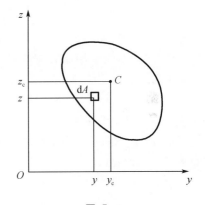

图 Ⅰ.1

2. 静矩和形心的关系

由于均质薄板的重心与平面图形的形心有相同的坐标,即

$$z_C = \frac{\int_A z\,dA}{A}, \quad y_C = \frac{\int_A y\,dA}{A}$$

由此可得薄板形心的 z_C 坐标为

$$z_C = \frac{\int_A z\,dA}{A} = \frac{S_y}{A}$$

同理有

$$y_C = \frac{S_z}{A}$$

所以形心坐标为

$$z_C = \frac{S_y}{A}, \quad y_C = \frac{S_z}{A} \qquad (Ⅰ.2)$$

或

$$S_y = A \cdot z_C, \quad S_z = A \cdot y_C$$

由静矩和形心之间的关系可知,平面图形对形心坐标轴的静矩等于零;反之,若平面图形对某一个坐标轴的静矩等于零,则该轴必然通过平面图形的形心。静矩与所选坐标

轴有关,其值可能为正、负或零。

3. 组合截面的形心

如果一个平面图形是由几个简单平面图形组成的,称为组合平面图形。设第 i 块分图形的面积为 A_i,形心坐标为 (y_{Ci}, z_{Ci}),则其静矩和形心坐标分别为

$$S_z = \sum_{i=1}^{n} A_i y_{Ci}, \quad S_y = \sum_{i=1}^{n} A_i z_{Ci} \qquad (\text{I}.3)$$

该式表达的含义是:微面积对 z 轴静矩的代数和即为整个图形面积对 z 轴的静矩。

$$y_C = \frac{S_z}{A} = \frac{\sum\limits_{i=1}^{n} A_i y_{Ci}}{\sum\limits_{i=1}^{n} A_i}, \quad z_C = \frac{S_y}{A} = \frac{\sum\limits_{i=1}^{n} A_i z_{Ci}}{\sum\limits_{i=1}^{n} A_i} \qquad (\text{I}.4)$$

由此可知,当平面组合图形中,形心坐标轴一侧为复杂图形而另一侧为简单图形时,求复杂部分图形对形心轴的静矩就可用简单部分图形对形心轴静矩的负值来表示。

例 I.1　求图 I.2 所示半圆形对坐标轴 y,z 轴的静矩及形心位置。

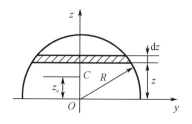

图 I.2

解　由对称性,$y_C = 0$,$S_z = 0$。现取平行于 y 轴的狭长条作为微面积 $\mathrm{d}A$,即

$$\mathrm{d}A = y\mathrm{d}z = 2\sqrt{R^2 - z^2}\,\mathrm{d}z$$

所以

$$S_y = \int_A z\,\mathrm{d}A = \int_0^R z \cdot 2\sqrt{R^2 - z^2}\,\mathrm{d}z = \frac{2}{3}R^3$$

$$z_C = \frac{S_y}{A} = \frac{4R}{3\pi}$$

附录 I.2　惯性矩　极惯性矩　惯性积　惯性半径

1. 惯性矩

设某已知平面图形(如图 I.3 所示),图形面积为 A,在图形平面内取直角坐标系 yOz,在坐标为 (y, z) 处取一微面积 $\mathrm{d}A$,则 $z^2\mathrm{d}A$ 和 $y^2\mathrm{d}A$ 分别称为微面积 $\mathrm{d}A$ 对 y 轴和 z 轴的惯性矩,平面图形对 y 轴和 z 轴的惯性矩定义式分别为

$$I_y = \int_A z^2\,\mathrm{d}A, \quad I_z = \int_A y^2\,\mathrm{d}A \qquad (\text{I}.5)$$

惯性矩量纲为长度的四次方,恒为正,且面积分布离轴越远惯性矩越大。

组合图形的惯性矩。设 I_{yi},I_{zi} 为分图形的惯性矩,则总图形对同一轴惯性矩为

$$I_y = \sum_{i=1}^{n} I_{yi}, \quad I_z = \sum_{i=1}^{n} I_{zi} \qquad (\text{I}.6)$$

2. 极惯性矩

若以 ρ 表示微面积 $\mathrm{d}A$ 到坐标原点 O 的距离,则定义图形对坐标原点 O 的极惯性矩为

$$I_p = \int_A \rho^2 \mathrm{d}A \qquad (I.7)$$

因为

$$\rho^2 = y^2 + z^2$$

所以极惯性矩与（轴）惯性矩有如下关系

$$I_p = \int_A (y^2 + z^2) \mathrm{d}A = I_y + I_z \qquad (I.8)$$

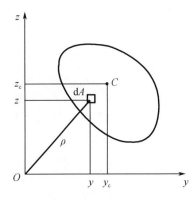

图 I.3

该式表明,图形对任意两个互相垂直轴的（轴）惯性矩之和,等于它对该两轴交点的极惯性矩。

3. 惯性积

微面积 $\mathrm{d}A$ 与它到 y 轴和 z 轴的垂直距离的乘积 $yz\,\mathrm{d}A$ 定义为微面积对两正交坐标轴的惯性积,则整个图形对一对正交轴 y,z 轴的惯性积为

$$I_{yz} = \int_A yz\,\mathrm{d}A \qquad (I.9)$$

惯性积量纲是长度的四次方。I_{yz} 可能为正,为负或为零。若 y,z 轴中有一个为对称轴则其惯性积为零。

4. 惯性半径

将惯性矩表示为某截面图形的面积与某一长度平方的乘积,即

$$I_y = i_y^2 A, \quad I_z = i_z^2 A$$

上式可以改写为

$$i_y = \sqrt{\frac{I_y}{A}}, \quad i_z = \sqrt{\frac{I_z}{A}} \qquad (I.10)$$

式中,i_y,i_z 分别称为图形对 y 轴和对 z 轴的惯性半径。

例 I.2 求图 I.4 所示直径为 D 的圆形截面的 I_p,I_y,I_z,I_{yz}。

解 如图所示取 $\mathrm{d}A$,根据极惯性矩的定义得

$$I_p = \int_0^{\frac{D}{2}} \rho^2 2\pi\rho\,\mathrm{d}\rho = \frac{\pi D^4}{32}$$

根据公式（I.9）及对称性得

$$I_y = I_z = \frac{1}{2} I_p = \frac{\pi D^4}{64}, I_{yz} = 0$$

例 I.3 求图 I.5 所示矩形对过形心对称轴 y,z 的惯性矩。

解 先计算截面对 y 轴的惯性矩 I_y,取平行于 y 轴的狭长条(如图 I.5 所示)作为微面积,根据公式（I.5）中的第二个公式可得

$$I_y = \int_A z^2 \mathrm{d}A = \int_{-\frac{h}{2}}^{\frac{h}{2}} bz^2\,\mathrm{d}z = \frac{bh^3}{12}$$

同理可得

$$I_z = \int_A y^2 \mathrm{d}A = \int_{-\frac{b}{2}}^{\frac{b}{2}} hy^2\,\mathrm{d}y = \frac{b^3 h}{12}$$

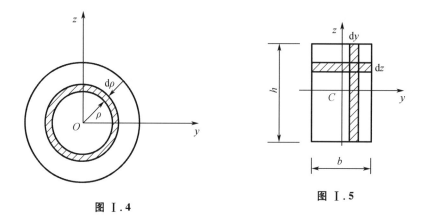

图 I.4   图 I.5

附录 I.3　平行移轴公式

由于同一平面图形对于相互平行的两对直角坐标轴的惯性矩或惯性积并不相同,如果其中一对直角坐标轴是图形的形心轴(y_C,z_C)时,如图 I.6 所示,可得到如下平行移轴公式:

图 I.6

$$\begin{cases} I_y = I_{y_C} + a^2 A \\ I_z = I_{z_C} + b^2 A \\ I_{yz} = I_{y_C z_C} + abA \end{cases} \qquad (I.11)$$

简单证明如下:

$$I_y = \int_A z^2 \mathrm{d}A = \int_A (z_C + a)^2 \mathrm{d}A = \int_A z_C^2 \mathrm{d}A + 2a\int_A z_C \mathrm{d}A + a^2\int_A \mathrm{d}A$$

其中,$\int_A z_C \mathrm{d}A$ 为图形对形心轴 y_C 的静矩,其值应等于零,则得

$$I_y = I_{y_C} + a^2 A$$

同理可证公式(I.11)中的其他两式。这就是平面图形对于平行轴惯性矩与惯性积

之间关系的平行移轴定理。该定理表明:

(1)图形对任意轴的惯性矩,等于图形对于与该轴平行的形心轴的惯性矩,加上图形面积与两平行轴间距离平方的乘积。

(2)图形对于任意一对直角坐标轴的惯性积,等于图形对于平行于该坐标轴的一对通过形心的直角坐标轴的惯性积,加上图形面积与两对平行轴间距离的乘积。

(3)因为面积及 a^2,b^2 项恒为正,故自形心轴移至与之平行的任意轴,惯性矩总是增加的。所以,同一平面图形对所有相互平行的坐标轴的惯性矩,对形心轴的惯性矩为最小。

(4) a,b 为原坐标系原点在新坐标系中的坐标,故二者同号时惯性积为正,异号时为负。所以,移轴后惯性积有可能增加也可能减少。因此,在使用惯性积移轴公式时应注意 a,b 的正负号。

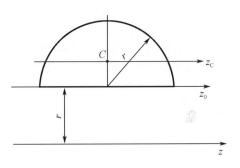

例 I.4　求图 I.7 所示半径为 r 的半圆形截面对于 z 轴的惯性矩,其中 z 轴与半圆形的底边平行,相距为 r。

解　已知半圆形截面对其底边的惯性矩为

图 I.7

$$I_{z_0} = \frac{1}{2} \times \frac{\pi D^4}{64} = \frac{\pi r^4}{8}$$

用平行移轴定理得截面对形心轴的惯性矩为

$$I_{zc} = \frac{\pi r^4}{8} - \frac{\pi r^2}{2}\left(\frac{4r}{3\pi}\right)^2 = \frac{\pi r^4}{8} - \frac{8\pi r^4}{9}$$

再用平行移轴定理,得截面对 z 轴的惯性矩为

$$I_z = I_{zc} + a^2 A = \frac{\pi r^4}{8} - \frac{8\pi r^4}{9} + \left(r + \frac{4r}{3\pi}\right)^2 \cdot \frac{\pi r^2}{2} = \frac{5\pi}{8}r^4 + \frac{4}{3}r^4 + \frac{8r^4}{9\pi} - \frac{8\pi r^4}{9}$$

工程计算中应用最广泛的是组合图形对于其形心轴的惯性矩。为此必须首先确定图形的形心以及形心轴的位置。因为组合图形都是由一些简单的图形(例如矩形、正方形、圆形等)所组成,所以在确定其形心时,可将组合图形分解为若干简单图形,并应用式(I.4)确定组合图形的形心位置。以形心为坐标原点建立坐标系,坐标轴一般与简单图形的形心主轴平行。确定简单图形对自身形心轴的惯性矩,再利用平行移轴定理确定各个简单图形对形心轴的惯性矩,相加后便得到整个图形相对于其形心轴的惯性矩。

例 I.5　求图 I.8 所示组合截面对形心轴的惯性矩 I_{z_C},其中腹板和翼缘的厚度均为 20 mm。

解　(1)求截面形心位置,把图形分为上下两部分小矩形

$$y_C = \frac{140 \times 20 \times 80 + 100 \times 20 \times 0}{140 \times 20 + 100 \times 20} = 46.67 \text{ mm}$$

图 I.8

（2）求各简单截面对其组合截面形心轴的惯性矩

$$I_{z_{C1}} = \frac{1}{12} \times 20 \times 140^3 + (80-46.67)^2 \times 20 \times 140 = 7.68 \times 10^6 \ \text{mm}^4$$

$$I_{z_{C2}} = \frac{1}{12} \times 100 \times 20^3 + 46.67^2 \times 20 \times 100 = 4.43 \times 10^6 \ \text{mm}^4$$

（3）求整个截面的惯性矩

$$I_{z_C} = I_{z_{C1}} + I_{z_{C2}} = 7.68 \times 10^6 + 4.43 \times 10^6 = 21.11 \times 10^6 \ \text{mm}^4$$

附录 Ⅰ.4　转轴公式　主惯性轴　形心主惯性轴

1. 惯性矩和惯性积的转轴公式

任意平面图形（如图 Ⅰ.9 所示）对 y 轴和 z 轴的惯性矩和惯性积，可由公式（Ⅰ.5）和式（Ⅰ.9）求得，若将坐标轴 y，z 绕坐标原点 O 旋转 α 角，且以逆时针转角为正，则新旧坐标轴之间应有如下关系

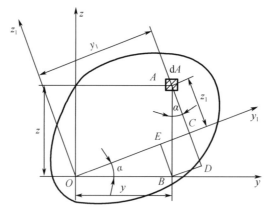

图 Ⅰ.9

$$y_1 = y\cos \alpha + z\sin \alpha$$
$$z_1 = z\cos \alpha - y\sin \alpha$$

将此关系式代入惯性矩及惯性积的定义式，则可得相应量的新、旧转换关系，即转轴公式：

$$I_{y_1} = \int_A z_1^2 \mathrm{d}A = \frac{I_y + I_z}{2} + \frac{I_y - I_z}{2}\cos 2\alpha - I_{yz}\sin 2\alpha \qquad （Ⅰ.12）$$

$$I_{z_1} = \frac{I_y + I_z}{2} - \frac{I_y - I_z}{2}\cos 2\alpha + I_{yz}\sin 2\alpha \qquad （Ⅰ.13）$$

$$I_{y_1 z_1} = \frac{I_y - I_z}{2}\sin 2\alpha + I_{yz}\cos 2\alpha \qquad （Ⅰ.14）$$

将前两式相加得

$$I_{y_1} + I_{z_1} = I_y + I_z = I_\mathrm{P}$$

上式表明，截面对于通过同一点的任意一对相互垂直的坐标轴的两惯性矩之和为一

常数,并等于截面对该坐标原点的极惯性矩。

2. 截面的主惯性轴和主惯性矩

根据前面的知识可知,当坐标轴绕原点旋转,α 角改变时,I_{y1} 及 I_{z1} 亦相应随之变化,但其和不变。因此,当 I_{y1} 变至极大值时,I_{z1} 必达到极小值。将 I_{y1} 的表达式对 α 求导数,令其为零,并用 α_0 表示 I_{y1} 及 I_{z1} 取得极值时的方位角,得

$$\tan 2\alpha_0 = -\frac{2I_{yz}}{I_y - I_z} \tag{I.15}$$

满足该式的 α_0 有两个值,即 α_0 和 $\alpha_0 + \dfrac{\pi}{2}$。它们分别对应着惯性矩极大值和极小值的两个坐标轴的位置。将 $\alpha = \alpha_0$ 时惯性积 $I_{y_1 z_1}$ 的表达式两端同时除以 $\cos 2\alpha_0$,再把式 (I.15) 中 $\tan 2\alpha_0$ 代入可得图形对于这样两个轴的惯性积为零。

定义　过一点存在这样一对坐标轴,图形对于其惯性积等于零,这一对坐标轴便称为过这一点的主惯性轴,简称主轴。图形对主轴的惯性矩称为主轴惯性矩,简称主惯性矩。

由公式 (I.15) 求出 $\sin 2\alpha_0$,$\cos 2\alpha_0$,再代入公式 (I.12) 和 (I.13) 即可得到主惯性矩的计算公式为

$$I_{\substack{\max \\ \min}} = \frac{I_y + I_z}{2} \pm \sqrt{\left(\frac{I_y - I_z}{2}\right)^2 + I_{yz}^2} \tag{I.16}$$

3. 形心主惯性轴

若主轴通过平面图形的形心则称为形心主惯性轴,简称形心主轴。平面图形对形心主轴的惯性矩称为形心主惯性矩。若图形有一根对称轴,则此轴即为形心主惯性轴之一,另一形心主惯性轴为通过形心并与对称轴垂直的轴;若图形有两根对称轴,则此两轴即为形心主惯性轴;若图形有三根对称轴,则通过形心的任意一轴均为形心主惯性轴,且主惯性矩相等。

习　　题

1. 选择题

(1) 如题 I.1(1) 图所示,z_C 轴是轴心轴,z_C 轴以下面积对 z_C 轴的静矩 S_{z_C} 有四种答案:

(A)$ah_1^2/2$　　　　(B)$a^2 h_1/2$　　　　(C)$ab(h_2 + a/2)$　　　(D)$ab(h_2 + a)$

正确答案是_____。

(2) 工字形截面如题 I.1(2) 图所示,I_z 有四种答案:

(A)$(11/144)bh^3$　　　(B)$(11/121)bh^3$　　　(C)$bh^3/32$　　　　(D)$(29/144)bh^3$

正确答案是_____。

题 Ⅰ.1(1) 图

题 Ⅰ.1(2) 图

(3) 如题 Ⅰ.1(3) 图所示,已知平面图形的形心为 C,面积为 A,对 z 轴的惯性矩为 I_z,则图形对 z_1 轴的惯性矩有四种答案:

(A)$I_z + b^2 A$ (B)$I_z + (a+b)^2 A$ (C)$I_z + (a^2 - b^2)A$ (D)$I_z + (b^2 - a^2)A$

正确答案是_____。

(4) 如题 Ⅰ.1(4) 图所示,一矩形截面,C 为形心,阴影面积对 z_C 轴的静矩为 $(S_z)_A$,其余部分面积对 z_C 轴的静矩为 $(S_z)_B$,$(S_z)_A$ 与 $(S_z)_B$ 之间的关系有四种答案:

(A)$(S_z)_A > (S_z)_B$ (B)$(S_z)_A < (S_z)_B$

(C)$(S_z)_A = (S_z)_B$ (D)$(S_z)_A = -(S_z)_B$

正确答案是_____。

题 Ⅰ.1(3) 图

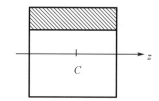

题 Ⅰ.1(4) 图

(5) 题 Ⅰ.1(5) 图所示两截面的惯性矩的关系有四种答案:

(A)$(I_y)_a > (I_y)_b, (I_z)_a = (I_z)_b$ (B)$(I_y)_a = (I_y)_b, (I_z)_a > (I_z)_b$

(C)$(I_y)_a = (I_y)_b, (I_z)_a < (I_z)_b$ (D)$(I_y)_a < (I_y)_b, (I_z)_a = (I_z)_b$

正确答案是_____。

(6) 题 Ⅰ.1(6) 图所示 Z 形截面对 z, y 轴的惯性积的大小有四种答案:

(A)$I_{zy} > 0$ (B)$I_{zy} = 0$

(C)$I_{zy} < 0$ (D) 不能判定 I_{zy} 与零的关系

正确答案是_____。

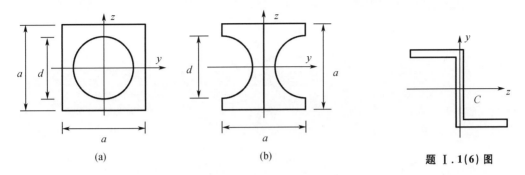

(a)　　　　　(b)

题 I.1(5) 图　　　　　题 I.1(6) 图

2. 填空题

(1) 如题 I.2(1) 图所示三角形 ABC，已知 $I_{z_1} = bh^3/12$，z_2 轴平行 z_1 轴，则 I_{z_2} 为 _____。

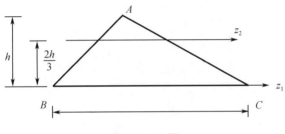

题 I.2(1) 图

(2) 如题 I.2(2) 图所示，已知 z_C 为形心轴，则截面对 z_C 轴的静矩 $S_{z_C} = $ _____，z_C 轴上下两侧图形对 z_C 轴的静矩 S_{z_C}（上）与 S_{z_C}（下）的关系是 _____。

(3) 对题 I.2(3) 图所示矩形，若已知 I_z，I_y，b，h，则 $I_{z_1} + I_{y_1} = $ _____。

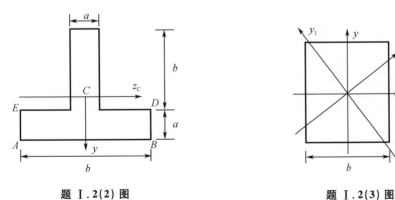

题 I.2(2) 图　　　　　题 I.2(3) 图

(4) 如题 I.2.(4) 图所示组合图形，由两个直径相等的圆截面组成，此组合图形对形心主轴 y 的惯性矩 I_y 为 _____。

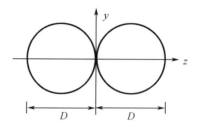

题 Ⅰ.2(4) 图

3. 计算题

试求如题 Ⅰ.3 图所示箱式截面对水平形心轴 z 的位置和惯性矩 I_z。

题 Ⅰ.3 图

附录 Ⅱ 型 钢 表

表 1 热轧等边角钢(GB 700—79)

符号意义:b——边宽;
d——边厚;
r——内圆弧半径;
r_1——边端内弧半径;
r_2——边端外弧半径;
r_0——顶端圆弧半径;
I——惯性矩;
i——惯性半径;
w——截面系数;
z_0——重心距离。

角钢号数	尺寸/mm			截面面积 /cm²	理论重量 /(kg·m⁻¹)	外表面积 /m²	参考数值											
							$x-x$			x_0-x_0			y_0-y_0			x_1-x_1	z_0/cm
	b	d	r				I_x /cm⁴	i_x /cm	W_x /cm³	I_{x_0} /cm⁴	i_{x_0} /cm	W_{x_0} /cm³	I_{y_0} /cm⁴	i_{y_0} /cm	W_{y_0} /cm³	I_{x_1} /cm⁴	
2	20	3	3.5	1.132	0.889	0.078	0.40	0.59	0.29	0.63	0.75	0.45	0.17	0.39	0.20	0.81	0.60
		4		1.459	1.145	0.077	0.50	0.58	0.36	0.78	0.73	0.55	0.22	0.38	0.24	1.09	0.64
2.5	25	3		1.432	1.124	0.098	0.82	0.76	0.46	1.29	0.95	0.73	0.34	0.49	0.33	1.57	0.73
		4		1.859	1.459	0.097	1.03	0.74	0.59	1.62	0.93	0.92	0.43	0.48	0.40	2.11	0.76
3.0	30	3		1.749	1.373	0.117	1.46	0.91	0.68	2.31	1.15	1.09	0.61	0.59	0.51	2.71	0.85
		4		2.276	1.786	0.117	1.84	0.90	0.87	2.92	1.13	1.37	0.77	0.58	0.62	3.63	0.89
3.6	36	3	4.5	2.109	1.656	0.141	2.58	1.11	0.99	4.09	1.39	1.61	1.07	0.71	0.76	4.68	1.00
		4		2.756	2.163	0.141	3.29	1.09	1.28	5.22	1.38	2.05	1.37	0.70	0.93	6.25	1.04
		5		3.382	2.654	0.141	3.95	1.08	1.56	6.24	1.36	2.45	1.65	0.70	1.09	7.84	1.07
4.0	40	3	5	2.359	1.852	0.157	3.59	1.23	1.23	5.69	1.55	2.01	1.49	0.79	0.96	6.41	1.09
		4		3.086	2.422	0.157	4.60	1.22	1.60	7.29	1.54	2.58	1.91	0.79	1.19	8.56	1.13
		5		3.791	2.976	0.156	5.53	1.21	1.96	8.76	1.52	3.01	2.30	0.78	1.39	10.74	1.17

续表1

角钢号数	尺寸/mm			截面面积 /cm²	理论重量 /(kg·m⁻¹)	外表面积 /m²	参考数值											
							$x-x$			x_0-x_0			y_0-y_0			x_1-x_1	z_0/cm
	b	d	r				I_x /cm⁴	i_x /cm	W_x /cm³	I_{x0} /cm⁴	i_{x_0} /cm	W_{x0} /cm³	I_{y0} /cm⁴	i_{y0} /cm	W_{y0} /cm³	I_{x_1} /cm⁴	
4.5	45	3	5	2.659	2.088	0.177	5.17	1.40	1.58	8.20	1.76	2.58	2.14	0.90	1.24	9.12	1.22
		4		3.486	2.736	0.177	6.65	1.38	2.05	10.56	1.74	3.32	2.75	0.89	1.54	12.18	1.26
		5		4.292	3.369	0.176	8.04	1.37	2.51	12.74	1.72	4.00	3.33	0.88	1.81	15.25	1.30
		6		5.076	3.985	0.176	9.33	1.36	2.95	14.76	1.70	4.64	3.89	0.88	2.06	18.36	1.33
5	50	3	5.5	2.971	2.332	0.197	7.18	1.55	1.96	11.37	1.96	3.22	2.98	1.00	1.57	12.50	1.34
		4		3.897	3.059	0.197	9.26	1.54	2.56	14.70	1.94	4.16	3.85	0.99	1.96	16.69	1.38
		5		4.803	3.770	0.196	11.21	1.53	3.13	17.79	1.92	5.03	4.64	0.98	2.31	20.90	1.42
		6		5.688	4.465	0.196	13.05	1.52	3.68	20.68	1.91	5.85	5.42	0.98	2.63	25.14	1.46
5.6	56	3	6	3.343	2.624	0.221	10.19	1.75	2.48	16.14	2.20	4.08	4.24	1.13	2.02	17.56	1.48
		4		4.390	3.446	0.220	13.18	1.73	3.24	20.92	2.18	5.28	5.46	1.11	2.52	23.43	1.53
		5		5.415	4.251	0.220	16.02	1.72	3.97	25.42	2.17	6.42	6.61	1.10	2.98	29.33	1.57
		8		8.367	6.568	0.219	23.63	1.68	6.03	37.37	2.11	9.44	9.89	1.09	4.16	47.24	1.68
6.3	63	4	7	4.978	3.907	0.248	19.03	1.96	4.13	30.17	2.46	6.78	7.89	1.26	3.29	33.35	1.70
		5		6.143	4.822	0.248	23.17	1.94	5.08	36.77	2.45	8.25	9.57	1.25	3.90	41.73	1.74
		6		7.288	5.721	0.247	27.12	1.93	6.00	43.03	2.43	9.66	11.20	1.24	4.46	50.14	1.78
		8		9.515	7.469	0.247	34.46	1.90	7.75	54.56	2.40	12.25	14.34	1.23	5.47	67.11	1.85
		10		11.657	9.151	0.246	41.09	1.88	9.39	64.85	2.36	14.56	17.33	1.22	6.36	84.31	1.93

续表 1

角钢号数	尺寸/mm			截面面积 /cm²	理论重量 /(kg·m⁻¹)	外表面积 /m²	参 考 数 值										
							$x-x$			x_0-x_0			y_0-y_0			x_1-x_1	z_0/cm
	b	d	r				I_x /cm⁴	i_x /cm	W_x /cm³	I_{x0} /cm⁴	i_{x0} /cm	W_{x0} /cm³	I_{y0} /cm⁴	i_{y0} /cm	W_{y0} /cm³	I_{x1} /cm⁴	
7	70	4	8	5.570	4.372	0.275	26.39	2.18	5.14	41.80	2.74	8.44	10.99	1.40	4.17	45.74	1.86
		5		6.875	5.397	0.275	32.21	2.16	6.32	51.08	2.73	10.32	13.34	1.39	4.95	57.21	1.91
		6		8.460	6.406	0.275	37.77	2.15	7.48	59.93	2.71	12.11	15.61	1.38	5.67	68.73	1.95
		7		9.424	7.398	0.275	43.09	2.14	8.59	68.35	2.69	13.81	17.82	1.38	6.34	80.29	1.99
		8		10.667	8.373	0.274	48.17	2.12	9.68	76.37	2.68	15.43	19.98	1.37	6.98	91.92	2.03
(7.5)	75	5	9	7.367	5.818	0.295	39.97	2.33	7.32	63.30	2.92	11.94	16.63	1.50	5.77	70.56	2.04
		6		8.797	6.905	0.294	46.95	2.31	9.64	74.38	2.90	14.02	19.51	1.49	6.67	84.55	2.07
		7		10.160	7.976	0.294	53.57	2.30	9.93	84.96	2.89	16.02	22.18	1.48	7.44	98.71	2.11
		8		11.503	9.030	0.294	59.99	2.28	11.20	95.07	2.88	17.93	24.86	1.47	8.19	112.97	2.15
		10		14.126	11.089	0.294	71.98	2.26	13.64	113.92	2.84	21.48	30.05	1.46	9.56	141.71	2.22
8	80	5	9	7.912	6.211	0.315	48.79	2.48	8.34	77.33	3.13	13.67	20.25	1.60	6.65	85.36	2.15
		6		9.397	7.376	0.314	57.35	2.47	9.87	90.98	3.11	16.08	23.72	1.59	7.65	102.50	2.19
		7		10.860	8.525	0.314	65.58	2.46	11.37	104.07	3.10	18.40	27.09	1.58	8.58	119.70	2.23
		8		12.303	9.658	0.314	73.49	2.44	12.83	116.60	3.08	20.61	30.39	1.57	9.46	136.97	2.27
		10		15.126	11.874	0.313	88.43	2.42	15.64	140.09	3.04	24.76	36.77	1.56	11.08	171.74	2.35
9	90	6	10	10.637	8.350	0.354	82.77	2.79	12.61	131.26	3.51	20.63	34.28	1.80	9.95	145.87	2.44
		7		12.301	9.656	0.354	94.83	2.78	14.54	150.47	3.50	23.64	39.18	1.78	11.19	170.30	2.48
		8		13.994	10.946	0.353	106.47	2.76	16.42	168.97	3.48	26.55	43.97	1.78	12.35	194.80	2.52
		10		17.167	13.476	0.353	128.58	2.74	20.07	203.90	3.45	32.04	53.26	1.76	14.52	244.07	2.59
		12		20.306	15.940	0.352	149.22	2.71	23.57	236.21	3.41	37.12	62.22	1.75	16.49	293.76	2.67

续表 1

角钢号数	尺寸/mm b	d	r	截面面积 /cm²	理论重量 /(kg·m⁻¹)	外表面积 /m²	参考数值 $x-x$ I_x/cm⁴	i_x/cm	W_x/cm³	x_0-x_0 I_{x_0}/cm⁴	i_{x_0}/cm	W_{x_0}/cm³	y_0-y_0 I_{y_0}/cm⁴	i_{y_0}/cm	W_{y_0}/cm³	x_1-x_1 I_{x_1}/cm⁴	z_0/cm
10	100	6	12	11.932	9.366	0.393	114.95	3.01	15.68	181.98	3.90	25.74	47.92	2.00	12.69	200.07	2.67
		7		13.796	10.830	0.393	131.86	3.09	18.10	208.97	3.89	29.55	54.74	1.99	14.26	233.54	2.71
		8		15.638	12.276	0.393	148.24	6.08	20.47	235.07	3.88	33.24	61.41	1.98	15.75	267.09	2.76
		10		19.261	15.120	0.392	179.51	3.05	25.06	284.68	3.84	40.26	74.35	1.96	18.54	334.48	2.84
		12		22.800	17.898	0.391	208.90	3.03	29.48	330.95	3.81	46.80	86.84	1.95	21.08	402.34	2.91
		14		26.256	20.611	0.391	236.53	3.00	33.73	374.06	3.77	52.90	99.00	1.94	23.44	470.75	2.99
		16		29.627	23.257	0.390	262.53	2.98	37.82	414.16	3.74	58.57	110.89	1.94	25.63	539.8	3.06
11	110	7	12	15.196	11.928	0.433	177.16	3.41	22.05	280.94	4.30	36.12	73.38	2.20	17.51	310.64	2.96
		8		17.238	13.532	0.433	199.46	3.40	24.95	316.49	4.28	40.69	82.42	2.19	19.39	355.20	3.01
		10		21.261	16.690	0.432	242.19	3.38	30.60	384.39	4.25	49.42	99.98	2.17	22.91	444.65	3.09
		12		25.200	19.782	0.431	282.55	3.35	36.05	448.17	4.22	57.62	116.93	2.15	26.15	534.60	3.16
		14		29.056	22.809	0.431	320.71	3.32	41.31	508.01	4.18	65.31	133.40	2.14	29.14	625.16	3.24
12.5	125	8	14	19.750	15.504	0.492	297.03	3.88	32.52	470.89	4.88	53.28	123.16	2.50	25.86	521.01	3.37
		10		24.373	19.133	0.491	361.67	3.85	39.97	573.89	4.85	64.93	149.46	2.48	30.62	651.93	3.45
		12		28.912	22.696	0.491	423.16	3.83	41.17	671.44	7.82	75.96	174.88	2.46	35.03	783.42	3.53
		14		33.367	26.193	0.490	481.65	3.80	54.16	763.73	4.78	86.41	199.57	2.45	39.13	915.61	3.61
14	140	10	14	27.373	21.488	0.551	514.65	4.34	50.58	817.27	5.46	82.56	212.04	2.78	39.20	915.11	3.82
		12		32.215	25.222	0.551	603.68	4.31	59.80	958.79	5.43	96.85	248.57	2.76	45.02	1 099.28	3.90
		14		37.567	29.490	0.550	688.81	4.28	68.75	1 093.56	5.40	110.47	284.06	2.75	50.45	1 284.22	3.98
		16		42.539	33.393	0.549	770.24	4.26	77.46	1 221.81	5.36	123.42	318.67	2.74	55.55	1 470.07	4.06

续表 1

角钢号数	尺寸/mm			截面面积 /cm²	理论重量 /(kg·m⁻¹)	外表面积 /m²	参考数值										
	b	d	r				$x-x$			x_0-x_0			y_0-y_0			x_1-x_1	z_0/cm
							I_x /cm⁴	i_x /cm	W_x /cm³	I_{x0} /cm⁴	i_{x0} /cm	W_{x0} /cm³	I_{y0} /cm⁴	i_{y0} /cm	W_{y0} /cm³	I_{x1} /cm⁴	
16	160	10	16	31.502	24.729	0.630	779.53	4.98	66.70	1 237.30	6.27	109.36	321.76	3.20	52.76	1 365.33	4.31
		12		37.441	29.391	0.630	916.58	4.95	78.98	1 455.68	6.24	128.67	377.49	3.18	60.74	1 639.57	4.39
		14		43.296	33.987	0.629	1 048.36	4.92	90.95	1 655.02	6.20	147.17	431.70	3.16	68.24	1 914.68	4.47
		16		49.067	38.518	0.629	1 175.08	4.89	102.63	1 865.57	6.17	164.89	484.59	3.14	75.31	2 190.82	4.55
18	180	12		42.241	33.159	0.710	1 321.35	5.59	100.82	2 100.10	7.05	165.00	3.58	78.41	2 332.80	4.89	
		14		48.896	38.388	0.709	1 514.48	5.56	116.25	2 407.42	7.02	165.00	625.53	3.56	88.38	2 723.48	4.97
		16		55.467	43.542	0.709	1 700.99	5.54	131.13	2 703.37	6.98	189.14	698.60	3.55	97.83	3 115.29	5.05
		18		61.955	48.634	0.708	1 875.12	5.50	145.64	2 988.24	6.94	212.40	762.01	3.51	105.14	3 502.43	5.13
20	200	14	18	54.642	42.894	0.788	2 103.55	6.20	144.70	3 343.26	7.82	236.40	863.83	3.98	111.82	3 734.10	5.46
		16		62.013	48.680	0.788 8	2 366.15	6.18	163.65	3 760.89	7.79	265.93	971.41	3.96	123.96	4 270.39	5.54
		18		69.301	54.401	0.787	2 620.64	6.15	182.22	4 164.54	7.75	294.48	1 076.74	3.94	135.52	4 808.13	5.62
		20		76.505	60.056	0.787	2 867.30	6.12	200.42	4 554.55	7.72	322.06	1 180.04	3.93	146.55	5 347.51	5.69
		24		90.661	71.168	0.785	3 338.25	6.07	236.17	5 294.97	7.64	374.41	1 381.53	3.90	166.56	6 457.16	5.87

注：1. $r_1 = \frac{1}{3}d$，$r_2 = 0$。

2. 角钢长度：

钢号	2~4号	4.5~8号	9~14号	16~20号
长度	3~9 m	4~12 m	4~19 m	6~19 m

3. 一般采用材料：A2,A3,A5,A3F。

表 2 热轧不等边角钢 (GB 701—79)

符号意义：B——长边宽度； b——短边宽度；
d——边厚； r——内圆弧半径；
r_1——边端内弧半径； r_2——边端外弧半径；
r_0——顶端圆弧半径； I——惯性矩；
i——惯性半径； W——截面系数；
x_0——重心距离； y_0——重心距离。

角钢号数	尺寸/mm				截面面积 /cm²	理论重量 /(kg·m⁻¹)	外表面积 /m²	参考数值														
								$x-x$			$y-y$			x_1-x_1		y_1-y_1		$u-u$			
	B	b	d	r				I_x /cm⁴	i_x /cm	W_x /cm³	I_y /cm⁴	i_y /cm	W_y /cm³	I_{x_1} /cm⁴	y_0 /cm	I_{y_1} /cm⁴	x_0 /cm	I_u /cm⁴	i_u /cm	W_u /cm³	$\tan\alpha$
2.5/1.6	25	16	3	3.5	1.162	0.912	0.080	0.70	0.78	0.43	0.22	0.44	0.19	1.56	0.86	0.43	0.42	0.14	0.34	0.16	0.392
			4		1.499	1.176	0.079	0.88	0.77	0.55	0.27	0.43	0.24	2.09	0.90	0.59	0.46	0.17	0.34	0.20	0.381
3.2/2	32	20	3		1.492	1.171	0.102	1.53	1.01	0.72	0.46	0.55	0.30	3.27	1.08	0.82	0.49	0.28	0.43	0.25	0.382
			4		1.939	1.522	0.101	1.93	1.00	0.93	0.57	0.54	0.39	4.37	1.12	1.12	0.53	0.35	0.42	0.32	0.374
4/2.5	40	25	3	4	1.890	1.484	0.127	3.08	1.28	1.15	0.93	0.70	0.49	6.39	1.32	1.59	0.59	0.56	0.54	0.40	0.386
			4		2.467	1.936	0.127	3.93	1.26	1.49	1.18	0.69	0.63	8.53	1.37	2.14	0.63	0.71	0.54	0.52	0.383
4.5/2.8	45	28	3	5	2.149	1.687	0.143	4.45	1.44	1.47	1.34	0.79	0.62	9.10	1.47	2.23	0.64	0.80	0.61	0.51	0.383
			4		2.806	2.203	0.143	5.69	1.42	1.91	1.70	0.78	0.80	12.13	1.51	3.00	0.68	1.02	0.60	0.66	0.380
5/3.2	50	32	3	5.5	2.431	1.908	0.161	6.24	1.60	1.84	2.02	0.91	0.82	12.49	1.60	3.31	0.73	1.20	0.70	0.68	0.404
			4		3.177	2.494	0.160	8.02	1.59	2.39	2.58	0.90	1.06	16.65	1.65	4.45	0.77	1.53	0.69	0.87	0.402
5.6/3.6	56	36	3	6	2.743	2.153	0.181	8.88	1.80	2.32	2.92	1.03	1.05	17.54	1.78	4.70	0.80	1.73	0.79	0.87	0.408
			4		3.590	2.818	0.180	11.45	1.79	3.03	3.76	1.02	1.37	23.39	1.82	6.33	0.85	2.23	0.79	1.13	0.408
			5		4.415	3.466	0.180	13.45	1.77	3.71	4.49	1.01	1.65	29.25	1.87	7.94	0.88	2.67	0.78	1.36	0.404

续表 2

角钢号数	尺寸/mm				截面面积 /cm²	理论重量 /(kg·m⁻¹)	外表面积 /m²	$x-x$			$y-y$			参考数值								
														x_1-x_1		y_1-y_1		$u-u$			
	B	b	d	r				I_x /cm⁴	i_x /cm	W_x /cm³	I_y /cm⁴	i_y /cm	W_y /cm³	I_{x_1} /cm⁴	y_0 /cm	I_{y_1} /cm⁴	x_0 /cm	I_u /cm⁴	i_u /cm	W_u /cm³	$\tan\alpha$
6.3/4	63	40	4	7	4.058	3.185	0.202	16.49	2.02	3.87	5.23	1.14	1.70	33.30	2.04	8.63	0.92	3.12	0.88	1.40	0.398
			5		4.993	3.920	0.202	20.02	2.00	4.74	6.31	1.12	2.71	41.63	2.08	10.86	0.95	3.76	0.87	1.71	0.396
			6		5.908	4.638	0.201	23.36	1.96	5.59	7.29	1.11	2.43	49.98	2.12	13.12	0.99	4.34	0.86	1.99	0.393
			7		6.802	5.339	0.201	26.53	1.98	6.40	8.24	1.10	2.89	58.07	2.15	15.47	1.03	4.97	0.86	2.29	9.389
7/4.5	70	45	4	7.5	4.547	3.570	0.226	23.17	2.26	4.86	7.55	1.29	2.17	45.92	2.24	12.36	1.02	4.40	0.98	1.77	0.410
			5		5.609	4.403	0.225	27.95	2.23	5.92	9.13	1.28	2.65	57.10	2.28	15.39	1.06	5.40	0.98	2.19	0.407
			6		6.647	5.218	0.225	32.53	2.21	6.95	10.62	1.26	3.12	68.35	2.32	18.58	1.09	6.35	0.98	2.59	0.404
			7		7.657	6.011	0.225	37.22	2.20	8.03	12.01	1.25	3.57	79.99	2.39	21.84	1.13	7.16	0.97	2.94	0.402
(7.5/5)	75	50	5	8	6.125	4.808	0.245	34.86	2.39	6.83	12.61	1.44	3.30	70.00	2.40	21.04	1.17	7.41	1.10	2.74	0.435
			6		7.260	5.699	0.245	41.12	2.38	8.12	14.70	1.42	3.88	84.30	2.44	25.37	1.21	8.54	1.08	3.19	0.435
			8		9.467	7.431	0.244	52.39	2.35	10.52	18.53	1.40	4.99	112.50	2.52	35.23	1.29	10.87	1.07	4.10	0.429
			10		11.590	9.098	0.244	62.71	2.33	12.79	21.96	1.38	6.04	140.80	2.60	43.43	1.36	13.10	1.06	4.99	0.423
8/5	80	50	5	8	6.375	5.005	0.255	41.96	2.56	7.78	12.82	1.42	3.32	85.21	2.60	21.06	1.14	7.66	1.10	2.74	0.388
			6		7.560	5.935	0.255	49.49	2.56	9.25	14.95	1.41	3.91	102.53	2.65	25.41	1.18	8.85	1.08	3.20	0.387
			7		8.724	6.848	0.255	56.16	2.54	10.58	16.96	1.39	4.48	119.33	2.69	29.82	1.21	10.18	1.08	3.70	0.384
			8		9.867	7.745	0.254	62.83	2.52	11.92	18.85	1.38	5.03	136.41	2.73	34.32	1.15	11.38	1.07	4.16	0.381
9/5.6	90	56	5	9	7.212	5.661	0.287	60.45	2.90	9.92	18.32	1.59	4.21	121.32	2.91	29.53	1.25	10.98	1.23	3.49	0.485
			6		8.557	6.717	0.286	71.03	2.88	11.74	21.42	1.58	4.96	145.59	2.95	35.58	1.29	12.90	1.23	4.18	0.384
			7		9.880	7.756	0.286	81.01	2.86	13.49	24.36	1.57	5.70	169.66	3.00	41.71	1.33	14.67	1.22	4.72	0.382
			8		11.183	8.779	0.286	91.03	2.85	15.27	27.15	1.56	6.41	194.17	3.04	47.93	1.36	16.34	1.21	5.29	0.380

续表 2

角钢号数	尺寸/mm B	b	d	r	截面面积/cm²	理论重量/(kg·m⁻¹)	外表面积/m²	I_x/cm⁴	i_x/cm	W_x/cm³	I_y/cm⁴	i_y/cm	W_y/cm³	I_{x_1}/cm⁴	y_0/cm	I_{y_1}/cm⁴	x_0/cm	I_u/cm⁴	i_u/cm	W_u/cm³	$\tan\alpha$
								x—x			y—y			x_1—x_1		y_1—y_1		u—u			
10/6.3	100	63	6	10	9.617	7.550	0.320	99.06	3.21	14.64	30.94	1.79	6.35	199.71	3.24	50.50	1.43	18.42	1.38	5.25	0.394
			7		11.111	8.722	0.320	113.45	3.29	16.88	35.26	1.78	7.29	233.00	3.28	59.14	1.47	21.00	1.38	6.02	0.393
			8		12.584	9.878	0.319	127.37	3.18	19.08	39.39	1.77	8.21	266.32	3.32	67.88	1.50	23.50	1.37	6.78	0.391
			10		15.467	12.142	0.319	153.81	3.15	23.32	47.12	1.74	9.98	333.06	3.40	85.73	1.58	28.33	1.35	8.24	0.387
10/8	100	80	6	10	10.637	8.350	0.354	107.04	3.17	15.19	61.24	2.40	10.16	199.83	2.95	102.68	1.97	31.65	1.72	8.37	0.627
			7		12.301	9.656	0.354	122.73	3.16	17.52	70.08	2.39	11.71	233.29	3.00	119.98	2.01	36.17	1.72	9.60	0.606
			8		13.944	10.946	0.353	137.92	3.14	19.81	78.58	2.37	13.21	266.61	3.04	137.37	2.05	40.58	1.71	10.30	0.625
			10		17.167	13.476	0.353	166.87	3.12	24.24	94.65	2.35	16.12	333.63	3.12	172.48	2.13	49.10	1.69	13.12	0.622
10/7	110	70	6	10	10.637	8.350	0.354	133.37	3.54	17.85	42.92	2.01	7.90	265.78	3.53	69.08	1.57	25.36	1.54	6.53	0.403
			7		12.301	9.656	0.354	153.00	3.53	20.60	49.01	2.00	9.09	310.07	3.57	80.82	1.61	28.95	1.53	7.05	0.402
			8		13.944	10.946	0.353	172.04	3.51	23.30	54.87	1.98	10.25	354.39	3.62	92.70	1.65	32.45	1.53	8.45	0.401
			10		17.167	13.476	0.353	208.39	3.48	28.54	64.88	1.96	12.48	443.13	3.70	116.83	1.72	39.20	1.51	10.29	0.397
12.5/8	125	80	7	11	14.096	11.066	0.403	227.98	4.02	26.86	74.42	2.30	12.01	454.99	4.01	120.32	1.80	43.81	1.76	9.92	0.408
			8		15.980	12.551	0.403	256.77	4.01	30.41	83.49	2.28	13.56	519.99	4.06	137.85	1.84	49.15	1.75	11.18	0.407
			10		19.712	15.474	0.402	312.04	3.98	37.33	100.67	2.26	16.56	650.09	4.14	173.40	1.92	59.45	1.74	13.64	0.404
			12		23.351	18.330	0.402	364.41	3.95	44.01	11.667	2.24	19.43	780.30	4.22	209.67	2.00	69.35	1.72	16.01	0.400
11/9	140	90	8	12	18.036	14.160	0.453	365.64	4.50	38.48	120.69	2.59	17.34	730.53	4.50	195.79	2.04	70.83	1.98	14.31	0.411
			10		22.261	17.475	0.452	445.50	4.47	47.31	146.03	2.56	21.22	913.20	4.58	245.92	2.12	85.82	1.96	17.48	0.409
			12		26.400	20.724	0.451	521.59	4.44	55.87	169.79	2.54	24.95	1096.09	4.66	296.89	2.19	100.21	1.95	20.54	0.406
			14		30.456	23.908	0.451	594.10	4.42	64.18	192.10	2.51	28.54	1279.26	4.74	348.82	2.27	114.13	1.94	23.52	0.403

续表 2

角钢号数	尺寸/mm B	b	d	r	截面面积/cm²	理论重量/(kg·m⁻¹)	外表面积/m²	$x-x$ I_x/cm⁴	i_x/cm	W_x/cm³	$y-y$ I_y/cm⁴	i_y/cm	W_y/cm³	x_1-x_1 I_{x_1}/cm⁴	y_0/cm	y_1-y_1 I_{y_1}/cm⁴	x_0/cm	$u-u$ I_u/cm⁴	i_u/cm	W_u/cm³	$\tan\alpha$
16/10	160	100	10	13	25.315	19.875	0.512	668.69	5.14	62.13	205.03	2.85	26.56	1 362.89	5.24	336.59	2.28	121.47	2.19	21.92	0.390
			12		30.054	23.592	0.511	784.91	5.11	73.49	239.06	2.82	31.28	1 635.56	5.32	405.94	2.36	142.33	2.17	25.79	0.388
			14		34.709	27.247	0.510	896.30	5.08	84.56	271.20	2.80	35.83	1 908.50	5.40	476.42	2.43	162.23	2.16	29.56	0.385
			16		39.281	30.835	0.510	1 003.04	5.05	95.33	301.60	2.77	40.24	2 181.79	5.48	548.22	2.51	182.57	2.16	33.44	0.382
18/11	180	110	10	14	28.373	22.273	0.571	956.25	5.80	78.96	278.11	3.13	32.49	1 940.40	5.89	447.22	2.44	166.50	2.42	26.88	0.376
			12		33.712	26.464	0.571	1 124.72	5.78	93.53	325.03	3.10	38.32	2 328.38	5.98	538.94	2.52	194.87	2.40	31.66	0.374
			14		38.967	30.589	0.570	1 286.91	5.75	107.76	369.55	3.08	43.97	2 716.60	6.06	631.95	2.59	222.30	2.39	36.32	0.372
			16		44.139	34.649	0.569	1 443.06	5.72	121.64	411.85	3.06	49.44	3 105.15	6.14	726.46	2.67	248.94	2.38	40.87	0.369
20/12.5	200	125	12	14	37.912	29.761	0.641	1 570.90	6.44	116.73	483.16	3.57	49.99	3 193.85	6.54	787.74	2.83	285.79	2.74	41.23	0.392
			14		43.867	34.436	0.640	1 800.97	6.41	134.65	550.83	3.54	57.44	3 726.17	6.62	922.47	2.91	326.58	2.73	47.34	0.390
			16		49.739	39.045	0.639	2 023.35	6.38	152.18	615.44	3.52	64.69	4 258.86	6.70	1 058.86	2.99	366.21	2.71	53.32	0.388
			18		55.526	43.588	0.639	2 238.30	6.35	169.33	677.19	3.49	71.74	4 792.00	6.78	1 197.13	3.06	404.83	2.70	59.18	0.385

注：1. $r_1 = \frac{1}{3}d$，$r_2 = 0$，$r_0 = 0$；

2. 角钢长度：2.5/1.6~5.6/3.6号，长3~9 m，6.3/4~9/5.6号，长4~12 mm；10/6.3~14/9号，长4~19 m，16/10~20/12.5号，长6~19 m。

3. 一般采用材料为A2，A3，A5，A3F。

表3　热轧普通槽钢(GB 707—65)

h——高度;　　　　　　r_1——腿端圆弧半径;
b——腿宽;　　　　　　I——惯性矩;
d——腰厚;　　　　　　w——截面系数;
t——平均腿厚;　　　　i——惯性半径;
r——内圆弧半径;　　　z_0——$y-y$ 与 y_0-y_0 轴线间距离。

型号	尺寸/mm						截面面积/cm²	理论重量/(kg·m⁻¹)	$x-x$			$y-y$			y_0-y_0	z_0/cm
	h	b	d	t	r	r_1			W_x/cm³	I_x/cm⁴	i_x/cm	W_y/cm³	I_y/cm⁴	i_y/cm	I_{y0}/cm⁴	
5	50	37	4.5	7	7	3.5	6.93	14.44	14.4	26	1.94	3.55	12.3	1.1	20.9	1.35
6.3	63	40	4.8	7.5	7.5	3.75	12.444	6.63	16.123	50.786	2.453		11.872	1.185	28.38	1.36
8	80	43	5	8	8	4	14.24	12.04	25.3	101.3	3.15	14.79	16.6	1.27	37.4	1.43
10	100	48	14.3	12.5	12.5	4.25	12.74	10	39.7	198.3	3.95	7.8	25.6	1.41	54.9	1.52
12.6	126	53	14.5	9	9	4.5	15.69	12.37	62.137	391.466	4.953	14.242	37.99	1.567	77.09	1.59
14a	140	58	6	9.5	9.5	4.75	18.51	14.53	80.5	563.7	14.52	13.01	53.2	1.7	107.1	1.71
b	140	60	8	9.5	9.5	4.75	21.31	16.73	87.1	609.4	5.35	14.12	61.1	1.69	120.6	1.67
16a	160	63	6.5	10	10	5	21.95	17.23	108.3	866.2	6.28	16.3	73.3	1.83	144.1	1.8
16	160	65	8.5	10	10	5	25.15	19.74	116.8	934.5	6.1	17.55	83.4	1.82	160.8	1.75
18a	180	68	7	14.5	14.5	14.25	25.69	20.17	141.4	1 272.7	7.04	20.3	98.6	1.96	189.7	1.88
18	180	70		14.5	14.5	14.25	29.29	22.99	152.2	1 369.9	6.84	21.52	111	1.95	210.1	1.84
20a	200	73	7	11	11	14.5	28.83	22.63	178	1 780.4	7.86	24.2	128	2.11	244	2.01
20	200	75	9	11	11	5.5	32.83	25.77	191.4	1 913.7	7.64	25.88	143.6	2.09	268.4	1.95
22a	220	77	7	11.5	11.5	14.75	31.84	24.90	217.6	2 393.9	12.67	28.17	157.8	2.23	298.2	2.1
22	220	79	9	11.5	11.5	5.75	36.24	28.45	233.8	2 571.4	8.42	30.05	176.4	2.21	326.3	2.03
a	250	78	7	12	12	6	34.91	27.47	269.597	3 369.62	9.823	30.607	175.529	2.243	322.256	2.065
25b	250	80	9	12	12	6	39.91	31.39	282.402	3 530.04	9.405	32.657	196.421	2.218	353.187	1.982
c	250	82	11	12	12	6	44.91	35.32	295.236	3 690.45	9.065	35.926	218.415	2.206	384.133	1.921
a	280	82	7.5	12.5	12.5	6.25	40.02	31.42	340.328	4 764.59	14.91	35.718	217.989	2.333	387.566	2.097
28b	280	84	9.5	12.5	12.5	6.25	45.62	35.81	366.46	5 130.45	10.6	37.929	242.144	2.304	427.589	2.016
c	280	86	11.5	12.5	12.5	6.25	51.22	40.21	392.594	5 496.32	1 035	40.301	267.602	2.286	426.597	1.951
a	320	88	8	14	14	7	48.7	38.22	474.879	7 598.06	12.49	46.473	304.787	2.502	552.31	2.242
32b	320	90	10	14	14	7	55.1	43.25	509.012	8 144.2	12.15	49.157	336.332	2.471	592.933	2.158
c	320	92	12	14	14	7	61.5	48.28	543.145	8 690.33	11.88	52.642	374.175	2.467	643.299	2.092
a	360	96	9	16	16	8	60.89	47.8	659.7	11 874.2	13.97	63.54	455	2.73	818.4	2.44
36b	360	98	11	16	16	8	68.09	53.45	702.9	12 651.8	13.63	66.85	496.7	2.7	880.4	2.37
c	360	100	13	16	16	8	75.29	50.1	746.1	13 429.4	13.36	70.02	536.4	2.67	947.9	2.34
a	400	100	14.5	18	18	9	75.05	58.91	878.9	17 577.9	15.30	78.83	592	2.81	1 067.7	2.49
40b	400	102	12.5	18	18	9	83.05	65.19	932.2	18 644.5	14.95	82.52	640	2.78	1 135.6	2.44
c	400	104	14.5	18	18	9	91.05	71.47	985.6	19 711.2	14.71	86.19	687.8	2.75	1 220.7	2.42

注:1.槽钢长度:5～8号,长5～12 m;10～18号,长5～19 m;20～40号,长6～19 m。

2.一般采用材料:A2,A3,A5,A3F。

表 4 热轧普通槽钢(GB 707—65)

h —— 高度;	r_1 —— 腿端圆弧半径;
b —— 腿宽;	I —— 惯性矩;
d —— 腰厚;	W —— 截面系数;
i —— 平均腿厚;	i —— 惯性半径;
r —— 内圆弧半径;	S —— 半截面的静力矩。

型号	尺寸/mm						截面面积/cm²	理论质量/(kg·m⁻¹)	参 考 数 值						
									$x-x$				$y-y$		
	h	b	d	t	r	r_1			I_x/cm⁴	W_x/cm³	i_x/cm	I_x/S_x/cm	I_y/cm⁴	W_y/cm³	i_y/cm
10	100	68	4.5	7.6	6.5	3.3	14.3	11.2	245	49	4.14	12.59	33	9.72	1.5
12.6	126	74	5	8.4	7	3.5	18.1	14.2	488.43	77.529	5.195	10.85	46.906	12.677	1.6
14	140	80	14.5	9.1	7.5	3.8	21.5	16.9	712	102	14.76	12	64.4	16.1	1.73
16	160	88	6	9.9	8	4	26.1	20.5	1 130	141	6.58	13.8	93.1	21.2	1.89
18	180	94	6.5	10.7	8.5	4.3	30.6	24.1	1 660	185	7.36	15.4	122	26	2
20a	200	100	7	11.4	9	4.5	35.5	27.9	2 370	237	12.51	17.2	158	31.5	2.12
20b	200	102	9	11.4	9	4.5	39.5	31.1	2 500	250	7.96	16.9	169	33.1	2.06
22a	220	110	7.5	12.3	7.5	4.8	42	33	3 400	309	12.99	18.9	225	40.9	2.31
22b	220	112	9.5	12.3	9.5	4.8	46.4	36.4	3 570	325	8.79	18.7	239	42.7	2.27
25a	250	116	8	13	10	5	48.5	38.1	5 023.54	401.88	14.18	21.58	280.046	48.283	2.403
25b	250	118	10	13	10	5	53.5	42	5 283.96	422.72	9.938	21.27	309.297	52.423	2.404
28a	280	122	12.5	13.7	14.5	14.3	55.45	43.4	7 114.14	508.15	11.32	24.62	345.051	56.565	2.495
28b	280	124	10.5	13.7	10.5	5.3	61.05	47.9	7 480	534.29	11.08	24.24	379.496	61.209	2.493
32a	320	130	9.5	15	11.5	5.8	67.05	52.7	11 075.5	692.2	12.84	27.46	459.93	70.758	2.619
32b	320	132	11.5	15	11.5	5.8	73.45	57.7	11 621.4	726.33	12.58	27.09	501.53	75.989	2.614
32c	320	134	13.5	15	11.5	5.8	79.95	62.8	12 167.5	760.47	12.34	26.77	543.81	81.166	2.608
36a	360	136	10	15.8	12	6	76.3	59.9	15 760	875	14.4	30.7	552	81.2	2.69
36b	360	138	12	15.8	12	6	83.5	65.6	16 530	919	14.1	30.3	582	84.3	2.64
36c	360	140	14	15.8	12	6	90.7	71.2	17 310	962	13.8	29.9	612	87.4	2.6
40a	400	142	14.5	16.5	12.5	6.3	86.1	67.6	21 720	1 090	15.9	34.1	660	93.2	2.77
40b	400	144	12.5	16.5	12.5	6.3	94.1	73.8	22 780	1 140	15.6	33.6	692	96.2	2.71
40c	400	146	14.5	16.5	12.5	6.3	102	80.1	23 850	1 190	15.2	33.2	727	99.6	2.65
45a	450	150	11.5	18	13.5	6.8	102	80.4	32 240	1 430	17.7	38.6	855	114	2.89
45b	450	152	13.5	18	13.5	6.8	111	87.4	33 760	1 500	17.4	38	894	118	2.84
45c	450	154	15.5	18	13.5	6.8	120	94.5	35 280	1 570	17.1	37.6	938	12	2.79
50a	500	158	12	20	14	7	119	936.6	46 470	1 860	19.7	42.8	1 120	142	3.07
50b	500	160	14	20	14	7	129	101	48 560	1 940	19.4	42.4	1 170	146	3.01
50c	500	162	16	20	14	7	139	109	50 640	2 080	19	41.8	1 220	151	2.96
56a	560	166	12.5	21	14.5	7.3	135.25	106.2	65 585.6	2 342.31	22.02	47.73	1 370.16	165.08	3.182
56b	560	168	14.5	21	14.5	7.3	164.45	115	68 512.5	2 446.69	21.63	47.17	1 486.75	174.25	3.162
56c	560	170	16.5	21	14.5	7.3	157.85	123.9	71 439.4	2 551.41	21.27	46.66	1 558.39	183.34	3.158
63a	630	176	13	22	15	7.5	154.9	121.6	93 916.2	2 981.47	24.62	54.17	1 700.55	193.24	3.314
63b	630	178	15	22	15	7.5	176.5	131.5	98 083.6	3 163.98	24.2	53.51	1 812.07	203.6	3.289
63c	630	180	17	22	15	7.5	180.1	141	102 251.1	3 298.42	23.82	52.92	1 924.91	213.88	3.268

注:1. 工字钢长度:10～18 号,长 5～19 m;20～63 号,长 6～19 m。

2. 一般采用材料:A2,A3,A5,A3F。

参 考 文 献

[1] 哈尔滨工业大学理论力学教研室.理论力学[M].7 版.北京:高等教育出版社,2009.

[2] 浙江大学理论力学教研室.理论力学[M].4 版.北京:高等教育出版社,2009.

[3] 程燕平.理论力学[M].哈尔滨:哈尔滨工业大学出版社,2008.

[4] 吕书清.工程力学[M].北京:科学出版社,2009.

[5] 周新伟.理论力学[M].哈尔滨:哈尔滨工程大学出版社,2011.

[6] 李冬华.材料力学[M].哈尔滨:哈尔滨工程大学出版社,2011.

[7] 重庆建筑大学.理论力学[M].4 版.北京:高等教育出版社,2006.

[8] 清华大学全国通用理论力学试题库软件研制组.全国通用理论力学试题库[M].北京:高等教育出版社,1994.

[9] 刘鸿文.材料力学[M].5 版.北京:高等教育出版社,2011.

[10] 赵九江.材料力学[M].哈尔滨:哈尔滨工业大学出版社,1995.